高职高专“十二五”规划教材

# 建筑设备

# CONSTRUCTION EQUIPMENT

孙 岩 刘俊红 主 编
卜洁莹 刘艳芳 副主编
赵瑞国 辛 峰 主 审

化学工业出版社
·北京·

本书以分部分项工程为单位系统阐述了建筑设备工程的主要内容，具体包括建筑给排水系统、建筑供暖系统与燃气系统、建筑通风与空调系统、建筑电气与智能化系统的基本知识，施工图的构成与识读，国内外建筑设备的最新技术、设备水平。

本书注重理论与工程实践的紧密结合，采用新规范与新技术，每个模块的最后任务为施工图的识读，附有翔实的工程实际案例。

本书可作为高职高专建筑装饰、建筑工程技术、工程管理、工程监理、建筑工程造价等专业的教学用书，也可作为从事工程建设等工作的相关技术人员的参考用书。

**图书在版编目（CIP）数据**

建筑设备/孙岩，刘俊红主编. —北京：化学工业出版社，2015.11（2023.9重印）
高职高专“十二五”规划教材
ISBN 978-7-122-25463-4

Ⅰ.①建… Ⅱ.①孙…②刘… Ⅲ.①房屋建筑设备-高等职业教育-教材 Ⅳ.①TU8

中国版本图书馆 CIP 数据核字（2015）第 250374 号

责任编辑：李彦玲　　文字编辑：丁建华
责任校对：战河红　　装帧设计：王晓宇

出版发行：化学工业出版社（北京市东城区青年湖南街 13 号　邮政编码 100011）
印　　装：北京天宇星印刷厂
787mm×1092mm　1/16　印张 16¾　字数 445 千字　2023 年 9 月北京第 1 版第 4 次印刷

购书咨询：010-64518888（传真：010-64519686）　售后服务：010-64518899
网　　址：http://www.cip.com.cn
凡购买本书，如有缺损质量问题，本社销售中心负责调换。

**定　价：35.00 元**

FOREWORD

# 前 言

本书从土建类非建筑设备类专业岗位群职业技能培养的需求出发，系统地介绍了建筑给排水系统、建筑供暖系统与燃气系统、建筑通风与空调系统、建筑电气与智能化系统等内容。

本书注重理论与工程实践的紧密结合，采用新规范与新工艺。基本理论知识从侧重实用性的角度出发，依靠翔实的图、表，表达阐述，做到直观形象；同时每一模块附有翔实的工程案例，力求做到以实用为主，理论联系实际，侧重于实际操作能力，突出职业实践能力的培养和职业素质的提高。

本书内容全面，图文并茂、语言精练、通俗易懂，突出科学性、综合性与实践性。

本书由孙岩、刘俊红主编，卜洁莹、刘艳芳副主编。任务一由辽宁城市建设职业技术学院刘艳芳编写；任务二中课题一、课题三，任务三、任务五、任务七及任务十一由辽宁城市建设职业技术学院孙岩编写；任务二中课题二由辽宁城市建设职业技术学院贾淞编写；任务四由辽宁城市建设职业技术学院卜洁莹编写；任务六由辽宁城市建设职业技术学院俞绯编写；任务八由上海交通职业技术学院朱林霞编写；任务九、任务十由广西水利电力职业技术学院刘俊红编写；任务十二由辽宁城市建设职业技术学院安一宁编写；任务十三中课题一由石家庄城乡建设学校祁倩编写；任务十三中课题二由辽宁省建筑设计研究院张闻编写。全书由孙岩统稿，辽宁省建筑设计研究院辛峰、辽宁城市建设职业技术学院赵瑞国担任主审。

虽然我们希望在该教材中能反映我国在建筑设备领域的先进技术和经验，但限于水平加之时间仓促，疏漏之处在所难免，恳切希望广大读者批评指正。

编　者

2015 年 12 月

CONTENTS

# 目　录

## 模块一　建筑给排水系统



## 模块二　建筑供暖系统与燃气系统

## 模块三　建筑通风与空调系统



## 模块四　建筑电气与智能化系统

# 模块一 建筑给排水系统

## 任务一 室外给排水工程

### 知识目标

- 了解室外给排水系统的组成；
- 熟悉小区给排水管道的布置及敷设要求；
- 掌握小区给排水管道常用管材。

### 能力目标

- 会选择庭院给排水管道管材；
- 能认知庭院给排水管道系统构筑物与组成构件。

室外给水工程的作用是供给城镇、工矿企业、交通运输、农业生产等部门的生活、生产、消防用水，满足用水对象对水质、水量、水压的要求。同时将上述用水产生的污（废）水及雨水通过室外排水工程加以排除与处理。

### 课题一 室外给水工程

室外给水工程是从水源取水，按用户对水质要求进行处理，然后将水输送到用水区域，按用户所需水量、水压向用户供水。

#### 一、室外给水工程系统的组成

室外给水工程通常由取水工程、给水处理工程和输配水工程三部分组成，每部分由相应构筑物及设备管道组成。取水工程取用水源有地表水与地下水，由于水源特点不同，两种给水工程的组成也有所不同。

地下水埋藏于地表以下的地层之中，水质受污染少，比较清洁，水温低且水质稳定，一般不需要净化或稍加净化就能满足生活饮用水水质标准的要求。地表水是指存在于地壳表面，暴露于大气（如江、河、湖泊和水库等）的水源，易受污染，含杂质较多，水质与水温都不稳定，需经净化处理才能达到生活饮用水水质标准的要求。

1）取水构筑物　自水源取水的构筑物，其中包括取水泵站（又称一级泵站）。

2）水处理构筑物　对取水构筑物送来的原水进行净化处理，使其符合供水水质标准的构筑物，一般集中布置在水厂内，其中包括送水泵站（又称二级泵站）。

3）输水管网　将取水构筑物取集的原水送至水处理构筑物的原水输水管及其附属构筑物；将净化后的清水送至配水管网的清水管道及其附属构筑物。

4）配水管网　将输水管网送来的清水再转输到各用户的管道及其附属构筑物。室外输配水管网根据位置不同分为街道输配水管网与庭院（小区）输配水管网。两者构成与作用基本一样。

5）调节构筑物　用以储存和调节水量，如清水池、水塔和高位水池等。

## 二、室外给水管网的布置及敷设要求

室外给水管网的布置形式，根据室外给水干管的布置形式来区分，一般分为枝状管网和环状管网。

1）枝状管网　管网分布呈树枝状，随着管网向供水区的延伸，其管径也越来越小，如图 1-1 所示。其主要优点是管线的总长度短，构造简单，初期投资最省。但当某处管线发生故障时，其下游的全部管线就会中断供水，所以供水安全可靠性较差。一般在小城镇或小型工业企业采用，或者在建设初期采用枝状管网，以后逐渐发展为环状管网。

2）环状管网　这种管网中管线间连接呈闭合环状，供水到任一用户均有两条或两条以上的供水管线，如图 1-2 所示。其主要优点为供水安全可靠性较高，水力条件较好，但管线总长度较大，建设投资明显高于枝状管网。一般在大、中城镇和工业企业中采用。

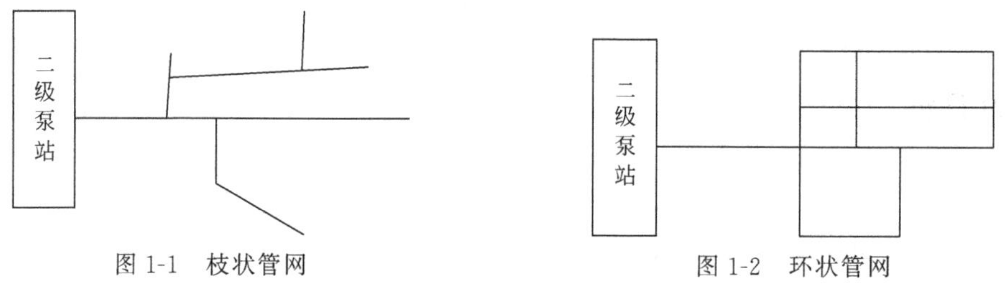


图 1-1　枝状管网　　图 1-2　环状管网

实际工程中往往将枝状管网与环状管网并存进行布置，称为混合式管网。

居住小区的室外给水管网，宜布置成环状网，或与市政给水管连接成环状网。室外给水管道，应沿区内道路平行于建筑物敷设，宜敷设在人行道、慢车道或草地下；管道外壁距建筑物外墙的净距不宜小于 1m，且不影响建筑物的基础。室外给水管道的覆土深度，应根据土壤冰冻深度、车辆荷载、管道材质及管道交叉等因素确定，管顶最小覆土深度不得小于土壤冰冻线以下 0.15m，车行道下不宜小于 0.7m。在给水管道上每隔一定距离、管道分支点和支管进入建筑物前，均应设置阀门，阀门宜设置阀门井或阀门套。

## 三、室外给排水管道常用管材

室外给排水管材有金属管与非金属管两大类，其中室外给水管道常用的球墨铸铁管与聚丙烯管在任务二有详细介绍，这里不再叙述。

### 1. 聚乙烯管（PE）

聚乙烯管有良好的经济性，接口稳定可靠，材料抗冲击、抗开裂、耐老化、耐腐蚀等。按其密度不同分为高密度聚乙烯管（HDPE）、中密度聚乙烯管（MDPE）和低密度聚乙烯管（LDPE）。常用高密度聚乙烯管（HDPE），主要适用于温度小于 40℃ 的室外压力输水、饮用水供水及燃气管道，园区内生活供水使用较多，如图 1-3 所示。直径 160mm 以下的 HDPE 管，一般采用电热熔焊接；直径 160mm 以上管，一般多用热熔对接；钢塑连接时可采用法兰、螺纹丝扣等方法连接。

(a) HDPE管

(b) HDPE双壁波纹管

(c) 钢带增强PE螺旋波纹管

图 1-3　聚乙烯管

PE 管除在给水管道应用之外，以 HDPE 为主材的双壁波纹管摩阻系数小，通过流量较大，低温施工（−30℃以上）时可不采取保护措施，施工简单，故在市政排水、污水管道应用较多，小区（庭院）排水管道应用较多；以 HDPE 为基体，外层螺旋缠绕壁层中，衬有钢板加强中空肋筋的新型波纹管，称为钢带增强 PE 螺旋波纹管，管材重量轻，强度与韧性较高，广泛应用于市政排水系统中。可采用电熔、卡箍、热熔焊接等连接方式。

2. 混凝土管与钢筋混凝土管及预应力钢筒混凝土管

(1) 混凝土管与钢筋混凝土管

混凝土管与钢筋混凝土管抗外压性较好，价格便宜，耐腐蚀，但重量大，接头多，可采用承插、平口或企口的接口方式。平口与企口接口可采用水泥砂浆抹带、钢丝网水泥砂浆抹带或套环石棉水泥处理，一般做混凝土基础；而承插接口多采用橡胶圈柔性接口。钢筋混凝土管主要作为城市排水系统、小区排水系统与市政给水系统的输水管使用，如图 1-4 所示。

(2) 预应力钢筒混凝土管（PCCP 管）

是指在带有钢筒的混凝土管芯上缠绕环向预应力钢丝，并制作水泥砂浆保护层而制成的管子，管子具有较高抗渗、抗腐性，管子接口有良好的密封性，目前主要作为大管径市政给水系统的输水管。主要分为以下两类。

1) 内衬式预应力钢筒混凝土管（PCCPL）　是指在钢筒内壁成型混凝土层后，在钢筒外侧缠绕环向预应力钢丝，然后制作水泥砂浆保护层而制成的管子。

2) 埋置式预应力钢筒混凝土管（PCCPE）　是指在钢筒内、外两侧成型混凝土层后，在管芯混凝土外侧缠绕环向预应力钢丝，然后制作水泥砂浆保护层而制成的管子。

3. 玻璃钢夹砂管（RPM 管）

RPM 管，重量轻，内壁光滑，水流阻力小，耐寒、耐高温性能较好，耐腐蚀性能好，使用寿命长，接口方便，接头少，密封性好，易于运输、安装。采用橡胶圈承插式连接。广泛应用在城市供水、市政排水、污水输送、中水回用与海水输送等系统，如图 1-5 所示。

图 1-4　钢筋混凝土管

图 1-5　玻璃钢夹砂管

# 课题二　室外排水工程

室外排水工程是将建筑物内排出的生活污水、工业废水和雨水有组织地按一定的系统汇集起来，经工艺处理符合排放标准后再排入水体，或灌溉农田，或回收再次利用。从而保护生态环境免受污染、使污水资源化、促进工农业生产的发展和保障人民的健康与正常生活。

## 一、排水体制

排水体制分为合流制与分流制。

1）合流制　将生活污水、生产废水和雨水用同一管渠收集和输送的排水方式。

2）分流制　在一个排水区域内，由两个各自独立的排水管网系统分别收集、输送和排除城市污（废）水和雨水的排水方式。

## 二、室外排水系统的组成

排水系统分为污水排水系统和雨水排水系统。

1. 污水排水系统

室外污水排水系统主要由管道系统、污水泵站、污水处理厂及出水口组成。

1）排水管道系统　由居住小区污水管道［也叫作庭院（街坊）污水管网］和街道污水管道系统以及管道上的附属构筑物（检查井、雨水口）组成。

2）污水泵站　污水一般以重力排除，有时受到地形的限制，需要在管道系统中设置污水提升泵站，根据所处位置分局部泵站、中途泵站和总泵站等。

3）污水处理厂　由处理污水、去除有害物质，并且利用处理后的污水、污泥的一系列构筑物和附属构筑物组成的系统。

4）出水口　将污水处理厂处理后的污水排入水体的终点构筑物。出水口的位置和形式应根据出水性质、水体的水位及变化情况、流向、下游用水情况、岸边地质条件等因素确定。

2. 雨水排水系统

雨水的水质，除了初期雨水之外，接近地面水的性质，可以不经处理直接排入天然水体中。一般由居住小区或工厂雨水管渠系统、街道雨水管渠系统、雨水口、排洪沟、雨水泵站、出水口等组成。

## 三、室外排水管网的布置及敷设要求

庭院排水管道是指室内排出管至街道市政排水管网之间的室外排水管道，管道布置根据小区规划、地形标高、排水流向，力求管线短、埋深小、尽可能自流排出。排除生活污水的庭院排水管道通常布置在房屋设有卫生间、厨房一侧。小区排水管道的覆土深度应考虑道路行车等级、管材受压强度、地基荷载力等。小区干道和小区组团道路下的管道，覆土深度不宜小于 0.7m，生活污水接户管道埋深不得高于土壤冰冻线以上 0.15m，且覆土深度不宜小于 0.3m。为防止污水管道内污水中的污物沉淀，管道敷设时要有一定的坡度，保证一定的水流速度。

## 四、室外排水管道附属构筑物

为保证排水系统正常工作，除管线以外，还需设置一些必要附属构筑物，常用的水构筑物有检查井、跌水井、雨水口、化粪池等。

1）检查井　检查井用来对管线进行检查和清通，同时有连接管段的作用。在管道转弯处、连接支管处和管径、坡度改变处，直线管段上均应设置检查井，室外生活排水管道管径小于等于150mm时，检查井间距不宜大于20m，管径大于200mm时，检查井间距不宜大于30m，以便定期维修和疏通管道。图1-6所示为圆形检查井的构造。

2）跌水井　跌水井是设有减缓水流速度设施的检查井。一般在下列情况下设置：跌差大于1m；管道中水流速度过大需要缓冲；上、下游管段高差较大；管道遇到地下障碍物等。在管道转弯处，不宜设置跌水井。

3）雨水口　雨水口是在雨水管渠或合流管渠上收集雨水的构筑物，一般设在道路两旁收集院落、街道上的雨水。地面上的雨水经过雨水口和连接管流入管道上的检查井，进入排水管渠。

雨水口的设置要求是能迅速有效地收集雨水，一般设在交叉路口的汇水点上或截水点上，路侧边沟的一定距离处，以及设有路缘石的低洼处。雨水口的间距一般是25～60m，雨水口由进水箅、井筒、连接管组成。

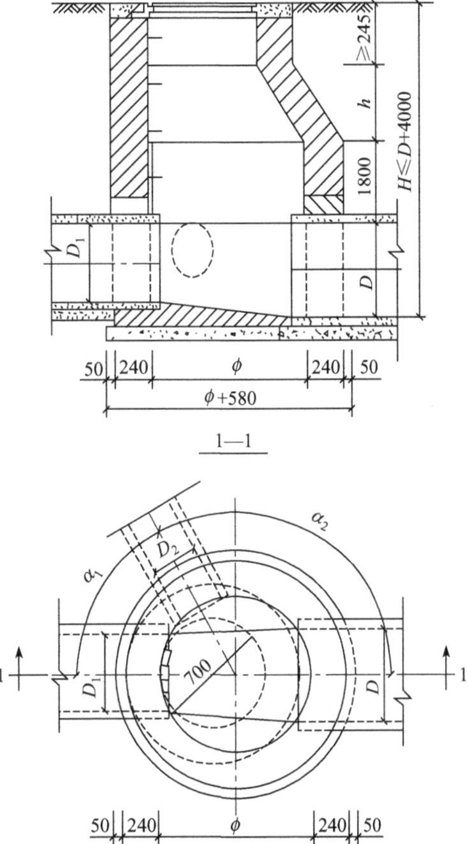


图1-6　圆形检查井构造

$\phi$—检查井直径；$D$、$D_1$、$D_2$—上下游管道内径；$\alpha_1$、$\alpha_2$—管道交汇角度

### 相关知识链接——小区管道的综合布置

在居住小区或厂区，室外有多种管道，除给排水管道外，还有热力、燃气、电力、电信等其他管道或管线，各种管线的综合布置与合理安排是一个复杂的工作。在庭院内建筑线向外平行布置的次序，应根据工程管线的性质与埋设深度确定，布置次序宜为电力、电信、污水排水、燃气、给水、热力。当燃气管线在建筑物两侧中任一侧引入均满足要求时，燃气管线应布置在管线较少一侧。各种管线之间必须保持一定的水平距离与垂直距离，水平距离为0.5～2.0m，垂直距离为0.15～0.5m。管线交叉的解决原则是，有压管让无压管、小管让大管，并按规范进行施工与安装。当工程管线交叉时，自地表面向下的排列顺序为电力、热力、燃气、给水、雨水、污水管线。

### 复习思考题

1. 室外给排水工程的基本任务是什么？各由哪几部分组成？
2. 枝状管网、环状管网各有什么特点？

3. 什么是合流制、什么是分流制？
4. 室外给排水管道有哪些布置及敷设要求？

# 任务二　建筑给水系统

**知识目标**

- 熟悉建筑给水系统、消防给水系统、建筑热水供应系统的分类、组成、布置与敷设；
- 掌握建筑给水系统、消防给水系统、建筑热水供应系统的常用管材、管件、附件和常用设备。

**能力目标**

- 能理解建筑给水系统、消防给水系统、建筑热水供应系统的构成及工作原理；
- 能认知建筑给水系统、消防给水系统、建筑热水供应系统管材、设备及附件；
- 能认知建筑给水方式及高层建筑给水方式。

## 课题一　建筑给水系统介绍

建筑给水系统是供应建筑内部的生活、生产和消防用水的一系列工程设施的组合。建筑给水系统的任务是通过室外给水系统将水引入建筑物内，并保证满足用户对水质、水量、水压等要求的情况下，经济合理地把水送到各个配水点（如配水龙头、生产用水设备、消防设备）。

### 一、建筑内部给水系统的分类

建筑内部给水系统按供水对象及其要求可分为以下几种。

1）生活给水系统　民用建筑或工业企业建筑内的专供人们生活饮用、盥洗、洗涤、沐浴等生活方面的给水系统称为生活给水系统。生活给水系统除满足所需的水量、水压要求外，水质必须符合国家规定的饮用水水质标准。

2）生产给水系统　为工业企业生产方面所设的给水系统称为生产给水系统，如生产蒸汽、冷却设备、食品加工和造纸等生产过程中用水。生产用水水质按生产工艺和产品要求确定。

3）消防给水系统　为建筑物扑救火灾而设置的给水系统称为消防给水系统。消防用水一般对水质无特殊要求，但水压和水量必须符合《建筑设计防火规范》的要求。

在一幢建筑物中，可以单独设置以上三种给水系统，也可根据所要求的水质、水压、水量和水温等考虑经济、技术和安全等方面的条件，组成不同的共用给水系统。如生活-生产给水系统、生活-消防给水系统、生活-生产-消防给水系统等。

### 二、给水系统组成与给水方式

1. 建筑给水系统的组成

建筑给水系统与建筑小区给水系统，以建筑物的给水引入管的阀门井或水表井为界。典型的建筑给水系统一般由下列各部分组成，如图 2-1 所示。

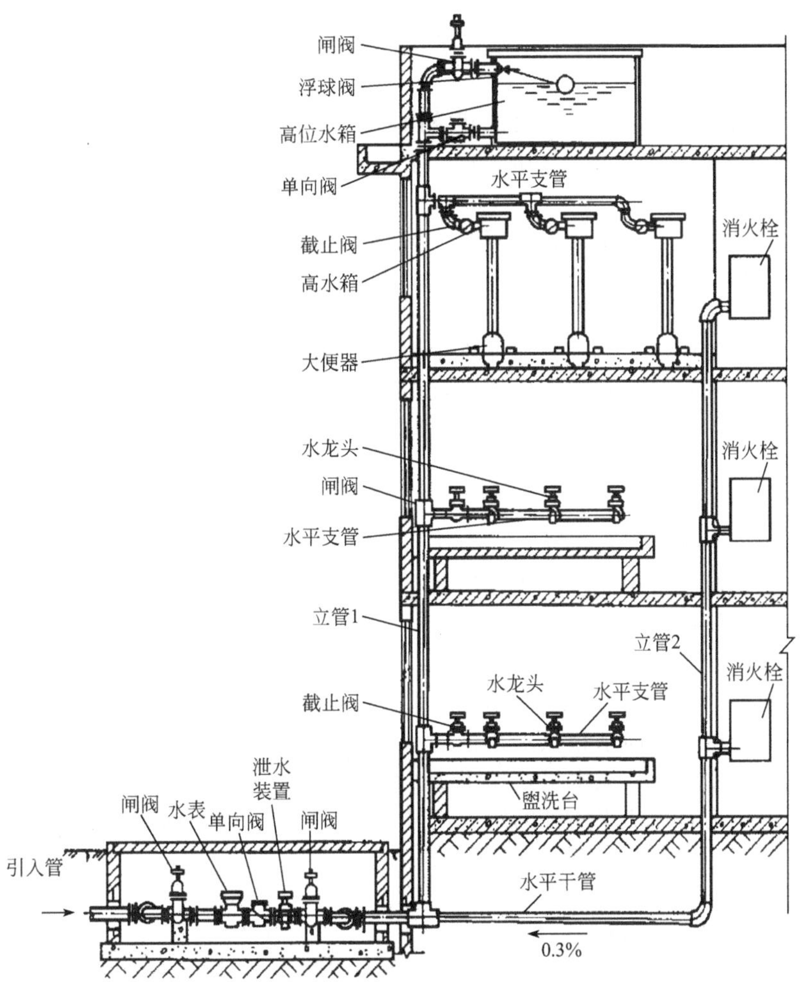


图 2-1　建筑给水系统的组成

(1) 水源

它指市政给水接入管或自备储水池等。

(2) 管网

建筑内的给水管网是由室外给水管网和建筑内部管网之间的引入管以及水平或垂直干管、立管、配水支管组成。

1) 引入管　是指室外给水管网与室内给水管网之间的连接管，又称进户管，其作用是将水从室外给水管网引入到建筑物内部给水系统。

2) 干管　干管是将引入管送来水转送到给水立管中去的管段。

3) 立管　立管是将干管送来的水沿垂直方向输送到各楼层的配水支管中去的管段。

4) 配水支管　是将水从立管输送至各个配水龙头或用水设备处的供水管段。

(3) 计量设备

室内给水通常采用水表计量。必须单独计量水量的建筑物，应在引入管上装设水表节点，水表节点是指引入管上装设的水表及前后设置的阀门、泄水阀等装置的总称；建筑物的某部分和个别设备需计量水量时，应在其配水支管上装设水表，便于计量局部用水量，对于民用住宅，还应安装单户水表。

(4) 给水附件

为了便于取用、调节和检修，在给水管路上需要设置各种给水附件，如各种阀门、水龙头等。

(5) 升压和储水设备

在室外给水管网提供的压力不足或建筑内对安全供水、水压稳定有一定要求时，需设置各种附属设备，如水箱、水泵、气压装置、水池等升压和储水设备。

(6) 给水局部处理设备

建筑物所在地点的水质不符合要求或建筑的给水水质要求超出我国现行标准的情况下，需要设给水深处理构筑物和设备，局部进行给水深处理。

2. 给水方式

建筑内部给水管网的压力，是保证将所需的水量供到各配水点，并保证最高最远的配水龙头（即最不利配水点）具有一定的流出水头。

根据建筑内部所需的水压与室外给水管网提供水压和水量的关系，建筑内部给水方式一般有如下几种。

(1) 直接给水方式

室外给水管网的压力、水量在一天内任何时候都能满足建筑内部管网最不利点所需的水压、水量供水需要时，常用此种方式，如图 2-2 所示，这种给水方式简单、经济且又供水安全，是建筑给水系统中优先采用的给水方式。

(2) 设水箱的给水方式

在室外给水管网供水压力周期性不足时，可采用设水箱的给水方式。当室外给水管网水压足够时，室外管网直接向水箱供水，再由水箱向各配水点连续供水；当外网水压较小时，则由水箱向室内给水系统补充水量，如图 2-3 所示。如为下行上给式系统，为防止水箱造成的静压大于外网压力，而使水向外网倒流，需在引入管上安装止回阀。

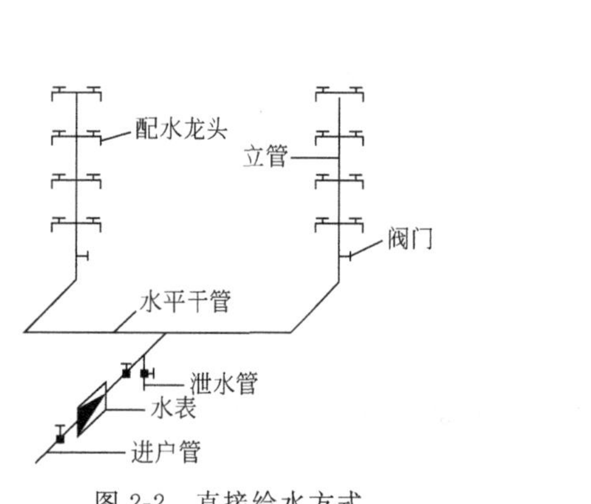

图 2-2 直接给水方式

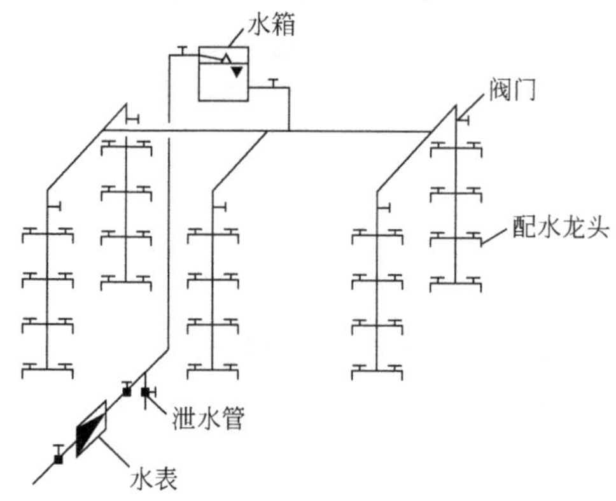

图 2-3 设水箱给水方式

这种给水方式的优点是，能储备一定量的水，在室外管网压力不足时，不中断建筑内部用水；缺点是，高位水箱重量大、位于屋顶，需加大建筑梁、柱的断面尺寸，并影响建筑物的立面视觉效果。

(3) 设水泵的给水方式

在室外给水管网的水压经常不足时，可采用设水泵的给水方式，如图 2-4 所示。当建筑内用水量大且均匀时，可用恒速泵供水；当建筑内用水不均匀时，可采用一台或多台水泵变速（采用变频控制器控制）运行供水，以提高水泵的工作效率，降低能耗。水泵直接从室外管网抽水，会影响给水外网上其他用户用水。采用设水泵的给水方式时必须征得供水部门的同意。常规的做法是在系统中增设储水池，使水泵从储水池中抽水，水泵与室外管网间接连接的方式。

（4）设储水池、水泵和水箱的给水方式

如图 2-5 所示。当室外给水管网水压经常不足，而且不允许水泵直接从室外管网吸水和室内用水不均匀时，常采用该种供水方式。

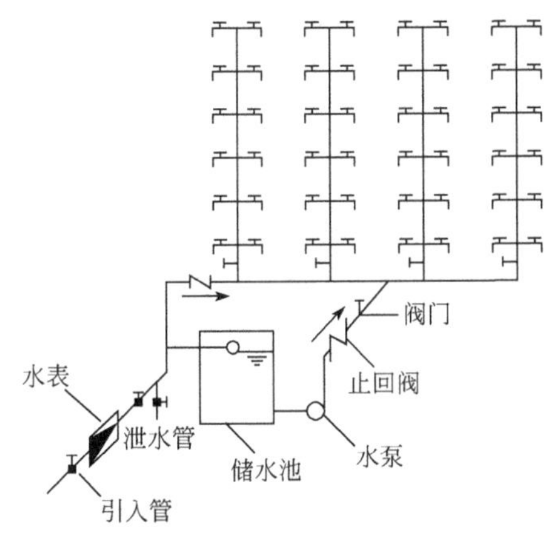


图 2-4　设水泵给水方式

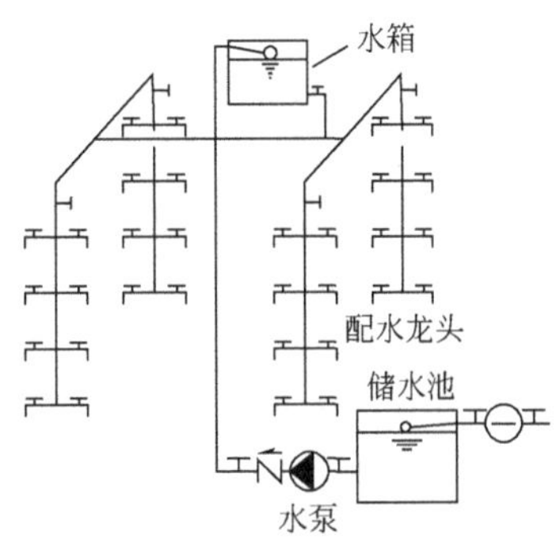


图 2-5　设储水池、水泵和水箱的给水方式

水泵从储水池中吸水，经加压后送给用户使用。当水泵供水量大于系统用水量时，多余的水充入水箱储存；当水泵供水量小于系统用水量时，则由水箱出水，向系统补充供水，以满足室内用水要求。此外，储水池和水箱又起到了储备一定水量的作用，使供水的安全可靠性好。

（5）设气压给水装置的给水方式

气压给水装置是利用密闭压力水罐内空气的可压缩性储存、调节和压送水量的给水装置，其作用相当于高位水箱和水塔，如图 2-6 所示。水泵从储水池或由室外给水管网吸水，经加压后送至给水系统和气压水罐内，停泵时，再由气压水罐向室内给水系统供水。由气压水罐调节储存水量及控制水泵运行。

这种给水方式的优点是，设备可设在建筑的任何高度上，安装方便，水质不易受污染，投资省，建设周期短，便于实现自动化等。但是，由于给水压力变动较大，管理及运行费用较高，供水安全性较差。这种给水方式适用于室外管网水压经常不足，不宜设置高位水箱的建筑。

（6）分区给水方式

在多层建筑中，城市供水管网的水压仅能供应下面几层，不能保证上面楼层的用水，为了充分利用外网的压力，可将给水系统分成上、下两个供水区。下面由室外管网直接供水，上面由水池、水泵、水箱联合供水，如图 2-7 所示。

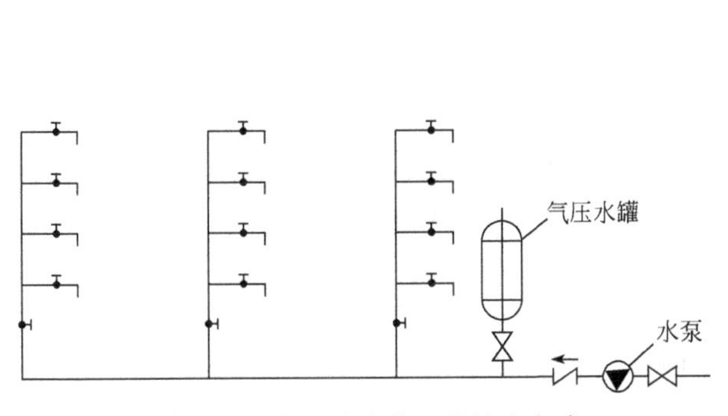


图 2-6　设气压给水装置的给水方式

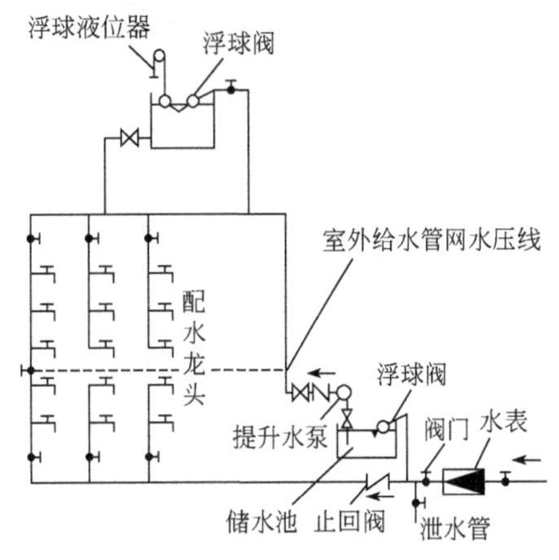


图 2-7　分区给水方式

## 三、给水系统常用管材、管件及附件

建筑给水系统常用管材分为金属管、非金属管和复合材料管三大类。各种管道连接时，均需采用与该类管材相应的专用管件。

1. 常用管材

(1) 金属管

1) 焊接钢管　焊接钢管俗称水煤气管，又称为低压流体输送管或有缝钢管。通常用普通碳素钢中钢号为Q215、Q235、Q255的软钢制造而成。

按其表面是否镀锌可分为镀锌钢管（又称白铁管）和非镀锌钢管（又称黑铁管）。按钢管壁厚不同又分为普通管、加厚管和薄壁管三种。按管端是否带有螺纹还可分为带螺纹和不带螺纹两种。

每根管的制造长度为，带螺纹的黑、白钢管4～9m，不带螺纹的黑钢管4～12m。普通焊接钢管用于输送流体工作压力小于或等于1.0MPa的管路，如室内暖卫工程管道；加厚焊接钢管用于输送工作压力小于或等于1.6MPa的管路；白铁钢管适用于生活饮用水管道或某些对水质要求较高的工业用水管道；黑铁管用于非生活饮用水管道或一般工业给水管道。

2) 无缝钢管　用于输送流体的无缝钢管用10、20、Q295、Q345牌号的钢材制造而成。

按制造方法可分为热轧和冷轧两种。

热轧管外径有32～630mm的各种规格，每根管的长度为3～12m；冷轧管外径有5～220mm的各种规格，每根管的长度为1.5～9m。

无缝钢管用作输送流体时，适用于给水排水、氧气、乙炔、室外供热管道。一般直径小于50mm时，选用冷拔钢管，直径大于50mm时，选用热轧钢管。

3) 铜管　常用铜管有紫铜管（纯铜管）和黄铜管（铜合金管）。

铜管常用于高纯水制备，输送饮用水、热水和民用天然气、煤气、氧气及对铜无腐蚀作用的介质。

4) 给水铸铁管　给水铸铁管常用球墨铸铁浇铸而成，出厂前内外表面已用防锈沥青漆防腐。根据承压大小分为高压、普压和低压三种。接口形式有承插式和法兰式两种，承插式常用，如图2-8所示。直径规格均用公称直径表示。庭院与市政给水管道系统常用。

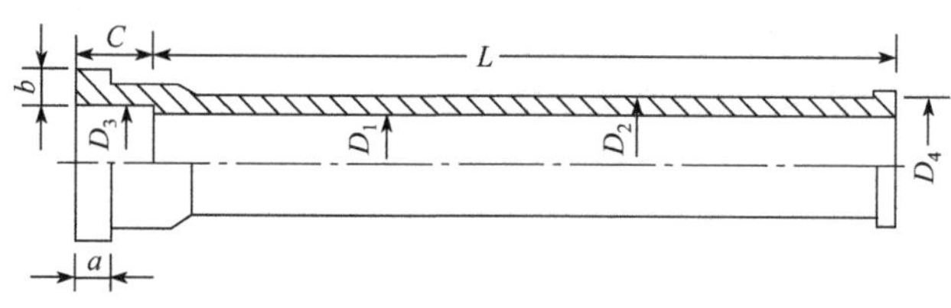


图2-8　承插给水铸铁管

图2-9　PP-R管

(2) 非金属管

聚丙烯管（PP-R管）又叫三型聚丙烯管，采用无规共聚聚丙烯经挤出成为管材。无毒、卫生、保温节能、耐热性较好、使用寿命长、安装方便。可满足建筑给排水规范中热水系统的使用要求，不仅用于冷热水管道，还可用于纯净饮用水系统、建筑物内的采暖系统、中央（集中）空调系统，是建筑给水系统普遍采用的管材，如图2-9所示，多采用热熔连接。

(3) 复合材料管

1) 钢塑复合管　钢塑复合管（SP管），以普通钢管为基材，可以内壁涂聚乙烯粉末，外壁镀锌合金，或内外壁均涂敷聚乙烯粉末，即具有金属管的强度，又具有塑料管的耐腐蚀性、水流阻力小的特点，是一种新型的给水、防腐管道。钢塑复合管除用于建筑冷热水、供水泵房、消防、天然气、采暖及空调管道系统外，还可用于化工和石油工业等领域。可采用螺纹、卡箍、法兰等连接方式。

2) 铝塑稳态管　内层由PP-R管与合金铝采用热熔黏合工艺复合而成，外覆PP-R保护层，外层塑料层较薄，施工时用专用卷削工具将管材插口部分的铝层保护层去除，再热熔承插连接。铝塑稳态管既有塑料管的卫生性、密封性、耐腐性，也有金属管防紫外线、不渗氧、明装不变形等特性。适于建筑冷水、高温水管道、中央空调、散热器采暖管道系统，如图2-10 (a) 所示。

3) 铝塑复合管　简称铝塑管（PAP），是以聚乙烯（PE）或交联聚乙烯（PEX）为内外层，中间芯层夹一焊接铝管，并在铝管的内外表面涂覆胶黏剂与塑料层粘接，通过挤出成型工艺制造，内外层塑料厚度相近。即能保持塑料管的耐腐性，又具有金属管的耐压性能，可用于建筑冷热水管与供暖管道，由于管径较小，在建筑配水支管应用较多，可明装，也可直埋敷设，如图2-10 (b) 所示。不允许粘接或热熔，用卡套式铜配件连接。

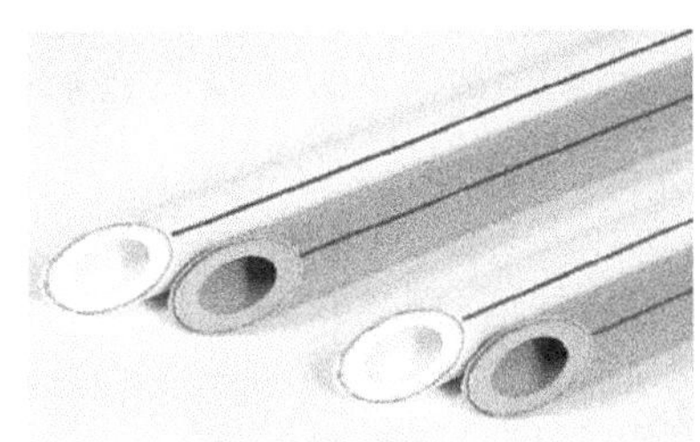

(a) 铝塑稳态管　　(b) 铝塑复合管

图2-10　复合管

2. 常用管件

在管路系统中管件的作用是连接管道、改变管径、改变管路方向、接出支路管线及封闭管路等。根据制作材料的不同，可分为铸铁管件、钢管件和塑料管件；根据接口形式的不同，可分为螺纹连接管件、法兰连接管件、承插连接管件等。法兰连接适用于给排水工程的各类设备上及构筑物内的配管连接，如水泵、锅炉或水塔内的管道连接。

(1) 钢管件

钢管连接方法有螺纹连接、法兰连接、焊接三种方法，镀锌钢管不允许用焊接。

1) 焊接钢管管件　用无缝钢管或焊接钢管经下料加工而成，常用的有焊接弯头、焊接三通和焊接异径三通等。

2) 无缝钢管管件　用压制法、热推弯法及管段弯制法制成。常用的有弯头、三通、四通、异径管、管帽等。图2-11列举了一些常见无缝钢管管件。

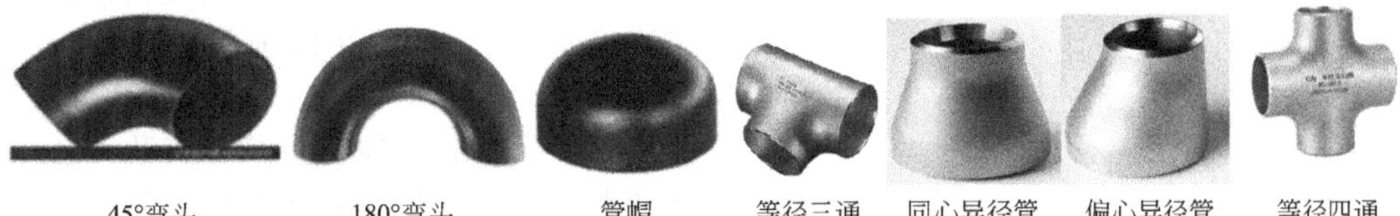

45°弯头　180°弯头　管帽　等径三通　同心异径管　偏心异径管　等径四通

图2-11　无缝钢管管件

(2) 铸铁管件

1) 可锻铸铁管件　可锻铸铁管件在室内给水、供暖、燃气等工程中应用广泛，配件规格为 $DN6\sim150$mm，与管子的连接均采用螺纹连接，有镀锌管件和非镀锌管件两类，常见的如图 2-12 所示。

图 2-12　常见可锻铸铁管件

2) 给水铸铁管件　图 2-13 列出部分给水铸铁管件。

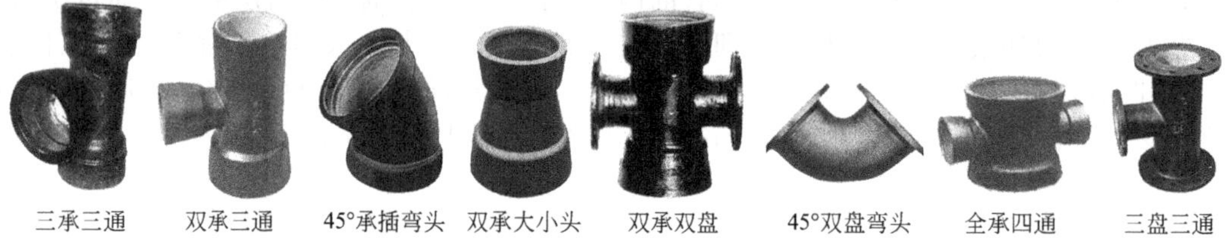


图 2-13　部分给水铸铁管件

(3) 聚丙烯管（PP-R 管）管件

常见聚丙烯管管件，如图 2-14 所示。

图 2-14　常见 PP-R 管管件

(4) 给水用铝塑管管件

给水用铝塑管管件材料一般是用黄铜制成，采用卡套式连接的管件，如图 2-15 所示。

图 2-15　卡套连接管件示例

3. 常用附件

室内给水系统中的附件是指在管道及设备上的用以启闭和调节分配介质流量压力的装置。有配水附件和控制附件两大类。

（1）配水附件

配水附件是指安装在给水支管末端，供卫生器具或用水点放水用的各式水龙头（或称水嘴），用来调节和分配水流。部分常用的水龙头如图 2-16 所示。

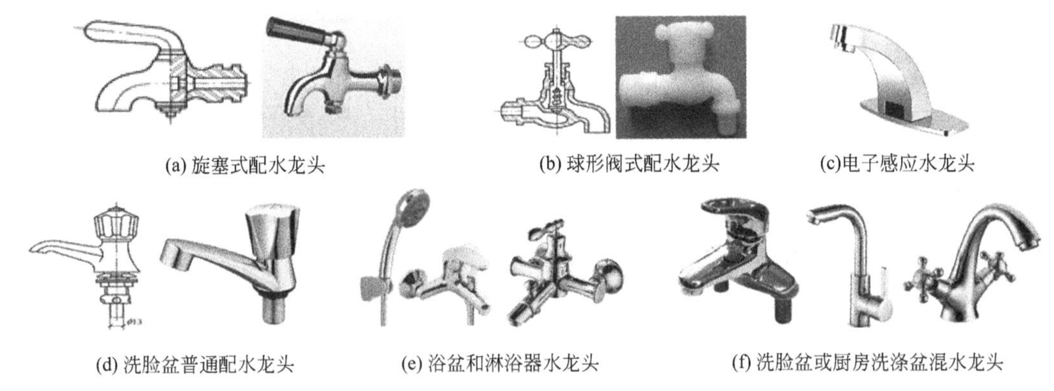

(a) 旋塞式配水龙头　(b) 球形阀式配水龙头　(c)电子感应水龙头

(d) 洗脸盆普通配水龙头　(e) 浴盆和淋浴器水龙头　(f) 洗脸盆或厨房洗涤盆混水龙头

图 2-16　各类水龙头

1）旋塞式配水龙头　该水龙头的旋塞转 90°时，即完全开启，短时间可获得较大的水流量。由于水流呈直线通过，其阻力较小。缺点是启闭迅速时易产生水锤。

2）球形阀式配水龙头　装设在洗脸盆、污水盆、盥洗槽上的水龙头均属此类。水流经过水龙头时，因水流改变流向，故压力损失较大。

3）普通龙头　装设在洗脸盆上，用于专门供给冷热水，有莲蓬头式、角式、喇叭式、长脖式多种形式。

4）混合配水（混水）龙头　用以调节冷热水的温度，如盥洗、洗涤、浴用热水等。这种配水龙头的式样较多，可结合实际选用。

5）感应水龙头　感应水龙头是利用光电元件控制启闭的龙头。使用时手放在水龙头下，挡住光电元件即可开启，使用完毕后手离开即可关闭。感应水龙头节水且无接触操作，清洁卫生，多设于公共场合。

（2）控制附件

控制附件用以启闭管路、调节水量和水压，一般指各种阀门。

1）截止阀　阀门关闭严密，但水流阻力较大，适用在管径不大于 50mm 的管道或需要经常启闭的管道上。截止阀的启闭件为阀杆下的阀盘，由阀杆带动，沿阀座轴线作升降运动，而切断或开启管路。按连接方式分为螺纹式和法兰式两种。截止阀的构造如图 2-17 所示。

2）闸阀　闸阀的启闭件为闸板，由阀杆带动闸板沿阀座密封面作升降运动，而切断或开启管路。按闸板（平板）的结构不同分为契式、平行式和弹性闸阀三种，其中契式与平行式闸阀应用普遍；按阀杆的结构不同可分为明杆式（闸板升降时可看到阀杆同时升降）与暗杆式（闸板升降时看不到阀杆升降）两种；按连接方式分为螺纹式和法兰式两种，如图 2-18 所示。闸阀全开时，水流呈直线通过，压力损失小；但水中有杂质落入阀座后，使阀门不能关闭到底，因而产生磨损和漏水。一般管径大于 50mm 或需要双向流动的管段上采用闸阀。

3）旋塞阀　旋塞阀又称考克或转心门，是依靠中央带孔的锥形栓塞来控制水流启闭的。装在需要迅速开启和关闭的管段上，为防止因迅速关断水流而产生水击，常用于压力较低和管径较小的管段上，其结构如图 2-19 所示。

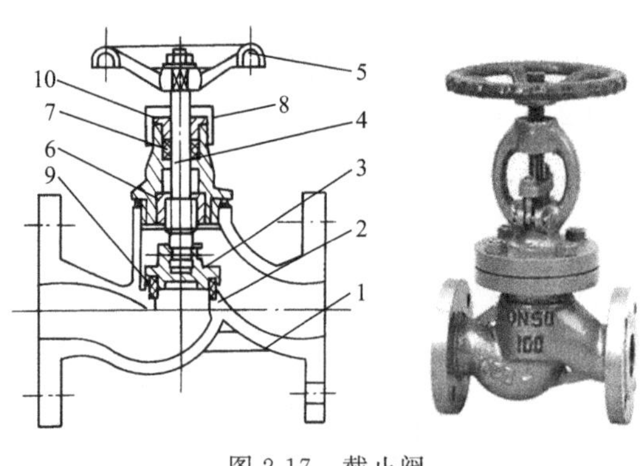


图 2-17　截止阀

1—阀体；2—阀座；3—阀盘；4—阀杆；5—手轮；6—阀盖；7—填料；8—压盖；9—密封圈；10—填料压环

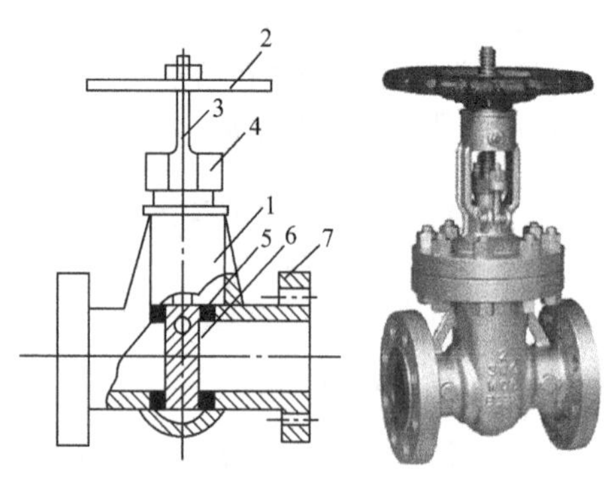


图 2-18　法兰式闸阀

1—阀体；2—手轮；3—阀杆；4—压盖；5—密封圈；6—闸板；7—法兰

4）蝶阀　蝶阀阀板在 90°旋转范围内可起调节流量和关断水流的作用，它具有体积小、质量轻、启闭灵活、关闭严密、水头损失小、启闭迅速等优点。图 2-20 所示为常见的对夹式蝶阀。

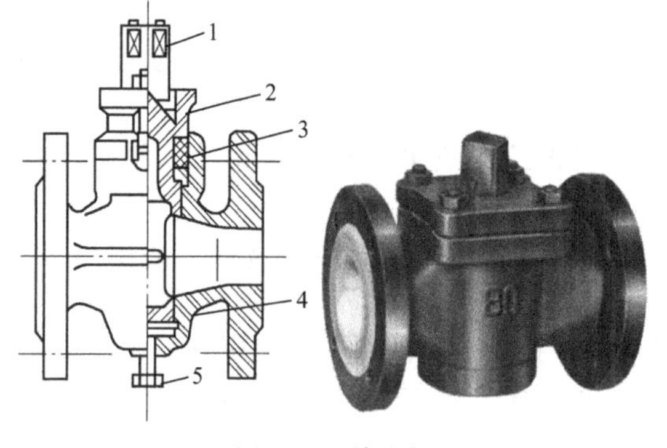


图 2-19　旋塞阀

1—旋塞；2—压盖；3—填料；4—阀体；5—退塞螺栓

图 2-20　对夹式蝶阀

5）球阀　球阀是利用一个中间开孔的球体阀芯，靠旋转球体来控制阀门开、关的。球阀只能全开或全关，不允许作节流用，常用的为小口径的螺纹球阀，于管径较小的给水管道中。结构如图 2-21 所示。

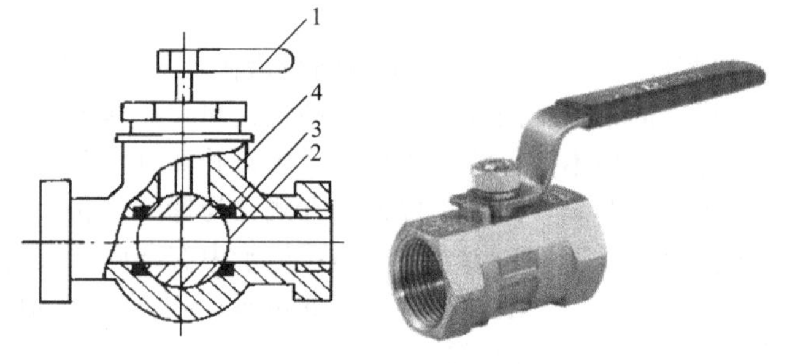


图 2-21　螺纹式球阀

1—手柄；2—球体；3—密封圈；4—阀体

6）止回阀　用来阻止水流的反向流动。按连接方式分为螺纹式和法兰式两种；按结构形式分为升降式和旋启式两种类型。升降式止回阀的结构如图 2-22 所示；旋启式止回阀的结构如图 2-23 所示。止回阀一般用于引入管上、水泵出水管上、密闭用水设备的进水管上和进出水管合用一条管道的水箱、水塔的出水管上。安装时要注意方向，必须使水流的方向与阀体上箭头方向一致，不得装反。

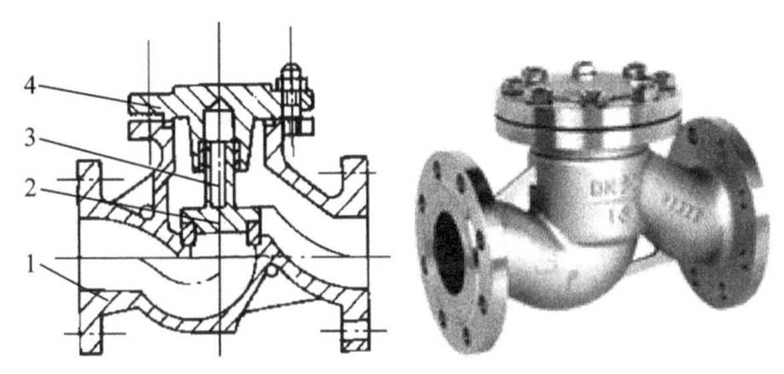


图 2-22　升降式止回阀

1—阀体；2—阀瓣；3—导向套；4—阀盖

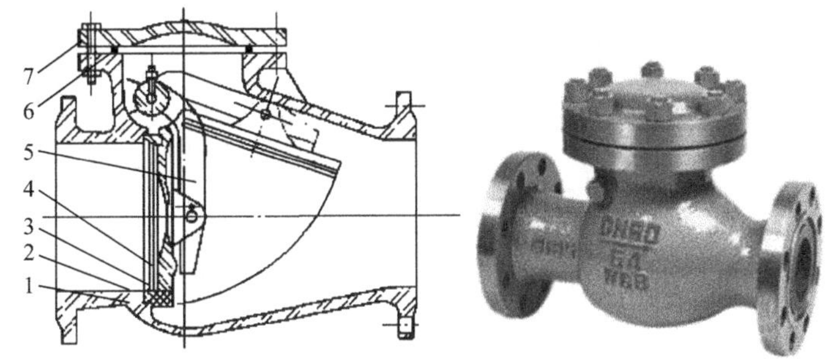


图 2-23　旋启式止回阀

1—阀体；2—阀体密封圈；3—阀瓣密封圈；4—阀瓣；5—摇杆；6—垫片；7—阀盖

底阀也是止回阀的一种，专门用于水泵吸水口，是保证水泵启动、防止杂质随水流吸入泵内的一种单向阀，其类型也有升降式和旋启式两种。

7）管道倒流防止器　止回阀只是引导水流单向流动，并不是防止倒流污染的有效装置。在必须防止倒流污染的地方，如从城市给水管道上直接吸水的水泵吸水管起端、直接从给水管道上接出的消防给水管道的起端，必须装设管道倒流防止器。设有倒流防止器后，不需再设止回阀。

8）浮球阀　是一种利用液位变化可以自动开启关闭的阀门，多装在水箱或水池内。浮球阀口径为 15～100mm，与各种管径的规格相同。采用浮球阀时不宜少于两个，且与进水管标高一致。结构如图 2-24 所示。

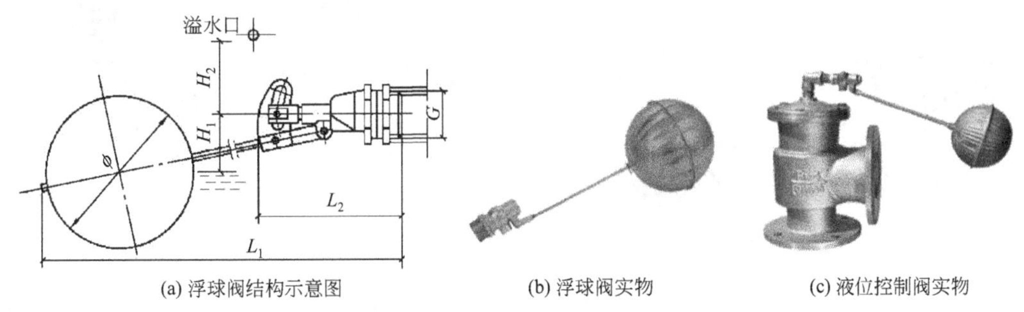


(a) 浮球阀结构示意图　　(b) 浮球阀实物　　(c) 液位控制阀实物

图 2-24　浮球阀与液位控制阀

液位控制阀是一种依靠水位升降而自动控制的阀门，可代替浮球阀而用于水箱、水池或水塔的进水管上，通常是立式安装。

9）安全阀　当管道或设备内的介质压力超过规定值时，启闭件（阀瓣）自动排放，低于规定值时，自动关闭，对管道和设备起保护作用的阀门是安全阀。按其构造分为杠杆重锤式、弹簧式、脉冲式三种。弹簧式安全阀如图 2-25 所示。

10）减压阀　减压阀是通过启闭件（阀瓣）的节流，将介质压力降低，并依靠介质本身的能量，使出口压力自动保持稳定的阀门。用于空气、蒸汽设备和管道上。有波纹管式、活塞式、膜片式等类型。弹簧薄膜式减压阀结构如图 2-26 所示。

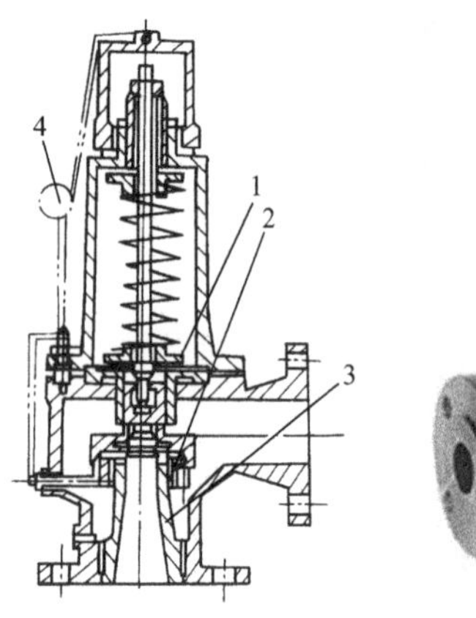

图 2-25　弹簧式安全阀

1—阀瓣；2—反冲盘；3—阀体；4—铅封

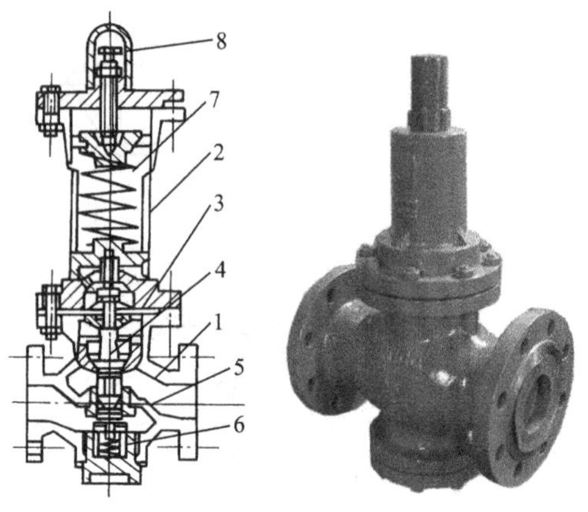


图 2-26　弹簧薄膜式减压阀

1—阀体；2—阀盖；3—薄膜；4—活塞；5—阀瓣；6—主阀弹簧；7—调节弹簧；8—调整螺栓

4. 水表

水表是一种计量用户用水量的仪表。根据工作原理不同分为流速式和容积式，在建筑给水系统中广泛应用的是流速式水表。其计量用水量的原理是当管径一定时，通过水表的流量与水流速度成正比。水表计量的数值为累计值。流速式水表按叶轮构造不同分为旋翼式和螺翼式两类。

① 旋翼式水表的叶轮轴与水流方向垂直，水流阻力大，计量范围小，多为小口径水表，宜于测量较小水流量，如图 2-27 所示。按计数机件所处的状态分为湿式和干式两种。

② 螺翼式水表的叶轮轴与水流方向平行，阻力小，计量范围大，多为大口径水表，如图 2-28 所示。按其转轴方向可分为水平式和垂直式两种。垂直式均为干式水表；水平式有干式和湿式两种。

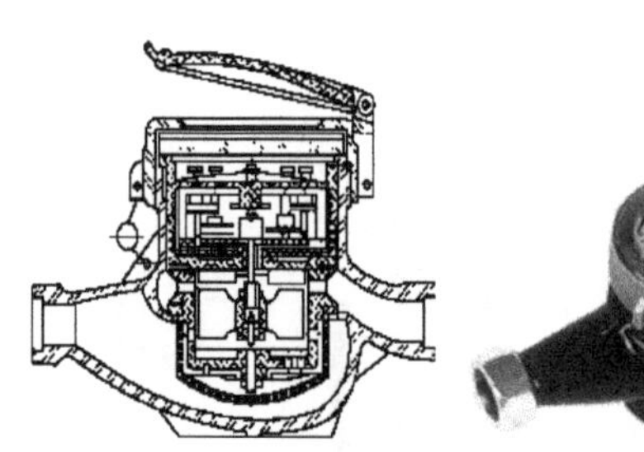
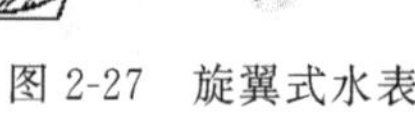

图 2-27　旋翼式水表

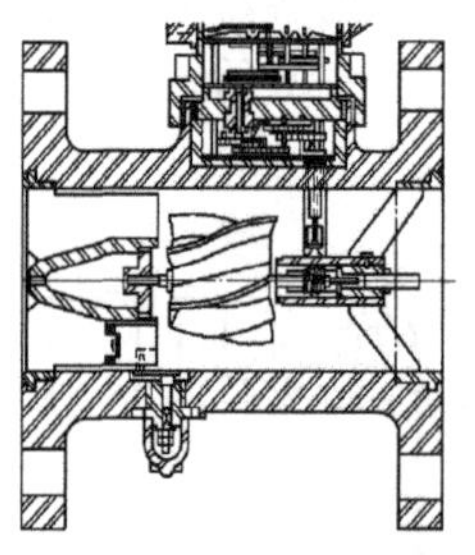

图 2-28　螺翼式水表

湿式水表的计数机构和表盘均浸没于水中，机构简单，计量较准确，应用较广泛，但只能用于水中不含杂质的管道上。

干式水表的计数机构和表盘与水隔开，当水质浊度高时会降低水表精度，产生磨损，降低水表寿命。

随着科学技术的发展，将建筑智能技术应用在水表抄读中，出现了远传户外抄读和计算机物业管理相结合的远传水表、集中抄读系统。目前 IC 卡水表、TM 卡（智能卡式）水表和代码式水表发展速度很快，并将成为主流产品，这类水表适用于"先付费后用水"条件下的管理系统。此外，特种水表也呈现出快速发展势头，如热量表（或热能表）、污水表、特大流量计量水表、提高水表始动流量灵敏度的滴水计量水表等相继研发成功并已投产应用。

## 四、建筑给水系统布置与敷设

在进行建筑内部给水管道的布置和敷设时，必须首先了解建筑物的建筑结构情况，即建筑物的使用功能，建筑物内供暖、供电、空调、给排水等所有设备布置情况，需要与其他专业设计相协调。

1. 给水管道的布置

1）确保供水安全，力求经济合理　管道尽可能和墙、梁、柱平行，呈直线走向，力求管路简短，以减少工程量，降低造价。干管应布置在用水量大或不允许间断供水的配水点附近，既利于供水安全，又可减少流程中不合理的转输流量，节省管材。对不允许间断供水的建筑物，应从室外环状管网不同管段上连接 2 条或 2 条以上引入管，在室内将管道连成环状或贯通状双向供水，如图 2-29 所示。若条件达不到要求，可采取设储水池或增设第二水源等安全供水措施。

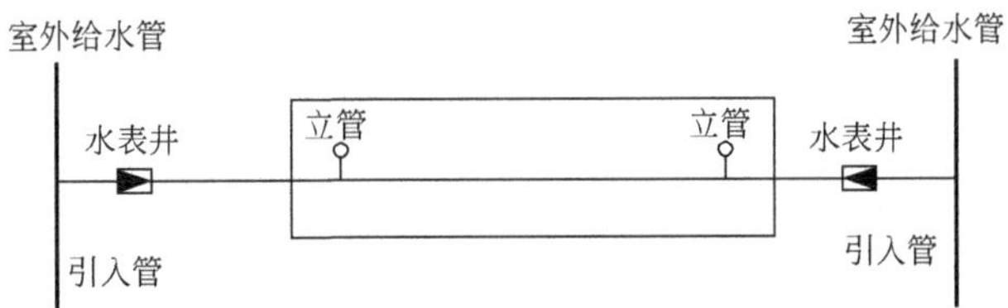


图 2-29　引入管从建筑物不同侧引入

2）保护管道不受损坏　给水埋地管道应避免布置在可能受重物压坏处。管道不得穿越生产设备基础，如果特殊情况必须穿越时，应与有关专业设计人员协商处理。管道不宜穿过建筑的伸缩缝、沉降缝，如必须穿过时，应采取保护措施，常用的措施，一是软性接头法，即用橡胶软管或金属波纹管连接沉降缝或伸缩缝两边的管道；二是螺纹弯头法，如图 2-30 所示，在建筑沉降过程中，两边的沉降差由螺纹弯头的旋转来补偿，适用于小管径的管道；三是活动支架法，如图 2-31 所示，在沉降缝两侧设支架，使管道只能产生垂直位移而不能产生水平横向位移，以适应沉降、伸缩的应力。为防止管道腐蚀，管道不允许布置在烟道、风道和排水沟内；不允许穿越大便槽和小便槽，当立管距小便槽端部小于等于 0.5m 时，在小便槽端部应设隔断措施。

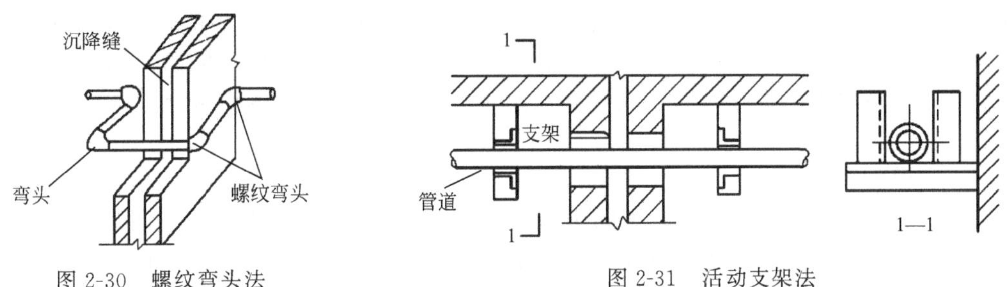


图 2-30　螺纹弯头法　　图 2-31　活动支架法

3）便于安装和维修　布置管道时其周围要留有一定的空间，以满足安装、维修的要求，保证给水管道与其他管道和建筑结构的最小距离。需进入检修的管道井，工作通道净宽度不宜小于 0.6m，管道井应每层设外开检修门。

2. 给水管道的敷设

根据建筑物的性质及对卫生、美观方面的要求不同，建筑内部给水管道敷设分为明装和暗装两种。

(1) 明装

明装是指室内管道沿墙、梁、柱、顶棚下、地板旁暴露敷设，或桁架敷设。明装的优点是便于安装、修理和维护，造价低；缺点是管道表面易积灰、产生冷凝水等影响房间的美观和整洁。一般民用建筑及厂房多采用明装。

明设的给水立管穿越楼板时，应采用防水措施。敷设在有可能冻结的房间、地下室及管径、管沟等地方的给水管道应有防冻措施。

(2) 暗装

暗装是指管道敷设在地下室天花板下、顶棚内、墙槽、管道井、管道设备层或公共管沟内隐蔽。暗装的优点是不影响房间的整洁美观；缺点是施工复杂，检修不便，造价高。对装饰及卫生要求较高的建筑物如高层建筑、宾馆、医院及精密仪表车间等多采用暗装。

给水水平干管宜敷设在地下室的技术层、吊顶或管沟内；立管和支管可设在管道井或管槽内。暗装在顶棚或管槽内的管道在阀门处应留有检修门。

管沟和管井应通风良好，为便于安装和检修，管沟内管道应尽量单层布置，当必须双层或多层布置时，一般宜将管径较小、附件较多的管道放在上层。管沟应有与管道相同的坡度和防水、排水措施。

3. 管道防护

要使管道系统能在较长年限内正常工作，除日常加强维护管理外，还应在设计和施工过程中采取防腐、防冻和防结露措施。

(1) 管道的防腐

无论是明装管道还是暗装管道，除镀锌钢管、给水塑料管和复合管外，都必须作防腐处理。管道防腐最常用的是刷油法。具体做法是，明装管道表面除锈，露出金属光泽并使之干燥，刷防锈漆（如红丹防锈漆等）2 道，然后刷面漆（如银粉或调和漆）1～2 道，如果管道需要做标志时，可再刷不同颜色的调和漆或铅油；暗装管道除锈后，刷防锈漆 2 道；埋地钢管除锈后刷冷底子油 2 道，再刷沥青胶（玛琋脂）2 遍。质量较高的防腐做法是做管道的防腐层，层数为 3～9 层，材料为冷底子油、沥青玛琋脂、防水卷材等。对于埋地铸铁管，如果管材出厂时未涂油，敷设前应在管外壁涂沥青 2 道防腐，明装部分可刷防锈漆 2 道加银粉 2 道。当通过管道内的水有腐蚀性时，应采用耐腐蚀管材或在管道内壁采取防腐措施。

(2) 管道的保温防冻

在寒冷地区，对于敷设在冬季不采暖的建筑物内或安装在受室外冷空气影响的门厅过道等处的管道，应采取相应的保温、防冻措施。在管道安装完毕，经水压试验和管道外表面除锈并刷防腐漆后，采取保温防冻措施。常用的做法是，管道除锈和涂油漆后，包扎矿渣棉、石棉硅藻土、玻璃棉、膨胀蛭石，或用泡沫水泥瓦等保温层外包玻璃布涂漆等做法作为保护层。

(3) 管道的防结露

在环境温度较高、空气湿度较大的房间（如厨房、洗衣房和某些生产车间等）或管道内水温低于室内温度时，管道和设备外表面可能产生凝结水而引起管道和设备的腐蚀，影响使用和室内卫生，故必须采取防结露措施，其做法一般与保温层的做法相同。

(4) 防噪声

管网或设备在使用过程中常会发生噪声，噪声能沿建筑物结构或管道传播。

噪声的来源一般有下列几方面。

① 由于器材的损坏，在某些地方（阀门、止回阀等）产生机械敲击声。

② 管道中水流的流速太高，通过阀门时，以及在管径突变或流速急变处，可能产生噪声。

③ 水泵工作时发出的噪声。

④ 由于管中压力大，流速高引起水锤发生噪声。

防止噪声的措施，要求在建筑物设计时使水泵房、卫生间不靠近卧室及其他要求安静的房间，必要时可做隔声墙壁。在布置管道时，应避免管道沿卧室或与卧室相邻的墙壁敷设。

为了防止附件和设备上产生噪声，应选用质量良好的配件、器材及可挠曲橡胶接头等。安装管道及器材时亦可采取如图 2-32 所示的各种措施。此外，提高水泵机组装配和安装的准确性，采用减振基础及安装隔振垫等措施，也能减弱或防止噪声的传播。

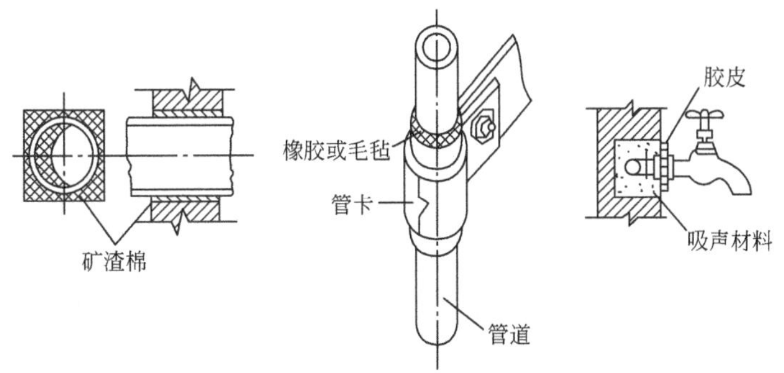


图 2-32　各种管道器材防噪声的措施

（5）管道的加固

室内给水管道由于受到自重、温度及外力作用下会产生变形及位移而容易受到损坏。为此，须将管道位置予以固定，在水平管道和垂直管道上每隔适当距离应装设支、吊架。常用的支、吊架有钉钩、管卡、吊环及托架等。管径较小的管道上常采用管卡或钉钩，较大管径采用吊环或托架，如图 2-33 所示。当楼层高度不超过 4m 时，在立管上每层设一个管卡，通常设在地面以上 1.5～1.8m 高度处。

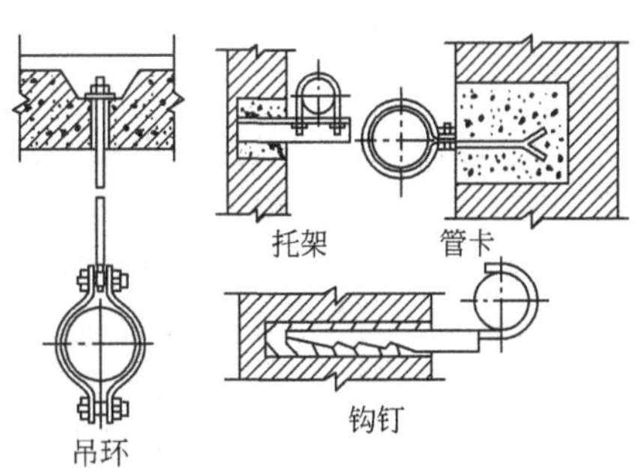


图 2-33　管道支、吊架

## 五、建筑给水系统设备

### 1. 储水设备

储水设备一般是指水箱或水池，二者基本构造一样，安装在系统低位，体积较大的称为水池；安装在系统高处，体积较小的称为水箱。作用是储存、调节水量。水箱还有稳压、增压作用。

（1）水箱的分类

水箱通常有圆形、方形，由于方形水箱便于制作，并且容易与建筑配合使用，在工程中使用较多。水箱一般用钢板、钢筋混凝土、玻璃钢制作。

1）钢板水箱　施工安装方便，但容易锈蚀，内外表面均需作防腐处理。建筑给水系统中宜采用不锈钢食品级水箱

2）钢筋混凝土水箱　一般用于水箱尺寸较大时，由于其自重大，一般多用于地下，具

有经久耐用、维护简单、造价低的优点。生活给水系统不建议采用，适于消防给水水箱。

3）玻璃钢水箱　具有耐腐蚀、强度高、重量轻、美观、安装维修方便、可根据需求现场组装的优点，已逐渐得到普及。

（2）水箱构造

水箱上应设置进水管、出水管、溢流管、水位信号管、泄水管和通气管等管道，以保证水箱正常工作。如图 2-34 所示。

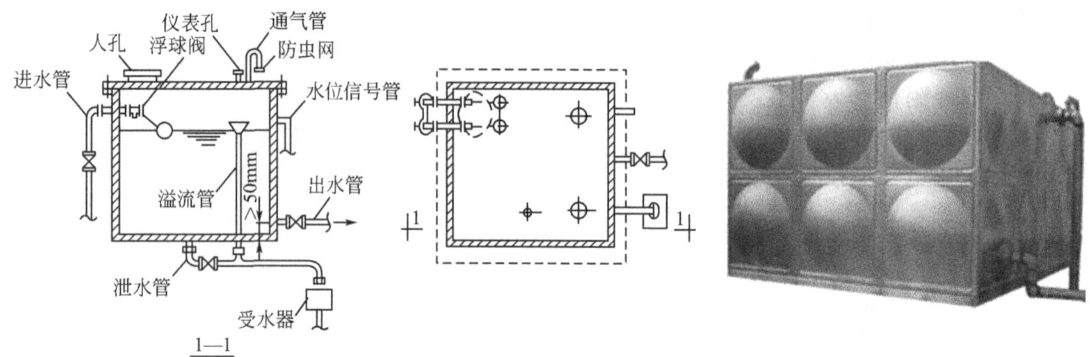


图 2-34　水箱附件示意

1）进水管　水箱的进水管上应装设浮球阀，且不少于两个，在浮球阀前应设置阀门。进水管管顶上缘至水箱上缘应有 150～200mm 的距离。进水管管径按水泵流量或室内设计秒流量计算确定。

2）出水管　管口下缘应高出箱底 50mm 以上，一般取 100mm，以防污物流入配水管网。出水管和进水管可以分开设置，也可以合用一条管道，合用时出水管上应设有止回阀。其标高应低于水箱最低水位 1.0m 以上，以保证止回阀开启所需压力。出水管管径按设计秒流量计算确定。

3）溢流管　用以控制水箱的最高水位，溢流口应高于设计最高水位 50mm，管径应比进水管大 1～2 号。溢流管上不允许设置阀门，溢流管的设置应满足水质防护的要求。

4）水位信号管　安装在水箱壁溢流口以下 10mm 处，管径 10～20mm，信号管另一端通到值班室的洗涤盆处，以便随时发现水箱浮球阀失灵而能及时修理；若水箱水位和水泵连锁，则可在水箱侧壁或顶盖处安装水位继电器或信号器，采用自动水位报警。

5）泄水管　泄水管从箱底接出，用以检修或清洗时泄水。泄水管上应设阀门，管径为 40～50mm，可与溢流管相连后用同一根管排水。

6）通气管　对于生活饮用水箱，储水量较大时，宜在箱盖上设通气管，使水箱内空气流通，其管径一般不小于 50mm，管口应朝下并设网罩。

水箱底应有一定的坡度坡向泄水管；水箱一般设置在顶层房间、闷顶或平屋顶上的水箱间内。水箱间的净高不得低于 2.2m，采光、通风应良好，并保证不冻结，如有冻结危险时，要采取保温措施，水箱应加盖，不得污染。

2. 水泵

水泵是将原动机的机械能传递给流体的一种动力机械，是提升和输送水的重要工具。水泵的种类很多，有离心泵、轴流泵、混流泵、活塞泵、真空泵等。在水暖工程中常用离心泵。为了保证水泵正常工作，还必须装设一些管路附件，如压力表、闸阀等。当水泵从水池吸水时，还应装设底阀真空表等。

离心式水泵的主要工作部分有泵轴、叶轮和泵壳，如图 2-35 所示。泵轴的一端连接水泵的叶轮，另一端与电动机轴通过联轴器连接；叶轮由轮盘和若干弯曲的叶片组成，叶片一

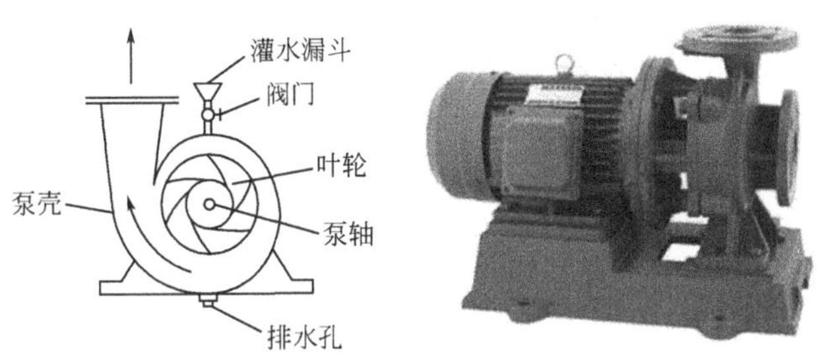


图 2-35　离心式水泵构造

般有 6～12 片；泵壳是一个蜗壳，其作用是将水吸入叶轮，然后将叶轮甩出的水汇集起来，压入出水管。泵壳还起到将所有固定部分连成一体的作用。

每一台离心泵都有一个表示其工作性能的牌子，称为铭牌，形式如下。

| 离心式清水泵 | | | |
|---|---|---|---|
| 型　　号 | IS 50-32-125A | 转　　速 | 2900r/min |
| 流　　量 | $11m^3/h$ | 效　　率 | 58% |
| 扬　　程 | 15m | 配套功率 | 1.1kW |
| 吸　　程 | 7.2m | 质　　量 | 32kg |
| 出厂编号 | | 出厂日期 | 年　月　日 |

水泵铭牌上的型号意义：

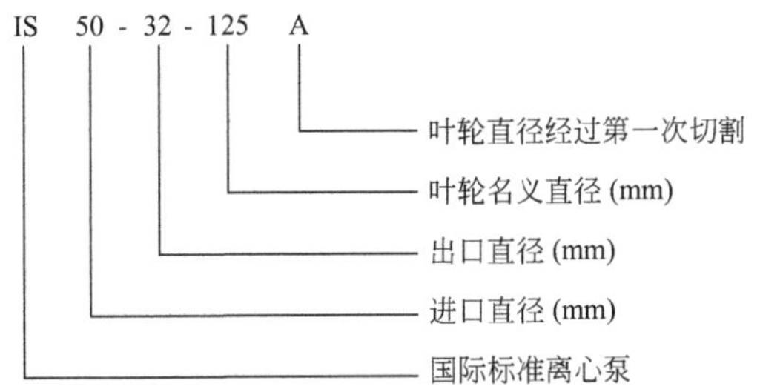


铭牌上的流量、扬程、功率、效率、转速及吸程等均代表了泵的性能，它们被称为水泵的基本性能参数。

1）流量　泵在单位时间内输送的液体体积，以符号 $Q$ 表示，单位为 $m^3/h$ 或 L/s。

2）扬程单位重量的液体通过水泵后所获得的能量，以符号 $H$ 表示，单位为 m。

流量和扬程表明了水泵的工作能力，是水泵的主要性能参数，也是选择水泵的依据。

3）功率和效率　水泵的功率是水泵在单位时间内所做的功，也就是单位时间内通过水泵的液体所获得的能量，水泵的这个功率称为有效功率，以符号 $N$ 表示，单位为 kW。电动机通过泵轴传递给水泵的功率称为轴功率，以符号 $N$ 轴表示。水泵的有效功率 $N$ 与轴功率 $N$ 轴比值称为水泵的功率，用符号 $\eta$ 表示。

4）转速　是指水泵每分钟转动的次数，以符号 $n$ 表示，单位为 r/min。

5）吸程　也称作允许吸上真空高度，是指水泵进口处允许产生的真空度的数值。

3. 气压给水设备

气压给水设备是利用密闭储罐内的压缩空气作媒介，向给水系统加压送水的一种给水设备，它又可以调节水量、储存水量和保持系统所需水压，其作用相当于高位水箱或水塔。它适用于工业、民用、居住小区、高层建筑、农村、施工现场等需要加压供水的场所。

气压给水设备的优点是建设速度快，便于隐藏，容易拆迁，灵活性大，不影响建筑美观，水质不易污染，噪声小。但这种设备的调节能力小，运行费用高、耗用钢材较多，而且变压力的供水压力变化幅度大，在用水量大和水压稳定性要求较高时，使用这种设备供水会受到一定限制。

气压给水设备由密封罐（内部充满水和空气）、水泵（将水送至密闭罐内和配水管网中）、空气压缩机（给罐内水加压和补充空气）、控制器材（用以控制启闭水泵或空气压缩机等）组成。

气压给水设备有多罐式和单罐式两种。

（1）按罐内压力变化情况分类

1）变压式气压给水设备　由于该种给水方式中设水泵向室内给水系统加压供水，使罐中的空气被压缩过程中不断获得能量，直至使罐中的起始压力高于系统所需求的设计压力，罐中的水在压缩空气压力下，被压送至给水管网，随着罐内水量减少，空气体积膨胀，压力减小。当压力降至设计最小工作压力时，压力控制器动作，使水泵启动。水泵出水除供用户外，多余部分进入气压水罐，空气又被压缩，压力上升。当压力升至最大工作压力时，压力控制器动作，使水泵关闭。如图 2-36 所示。

2）定压式气压给水设备　当用户对水压稳定性要求较高时，可在变压式气压给水设备的供水管道上安装调节阀，使配水管网内的水压处于恒压状态。

（2）按气压水罐的形式分类

1）隔膜式气压给水设备　隔膜式气压给水设备的气压罐内装有橡胶或塑料囊式弹性隔膜，隔膜将罐体分为气室和水室两部分，靠囊的伸缩变形调节水量，可以一次充气，长期使用，无需补气设备，是具有发展前途的气压给水设备。如图 2-36 所示。

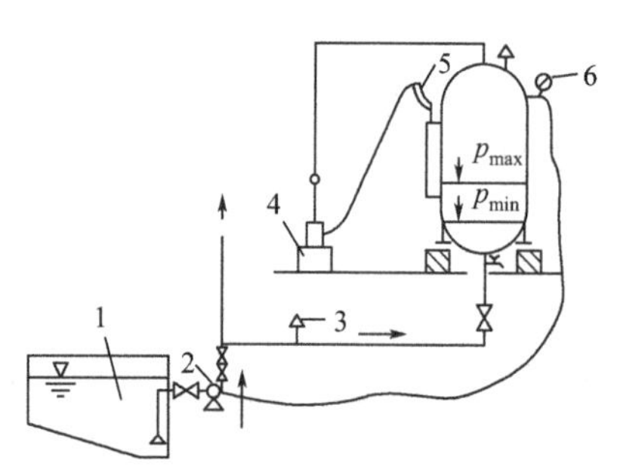


(a) 单罐变压式气压给水设备

1—水池；2—水泵；3—溢流管；4—空气压缩机；5—水位继电器；6—压力继电器

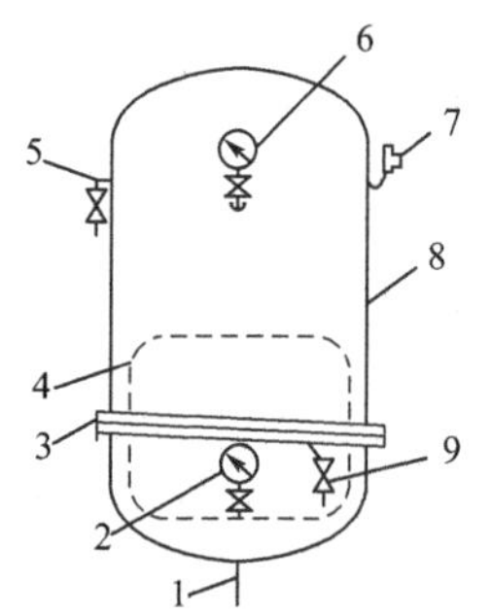


(b) 隔膜式气压给水设备

1—水管；2—压力表；3—法兰；4—橡胶隔板；5—充气管；6—电接点压力表；7—溢流阀；8—罐体；9—放气管

(c) 实物照片

图 2-36　气压给水设备

2）补气式气压给水设备　补气式气压给水设备的气压罐内的空气与水接触，罐内空气由于渗漏和溶解于水中而逐渐减少，为确保系统的运行，需经常补充空气。补气方式有利用空气压缩机补气、泄空补气或利用水泵出水管中积存空气补气。

## 六、高层建筑给水

### 1. 高层建筑给水的特点

高层建筑是指 10 层及 10 层以上的住宅建筑或建筑高度超过 24m 的其他民用建筑等。

这些高层建筑对室内给水的设计施工、材料及管理方面提出了更高的要求。

高层建筑同单层及多层建筑比较有以下特点。

室内给水设备多，用水量标准较高，使用人数较多，所以供水安全可靠性要求高；建筑层数多，如果从底层到顶层采用一套管网系统供水，则管网下部管道及设备的静水压力很大，一般管材、配件及设备的强度难以适应。所以，给水管网必须进行合理的竖向分区；高层建筑对防振、防沉降、防噪声、防漏等要求较高，需要具有可靠的保证；高层建筑对消防要求较高，必须设置可靠的室内消防给水系统，以保证有效地扑灭火灾。

高层建筑室内给水系统竖向分区，原则上应根据建筑物的使用要求、材料及设备的性能、维护管理条件并结合建筑物层数和室外给水管网水压等情况来确定。如果分区压力过高，不仅出水量过大，而且阀门启闭时易产生水锤，使管网产生噪声和振动，甚至损坏，增加了维修的工作量，降低了管网使用寿命，同时，也将给用户带来不便；如果分区压力过低，势必增加给水系统的设备、材料及相应的建设费用以及维护管理费用。

进行竖向分区时，应充分利用室外管网水压，可在建筑物下面几层采用由室外管网直接供水，因为一般旅馆和公共建筑用水量较大的部门如洗衣房、浴池、食堂等都设置在建筑物的底部几层，这样对节省能源，安全供水都是有利的。

2. 高层建筑给水方式

(1) 高位水箱供水方式

1) 分区并联供水方式　如图 2-37 (a) 所示，分区设置水箱和水泵，利用各区水泵提升至各区水箱供水，水泵集中布置。

这种供水方式的特点是，供水相对可靠，各区独立运行，压力稳定，水泵集中布置，便于管理，能量消费合理；缺点是，管材消耗较多，水泵型号较多、扬程各不相同，中间有水箱，增加建筑结构负荷。该给水方式在允许分区设置水箱的各类高层建筑广泛采用。

2) 分区串联供水方式　如图 2-37 (b) 所示，分区设置水箱和水泵，水泵分散布置，下一区的水箱作为上一区的水池，水像接力一样送到需要的楼层。

这种供水方式的特点是，无高压水泵与高压管线，设备与管道较简单，投资较节省，能源消耗较小；缺点是，水泵、水箱设中间层，振动和噪声干扰较大，同时增加建筑结构负荷，设备分散，维护管理不便，上区供水受下区限制，供水可靠性一般。

该给水方式适用于允许分区设置水箱和水泵的建筑高度超过 100m 的超高层建筑，储水池进水管上应以液压水位控制阀代替传统的浮球阀。

3) 分区水箱减压供水方式　如图 2-37 (c) 所示，分区设置水箱，水泵统一加压，利用水箱减压，上区供下区用水。

这种供水方式的特点是，供水较可靠，设备与管道较简单，投资较节省，设备布置较集中，维护管理较方便；缺点是，屋顶水箱总容积大，对建筑物影响较大，下区供水受上区的限制。

该给水方式适用于允许分区设置高位水箱的各类高层建筑。在使用该供水方式时，中间水箱进水管上最好安装减压阀，以防浮球阀损坏并可减缓水锤作用。

4) 分区减压阀减压供水方式　如图 2-37 (d) 所示，工作原理与分区水箱减压供水方式相同，水泵统一加压，仅在顶层设置水箱，下区供水利用减压阀或减压孔板供水。

这种供水方式的特点是，不增加建筑物结构负荷，但水泵运行费用高。

(2) 分区无水箱供水方式

如图 2-37 (e)、(f) 所示，分区设置变速水泵或多台并联水泵，根据水泵出水量或水压，调节水泵转速或运行台数。

这种供水方式的特点是，供水较可靠，不占用中间层建筑面积，水泵运行能源较少；缺

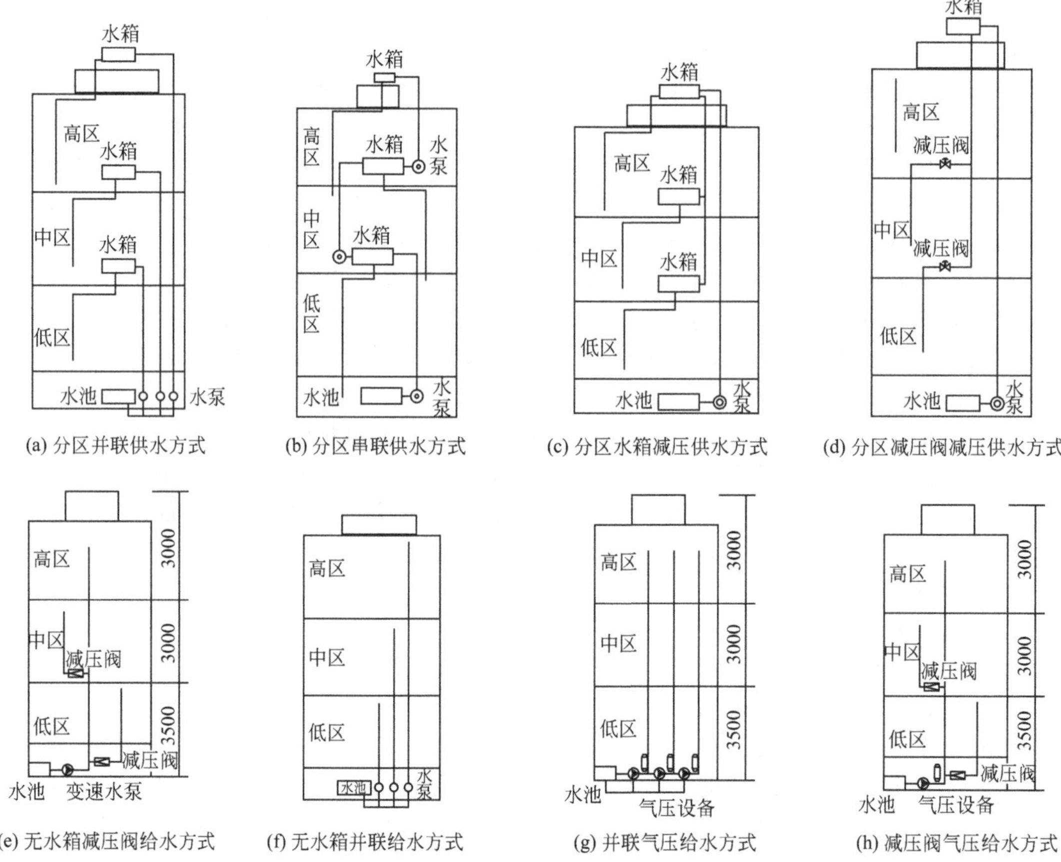


图 2-37　高层建筑给水方式

点是，投资较高，维修复杂。分区无水箱供水方式有无水箱并联给水方式与无水箱减压阀给水方式两种。

(3) 气压给水方式

如图 2-37 (g)、(h) 所示，各区分别设置气压供水设备从水池抽水，向本区供水。

这种供水方式的特点是，用气压罐代替高位水箱，因而可以将气压罐设在建筑物底层，减轻楼房荷载，节省建筑面积，对抗震有利；缺点是，气压给水压力变化幅度大，气压设备效率低。对于那些不适合设置高位水箱的高层建筑，特别是地震区的高层建筑具有重要意义。气压给水方式有并联气压给水方式和减压阀气压给水方式两种。

## 课题二　建筑消防给水系统

### 一、消火栓给水系统

1. 室内消火栓给水系统的组成

室内消火栓给水系统一般由消防水源、消火栓设备、水泵接合器、消防水池、消防水箱、气压水罐、消防水泵、减压节流装置、报警装置、管道系统、消防泵启动按钮等组成。

(1) 消防水源

市政给水、消防水池、天然水源等均可作为消防水源。由于市政给水取水最为便捷，所以市政给水是消防水源的首选。消防水池作为消防水源时，要注意冬季的防冻和消防用水不作他用。当条件有限时，雨水清水池、中水清水池、水景和游泳池也可作为消防水源，但这类水源的供水可靠性差，需做好相应的技术措施，保证在任何情况下均能满足消防给水系统所需的水量和水质。

（2）消火栓设备

消火栓设备包括消防水枪、消防水带、室内消火栓或消防软管卷盘，安装在消火栓箱内。

1）消火栓箱　消火栓箱按安装方式分为明装式、暗装式和半暗装式；按水带安置方式分为挂置式、卷盘式、卷置式和托架式，如图 2-38 所示。

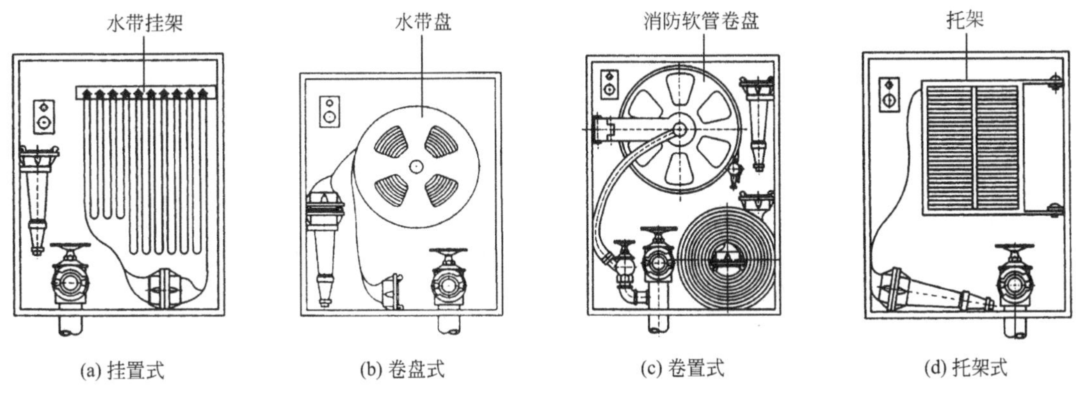


(a) 挂置式　(b) 卷盘式　(c) 卷置式　(d) 托架式

图 2-38　消火栓箱按水带安置方式分类

2）消防水枪　消防水枪按喷射的灭火水流形式分为直流水枪、喷雾水枪、直流喷雾水枪和多用途水枪，一般采用直流式。水枪接口直径有 50mm 和 65mm 两种，喷嘴口径有 11mm、13mm、16mm、19mm 四种。消火栓、水带和水枪均采用内扣式快速接口。

3）消防水带　消防水带材质有麻织和化纤两种，有衬橡胶与不衬橡胶之分。水带内径从 25mm 至 300mm，分为 11 个等级，喷嘴口径 13mm 的水枪配置内径为 50mm 的水带，16mm 的水枪配置内径为 50mm 或 65mm 的水带，19mm 的水枪配置直径为 65mm 的水带。水带长度分为 15m、20m、25m、30m、40m、60m、200m 七种规格。

4）室内消火栓　室内消火栓按出水口形式分为单出口、双出口，按栓阀数量分为单栓阀、双栓阀，如图 2-39 所示。室内消火栓口径有 25mm、50mm、65mm 和 80mm 四种。

5）消防软管卷盘　消防软管卷盘又称消防卷盘，是能在迅速展开软管的过程中喷射灭火剂的灭火器具，适用于扑灭初期火灾和小型火灾，方便快捷，如图 2-40 所示。消防卷盘的栓口直径宜为 25mm，配备的胶带内径不小于 19mm，喷嘴口径不小于 6mm。

根据《消防给水及消火栓系统技术规范》（GB 50974—2014）规定，室内消火栓的配置应符合下列要求。

① 应采用 ND65 室内消火栓，并可与消防软管卷盘或轻便水龙设置在统一箱体内。

② 应配置公称直径 65 有内衬里的消防水带，长度不宜超过 25m；消防软管卷盘应配置内径不小于 19mm 的消防软管，其长度宜为 30m。

③ 宜配置当量喷嘴直径 16mm 或 19mm 的消防水枪，当消火栓设计流量为 2.5L/s 时，宜配置当量喷嘴直径 11mm 或 13mm 的消防水枪。

（3）水泵接合器

根据《消防给水及消火栓系统技术规范》（GB 50974—2014）规定，自动喷水灭火系统、水喷雾灭火系统、泡沫灭火系统和固定消防炮灭火系统等以及下列建筑的室内消火栓给水系统应设置消防水泵接合器。

(a) 单出口

(b) 双出口

(c) 双阀双出口

图 2-39　室内消火栓

(a) 消防软管卷盘

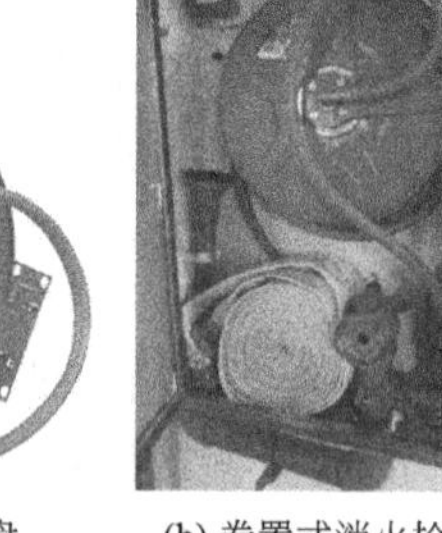
(b) 卷置式消火栓箱（配置消防软管卷盘）

图 2-40　消防软管卷盘

① 设有消防给水的住宅、超过 5 层的其他多层民用建筑。

② 高层工业建筑和超过 4 层的多层工业建筑。

③ 高层民用建筑；城市交通隧道。

④ 超过 2 层或建筑面积大于 10000m$^2$ 的地下或半地下建筑（地下室）、室内消火栓设计流量大于 10L/s 平战结合的人防工程。

水泵接合器由进水用消防接口、本体、止回阀、安全阀和闸阀组成，具备排放余水、止回、安全排放、截断等功能，如图 2-41 所示。水泵接合器处应设置永久性标志铭牌，并应标明供水系统、供水范围和额定压力。水泵接合器有地上式、地下式和墙壁式三种，按其出口的公称通径可分为 100mm 和 150mm 两种，按公称压力可分为 1.6MPa 和 2.5MPa 两种。

(a) 地上式

(b) 墙壁式

(c) 地下式

图 2-41　水泵接合器

水泵接合器一端由室内消防给水干管引出，另一端设于消防车易于使用和接近的地方，其作用是，当火灾发生室内消防用水量不足时，利用消防车从室外消火栓、消防水池或天然水源取水，通过水泵接合器送至室内消防管网，供灭火使用。

（4）消防水池

消防水池的构造与生活给水水池的构造相似，除了进水管和出水管外，应设有水位显示装置、溢流管、排水管和通气管。容量大于 500m$^3$ 的消防水池，应分设成两个能独立使用的消防水池；当大于 1000m$^3$ 时，应设置能独立使用的两座消防水池。消防用水与生产、生活用水合并的水池，应采取确保消防用水不作他用的技术措施。常用的技术措施有两种，一种是将生活生产用水的出水管设在消防水位之上，另一种是在消防水池内设置隔墙，如图 2-42 所示。

（5）消防水箱

消防水箱的构造与生活给水水箱相同，作用是在发生火灾时提供扑救初期火灾的消防用水量和水压。采用临时高压给水系统的建筑物要设置消防水箱；采用常高压给水系统并能保

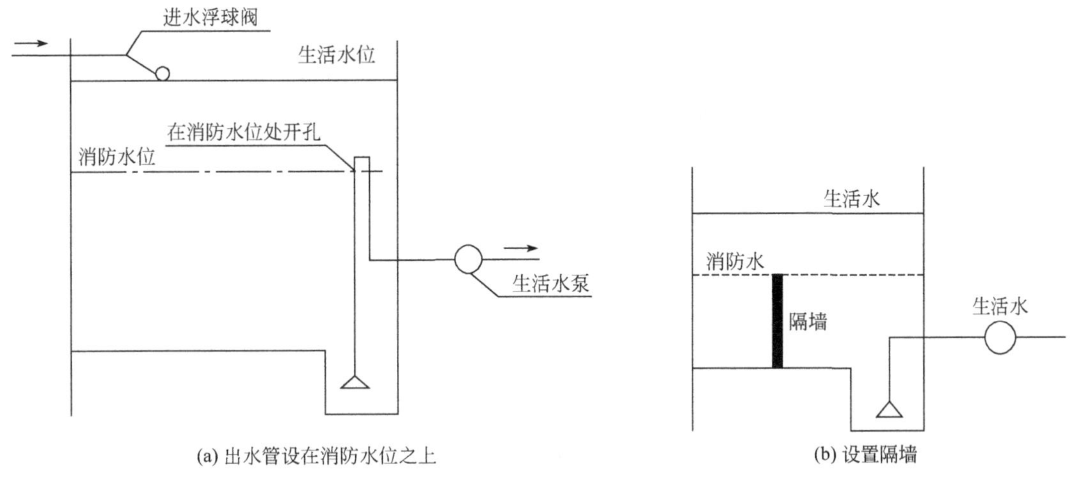


(a) 出水管设在消防水位之上　　(b) 设置隔墙

图 2-42　消防水不被动用的技术措施

证最不利点消火栓和自动喷水灭火系统等的水量和水压的建筑物，或设置干式消防竖管的建筑物，可不设置消防水箱。

消防水箱应储存 10min 的消防用水量，各类建筑的消防水箱有效容积需符合规范要求。水箱间应通风良好，不应结冰，当必须设置在严寒、寒冷等冬季结冰地区的非采暖房间时，应采取防冻措施，环境温度或水温不能低于 5℃。除串联消防给水系统外，发生火灾后由消防水泵供给的消防用水不应进入消防水箱。

（6）气压水罐

气压水罐一般可分为两种形式，稳压气压水罐和代替屋顶消防水箱的气压水罐。

1）稳压气压水罐　当消防水箱的高度不能满足最不利点消火栓静水压力或当建筑物无法设置屋顶消防水箱（或设置屋顶消防水箱不经济）时可采用稳压气压水罐稳压，但须经当地消防局批准；稳定气压水罐的调节水容量不小于 450L，稳压水容积不小于 50L，最低工作压力应为最不利点所需的压力，工作压力比宜为 0.5～0.9。

2）代替屋顶消防水箱的气压水罐　对于 24m 以下的设有中轻危险等级的自动喷水灭火系统的建筑物，当采用临时高压消防给水系统，且无条件设置屋顶消防水箱时，可采用 5L/s 流量的气压给水设备供应 10min 初期灭火用水量，即气压罐的有效调节容积为 $3m^3$。其他建筑物或其他消防给水系统，其有效容积可按上述有关规定设计。

（7）消防水泵

消防水泵宜采用自罐式引水，从市政管网直接抽水时，应在水泵出水管上设置倒流防止器。消防水泵组的吸水管和出水管均应不少于两条，当其中一条损坏时，另一条吸水管或压水管仍可供应全部水量。高压和临时高压消防系统，其每台工作消防水泵应有独立的吸水管。消防水泵一般设有备用泵，其性能与工作泵性能一致。

（8）减压节流装置

当发生火灾消防泵工作时，同一立管上不同高度的消防栓压力是不同的，当栓口压力超过 0.5MPa 时，射流的反作用力使消防人员难以控制水枪射流方向，从而影响灭火效果。因此，压力过大的消火栓应采取减压措施。减压值应为消火栓口实际压力值减去消火栓工作压力值。

常用的减压装置为减压孔板。常为不锈钢、铝或铜制的孔板，其中央有一圆孔，水流过截面较小的孔洞，造成局部损失而减压，如图 2-43 所示。

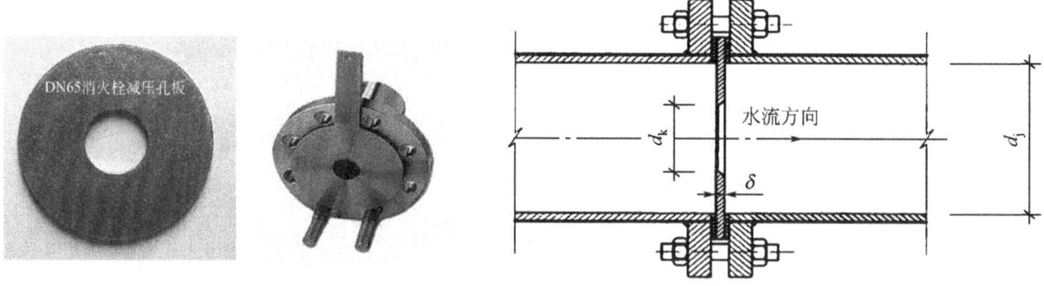


图 2-43　减压孔板

2. 消火栓给水系统的给水方式

(1) 无加压水泵和水箱的室内消火栓给水系统

当建筑物不太高，室外给水管网的水压和流量完全能满足室内最不利点消火栓的设计水压和流量时采用，如图 2-44 所示。

(2) 设有水箱的室内消火栓给水系统

常用在室外给水管网压力变化较大的城市或居住区，当生活、生产用水量达到最大时，室外管网不能保证室内最不利点消火栓的压力和流量；而当生活、生产用水量较小时，室外管网压力又较大，能向高位水箱补水。因此，常设水箱调节生活、生产用水量，同时储存 10min 的消防用水量，如图 2-45 所示。

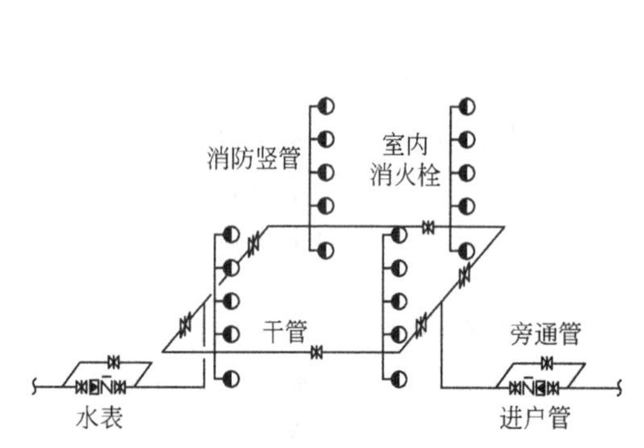


图 2-44　无加压水泵和水箱的室内消火栓给水系统

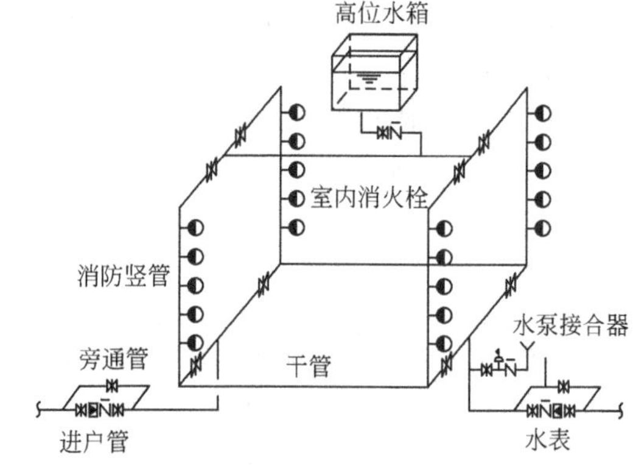


图 2-45　设有水箱的室内消火栓给水系统

(3) 设置消防水泵和水箱的室内消火栓给水系统

当室外给水管网的水压不能满足室内消火栓给水系统水压时，选用此方式。水箱应储备 10min 的室内消防用水水量，且采用生活用水泵补水，严禁消防水泵补水。水箱进入消火栓给水管网的管道上应设止回阀，以防消防时消防水泵出水进入水箱，如图 2-46 所示。

(4) 分区室内消火栓系统的给水方式

当消火栓系统的工作压力大于 2.4MPa、消火栓栓口处静水压强大于 1.0MPa、自动水灭火系统报警阀处的工作压力大于 1.6MPa 或喷头处的工作压力大于 1.2MPa 时，应采用分区供水。常用的分区给水方式有分区并联、分区串联和分区无水箱三种。

1) 分区并联给水方式　分区并联给水方式是分区设置水泵和水箱，水泵集中布置在地下室，水箱分别布置在各区，如图 2-47 所示。这种给水方式的优点是，水泵集中布置在地下室，对用户干扰小，各区独立运行，互不干扰，供水可靠，便于维护管理；缺点是，管材用量多，投资较大，水箱占用上层使用面积。

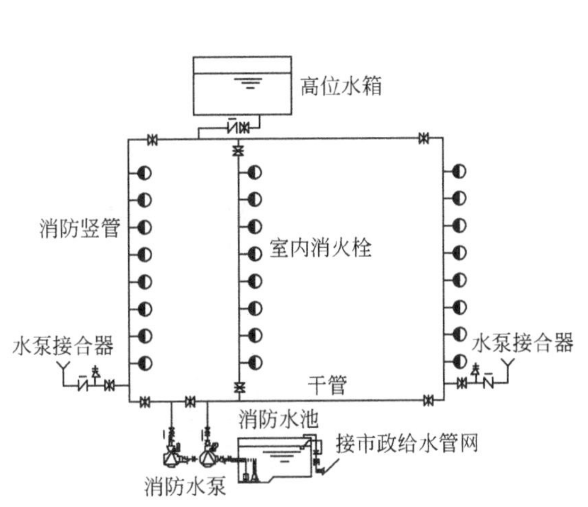


图 2-46 设置消防水泵和水箱的室内消火栓给水系统

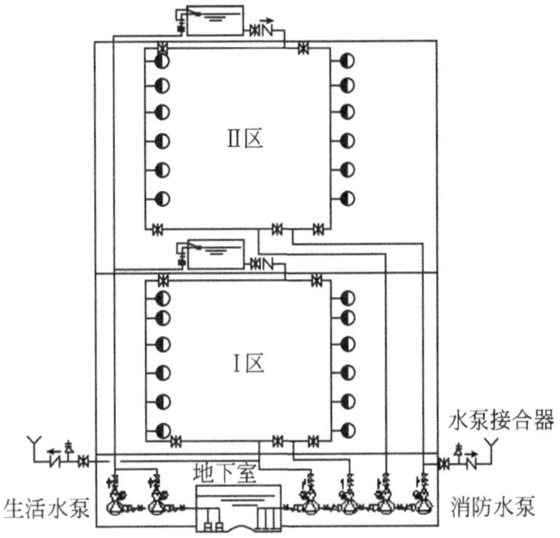

图 2-47 分区并联给水方式

2）分区串联给水方式 分区串联给水方式也是分区设置水箱和水泵，但水泵和水箱均分散布置，水泵从下区水箱抽水供上区用水，如图 2-48 所示。这种给水方式的特点是，设置管道简单，节省投资；缺点是，水泵布置在楼板上，振动和噪声干扰较大，占用上层使用面积较大，设备分散维护管理不便，上区供水受下区限制。

3）分区无水箱供水方式 分区无水箱供水方式是分区设置变速水泵或多台并联水泵，根据水量调节水泵转速或运行台数，如图 2-49 所示。这种供水方式的特点是，供水可靠，设备集中便于管理，不占用上层使用面积，能耗较少；缺点是，水泵型号、数量较多，投资较大，水泵调节控制技术要求高。适用于各类型高层工业民用建筑。

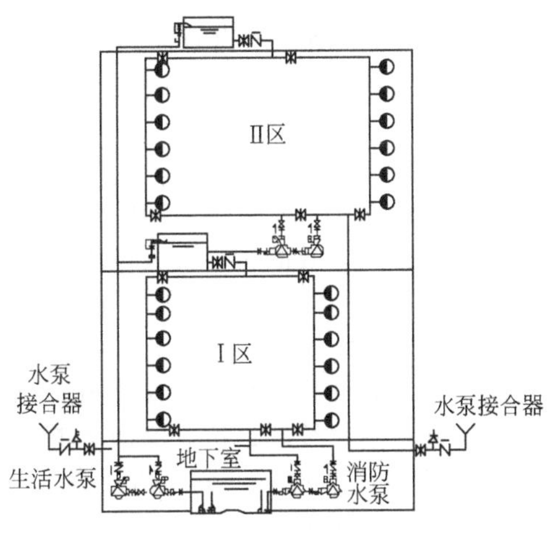


图 2-48 分区串联给水方式

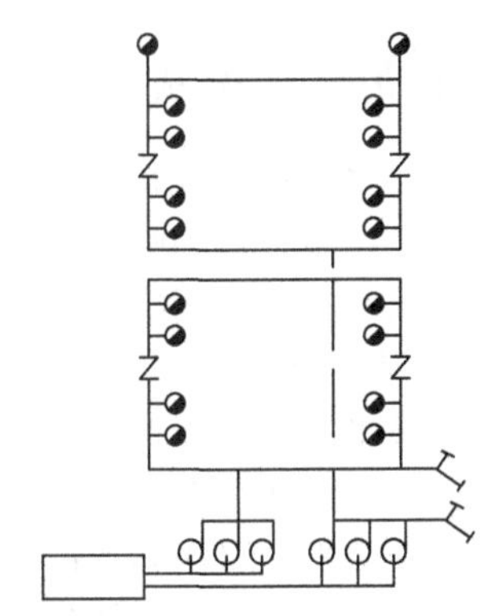

图 2-49 分区无水箱供水方式

### 3. 消火栓给水系统的布置

(1) 消火栓的布置

室内消火栓的布置应满足同一平面有 2 条消防水枪的 2 股充实水柱同时达到任何部位的要求，但建筑物高度小于或等于 24m 且体积小于或等于 5000m$^3$ 的多层仓库、建筑高度小于或等于 54m 且每单元设置一部疏散楼梯的住宅，可采用 1 支消防水枪的 1 股充实水柱到达室内任何部位。充实水柱为由水枪喷嘴起到射流 90% 的水柱水量穿过直径 380mm 圆孔处的一段射流长度，如图 2-50 所示。

设置消火栓的建筑物应设置带压力表的试验消火栓，如图 2-51 所示。对于单层建筑物，试验消火栓应设置在水力最不利点处，且应靠近出入口。对于多层和高层建筑物，试验消火栓应设置在屋顶，严寒、寒冷等冬季结冰地区可设置在顶层出口处或水箱间内等便于操作和防冻的位置。

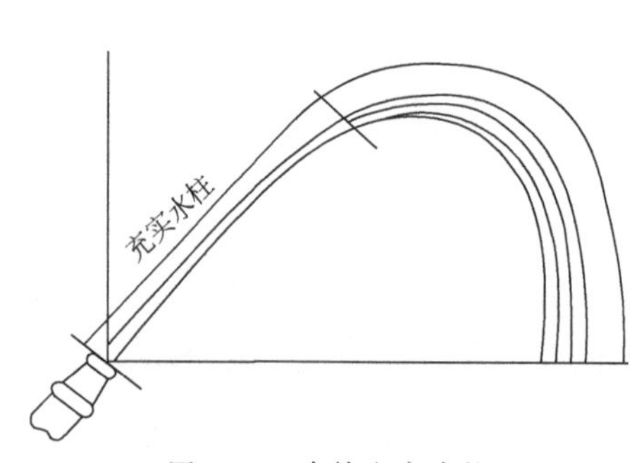


图 2-50　水枪充实水柱

图 2-51　试验消火栓

（2）消防管道布置

消火栓给水系统的管材常采用热浸镀锌钢管。建筑消火栓给水系统可与生活、生产给水系统合并，也可单独设置，但必须满足室内消防给水系统的设计流量和压力要求。

室内消火栓系统管道应布置成环状，每根竖管与供水横干管连接处应设置阀门。环状管网供水可靠性高，当其中某段管道损坏时，仍然能通过其他管段供应消防用水。环状管网检修时，室内消火栓竖管应保证检修管道关闭停用的竖管不超过 1 根，当竖管超过 4 根时，可关闭不相邻的 2 根。当室外消火栓的设计流量不大于 20L/s，且室内消火栓不超过 10 个时，可布置成枝状管网。

室内消火栓给水管网宜与自动喷水等其他灭火系统的管网分开设置。当合用消防水泵时，供水管路沿水流方向应在报警阀前分开设置。

## 二、自动喷水灭火系统

自动喷水灭火系统是一种在发生火灾时，能自动打开喷头喷水灭火并同时发出火警信号的消防灭火设施。自动喷水灭火系统是当今世界公认的最为有效的自救灭火设施，能有效扑灭火灾初期的火，应用广泛、安全可靠。

1. 自动喷水灭火系统的分类

自动喷水灭火系统按喷头的开启形式可分为闭式系统和开式系统；按报警阀的形式可分为湿式系统、干式系统、干湿两用系统、预作用系统和雨淋系统等；按对保护对象的功能又可分为暴露防护型（水幕或冷却等）和控制灭火型；按喷头形式又可分为传统型（普通型）喷头和洒水型喷头、大水滴型喷头和快速响应早期抑制型喷头等。

2. 闭式自动喷水灭火系统

闭式自动喷水灭火系统是指在系统中采用闭式喷头，平时系统处于封闭状态，当火灾发生时喷头可自动打开，整个喷水灭火系统开始工作。闭式自动喷水灭火系统是目前应用非常广泛的一种自动喷水灭火系统。

（1）系统的工作原理

闭式自动喷水灭火系统按充水与否分为四种类型。

1）湿式自动喷水灭火系统

① 湿式自动喷水灭火系统的组成　湿式自动喷水灭火系统由闭式洒水喷头、水流指示

器、湿式报警阀组以及管道和供水设施等组成，而且管道内始终充满水保持一定压力，如图 2-52 所示。

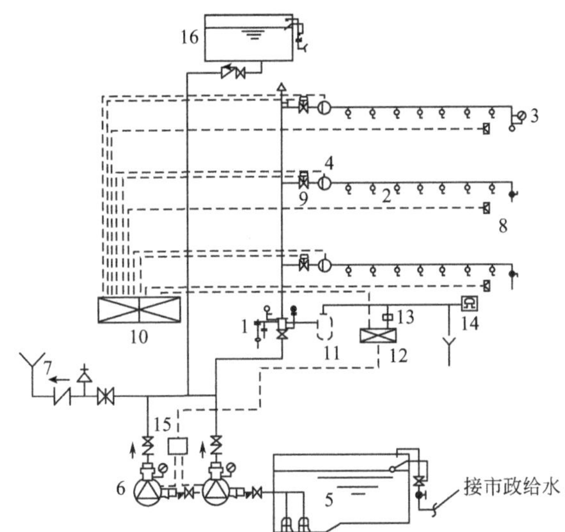


图 2-52 湿式自动喷水灭火系统

1—湿式报警阀；2—闭式洒水喷头；3—末端试水装置；4—水流指示器；5—消防水池；6—消防水泵；7—水泵接合器；8—探测器；9—信号闸阀；10—报警控制器；11—延迟器；12—电气控制箱；13—压力开关；14—水力警铃；15—水泵启动箱；16—高位水箱

② 湿式自动喷水灭火系统的工作流程 发生火灾时，火点温度达到开启闭式喷头时，喷头出水灭火，水流指示器发生电信号报告起火区域，报警阀组或稳压泵的压力开关输出启动消防水泵的信号，完成系统的启动，以达到持续供水的目的。系统启动后，由消防水泵向开启的喷头供水，开启的喷头将水按设计的喷水强度均匀喷洒，实施灭火。

③ 湿式自动喷水灭火系统的特点 湿式系统结构简单，通常处于警戒状态，由消防水箱或稳压泵、气压给水设备等稳压设施维持管道内充水的压力。适合在温度不低于 4℃（低于 4℃水有结冻的危险）并不高于 70℃（高于 70℃，水临近汽化状态，有加剧破坏管道的危险）的环境中使用，因此绝大多数的常温场所采用此系统。

2）干式自动喷水灭火系统 干式系统与湿式系统的区别在于采用干式报警阀组，警戒状态下配水管道内充有压缩空气等有压气体，为保持气压，需要配套设置补气设施。干式系统配水管道中维持的气压，根据干式报警阀入口前管道需要维持的水压、结合干式报警阀的工作性能确定，如图 2-53 所示。

闭式喷头开启后，配水管道有一个排气过程。系统开始喷水的时间，将因排气充水过程而产生滞后，因此喷头出水不如湿式系统及时，削弱了系统的灭火能力。但因管网中平时不充水，对建筑装饰无影响，对环境温度也无要求，适用于环境温度不适合采用湿式系统的场所。为减少排气时间，一般要求管网内的容积不大于 3000L。

3）干、湿交替自动喷水灭火系统 当环境温度满足湿式系统设置条件时，报警阀后的管段充有压水，形成湿式系统；当环境温度不满足湿式系统设置条件时，报警阀后的管段充压缩空气，形成干式系统。一般用于冬季可能结冻又无采暖设施的建筑物或构筑物内。管网中在冬季为干式（充气），在夏天转换成湿式（充水）。

4）预作用喷水系统 该系统采用预作用报警阀组，并由配套使用的火灾自动报警系统启动。处于警戒状态时，配水管道内不冲水。发生火灾时，利用火灾探测器的热敏性能优于闭式喷头的特点，由火灾报警系统开启雨淋阀后为管道充水，使系统在闭式喷头动作前转换为湿式系统，如图 2-54 所示。

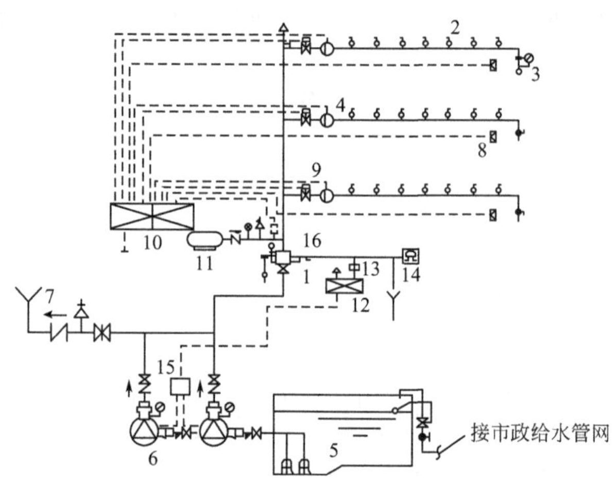


图 2-53 干式自动喷水灭火系统

1—干式报警阀；2—闭式喷头；3—末端试水装置；4—水流指示器；5—消防水池；6—消防水泵；7—水泵接合器；8—探测器；9—信号闸阀；10—报警控制器；11—空压机；12—电气控制箱；13—压力开关；14—水力警铃；15—水泵启动箱；16—过滤器

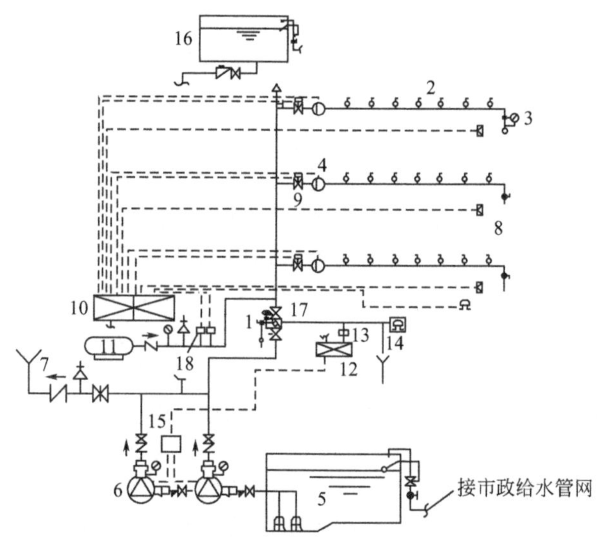


图 2-54 预作用喷水系统

1—预作用阀；2—闭式喷头；3—末端试水装置；4—水流指示器；5—消防水池；6—消防水泵；7—水泵接合器；8—探测器；9—信号闸阀；10—报警控制器；11—空压机；12—电气控制箱；13—压力继电器；14—水力警铃；15—水泵启动箱；16—高位水箱；17—过滤器；18—低气压报警压力开关

以下场所适合采用预作用系统：在严禁因管道泄漏或误喷造成水渍污染的场所替代湿式系统；为了消除干式系统滞后喷水现象，用于替代干式系统。

对灭火后必须及时停止喷水的场所，应采用重复启闭预作用系统。该系统能在扑灭火灾后自动关闭报警阀，发生复燃时又能再次开启报警阀恢复喷水，适用于灭火后必须及时停止喷水、要求减少不必要水渍损失的场所。为了防止误动作，该系统采用了一种既可输出火警信号，又可在环境恢复常温时发生关停系统信号的感温探测器，可重复启动水泵和打开具有复位功能的雨淋阀，直至彻底灭火。

(2) 系统组件

1) 闭式喷头　按热敏元件不同分为玻璃球喷头和易熔金属元件喷头两种，如图 2-55 所示。当达到一定温度时热敏元件开始释放，自动喷水。按溅水盘的形式和安装位置分为直立型、下垂型、边墙型、吊顶型和干式下垂型喷头等，如图 2-56 所示。各种喷头动作温度不同，主要从热敏元件的颜色区分，为保证喷头的灭火效果，要按环境温度来选择喷头温度，喷头的动作温度要比环境最高温度高 30℃左右。

2）报警阀　报警阀的主要作用是开启和关闭管网水流、传递控制信号启动水力警铃直接报警。报警阀分为湿式报警阀、干式报警阀和干湿式报警阀。

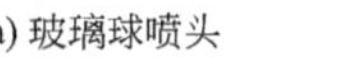

(a) 玻璃球喷头　(b) 易熔金属元件喷头

图 2-55　闭式喷头

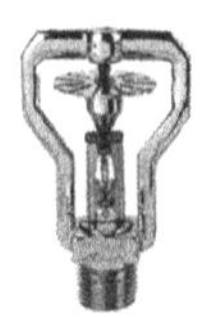

(a) 普通直立型　(b) 普通下垂型　(c) 普通边墙型　(d) 吊顶型　(e) 干式下垂型　(f) 快速反应喷头

图 2-56　按溅水盘的形式和安装位置的喷头分类

① 湿式报警阀　湿式报警阀安装在湿式系统的立管上，如图 2-57（a）所示。平时阀心前后水压相等，由于阀心的自重，其处于关闭状态。当发生火灾时，闭式喷头喷水，报警阀上面水压下降，于是阀板开启，开始向管网供水，同时发生火警信号并启动消防泵。

② 干式报警阀　干式报警阀安装在干式系统立管上，如图 2-57（b）所示，原理同湿式报警阀。其区别在于阀板上面的总压力由阀后管中的气压所构成。

③干湿式报警阀　干湿式报警阀用于干湿交替灭火系统，由湿式报警阀与干式报警阀依次连接而成，如图 2-57（c）所示，在寒冷季节用干式装置，在温暖季节用湿式装置。

(a) 湿式报警阀

(b) 干式报警阀

(c) 干湿式报警阀

图 2-57　报警阀

3）水流报警装置　水流报警装置由水力警铃、压力开关和水流指示器构成。

① 水力警铃　水力警铃安装在湿式系统的报警阀附近，如图 2-58（a）所示，当有水流通过时，水流冲动叶轮打铃报警。水力警铃不得由电动报警装置取代。

② 压力开关　压力开关安装于延迟器和报警器阀的管道上，如图 2-58（b）所示，水力警铃报警时，自动接通电动警铃报警，并把信号传至消防控制室或启动消防水泵。

③ 水流指示器　水流指示器安装在湿式系统各楼层配水干管或支管上，如图 2-58（c）所示，当开始喷水时，水流指示器将水流信号转换为电信号送至报警控制器，并指示火灾楼层。

4）延迟器　延迟器安装于报警阀与水力警铃之间的信号管道上，如图 2-59 所示，用以防止水源进水管发生水锤时引起水力警铃误动作。报警阀开启后，需经 30s 左右水充满延迟器后方可冲打水力警铃报警。

(a) 水力警铃

(b) 压力开关

(c) 水流指示器

图 2-58　水流报警装置

图 2-59　延迟器

5）火灾探测器　火灾探测器目前常用的有感烟探测器、感温探测器和感光探测器，如图 2-60 所示。感烟探测器是利用火灾发生地点的烟雾浓度进行探测；感温探测器是通过起火点空气环境的升温进行探测；感光探测器是通过起火点的发光强度进行探测。火灾探测器一般布置在房间或过道的顶棚下。

6）末端试水装置　末端试水装置由试水阀、压力表、试水接头及排水管组成，如图 2-61 所示，设于每个水流指示器作用范围的供水最不利点，用于检测系统和设备的安全可靠性。末端试水装置的出水，应采取孔口出流的方式排入排水管道。

(a) 感烟探测器

(b) 感温探测器

(c) 感光探测器

图 2-60　火灾探测器

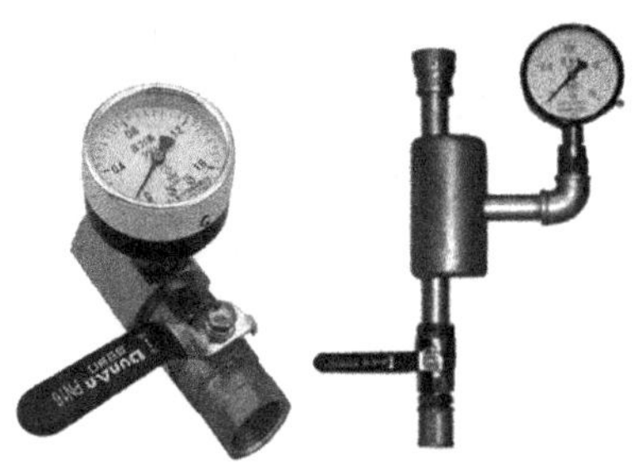
图 2-61　末端试水装置

### 3. 开式自动喷水灭火系统

开式自动喷水灭火系统采用开式喷头，平时报警阀处于关闭状态，管网中无水，系统为敞开状态。当发生火灾时报警阀开启，管网充水，喷头开始喷水灭火。

开式自动喷水灭火系统分为雨淋自动喷水灭火系统、水幕自动喷水灭火系统和水喷雾自动灭火系统。

（1）雨淋自动喷水灭火系统

当建筑物发生火灾，由感温（或感光、感烟）等火灾探测器接到火灾信号后，通过自动控制开启雨淋阀，其喷水灭火。不仅可以扑灭着火处的火源，而且可以同时自动向整个被保护的面积上喷水，从而防止火灾的蔓延和扩大，具有出水量大、灭火及时等优点。

1）雨淋灭火系统的工作原理　雨淋灭火系统由开式喷头、雨淋阀、火灾探测器、管道系统、报警控制装置、控制组件和供水设备等组成。发生火灾时，火灾探测器把探测到的火灾信号立即送到控制器，控制器将信号作声光显示并输出控制信号，打开管网上的传动阀门，自动放掉传动管网中的有压水，使雨淋阀后传动水压骤然降低，雨淋阀启动，消防水便立即充满管网，同时开式喷头开始喷水，压力开关和水力警铃发出声光报警，作反馈指示，控制中心的消防人员便可观测系统的工作情况。

2）系统组件

① 开式喷头　开式喷头与闭式喷头的区别在于缺少热敏元件组成的释放机构。由本体、支架、溅水盘等组成。主要有双臂下垂型、单臂下垂型（图中未示出）、双臂直立型和双臂边墙型四种，如图 2-62 所示。

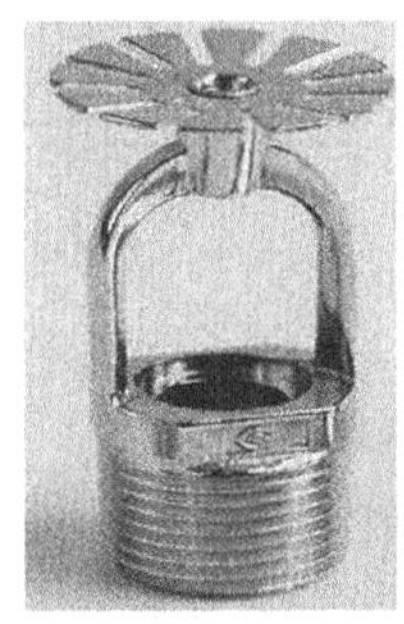
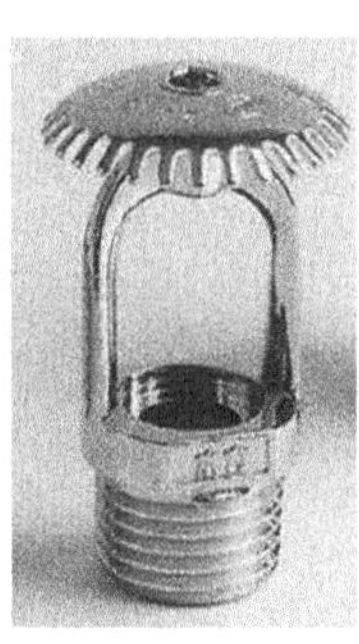
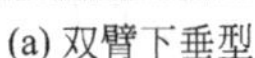

(a) 双臂下垂型　(b) 双臂直立型　(c) 双臂边墙型

图 2-62　开式喷头

② 雨淋阀　雨淋阀用于雨淋、预作用、水幕、水喷雾自动灭火系统，在立管上安装，室温不超过 4℃，如图 2-63 所示。

图 2-63　雨淋阀

③ 火灾探测传动系统

a. 带易熔锁封的钢丝绳传动控制系统　带钢丝绳的易熔锁封，通常布置在淋水管的上面、房间整个顶棚的下面，靠拉紧弹簧的拉力使传动阀保持密封状态，如图 2-64 所示。当发生火灾时，室内温度上升，易熔锁封熔化，钢丝绳拉紧，传动阀开启放水，传动管网水压骤然下降，雨淋阀自动开启，开式喷头向整个保护区喷水灭火。同时，水流指示器将信号送至报警控制器，自动启动消防泵。

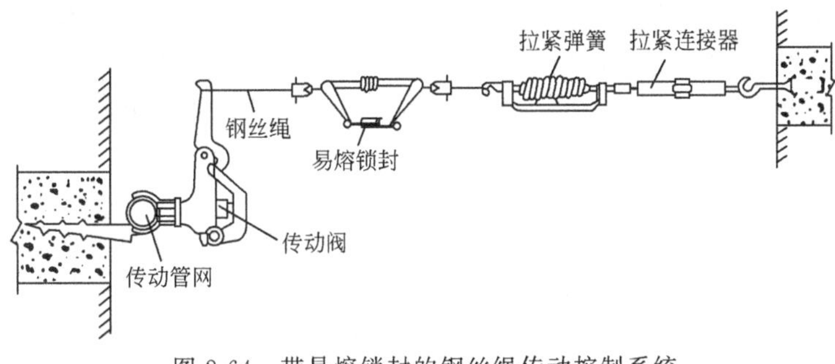


图 2-64　带易熔锁封的钢丝绳传动控制系统

b. 带闭式喷头的传动控制系统　在保护露天设备时，雨淋系统用带易熔元件的闭式喷头或带玻璃球塞的闭式喷头作为系统探测火灾的感温元件，把系统安装在保护区内，并在闭式喷头的传动管路内充水或充压缩空气（即干式系统），使其起到传递信号的作用。工作原理与带易熔锁封的钢丝绳控制系统一致，不同处在于使用闭式喷头出水泄压，管理比较方便，节省投资，如图 2-65 所示。

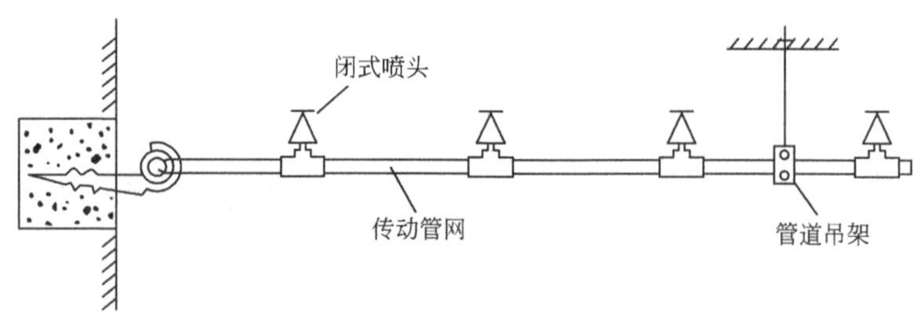


图 2-65　带闭式喷头的传动控制系统

（2）水幕系统

水幕系统的组成与雨淋系统基本相同。水幕系统不具备直接灭火的能力，而是用密集喷洒所形成的水墙或水帘，或配合防火卷等分隔物，阻断烟气和火势的蔓延，属于暴露防护系统，可单独使用，用来保护建筑物的门、窗、洞口或在大空间造成防火水帘起防火分隔作用。

水幕系统的控制阀可采用雨淋阀、干式报警阀或手动控制阀。设置要求与雨淋系统相同，其他组件也与雨淋系统相同。

# 课题三　建筑热水供应系统

## 一、建筑热水供应系统组成与供水方式

1. 热水供应系统的分类

建筑内部的热水供应是满足建筑内人们在生产或生活中对热水的需要。热水供应系统按热水供应范围的大小，可分为局部热水供应系统、集中热水供应系统和区域性热水供应系统三类。

（1）局部热水供应系统

局部热水供应系统一般是利用在靠近用水点处设置小型加热设备（如小型煤气加热器、蒸汽加热器、电加热器、太阳能加热器等）生产热水，供一个或几个配水点使用。这种热水供应系统热水管路短，热损失小，使用灵活、维护管理容易；但热水成本较高，使用不够方便舒适。由于该系统供水范围小，热水分散制备，因此适用于使用要求不高、用水点少且较分散的建筑，如单元式住宅、洗衣房、理发馆等公共建筑和布置较分散的车间、卫生间等工业建筑。

（2）集中热水供应系统

集中热水供应系统中的热水在锅炉房或热交换站集中制备后，通过管网输送至一幢或几幢建筑中使用。该系统加热设备集中设置，便于维护管理、热效率高，制水成本低，供水范围大，热水管网较复杂，设备较多，一次性投资大，适用于使用要求高、耗热量大、用水点多且比较集中的建筑，如旅馆、医院、疗养院、体育馆、游泳池等公共建筑和布置较集中的

工业企业建筑等。

(3) 区域性热水供应系统

区域性热水供应系统的热水在热电厂、区域性锅炉房或热交换站集中制备，通过市政热水管网送至整个建筑群、居民区或整个工业企业使用。在城市或工业企业热力网的热水水质符合用水要求且热力网工况容许时，也可直接从热网取水。该系统供水范围大，自动化控制技术先进，便于集中统一维护管理和热能的综合利用；但热水管网复杂，热损失大，设备、附件多，管理水平要求高，一次性投资大。因此，适用于建筑布置较集中、热水用量较大的城市和工业企业。

2. 热水供应系统的组成

热水供应系统的组成因建筑类型和规模、热源情况、用水要求、加热设备和储存情况、建筑对美观和安静的要求等不同情况而异。建筑内热水供应系统中以集中热水供应系统的使用较为普遍，如图 2-66 所示。集中热水供应系统一般由热媒部分和热水供应部分及相应的附件组成。

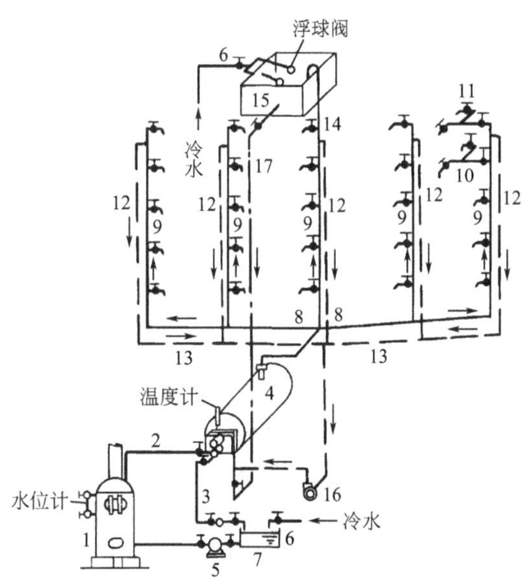


图 2-66 集中热水供应系统组成示意
1—锅炉；2—热媒上升管；3—热媒下降管；4—水加热器；5—给水泵（凝结水泵）；6—给水管；7—给水箱（凝结水箱）；8—配水干管；9—配水立管；10—配水支管；11—配水龙头；12—回水立管；13—回水干管；14—膨胀管；15—高位水箱；16—循环水泵；17—加热器给水管

(1) 热媒系统（第一循环系统）

热媒系统由热源、水加热器和热媒管网组成。锅炉产生的蒸汽（或过热水）通过热媒管网输送到水加热器，经散热面加热冷水，蒸汽经过热交换后变成冷凝水，靠余压经疏水器流至冷凝水池，冷凝水和新补充的软化水经冷凝水循环泵再送回锅炉加热后变成蒸汽，如此循环往复而完成热的传递作用。对于区域性热水供应系统不需设置锅炉，水加热器的热媒管道和冷凝水管道直接与热力管网相连接。

(2) 热水供水系统（第二循环系统）

热水供水系统由热水配水管网和回水管网组成。被加热到设计要求温度的热水，从水加热器出口经配水管网送至各个热水配水点，而水加热器所需冷水则由高位水箱或给水管网补给。为满足各热水配水点随时都有设计要求温度的热水，在立管和水平干管甚至配水支管上设置回水管，使一定量的热水在配水管网和回水管网中流动，以补偿配水管网所散失的热量，避免热水温度的降低。

(3) 附件

由于热媒系统和热水供水系统中控制、连接的需要，以及由于温度变化而引起的水体积的膨胀、超压、气体离析、排除等，常使用的附件有自动温度调节装置、疏水器、减压阀、安全阀、膨胀罐（箱）、管道自动补偿器、闸阀、水嘴、自动排气器等。

3. 热水供应方式

(1) 按管网工作压力工况的特点分类

热水供应方式按热水系统是否与大气相通可分为开式和闭式两类。

1) 开式热水供应方式　开式热水供应方式一般是在管网顶部设有开式水箱，所有配水点关闭后，系统内的水仍与大气相通，系统内的水压仅取决于水箱的设置高度，而不受室外给水管网水压波动的影响，如图 2-67 所示。所以，当用户对水压要求稳定，且允许设高位水箱、室外给水管网水压波动较大时宜采用开式热水供应方式。

2）闭式热水供应方式　闭式热水供应方式中，所有配水点关闭后，系统内的水不与大气相通，冷水直接进入水加热器。为确保系统的安全运转，系统中应设安全阀，有条件时还可加设隔膜式压力膨胀罐或膨胀管，如图 2-68 所示。闭式热水供应方式具有管路简单、水质不易受外界污染的优点，但供水水压稳定性较差，适用于不设屋顶水箱的热水供应系统。

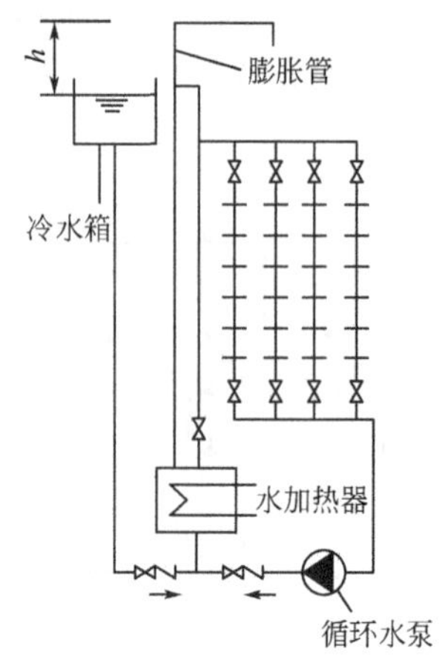


图 2-67　开式热水供应方式

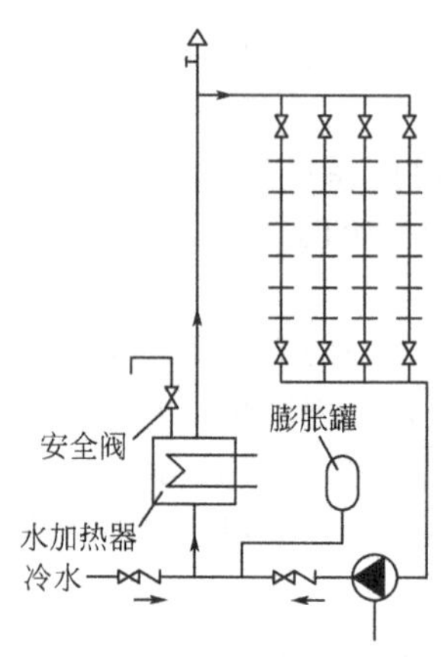


图 2-68　闭式热水供应方式

（2）按热水管网的循环方式分类

为保证热水管网中的水随时保持一定的温度，热水管网除配水管道外，还应根据具体情况和使用要求设置不同形式的回水管道，以便当配水管道停止配水时，使管网中仍维持一定的循环流量，以补偿管网热损失，防止温度降低过多。常用的循环管网和循环方式有以下几种，如图 2-69 所示。

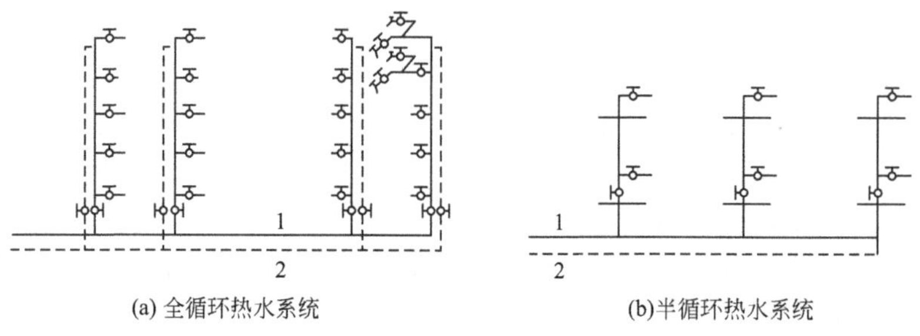


图 2-69　热水系统循环方式

1—配水干管；2—循环管

1）全循环热水供应方式　热水管道的所有支管、立管和干管都设有循环管道，当整个管网停止配水时，所有支管、立管和干管中的水仍保持循环，使管网中的水温不低于设计温度。适用于对水温有较严格要求的供水场所。

2）半循环热水供应方式　系统仅在配水干管上设置循环管道，只保证干管中的水温。适用于对水温要求不太高或配水管道系统较大的场所。

3）不循环系统热水供应方式　不循环系统就是不设置循环管道。适用于连续用水、定时集中用水和管道系统较小的场所。

（3）按热水加热方式分类

1）直接加热的热水供应系统　直接加热也称一次换热，见图 2-70（a），把热媒（蒸汽或高温水）直接与冷水混合而成热水再输配至热水供应管道系统。它具有设备简单、热效率高的特点。采用的加热装置有加热水箱、加热水罐。蒸汽加热有直接进入加热、多孔管直接加热、水射器加热等方式，见图 2-70（c）、（d）；第一种无需冷凝水管，但噪声大；后两种加热装置加热均匀、快捷、无噪声。蒸汽直接加热方式，对蒸汽质量要求高，适用于对噪声无严格要求的公共浴室、洗衣房、工矿企业等用户。

2）间接加热的热水供应系统　间接加热也称二次换热，见图 2-70（b），把热媒（蒸汽或高温水）的热量通过金属传热面传递给冷水，使冷水间接受热而变成热水。由于在加热过程中热媒与被加热水不直接接触，蒸汽不会对热水产生污染，供水安全稳定。适用于要求供水稳定、安全、噪声低的旅馆、住宅、医院、办公楼等建筑。

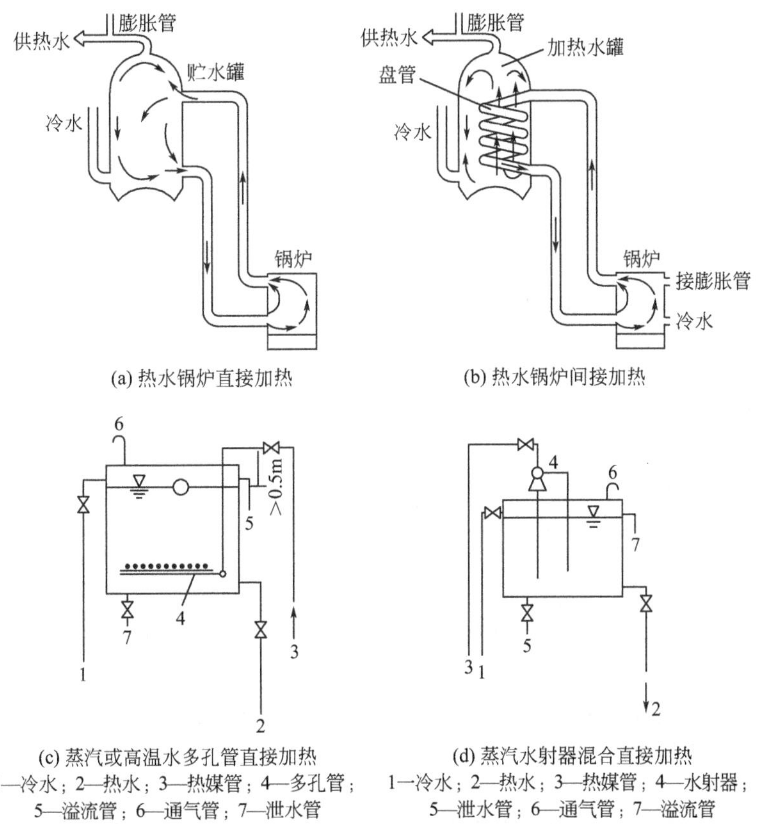


(a) 热水锅炉直接加热　　(b) 热水锅炉间接加热

(c) 蒸汽或高温水多孔管直接加热
1—冷水；2—热水；3—热媒管；4—多孔管；5—溢流管；6—通气管；7—泄水管

(d) 蒸汽水射器混合直接加热
1—冷水；2—热水；3—热媒管；4—水射器；5—泄水管；6—通气管；7—溢流管

图 2-70　热水系统加热方式

（4）按循环动力分类

1）自然循环热水供应方式　自然循环方式是利用配水管和回水管中的水的温差所形成的压力差，使管网内维持一定的循环流量，以补偿配水管道热损失，保证用户对热水温度的要求。这种方式适用于热水供应系统小，用户对水温要求不严格的系统中。

2）机械循环热水供应方式　机械循环方式是在回水干管上设循环水泵强制一定量的水在管网中循环，以补偿配水管道热损失，保证用户对热水温度的要求。这种方式适用于大、中型，且用户对热水温度要求严格的热水供应系统。

（5）按热水管网供水时间分类

1）全日供应方式　全日供应方式是指热水供应系统管网中在全天任何时刻都维持不低于循环流量的水量在进行循环，热水配水管网全天任何时刻都可配水，并保证水温。医院、疗养院、高级宾馆等都可采用全日供应方式。

2）定时供应方式　定时供应方式是指热水供应系统每天定时配水，其余时间系统停止运行，该方式在集中使用前，利用循环水泵将管网中已冷却的水强制循环加热，达到规定水温时才使用。这种供水方式适用于每天定时供应热水的建筑，如居民住宅、旅馆和工业企业中。

选用何种热水供应方式主要根据建筑物所在地区热力系统完善程度和建筑物使用性质、使用热水点的数量、水量和水温等因素进行技术和经济比较后确定。

（6）按配水干管位置分类

按热水配水管网水平干管的位置不同，可分为上行下给式热水供水系统、下行上给式热水供水系统和中分式热水供水系统。

上行下给式热水供水系统回水管路短，热水立管形成单立管，工程投资省，而且不同立管的热水温差较小；其缺点是，配水干管和回水干管上下分散布置，增加了建筑对管道装饰的要求，系统需设排气管或排气阀。这种方式适用于配水干管有条件敷设在顶层的建筑和对水温稳定要求高的建筑。

下行上给式热水供水系统的优点是，热水配水干管和回水干管集中敷设，利用最高配水龙头排气，可不设排气阀；缺点是，回水管路长，热水立管形成双立管，管材用量多，布置安装复杂。这种方式适用于配、回水管有条件布置在底层或地下室内的建筑。

## 二、建筑热水供应系统加热设备、管件与附件

热水系统中，将冷水加热为设计需要温度的热水，通常采用加热设备来完成。

1. 局部水加热设备

（1）燃气热水器

燃气热水器的热源有天然气、焦炉煤气、液化石油气和混合煤气四种。按燃气压力有低压（$p \leqslant 5kPa$）、中压（$5kPa < p \leqslant 150kPa$）热水器之分。民用和公共建筑中生活、洗涤用燃气热水设备一般均采用低压，工业企业生产所用燃气热水器可采用中压。此外，按加热冷水方式不同，燃气热水器有直流快速式和容积式之分，如图2-71（a）、（b）所示。直流快速式燃气热水器一般安装在用水点就地加热，可随时点燃并可立即取得热水，供一个或几个配水点使用，常用于家庭、浴室、医院手术室等局部热水供应。容积式燃气热水器具有一定的储水容积，使用前应预先加热，可供几个配水点或整个管网供水，可用于住宅、公共建筑和工业企业的局部和集中热水供应。

（2）电加热器

常用电加热器可分为快速式电加热器和容积式电加热器。快速式电加热器无储水容积或储水容积较小，如图2-71（c）所示，不需预热，可随时产出一定温度的热水，使用方便、体积小、但电耗大，在一些缺电地区使用受到限制。它适合家庭和工业、公共建筑单个热水供应点使用。容积式电加热器具有一定的储水容积，其容积可由10L（$0.01m^3$）到$10m^3$，使用前需预热，当储备水达到一定温度后才能使用，其热损失较大，但要求功率较小，管理集中，如图2-71（d）所示。可同时供应几个热水用水点在一段时间内使用，一般适用于局部供水和管网供水系统。

（3）太阳能热水器

太阳能热水器是将太阳能转换成热能并将水加热的装置。其优点是，结构简单、维护方便、节省燃料、运行费用低、不存在环境污染问题；缺点是，受天气、季节、地理位置影响不能连续稳定运行，为满足用户要求需配置储热和辅助加热设施、占地面积较大，布置受到一定的限制。太阳能热水器按组合形式分为装配式和组合式两种。装配式太阳能热水器一般为小型热水器，即将集热器、储热水箱和管路由工厂装配出售，适于家庭和分散使用场所，

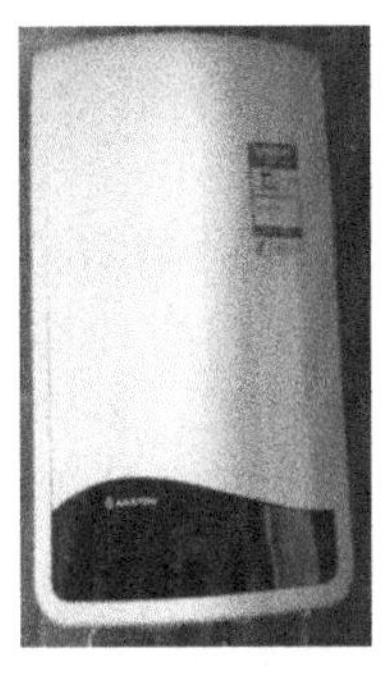

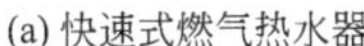

(a) 快速式燃气热水器

(b) 容积式燃气热水器

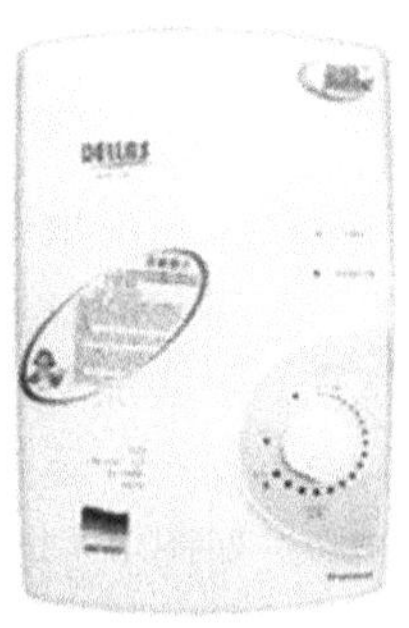

(c) 快速式电加热器

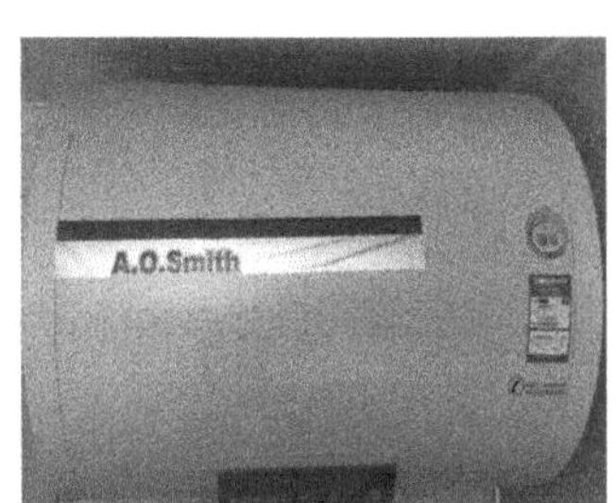


(d) 容积式电加热器

图 2-71　燃气热水器与电加热器

目前市场上有多种产品，见图 2-72。组合式太阳能热水器，即是将集热器、储热水箱、循环水泵、辅助加热设备按系统要求分别设置而组成，适用于大面积供应热水系统和集中供应热水系统。太阳能热水器按热水循环方式可分为自然循环和机械循环两种。

图 2-72　装配式太阳能热水器

太阳能热水器常布置在平屋顶上，在坡屋顶的方位和倾角合适时，也可设置在坡屋顶上，对于小型家用集热器也可利用向阳晒台栏杆和墙面设置。

2. 集中热水供应系统的加热和储热设备

(1) 小型锅炉

集中热水供应系统采用的小型锅炉有燃煤、燃油和燃气三种。

燃煤锅炉多为供暖系统应用，中小型也可用于热水系统，有卧式和立式两类。

(2) 容积式水加热器

容积式水加热器是一种间接式加热设备，有卧式和立式两种。其内部设有换热管束并具有一定储热容积，具有加热冷水和储备热水两种功能，以饱和蒸汽或高温水为热媒。图 2-73 所示为卧式容积式水加热器构造示意图。

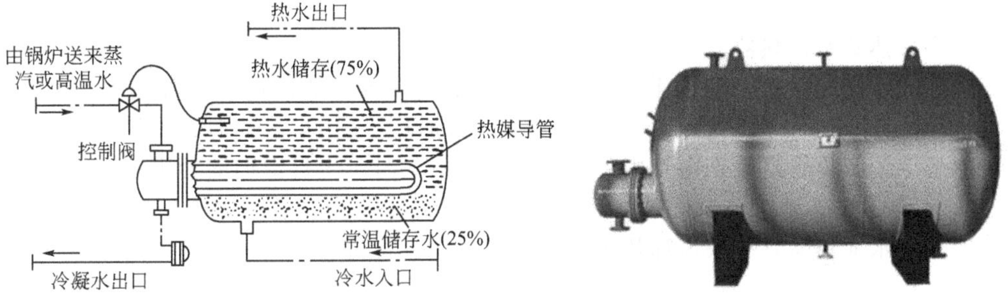


图 2-73　卧式容积式水加热器构造示意图

容积式水加热器的优点是具有较大的储存和调节能力，被加热水流速低，压力损失小，出水压力稳定，出水水温较均衡，供水较安全。但该加热器传热系数小，热交换效率较低，体积庞大，在散热管束下方的常温储存水中会产生军团菌等缺点。

(3) 快速式水加热器

快速式水加热器中，热媒与冷水均以较高流速流动进行紊流加热，提高热媒对管壁、管壁对被加热水的传热系数，以改善传热效果。

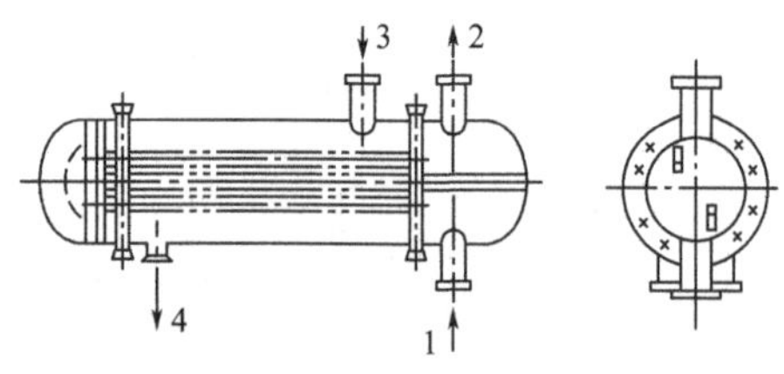


图 2-74　多管式汽-水快速水加热器
1—冷水；2—热水；3—蒸汽；4—凝水

根据采用热媒的不同，快速式水加热器有汽-水（蒸汽和冷水）、水-水（高温水和冷水）两种类型；根据加热导管的构造不同，又有单管式、多管式、板式、管壳式、波纹板式、螺旋板式等多种形式，如图 2-74 所示为多管式汽-水快速水加热器。

快速式水加热器具有效率高、体积小、安装搬运方便的优点，缺点是不能储存热水，水头损失大，在热媒或被加热水压力不稳定时，出水温度波动较大，仅适用于用水量大，而且比较均匀的热水供应系统或建筑物热水采暖系统。

(4) 半容积式水加热器

半容积式水加热器是带有适量储存和调节容积的内藏式容积式水加热器。其构造如图 2-75 所示，由储热水罐、内藏式快速换热器和内循环泵三个主要部分组成。其中储热水罐与快速换热器隔离，被加热水在快速换热器内迅速加热后，通过热水配水管进入储热水罐，当管网中热水用水低于设计用水量时，热水的一部分落到储罐底部，与补充水（冷水）一起经循环水泵升压后再次进入快速换热器内加热。半容积式水加热器具有体型小（储热容积比同样加热能力的容积式水加热器减少 2/3）、加热快、换热充分、供水温度稳定、节水节能的优点，但由于内循环泵不间断地运行，需要有极高的质量保证。

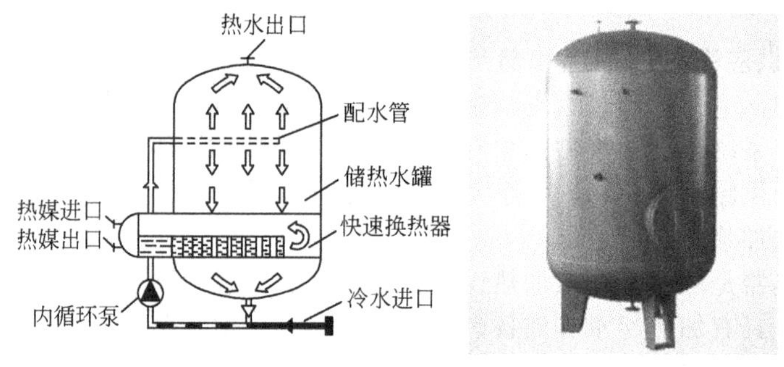


图 2-75　半容积式水加热器构造示意图

(5) 半即热式水加热器

半即热式水加热器是带有超前控制、具有少量储存容积的快速式水加热器，其构造如图 2-76 所示。其热水储存容量小，仅为半容积式水加热器的 1/5。同时，加热盘管为多组多排螺旋形薄壁铜制盘管组成，由于内外温差作用，加热时产生自由伸缩膨胀，可使传热面上的水垢自动脱落。

半即热式水加热器具有快速加热被加热水、浮动盘管自动除垢的优点，其热水出水温度变化一般可控制在±2.2℃内，且体积小，节省占地面积，适用于各种不同负荷需求的机械循环热水供应系统。

(6) 加热水箱和热水储水箱

加热水箱是一种简单的热交换设备，在水箱中安装蒸汽多孔管或蒸汽喷射器，可构成直接加热水箱。在水箱内安装排管或盘管即构成间接加热水箱。加热水箱适用于公共浴室等用水量大而均匀的定时热水供应系统。

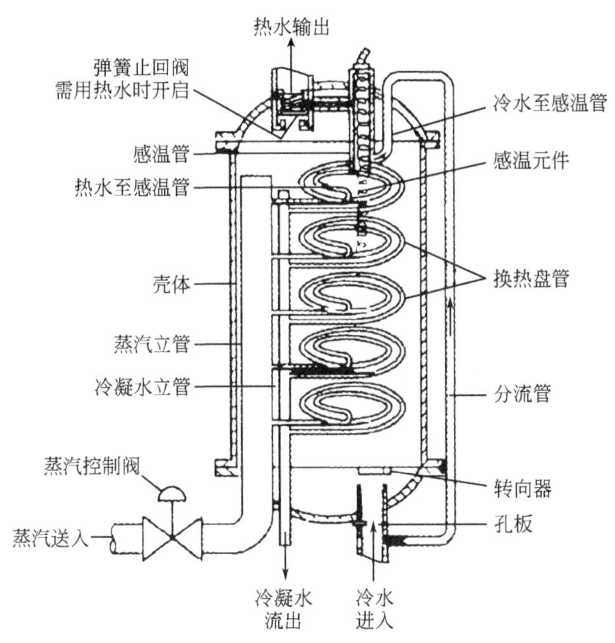


图 2-76 半即热式水加热器构造示意图

热水储水箱（罐）是一种专门调节热水量的容器。可在用水不均匀的热水供应系统中设置，以调节水量，稳定出水温度。

3. 热水供应系统管材、管件和附件

（1）管材和管件

热水供应系统管材的选择应慎重，主要考虑保证水质和安全可靠、经济合理。采用的管材和管件应符合现行产品标准的要求。管道的工作压力和工作温度不得大于产品标准标定的允许工作压力和工作温度。热水管道应选用耐腐蚀和安装连接方便可靠的管材，可采用薄壁铜管、薄壁不锈钢管、塑料热水管、塑料和金属复合热水管等，建筑给水系统中有介绍。

当采用塑料热水管或塑料和金属复合热水管时应符合下列要求。

管道的工作压力应按相应温度下的许用工作压力选择；设备机房内的管道不应采用塑料热水管。另外，定时供应热水系统不宜采用塑料热水管。

（2）主要附件

热水供应系统除需要装置必要的检修阀门和调节阀门外，还需要根据热水系统供应方式装置若干附件，以便解决热水膨胀、系统排气、管道伸缩等问题以及控制系统的热水温度，从而确保系统安全可靠地运行。

1）自动温度调节装置 为了节能节水、安全供水，所有水加热器均应设自动温度调节装置。可采用直接式自动温度调节器或间接式自动温度调节器。直接式自动温度调节器的构造原理如图 2-77 所示。

2）疏水器 为保证热媒管道汽水分离，蒸汽畅通，不产生汽水撞击、延长设备使用寿命，用蒸汽作热媒间接加热的水加热器、开水器的凝结水回水管上应每台设备设疏水器，当水加热器的换热能确保凝结水回水温度小于等于 80℃时，可不装疏水器。蒸汽立管最低处、蒸汽管下凹处的下部宜设疏水器。疏水器口径应经计算确定，其前应安装过滤器，其旁不宜附设旁通阀。疏水器根据其工作压力可分为低压和高压，热水系统中常采用高压疏水器。疏水器的种类较多，有浮筒式、吊桶式、热动式、脉冲式、温调式等类型。常用的有吊桶式疏水器和热动式疏水器，如图 2-78、图 2-79 所示。

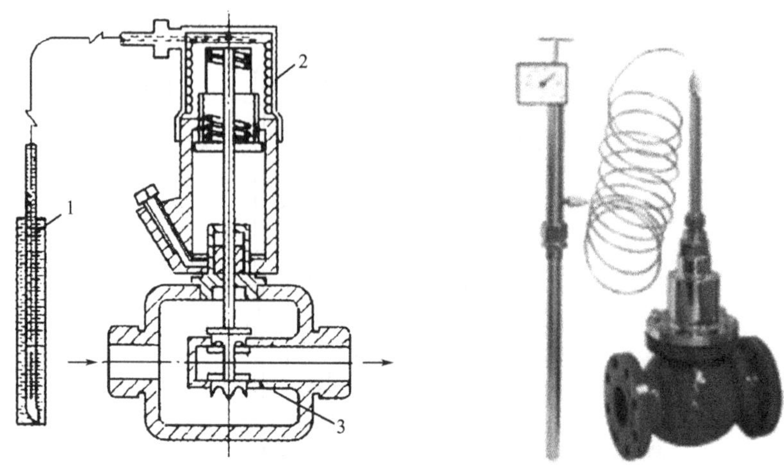


图 2-77　自动温度调节器结构

1—温包；2—感温元件；3—调压阀

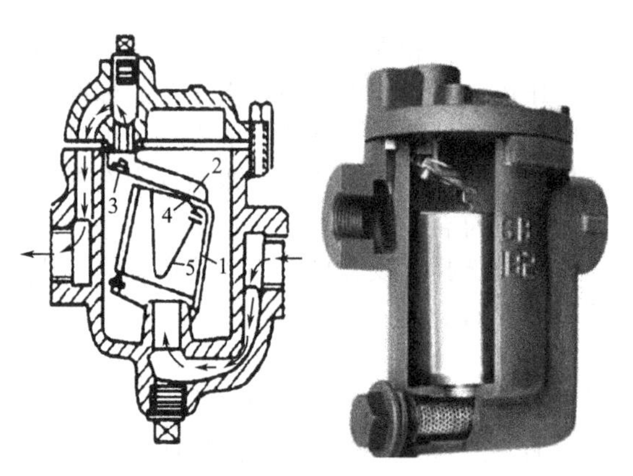


图 2-78　吊桶式疏水器

1—吊桶；2—杠杆；3—球阀；4—快速排气孔；5—双金属弹簧

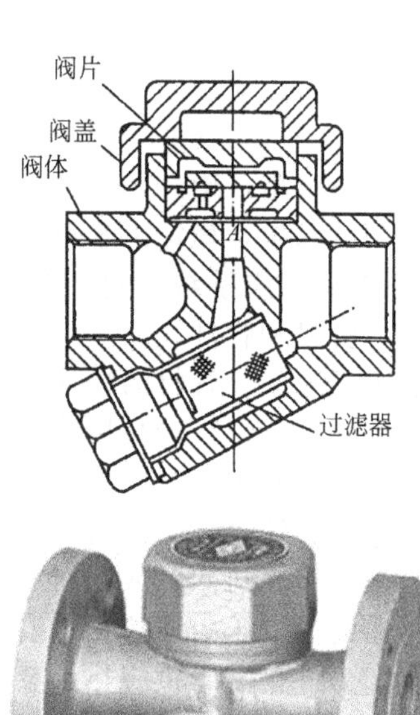


图 2-79　热动式疏水器

3）减压阀　热水供应系统中当热交换设备以蒸汽为热媒时，若蒸汽压力大于热交换设备所能承受的压力时，应在蒸汽管道上设置减压阀，把蒸汽压力减至热交换设备允许的压力值，以保证设备运行安全。建筑给水系统部分有介绍。

4）自动排气阀　为排除热水管道系统中热水汽化产生的气体（溶解氧和二氧化碳），以保证管内热水畅通，防止管道腐蚀，上行下给式系统的配水干管最高处应设自动排气阀。图 2-80 所示为自动排气阀的构造示意图。

5）安全阀　为避免压力超过规定的范围而造成管网和设备等的破坏，应在系统中装设安全阀。在热水供应系统中宜采用微启式弹簧安全阀。建筑给水系统部分有介绍。

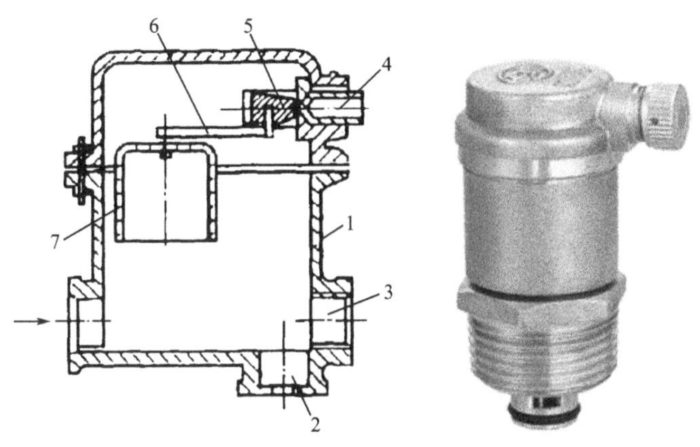


图 2-80　自动排气阀

1—排气阀体；2—直角安装出水口；3—水平安装出水口；4—阀座；5—滑阀；6—杠杆；7—浮钟

## 三、建筑热水管网布置与敷设

热水管网的布置和敷设，除了满足给（冷）水管网布置敷设的要求外，如前所述，还应该注意因水温高而引起的体积膨胀、管道伸缩补偿、保温、防腐、排气等问题。

根据水平干管的敷设位置，热水管网的布置形式可采用上行下给式（其水平干管敷设在建筑物最高层吊顶或专用设备技术层内）或下行上给式（其水平干管敷设在室内地沟内或地下室顶部）。

根据建筑物的使用要求，热水管网的敷设形式又可分为明装与暗装两种。明装管道尽可能布置在卫生间、厨房沿墙、柱敷设，一般与冷水管平行。在建筑与工艺有特殊要求时可暗装，暗装管道多布置在管道竖井或预留沟槽内。

布置和敷设热水管网时应注意以下事项。

① 较长的直线热水管道，不能依靠自身转角自然补偿管道的伸缩时，应设置伸缩器。

② 为避免管道中积聚气体，影响过水能力和增加管道腐蚀，在上行下给式供水干管的最高点应设置排气装置。

③ 为集存热水中所析出的气体，防止被循环水带走，下行上给式管网的循环回水立管应在配水立管最高配水点以下≥0.5m 处连接。

④ 为便于排气和泄水，热水横管均应有与水流方向相反的坡度，其坡度值一般应≥0.003，并在管网的最低处设泄水装置。

⑤ 热水管道在穿过建筑物顶棚、楼板、墙壁和基础处应设套管，以避免管道胀缩时损坏建筑结构和管道设备。若地面有积水可能时，套管应高出地面 50～100mm，以防止套管缝隙向下流水。

⑥ 热水立管与横管连接处，为避免管道伸缩应力破坏管网，立管与横管相连应采用乙字弯管，如图 2-81 所示。

⑦ 为保证配水点的水温，需平衡冷热水的水压。热水管道通常与冷水管道平行布置，热水管道在冷水管道上方或左侧位置。

⑧ 热水管道应设固定支座和活动导向支座，固定支座的间距应满足管段的热伸长量不大于伸缩器所允许的补偿量，固定支座之间设活动导向支座。

⑨ 为满足热水管网中循环流量的平衡调节和检修的需要，在配水管道或回水管道的分干管处、配水立管和回水立管的端点，以及居住建筑和公共建筑中每一户或单元的热水支管

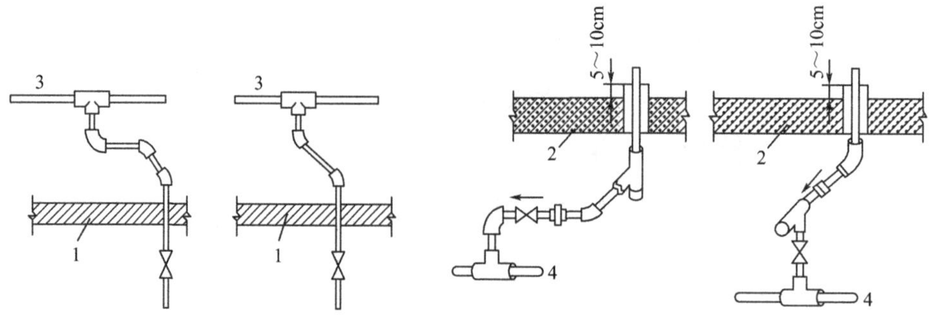


图 2-81 热水立管与横管的连接方式
1—吊顶；2—地板或沟盖板；3—配水横管；4—回水管

上，均应设阀门。热水管道中水加热器或储水器的冷水供水管和机械循环第二循环回水管上应设止回阀，以防止加热设备内水倒流被泄空而造成安全事故和防止冷水进入热水系统影响配水点的供水温度。

⑩ 热水管道的防腐与保温。

热水管网若采用低碳钢管材和设备时，由于管道及设备暴露在空气中，会受到氧气、二氧化碳、二氧化硫和硫化氢的腐蚀，金属表面还会产生电化学腐蚀，又加之热水水温高，气体溶解度低，使得金属管材更易腐蚀。长期腐蚀的结果，使管道和设备的壁面变薄，系统将遭到破坏。为此，可在金属管材和设备外表面涂刷防腐材料，在金属设备内壁及管内加耐腐衬里或涂防腐涂料来阻止腐蚀作用。

在热水系统中，为减少系统的热损失应对管道和设备进行保温。选用保温材料时，应尽量选用重量轻、热导率低［$\leqslant 0.139\mathrm{W/(m^2 \cdot ^\circ C)}$］、吸水率小、性能稳定、有一定机械强度、不腐蚀金属、施工简便、价格合理的材料。常用的保温材料有膨胀珍珠岩、膨胀蛭石、玻璃棉、矿渣棉、石棉、硅藻土和泡沫混凝土等制品。

对管道和设备保温层厚度的确定，均需按经济厚度计算法计算，并应符合 GB/T 4272—2008《设备及管道绝热技术通则》中的规定。为了简化设计时的计算过程，《给水排水标准图集》03S401《管道和设备保温、防结露及电伴热》中提供了管道和设备保温的结构图和直接查表确定厚度的图表，同时也为施工提供了详图和工程量的统计计算方法。

不论采用何种保温材料和保温结构，在施工保温前，均应将钢管进行防腐处理，将管道表面清除干净，刷防锈漆两道。同时，为增加保温结构的机械强度及防湿能力，在保温层外面一般均应有保护层。常用的保护层有石棉水泥保护层、麻刀灰保护层、玻璃布保护层、铁皮保护层等。

## 复习思考题

1. 建筑给水系统按用途可分为哪几类？各有何用途？
2. 室内给水系统常用管材有哪几种？试述它们的特点和使用范围。
3. 给水附件分为哪几类，各自的作用是什么？试述其各自的适用范围。
4. 建筑给水系统由哪几部分组成？
5. 建筑给水方式有哪几种？其适用范围如何？
6. 室内消火栓给水系统由哪几部分组成？
7. 消防用水与生产、生活用水合并的水池，应采取哪些措施确保消防用水不作他用？

8. 简述消火栓给水系统中消火栓的配置原则，并解释什么是充实水柱。
9. 自动喷水灭火系统中水流报警装置由哪几部分组成？简述其各部分的作用。
10. 水泵接合器的形式有哪几种？水泵接合器的作用是什么？
11. 简述自动喷水灭火系统的类型、使用条件。
12. 热水供应系统的类型有哪些？各有何特点？
13. 热水供应系统的组成如何？
14. 热水供应系统有哪些加热方式？
15. 加热设备的类型有哪些？

# 任务三 建筑排水系统

### 知识目标

- 熟悉室内排水系统的分类、组成、布置与敷设；
- 掌握室内排水系统常用管材、管件、附件和常用设备。

### 能力目标

- 能提出建筑排水系统布置方案；
- 会选择与认知建筑排水系统管材、卫生设备及附件；了解雨水系统的构成；
- 能认知高层建筑排水系统措施。

## 课题一 建筑排水系统介绍

建筑排水也称建筑内排水，也称室内排水。系统的任务就是将人们在生活、生产过程中使用过的废（污）水及屋面降水（包括雨水和冰雪融化水）收集起来尽快畅通地排至室外的污水管网系统或处理构筑物，将雨、雪水及时排入室外雨水管渠系统。

### 一、排水系统

1. 排水系统的分类

建筑内部排水系统的任务，是将建筑物内用水设备、卫生器具和车间生产设备产生的污（废）水，以及屋面上的雨水、雪水加以收集后，通过室内排水管道及时顺畅地排至室外排水管网中去。

根据所排污（废）水的性质，室内排水系统可以分为以下三类。

（1）生活污（废）水排水系统

生活排水系统通常分为生活污水和生活废水两部分。生活污水指的是建筑物内日常生活中的粪便冲洗水，这种污水中含有有机物和细菌；生活废水是日常生活中的盥洗、淋浴、洗涤所产生的生活废水。生活污（废）水排水系统是在住宅、公共建筑和工厂车间的生活间内安装的排水管道，用以排放人们日常生活中所产生的生活污水和生活废水。

（2）生产污（废）水排水系统

生产污（废）水排水系统是在工矿企业生产车间内安装的排水管道，用以排放工矿企业在生产过程中产生的污水和废水。其中生产废水指未受污染或受轻微污染以及水温稍有升高的水（如使用过的冷却水）；生产污水指被污染的水，包括水温过高排放后造成热污染的水。

（3）雨（雪）水排水系统

雨（雪）水排水系统是在屋面面积较大或多跨厂房内、外安装的雨（雪）水管道，用以排除屋面上的雨水和融化的雪水。

2. 排水体制

以上提及的污水、废水及雨（雪）水管道，可根据污（废）水性质、污染程度，结合室外排水系统体制和有利于综合利用与处理的要求，以及室内排水点和排出口位置等因素，决定室内排水系统体制。

1）分流制　以上三类系统如果分别设置管道将污（废）水排出建筑物外的称为分流制。

2）合流制　若将其中两类或两类以上污（废）水合用同一管道排出的，则称为合流制。

合流制的优点是工程总造价比分流制少，节省维护费用，其缺点是增加了污水处理的负荷量。分流制与合流制相反，它的优点是水力条件好，由于污、废水分流，有利于分别处理和再利用，其缺点是工程造价高，维护费用多。

室内排水系统选择分流制排水体制还是合流制排水体制，应综合考虑诸多因素后确定。一是新建居住小区应采用生活污水与雨水分流排水系统；二是城市无污水处理厂、建筑物使用性质对卫生标准要求较高以及生活废水需回收利用时，宜采用生活污水与生活废水分流的排水系统；三是公共饮食业厨房含有大量油脂的洗涤废水，洗车台冲洗水，含有大量致病菌、放射性元素超过排放标准的医院污水，水温超过 40℃的锅炉、水加热器等加热设备的排水，用作中水水源的生活排水等污（废）水应单独排至水处理或回收构筑物；四是建筑物的雨水管道应单独设置，在缺水或严重缺水地区，宜设置雨水储存池。

3. 排水系统的组成

一般建筑物内部排水系统的组成如图 3-1 所示。

（1）污（废）水受水器

污（废）水受水器系指各种卫生器具、排放工业生产污（废）水的设备及雨水斗等。

（2）排水管道

排水管道由排水支管、排水横管、排水立管、排水干管与排出管等组成。排水支管指只连接 1 个卫生器具的排水管，除坐式大便器和地漏外，其上均应设水封装置（俗称存水弯），以防止排水管道中的有害气体及蚊、蝇等昆虫进入室内。排水横管指连接 2 个以上卫生器具排水支管的水平排水管，应有一定坡度坡向立管。排水立管指接受各层横管的污（废）水并将之排至排出管的立管。排出管即室内污水出户管，是室内立管与室外检查井（窨井）之间的连接横管，它可接受一根或几根立管内的污（废）水。

（3）通气管

绝大多数排水管道系统内部流动的是重力流，即管系中的污水、废水是依靠重力的作用排出室外。因此排水管系必须和大气相通，从而保证排水管道系统内气压恒定，维持重力流状态。

通气管系统是一个与排水管系相通的系统，但是其内部不流水。其作用是向排水管道系统补给空气，使水流畅通，减小排水管道内的气压变化幅度，防止卫生器具水封破坏；同时将室内排水管道中散发的臭气和有害气体排到大气中去。

对于层数不高、卫生器具不多的建筑物，一般较少采用专用通气管系统，采取将排水立管上端延伸出屋面的措施，此段由排水立管不过水部分称为伸顶通气管（或透气管），通气管顶端应设通气帽，以防止杂物进入排水管内。

（4）清通装置

排水管道清通装置一般指检查口、清扫口、检查井以及自带清通门的弯头、三通、存水弯等设备，用以疏通排水管用。室内常用检查口和清扫口。

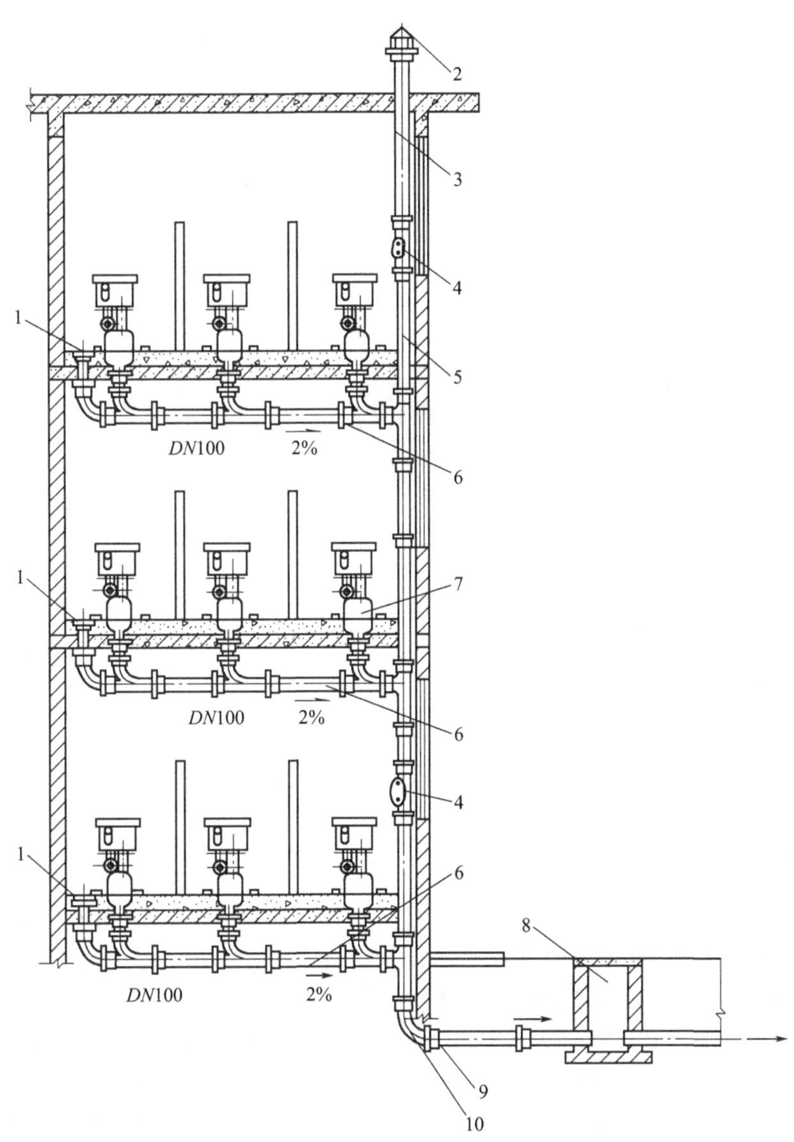


图 3-1　建筑物内部排水系统

1—清扫口；2—风帽；3—通气管；4—检查口；5—排水立管；6—排水横支管；7—大便器；8—检查井；9—排出管；10—出户大弯管

（5）提升设备

当民用建筑的地下室、人防建筑物、高层建筑的地下设备层等地下建筑内的污（废）水不能自流排至室外时，必须设置提升设备。常用的提升设备有水泵、气压扬液器、手摇泵等。

## 二、排水系统常用管材、管件及卫生设备

1. 排水系统常用管材及选用

建筑内部排水管道按设置地点、使用的条件及污水的性质和成分，可分为排水铸铁管、塑料管、钢管和带釉陶土管。工业废水还可用陶瓷管、玻璃钢管、玻璃管等。

（1）排水铸铁管

在室内排水系统中传统的普通排水铸铁管由于易锈蚀、自重大、运输施工不便等原因逐

渐被淘汰。采用离心浇注工艺生产的柔性排水铸铁管。因为管材的强度高，刚性大，耐火性能好，噪声低，寿命长，抗震性能好，可回收，施工快捷，检修方便等特点取而代之。对高层建筑、地震地区尤为合适。

柔性接口排水铸铁管采用 A 型柔性接口（法兰压盖连接）和 W 型柔性接口（卡箍连接）两种，简称 A 型和 W 型。法兰接口（法兰压盖连接）采用橡胶圈密封、螺栓紧固；卡箍式无承口铸铁管便于安装与拆卸，密封性强，便于管道清通，是一种新型的建筑排水管材，在建筑排水系统中应用越来越广。排水铸铁管接口方式及部分管件见图 3-2。

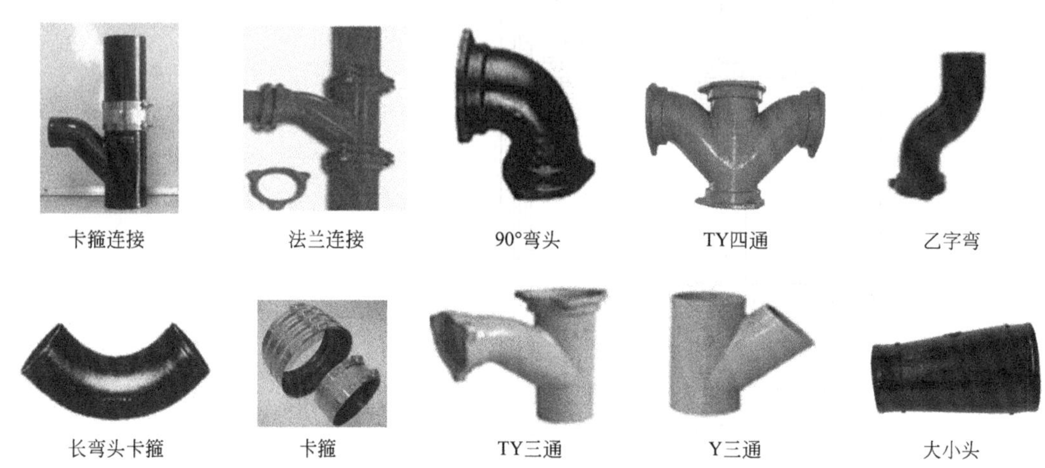


图 3-2　排水铸铁管接口方式及部分管件

（2）塑料管

建筑排水用塑料管是以聚氯乙烯树脂为主要原料，加入必需的助剂，经挤压成型的有机高分子材料的管。用塑料制成的管子具有优良的化学稳定性，耐腐蚀和力学性能好，不燃，无不良气味，质轻而坚，密度小，表面光滑，容易加工安装，在工程中被广泛应用。建筑排水用塑料管适用于输送生活污水和生产污水。

1）硬聚氯乙烯管（PVC-U 管）　PVC-U 管（又称硬 PVC 管、UPVC 管）以聚氯乙烯树脂为主要原料，加入必需的助剂，经挤压成型。具有优良的化学稳定性，耐腐蚀，不燃，无不良气味，质轻而坚，密度小，表面光滑，容易加工安装，在室内给水系统应用较少，室内排水系统与建筑雨水系统、城市供水系统、城市排水系统应用较多，可埋地使用。用于室内排水管且 $DN \leqslant 110$mm 时，一般采用承插粘接方式连接；$DN \geqslant 63$mm 时也可采用橡胶圈接口，PVC-U 管常用管件见图 3-3。室内排水用 PVC-U 管时，为降低噪声，可采用螺旋消声管与芯层发泡管；室外排水管道、通信电缆的套管及农用排水可用 UPVC 双壁波纹管，如图 3-3 所示。

2）氯化聚氯乙烯管（PVC-C 管）　PVC-C 管，是由过氯乙烯树脂加工而得一种耐热性好的塑料管，具有较好的耐热、耐老化、耐化学腐蚀性，国外应用较多，多用作热水管、废液管和污水管，国内应用较少，多用于电力电缆护套管。

（3）钢管

钢管主要用作洗脸盆、小便器、浴盆等卫生器具与横支管间的连接短管，管径一般为 32mm、40mm、50mm。在工厂车间内振动较大的地点也可采用钢管代替铸铁管。

（4）带釉陶土管

带釉陶土管耐酸碱腐蚀，主要用于腐蚀性工业废水排放。室内生活污水埋地管也可用陶土管。

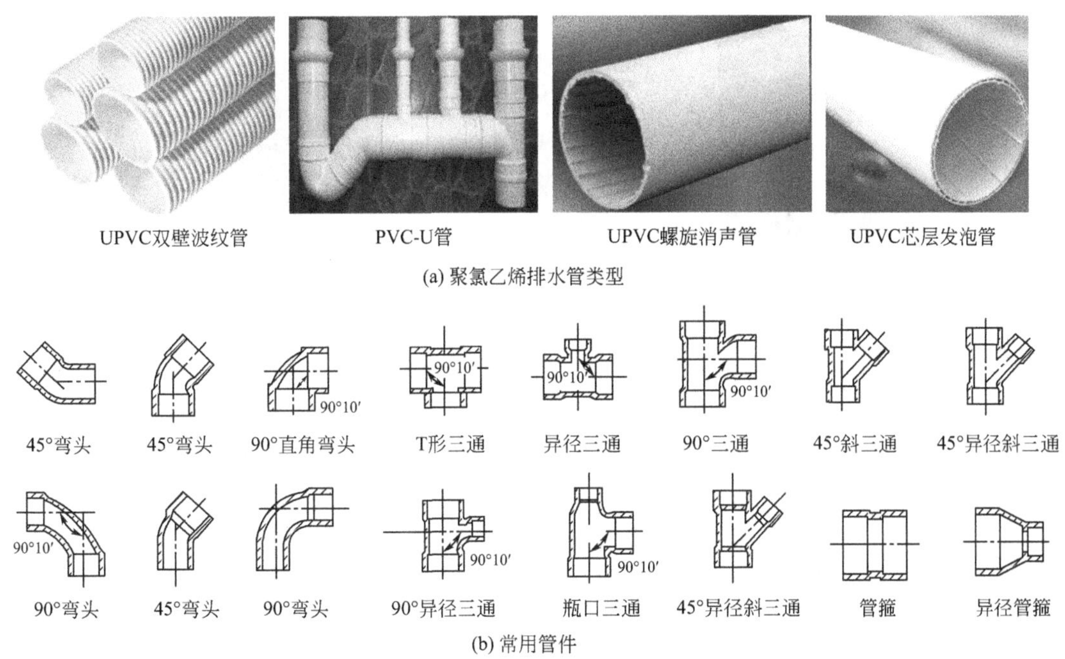


图 3-3 聚氯乙烯排水管及常用管件

2. 排水管道附件

1) 存水弯 存水弯的作用是在其内形成一定高度（通常为 50～100mm）的水封，阻止排水系统中的有害气体或虫类进入室内，保证室内的环境卫生。凡构造内无存水弯的卫生器具与生活污水管道或其他可能产生有害气体的排水管道连接时，必须在排水口以下设存水弯。存水弯的类型主要有 S 形和 P 形两种，见图 3-4。

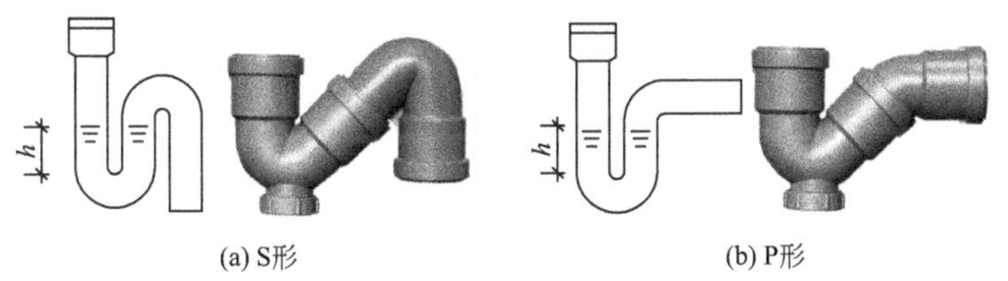


图 3-4 存水弯

S 形存水弯常用在排水支管与排水横管垂直连接部位。P 形存水弯常用在排水支管与排水横管和排水立管不在同一平面位置而需连接的部位。需要把存水弯设在地面以上时，为满足美观要求，存水弯还可设计成瓶式存水弯、存水盒等不同形式。

2) 地漏 用于收集和排放室内地面水或池底污水，厕所、盥洗室、卫生间，以及需要在地面排水的房间（如淋浴间、水泵房、厕所、盥洗室、卫生间等）都应设置地漏，如图 3-5。地漏应设置在易于溢水的器具附近及地面最低处，其顶面应低于地面 5～10mm，周围地面应有不小于 0．01 坡度坡向地漏。水封深度不得小于 50mm，直通地漏必须加设存水弯。地漏一般用铸铁、不锈钢、铜或塑料制成。

淋浴室内一般用地漏排水，公共建筑中每个男女卫生间应至少设置一个 50mm 规格的地漏。不同的场所应采用不同类型的地漏。卫生间内设有洗脸盆、洗手盆、浴盆和洗衣机等设备时，应优先采用直通式地漏；手术室、设备层等不经常使用地漏排水的场所或卫生标准要求高的建筑，为防止排水系统气体污染室内空气，可设密闭地漏；在食堂、厨房等污水中杂物较多时，宜设网框式地漏。

图 3-5 地漏

地漏一般有扣碗式、多通道式、双箅杯式、防回流式、密闭式等多种。

3）检查口与清扫口 检查口和清扫口的作用是供管道清通时使用。

检查口是一个带盖板的开口短管，其构造，如图 3-6（a）所示，拆开盖板便可以进行管道清通，检查口安装在排水立管及较大的横管段上，安装高度从地面至检查口中心为 1.0m。

清扫口，如图 3-6（b）所示。连接 2 个及 2 个以上的大便器或 3 个及 3 个以上卫生器具的铸铁排水横管，连接 4 个及 4 个以上的大便器的塑料排水横管上，宜设置清扫口。在排水横管上设清扫口，宜将清扫口设置在楼板或地坪上，清扫口顶与地面相平。横管始端的清扫口与管道垂直的墙面距离不得小于 0.15m。当采用管堵代替清扫口时，为了便于清通和拆装与墙面的净距不得小于 0.4m。

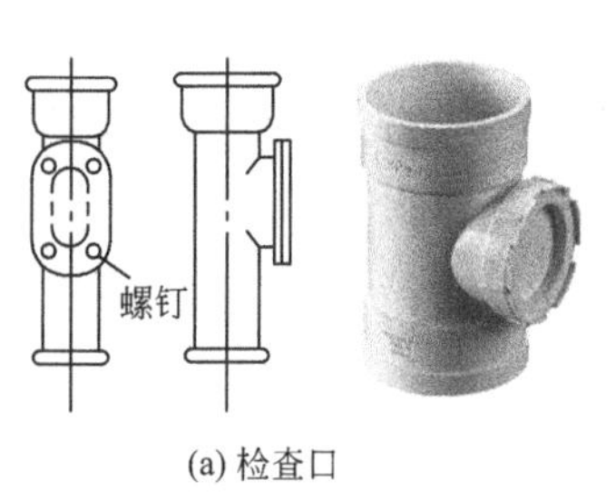


(a) 检查口

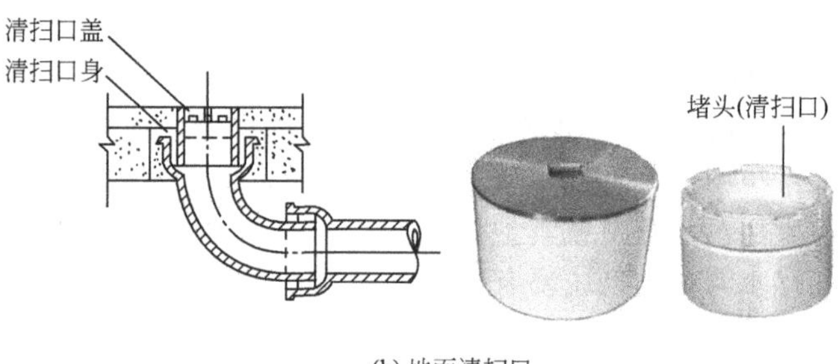


(b) 地面清扫口

图 3-6 清通设备

### 3. 卫生器具

卫生器具是用来满足日常生活中各种卫生要求，收集和排放生活及生产中产生的污水、废水的设备，是建筑给水排水系统的重要组成部分。

卫生器具一般采用不透水、无气孔、表面光滑、耐腐蚀、耐磨损、耐冷热、容易清洗、有一定的机械强度的材料制造，如陶瓷、搪瓷生铁、不锈钢、塑料、复合材料等。卫生器具正向着冲洗功能强、节水、消声、设备配套、便于控制、使用方便、造型新颖、色调协调等方向发展。

卫生器具按使用功能分为便溺用卫生器具、盥洗淋浴用卫生器具、洗涤用卫生器具、专用卫生器具（此处略）四大类。

（1）便溺用卫生器具

便溺用卫生器具的作用是收集、排除粪便污水。其种类有大便器、大便槽、小便器、小便槽。

1）大便器 大便器按使用方法分为坐式和蹲式两种。

坐式大便器一般用于住宅，宾馆等建筑物内，多采用低位水箱冲洗。坐式大便器构造本身已经带有存水弯。坐式大便器按冲洗原理分为冲洗式和虹吸式两种（见图 3-7），冲洗式在家用中已逐渐淘汰。图 3-8 所示为低位水箱坐式大便器安装及实物。

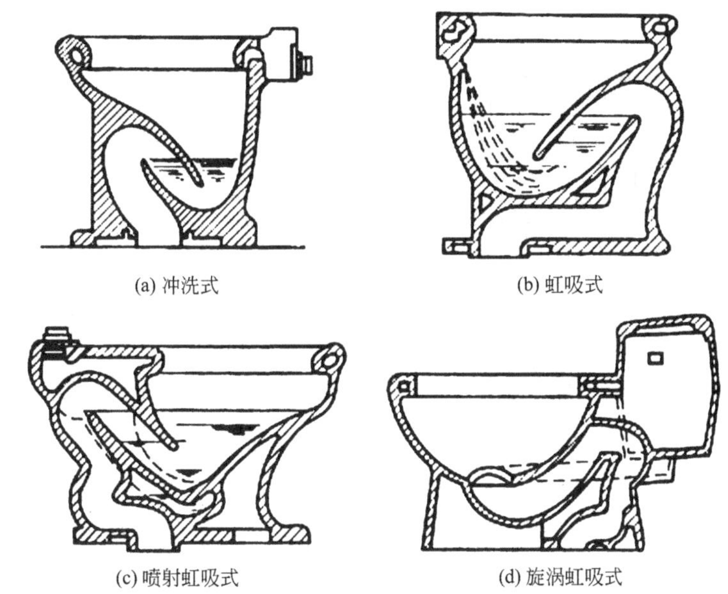


图 3-7　坐式大便器

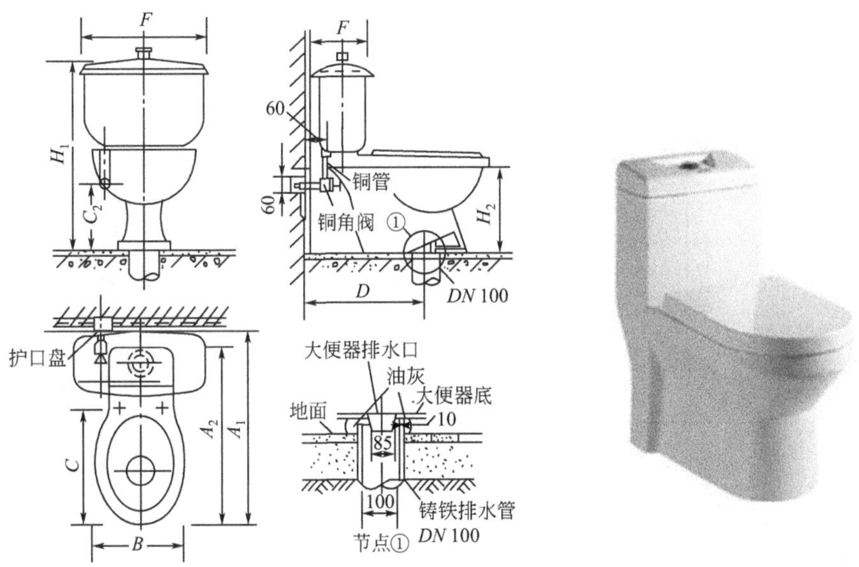


图 3-8　低位水箱坐式大便器安装及实物

蹲式大便器一般用于集体宿舍和公共建筑的公用厕所及防止接触传染的医院内厕所，见图 3-9。可以采用水箱或延时自闭式冲洗阀冲洗。蹲式大便器接管时需配存水弯。

2）大便槽　大便槽因卫生条件差，冲洗耗水多，目前多用于建筑标准不高的公共建筑或公共厕所内，其优点是设备简单、造价低。从卫生观点评价，大便槽受污面积大、有恶臭且耗水量大、不够经济。大便槽可采用集中自动冲洗水箱和红外数控冲洗装置。

3）小便器（斗）　小便器设于公共建筑男厕内，有挂式、立式两种。其中立式小便器用于标准较高的建筑。小便器可采用手动启闭截止阀冲洗，成组布置的小便器可采用红外感应自动冲洗装置、光电控制或自动控制的冲洗装置。图 3-10 和图 3-11 所示分别为挂式小便器和立式小便器安装及实物。

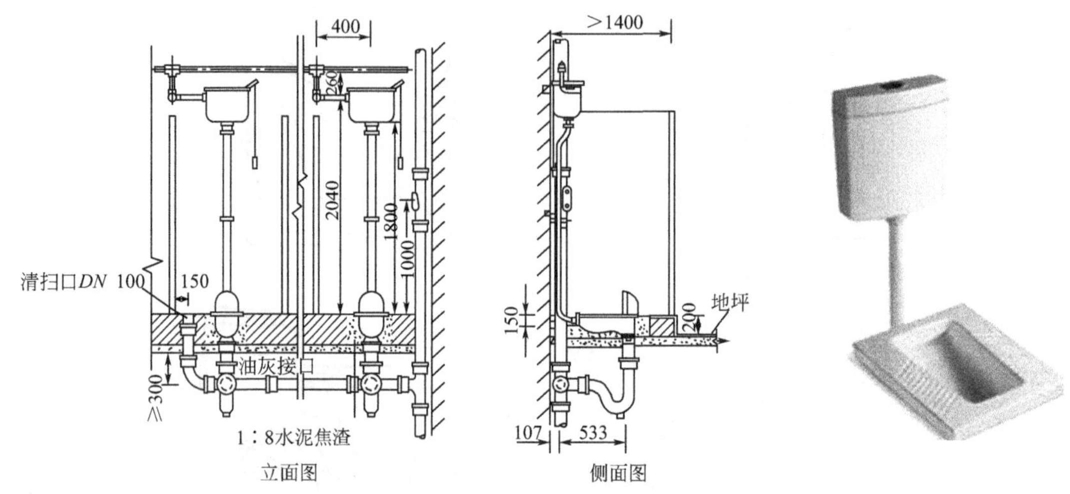


图 3-9　高位水箱蹲式大便器安装

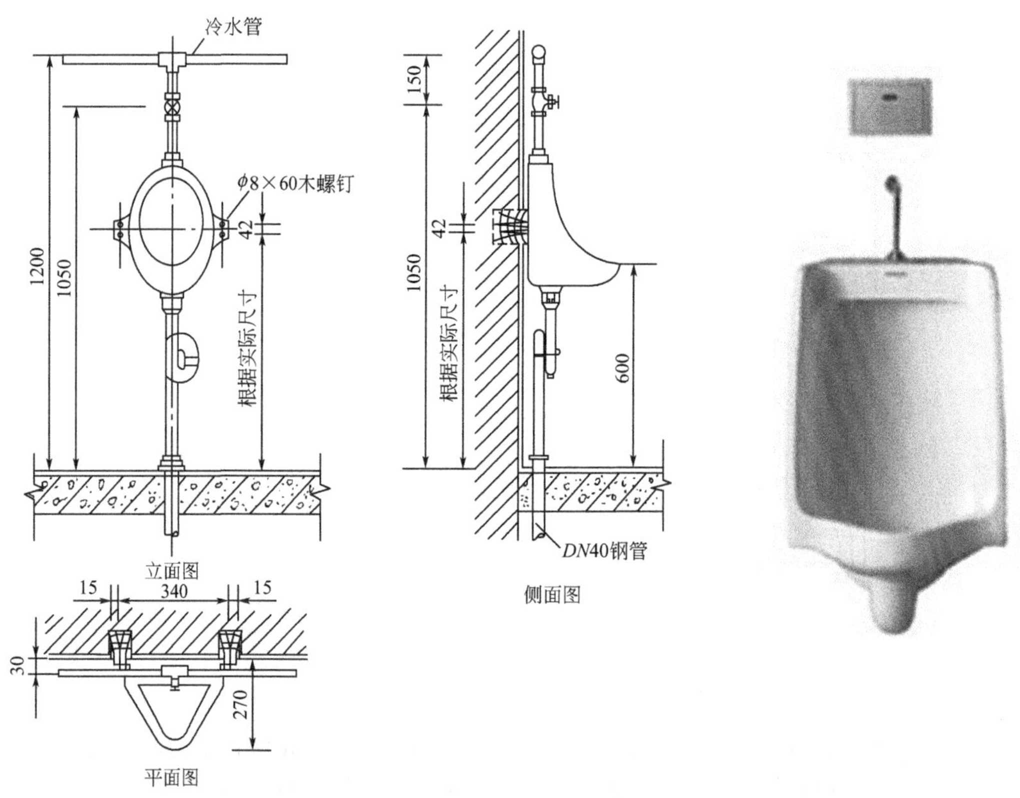


图 3-10　挂式小便器安装及实物

4）小便槽　由于小便槽在同样的设置面积下比小便器可容纳的使用人数多，并且建造简单经济，因此，在工业建筑、公共建筑和集体宿舍的男厕所采用较多。

（2）盥洗淋浴用卫生器具

盥洗淋浴用卫生器具有洗脸盆、盥洗槽、淋浴器、浴盆、妇女卫生盆。

1）洗脸盆　装设在盥洗室、浴室、卫生间及理发室内。洗脸盆按安装方式分为墙架式、

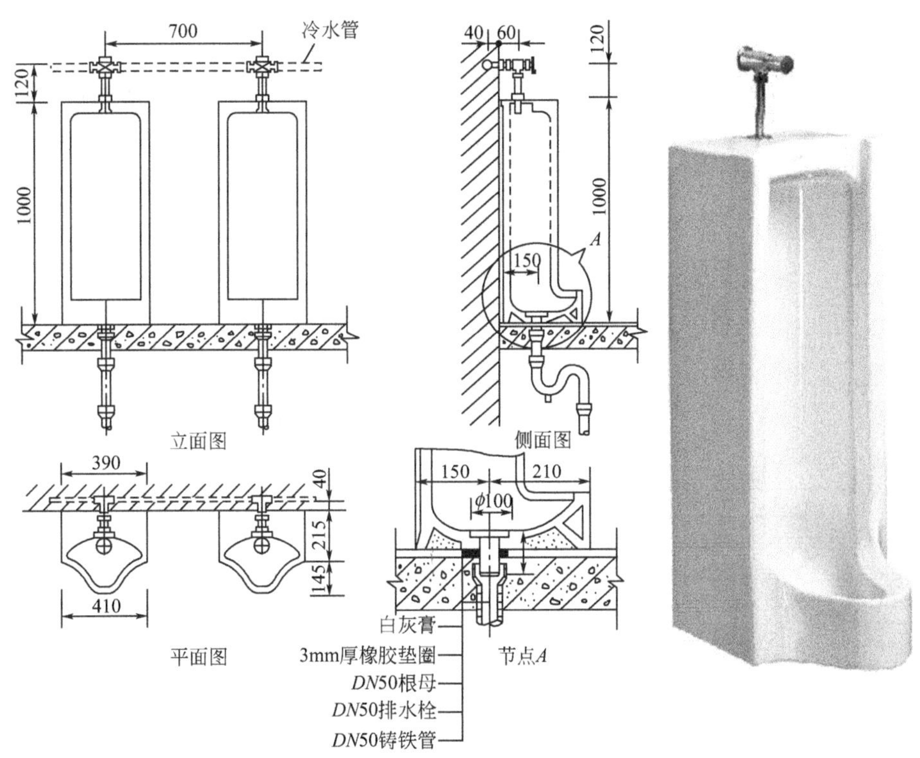


图 3-11　立式小便器安装及实物

立柱式和台式三种。立柱式洗脸盆美观大方，一般多用于高级宾馆或别墅的卫生间内。台式洗脸盆的造型很多，有椭圆形、圆形、长圆形、方形、三角形、六角形等；由于其体形大、台面平整、整体性好、豪华美观，因此多用于高级宾馆。洗脸盆安装及实物见图 3-12、图 3-13。

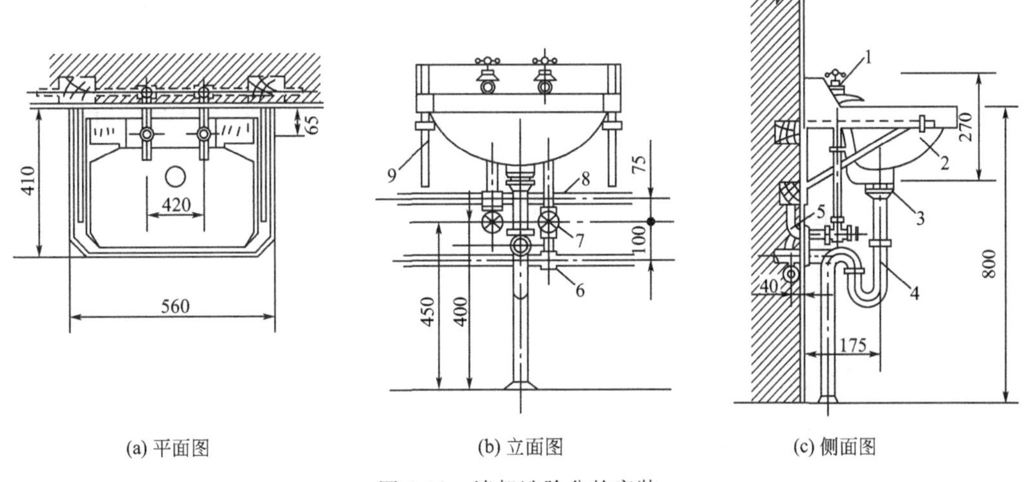


图 3-12　墙架洗脸盆的安装

1—水嘴；2—洗脸盆；3—排水栓；4—存水弯；5—弯头；6—三通；7—角式截止阀及冷水管；8—热水管；9—托架

2）盥洗槽　盥洗槽装设于工厂车间、学校宿舍、火车站等建筑内，有条形和圆形两种，槽内设排水栓。盥洗槽多为现场建造，价格低，可供多人同时使用。安装见图 3-14。

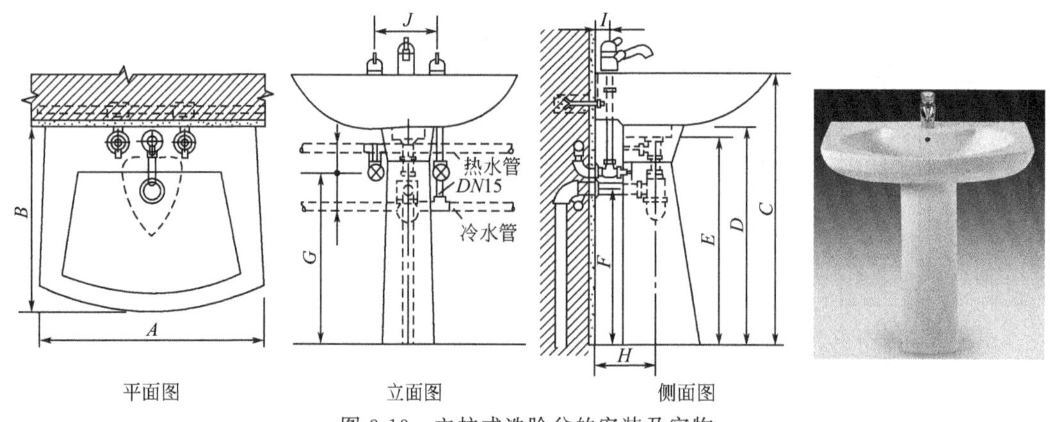


图 3-13　立柱式洗脸盆的安装及实物

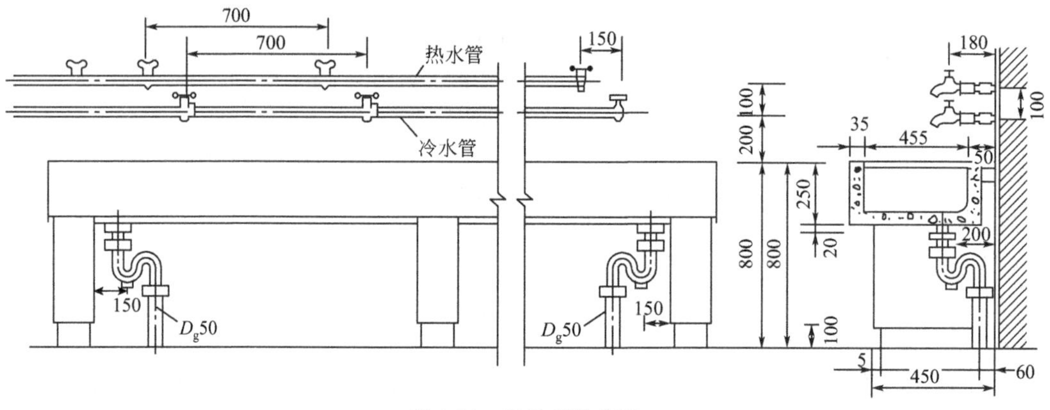


图 3-14　盥洗槽的安装

3）淋浴器　淋浴器占地面积小、设备费用低、耗水量少、清洁卫生，多用于工业企业生活间、集体宿舍及旅馆的卫生间，以及体育馆、学校、机关、部队公共浴室和集体宿舍内。有成品的，也有现场安装的，按配水阀门和装置的不同，分为普通式淋浴器、脚踏式淋浴器和光电淋浴器。淋浴器安装见图 3-15。

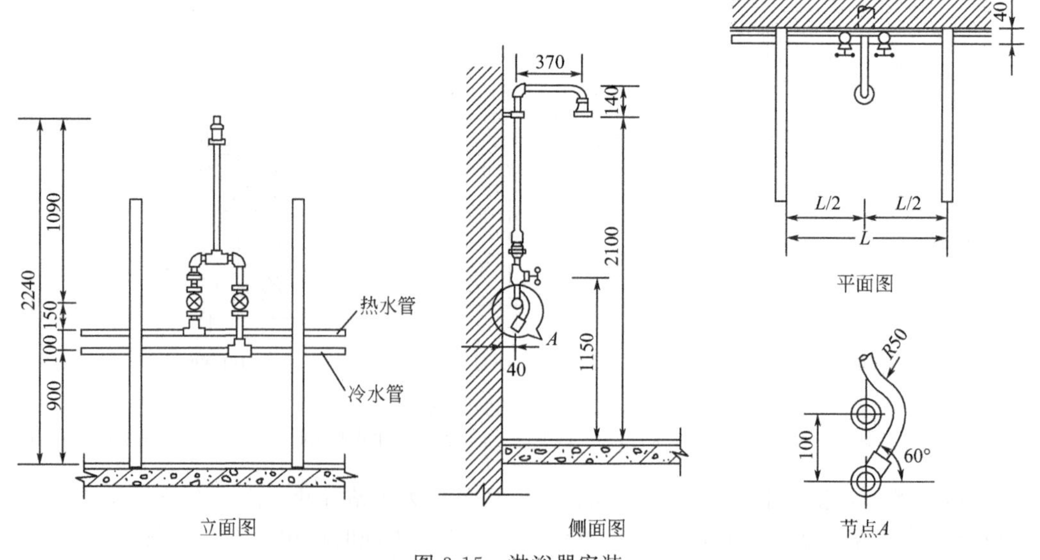


图 3-15　淋浴器安装

4）浴盆　浴盆的种类及样式很多，多为长方形和方形，一般用于住宅、宾馆、医院等卫生间及公共浴室内。浴盆配有冷热水管或混合龙头，有的还配有固定式或混合式淋浴喷头。安装见图 3-16。

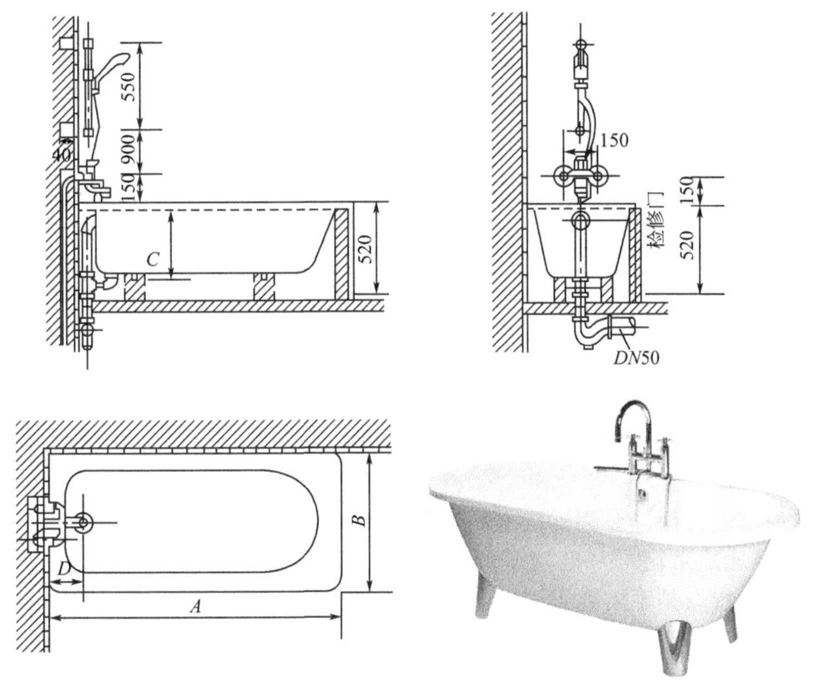


图 3-16　浴盆安装及实物

5）妇女卫生盆　妇女卫生盆是专供妇女洗涤下身的设备，一般用于妇产医院、工厂女卫生间内及完善卫生设备的居住建筑内。安装见图 3-17。

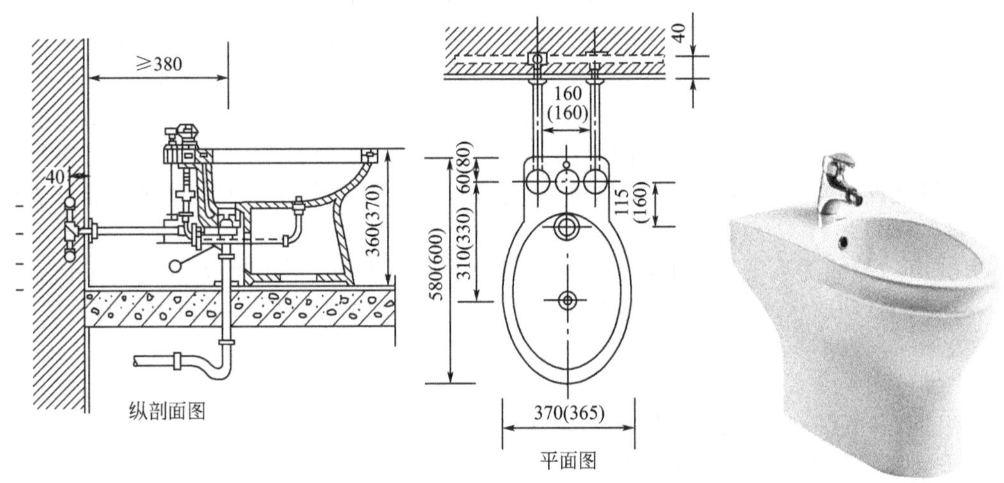


图 3-17　妇女卫生盆安装及实物

（3）洗涤用卫生器具

洗涤用卫生器具主要有洗涤盆、污水池。

1）洗涤盆　洗涤盆是用作洗涤碗碟、蔬菜、水果等食物的卫生器具，常设置于厨房或公共食堂内。公共食堂的洗涤盆可用钢筋混凝土外贴陶瓷砖建造。

2）污水池　污水池是用来洗涤拖布或倾倒污水用的卫生器具，设置于公共建筑的厕所、盥洗室内，也可用水磨石或钢筋混凝土建造。安装及实物见图 3-18。

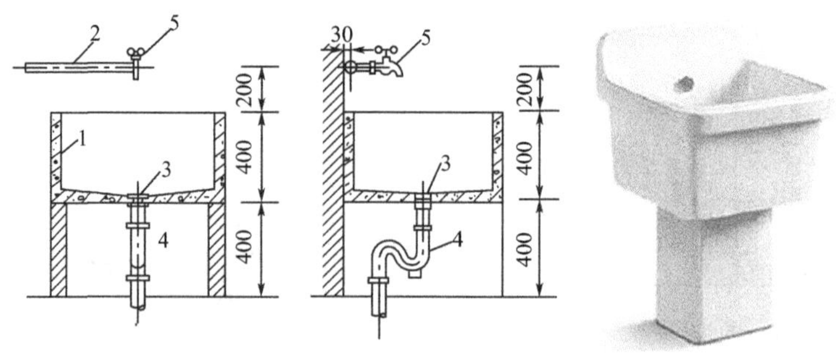


图 3-18　污水池安装及实物

1—污水池；2—给水管；3—排水管；4—存水弯；5—配水龙头

4. 冲洗设备

冲洗设备是便溺器具的配套设备，便溺器具必须设置冲洗设备。冲洗设备应具有冲洗效果好、耗水量少，有足够的冲洗水压，并且在构造上应具有防止回流污染给水管道的功能。

(1) 冲洗水箱

冲洗水箱根据设置位置分为高位水箱和低位水箱，多采用虹吸式。

1）自动虹吸冲洗水箱　一般用于集体使用的卫生间或公共厕所内的大便槽、小便槽、小便器的冲洗。其特点是不需要人工控制，利用虹吸原理进行定时冲洗，其冲洗时间间隔有水箱进水管上的调节阀门控制进水量而定。

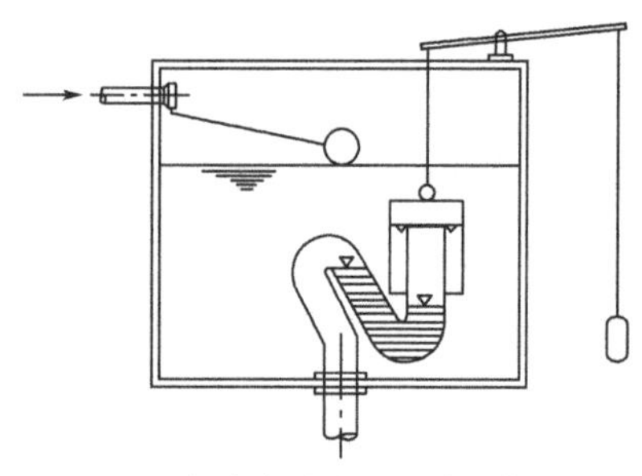

图 3-19　套筒式手动虹吸冲洗高位水箱

2）套筒式手动虹吸冲洗高位水箱　一般用于住宅、宾馆和公共建筑的卫生间内，作为大便器的冲洗设备，具有工作可靠、冲洗强度大等优点，见图 3-19。

3）手动水力冲洗低位水箱　装设在坐式大便器上的冲洗设备，使用时扳动扳手出水，常因扳动扳手时用力过猛时橡胶球阀错位，造成关闭不严而漏水。优点是具有足够冲洗一次用水的储备水容积，可以调节室内给水管网的同时供水的负担，起到了空气隔断作用，可以防止回流污染产生。在一般建筑的卫生间内常采用这种冲洗水箱。但这种冲洗水箱的缺点是工作噪声大，进水球阀容易漏水，水箱和冲洗管外表面易产生结露。

4）光电数控冲洗水箱　利用光电自控装置记录使用人数，当使用人数达到了预定的数目时，水箱即自动放水冲洗；当人数达不到预定人数时，则延时 20～30min 自动冲洗 1 次，如再无人如厕，则不再放水。

(2) 冲洗阀

冲洗阀直接安装在大小便器冲洗管上，多用于公共建筑、工厂及火车厕所内。

① 手动启闭截止阀一般用于小便器、小便槽的冲洗，见图 3-20。

② 延时自闭式冲洗阀直接安装在大便器冲洗管上，代替水箱。具有体积小、外表洁净美观、不需水箱、使用便利、安装方便等优点，具有节约用水和防止回流污染的功能，延时自闭冲洗阀见图 3-20。

## 三、排水管道的布置与敷设

建筑物内部排水管道的布置与敷设，应满足排水通畅、水力条件好、安装维修方便、生

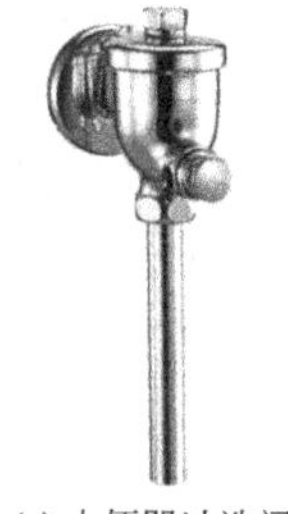

(a) 手按延时自闭冲洗阀　(b) 脚踏延时自闭冲洗阀　(c) 小便器冲洗阀（手动启闭截止阀）

图 3-20　冲洗阀实物

产及使用安全、使用寿命长、防止水质及环境污染、经济美观等要求。以下将介绍排水管道布置与敷设的要求与具体技术措施。

1. 排水管道布置的基本要求

排水立管应设在最脏、杂质最多及排水量最大的排水点处，排水管应以最短距离通向室外；避免轴线偏置，当受条件限制时，宜采用乙字管或两个 45°弯头连接；卫生器具排水管与排水横支管连接时，可采用 90°斜三通；横管与横管及横管与立管的连接，宜采用 45°三通、45°四通、90°斜三通、90°四通。也可采用直角顺水三通或直角顺水四通等配件。

排水立管与排水管端部连接，宜采用两个 45°弯头或弯曲半径不小于 4 倍管径的 90°弯头；排出管与室外排水管道连接时，排出管管顶标高不得低于室外排水管管顶标高，其连接处的水流转角不得小于 90°。当有跌落差并大于 0.3m 时，可不受角度限制。若建筑物超过一定层数时，底层生活污水可考虑设单独管道排至室外。

靠近排水立管底部的排水支管连接应符合下列要求。

① 当排水立管仅设伸顶通气管时，最低排水横支管与立管连接处，距排水立管管底垂直距离，不得小于表 3-1 的规定。

**表 3-1　最低横支管与立管连接处至立管管底的距离**

| 立管连接卫生器具的层数 | 垂直距离/m | 立管连接卫生器具的层数 | 垂直距离/m |
|---|---|---|---|
| ≤4 | 0.45 | 13～19 | 3.00 |
| 5～6 | 0.75 | ≥20 | 6.00 |
| 7～12 | 1.20 | | |

② 排水支管连接在排出管或排水横干管上时，连接点距立管底部下游水平距离不宜小于 3.0m，且不得小于 1.5m。

③ 当靠近排水立管底部的排水支管的连接不能满足①、②的要求时，则排水支管应单独排出室外。

生活污水立管应尽量避免穿越卧室、病房等对卫生及安装要求较高的房间，并应避免靠近与卧室相邻的内墙；室内排水埋地管道，不得布置在可能受重物施压处或穿越生产设备基础。在特殊情况下，应与相关专业协商处理；排水管道不得穿过沉降缝、烟道和风道，并不得穿过伸缩缝；排水管道穿过承重墙或基础时，应预留孔洞，其尺寸见表 3-2。并且管顶上部净空尺寸不得小于建筑物沉降量，一般不宜小于 0.15m；排水立管穿越楼板时，应设套管，对于现浇楼板应预留孔洞或镶入套管，其孔洞尺寸要求比管径大 50～100mm。

**表 3-2　排水管道穿过承重墙或基础处预留孔洞尺寸**

| 管径（$D$）/mm | 50～75 | >100 |
|---|---|---|
| 洞口尺寸（高×宽）/(mm×mm) | 300×300 | ($D$+300)×($D$+200) |

2. 检查口、清扫口和检查井的设置基本要求

排水立管上应设置检查口，其间距不宜大于 10m，用机械清通时不宜大于 15m；但在建筑物最低层和设有卫生器具的二层以上坡顶建筑物的最高层，必须设置检查口，平顶建筑物可用通气管顶口代替检查口；当立管上有乙字管时，在该层乙字管的上部应设检查口，即在建筑物的底层和顶层必须设置。立管上检查口的设置高度，从地面至检查口中心宜为 1.0m，并应高出该层卫生器具上边缘 0.15m。

排出管与室外排水管道连接处，应设检查井。检查井中心至建筑物外墙的距离，不宜小于 3.0m。

3. 排水管道敷设

排水管道的敷设有明设和暗设。其敷设应根据建筑物的性质、使用要求和建筑平面布局确定。一般在地下埋设或在地面上、楼板下明设；在管槽、管道井、管沟或吊顶内暗设。不论是明设或暗设，其安装位置应有足够的空间以利于安装和检修工作的进行。

排水管的管径相对于给水管管径较大，又常需要清通修理，所以排水管道应以明装为主。明装的排水管道应尽量沿墙、梁、柱而作平行设置，保持室内的美观，在工业车间内部甚至采用排水明沟排水（所排污水、废水不应散发有害气体或大量蒸汽）。明装方式的优点是造价低，缺点是不美观、易积灰结露、不卫生。

对室内美观程度要求较高的建筑物或管道种类较多时，应采用暗装方式。排水立管可设置在管道井内，或用装饰材料镶包掩盖，横支管可镶嵌在管槽中，或利用平吊顶装修空间隐蔽处理。大型建筑物的排水管道应尽量利用公共管沟或管廊敷设，但应留有检修位置。

排水管管道安装有自身的特点，因此排水立管的管壁与墙壁、柱等的表面净距有 25～35mm 就可以。排水管与其他管道共通埋设时的最小距离，水平直向净距为 0.15～0.20m，且给水管道布置在排水管道上面。为防止设在地下的排水管道受到机械损坏，按照不同的地面性质，规定各种材料管道的最小埋深为 0.4～1.0m。

柔性接口排水铸铁管管道吊、支架还应符合下列要求。

上段管道重量不应该由下段承受，立管管道重量应由管卡承受，横管管道重量应由支（吊）架承受；排水立管应采用管卡固定，管卡间距不得超过 3.0m，管卡宜设在立管接头处；悬空管道采用支、吊架固定，间距不大于 1.0m。两个固定支架间应设滑动支架；立管和支管支架应靠近接口处，承插式柔性接口的支架应位于承口下方，卡箍式柔性接口的支架应位于承重托管下方；横管支、吊架应靠近接口处（承插式柔性接口应位于承口侧）。承插式柔性接口排水铸铁管支架与接管中心线距离应为 400～500mm。卡箍式柔性接口排水管支架与接口中心点的距离应小于 450mm。

4. 硬聚氯乙烯管道布置与敷设

建筑排水用硬聚氯乙烯管（以下简称 UPVC），除应符合前面所述的基本要求外，还应符合下列规定。

管道不宜布置在热源附近，当不能避免并导致管道表面温度大于 60℃时，应采取隔热措施。立管与家用灶具边缘净距不得小于 0.4m；横干管不宜穿越防火分区隔墙和防火墙；当不可避免时，应在管道穿越墙体处的两侧，采取防火灾贯穿的措施；管道穿越地下室外墙应采取防渗漏措施；排水立管仅设伸顶通气管时，最低横支管与立管连接处至排出管管底的垂直距离不得小于表 3-3 的规定。

为消除管道因温度所产生的伸缩对排水系统影响，排水管应每隔适当距离设伸缩节，螺纹连接及胶圈连接可不设；立管穿越楼层处为固定支承时，伸缩节不得固定；伸缩节固定支承时，立管穿越楼层处不得固定；伸缩节插口应顺水流方向；埋地或埋设于墙体、混凝土柱体内的管道不应设伸缩节。

表 3-3　最低横支管与立管连接处至排出管管底的垂直距离

| 建筑层数 | 垂直距离 $h_1$/m | 建筑层数 | 垂直距离 $h_1$/m |
|---|---|---|---|
| ≤4 | 0.45 | 13～19 | 3.00 |
| 5～6 | 0.75 | ≥20 | 6.00 |
| 7～12 | 1.20 | | |

注：1. 当立管底部、排出管管径放大一号时，可将表中垂直距离缩小一档。
2. 当立管底部不能满足本表及注 1 的要求时，最低排水横支管应单独排出。

## 四、污（废）水提升和局部处理

民用建筑（住宅、公共建筑）及工业企业所排出的污水中，往往含有大量悬浮固体、油类物质或水温过高等现象，未经处理不允许直接排入城市排水管道系统，必须对这一类污废水进行局部处理，达到国家规定的《污水排入城市下水道水质标准》的要求后才能排入城市下水道。常用的污、废水局部处理构筑物如下。

1. 化粪池

民用建筑和工业企业建筑排出的生活污水中含有大量粪便、纸屑等以及其他一些悬浮物和病原体，易使管道发生堵塞，微生物大量繁殖影响环境卫生。化粪池是较简单的污水沉淀和污泥消化处理的构筑物。污水在化粪池中经过 12～24h 的沉淀，可去除 50%～60%的悬浮物。沉淀下来的污泥经过 3 个月以上的厌氧消化，污泥中的有机物分解成稳定的无机物，易腐败的生污泥转化为稳定地熟污泥。污泥需要定期清掏、外运、填埋或用作农肥。

化粪池一般用砖或钢筋混凝土砌筑，有圆形和矩形两种，目前在国家标准图集中给定的化粪池都采用矩形。矩形化粪池结构如图 3-21 所示。

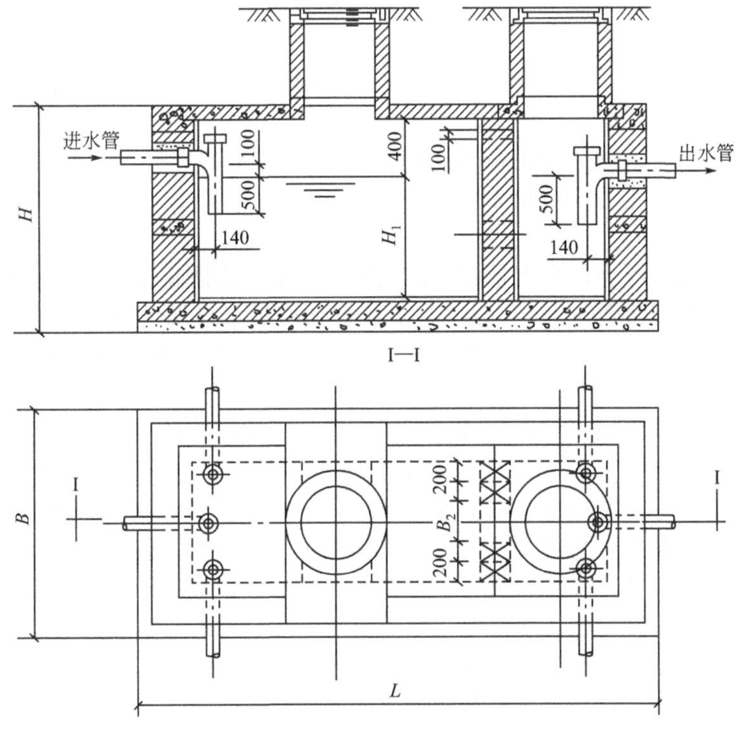


图 3-21　矩形化粪池

化粪池设置在室外，位置应便于清掏，宜设于建筑物背大街的一侧，靠近卫生间，不宜设在人经常停留的场所。要求化粪池距离地下取水构筑物外壁不得小于30m，离建筑物净距离不宜小于5m。

2. 隔油池（井）

在食品加工企业、餐饮业、公共食堂等污水中，往往含有较多的食用油脂，油脂进入排水管道后，随着水温的下降，会凝固并附着在管壁上，使管道过水断面逐渐缩小而堵塞管道。洗车房、汽车修理间及其他少量生产污水中含有一定量的油类（如汽油、机油、柴油等），进入排水管道后，则会产生挥发性气体，聚集在检查井和管道空间，当达到一定浓度后有可能产生爆炸使管道受到破坏，引起火灾及危害维护管理人员的人身安全。因此，对上述两类含油污水需进行隔油处理后，方可排入城市污水管道系统。隔油池有普通隔油池和斜板隔油池两种。

对于处理食用油脂污水的隔油井，井内存油部分的容积应根据顾客数量和清扫周期确定，不宜小于该隔油井有效容积的25%。为防止有机物发酵产生臭味影响环境卫生。不大于6天清掏1次。为截留冲洗汽车的废水和其他少量生产废水中油类的隔油池（井），其排出管至井底深度不宜小于0.6m。

在废水含有汽油、煤油等易挥发油类时，隔油池不得设于室内。废水含有食用油等油脂类时，隔油池（井）可设于耐火等级为一、二、三级建筑物内，但宜设在地下，并用盖板封闭。对于处理水水量较大且水质要求较高时，可采用斜板隔油池、气浮隔油池或两级隔油池（井）。

3. 降温池

当排水水温高于40℃时，会蒸发大量气体，给管道维护管理带来困难，同时对管道接口、密封和管道寿命产生影响，因此，排入城镇排水管道前，应采取降温措施。一般宜设降温池。降温池降温的方法主要为二次蒸发，通过水面散热添加冷却水的方法，以利用废水冷却降温为好。

降温池一般设于室外。如设于室内，水池应密闭，并应设置人孔和通向室外的通气管。

4. 沉砂池

汽车库内冲洗汽车或施工中的排水等的污水含有大量的泥砂，在排入城市排水管道之前，应设沉砂池，以除去污水中粗大颗粒杂质。

5. 毛发聚集器

理发室、公共浴室等会产生大量含人体毛发的污水，为防止毛发堵塞管道，应在卫生器具排水管上设置毛发聚集器（井）。游泳池循环水泵的吸水口端，也应设置毛发聚集器。毛发聚集器应设置在便于清掏的位置。如图3-22所示为毛发聚集器与地漏结合的构造安装。

6. 污水泵

当居住小区、建筑物地下室的生活污水系统、地下室地坪的废水系统等场所的排水管道低于市政排水管道的标高时，系统的排水不能以重力自流形式排入市政管道。通常要设置污、废水提升装置。地下室地坪废水的提升装置，一般设置集水坑与污水泵；小区污水、地下室生活排水的提升装置，一般设置污水池（集水坑）与污水泵。

污水泵应具备耐腐蚀、大流通量、不宜堵塞的特点。常采用的污水泵有潜水排污泵、液下排水泵、立式污水泵和卧式污水泵等。当建筑内部需提升的污水较少时，为少占用建筑面积，可优先选用潜水排污泵和液下排水泵。污水泵不得设在对卫生环境有特殊要求的生产厂房和公共建筑内，且不得设在有安静和防振要求的房间内。

为了保证排水，公共建筑内每个生活污水集水池（坑）设置一台备用泵，平时宜交互运行。地下室、设备机房、车库冲洗地面的排水，如有2台或2台以上污水泵时可不设备用

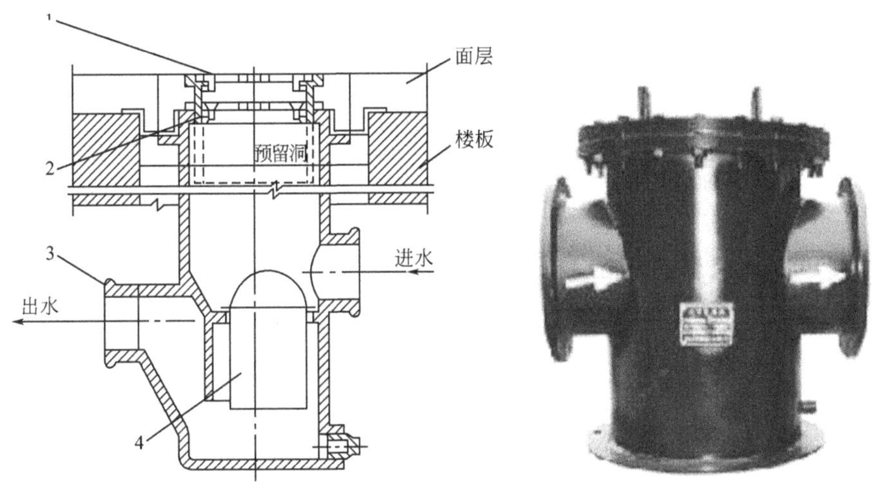


图 3-22 毛发聚集器与地漏结合的构造
1—地漏箅子；2—调节体；3—壳体；4—网筐

泵。当集水池不能设事故排出管时，污水泵应有不间断的动力供应；若能关闭污水进水管时，可不设不间断动力供应，但应设置报警装置。

污水泵排水管道为压力排水，宜单独排至室外，不要与重力自流排水合用排出管，以免污水向重力自流排水系统倒灌。排出管的横管段应有坡度坡向出口。当 2 台或 2 台以上水泵共用一条出水管时，应在每台水泵出水管上装设阀门和止回阀；单台水泵排水有可能产生污水向室内倒灌时，水泵出水管上也应设置止回阀。

## 五、高层建筑排水

1. 高层建筑室内排水系统的特点

高层建筑中卫生器具多，排水量大，排水管道数量较多且较长，必须保证水流通畅。但由于高度的影响，必将引起管道中较大的压力波动而导致水封破坏。为防止水封破坏，保证室内的环境质量，高层建筑排水系统中通气系统为保证管内气压的稳定，常常设置专用通气管系统以保持系统正常运行。

有时，由于卫生间或管道井面积较小，难以设置专用通气管系统，可采用特殊配件的单立管排水系统或螺旋管排水系统。超过 100m 的高层建筑内，排水管应采用柔性接口机制排水铸铁管及其管件，以保证管道的强度。高层建筑中采用特殊配件的单立管排水系统，底层排水管宜单独排出，以免底层的卫生器具受高层水流的影响而发生冒水。高层建筑中还应考虑噪声对建筑物使用的影响。

2. 普通排水系统

对于建筑标准要求较高的多层住宅和公共建筑或卫生器具设置较多的建筑物、高层建筑的生活污水立管，单纯采用将排水管上端延伸补气的技术已不能满足稳定排水管系统内气压的要求，宜设置专用的通气管系统来达到加强排水管系统内部气流循环流动，稳定压力变化的作用。

常见的专用通气管系统有以下类型（见图 3-23）。

1）专用通气立管　指仅与排水立管连接，为排水立管内空气流通而设置的垂直通气管道。

2）主通气立管　用来连接环形通气管和排水立管，为使排水支管和排水立管内空气流

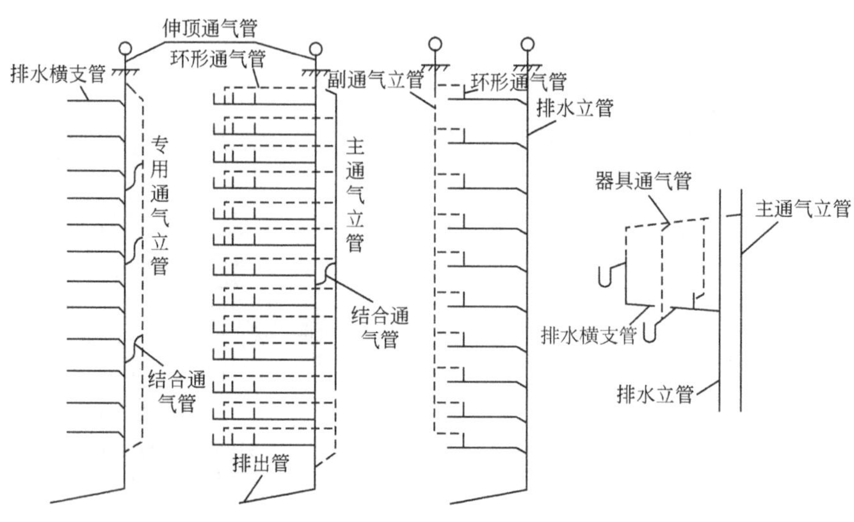


图 3-23　普通排水系统通气系统

通而设置的垂直管道。

3）副通气立管　仅与环形通气管连接，为使排水横支管内空气流通而设置的通气管道。

4）环形通气管　在多个卫生器具的排水横支管上，从最始端卫生器具的下游端接至主通气立管或副通气立管的通气管段。

5）器具通气管　指卫生器具存水弯出口端接至主通气立管的通气管段。当建筑对卫生、噪声要求较高时，宜设置器具通气管。

6）结合通气管　排水立管与通气立管的连接管段。

7）汇合通气管　连接数根通气立管或排水立管顶端通气部分，并延伸至室外与大气相通的通气管段。

高层排水系统的专用通气管系统虽然保持排水系统的正常运行，但投资大、占地大、施工难度大。许多国家在 20 世纪 60 年代后成功地研究出高层单立管排水系统。这些系统不设置专用通气管系统而采用特殊配件以减少立管内的压力变化，保持管内的气流通畅，提高了管道系统的排水能力。同时也降低了工程费用，方便了施工。

3. 新型排水系统

（1）苏维托单立管排水系统

20 世纪 60 年代，瑞士人苏玛研制由特殊配件——气水混合器和排气器构成的单立管排水系统，称其为苏维托系统。它将排水立管和通气立管的功能结合在一起，使系统具有自身通气的作用。

1）气水混合器　气水混合器（图 3-24）的作用是降低水流及气流的速度，使气水混合。它是长约 80cm 的连接配件，由乙字管、隔板和隔板上部约 1cm 高的孔隙构成。装设在立管与每层楼横支管的连接处。当立管上部下落的污水经过乙字管时，乙字管起着减速的作用。由于水流受到撞击与空气混合形成较轻的气水混合物，在继续下落时流速减慢，从而避免造成过大的抽吸力。由横支管进入立管的水流，由于受到隔板的阻挡，只能从隔板右侧呈竖直方向排放，不致隔断立管中的补给气流而造成负压，形成水舌现象。挡板的设置，可使横支管的流水仅可能在混合器内右半部形成水塞，由于挡板顶部 10～15mm 的孔隙及时地向立管补气，使立管保持气压稳定，气流畅通。

2）气水分离器　也称跑气器，如图 3-24 所示，其作用是把气体从污水中分离出来。由具有突块的气体分离室及跑气管组成，通常装设在立管底部转弯处。沿立管流下的气水混合

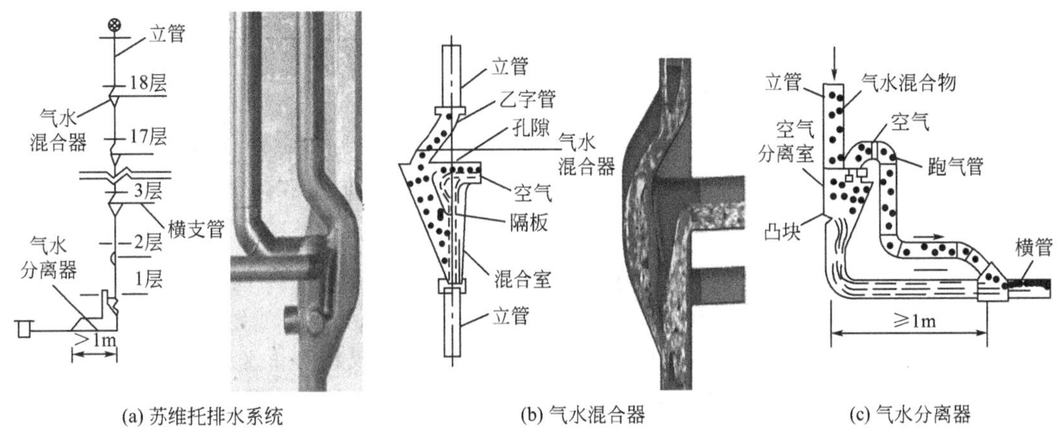

(a) 苏维托排水系统　(b) 气水混合器　(c) 气水分离器

图 3-24　苏维托排水系统及其部件

物遇到内部的突块被溅散并改变方向，使气体从污水中分离出来，分离出来的气体用 1 根跑气管引到干管的下游（或返向上接至立管中去），使体积变小，流速降低，管内气压稳定。防止了立管底部产生过大正压。

（2）旋流排水系统

旋流排水系统也称为“塞克斯蒂阿”系统，是法国人在 20 世纪 60 年代后期研制成功的单立管排水系统，日本在 20 世纪 70 年代中期引进使用。旋流排水系统水流呈水平旋转，沿立管管壁向下流动形成水膜流。在管道中心形成中心气流，立管中心气流与各层横支管及干管中的气流，是连成一体贯通大气的，因而保证系统中压力的稳定。它由旋流连接配件和装设特殊排水弯头所组成。

1）旋流连接配件　由底座、盖板组成，如图 3-25 所示，设置在立管与横管的连接处。盖板上带有固定旋流叶片，底座支管和立管接口处，沿立管切线方向有导流板。从横支管排出的污水，通过旋流叶片以旋转状态进入立管沿壁旋转下降，保证管道中心形成的中心气流贯通。立管水流下降一段距离后旋流作用减弱时，又流过下层旋流叶片导流，增加旋流作用直至底部，使管中间形成气流畅通的中心气流，压力变化很小。

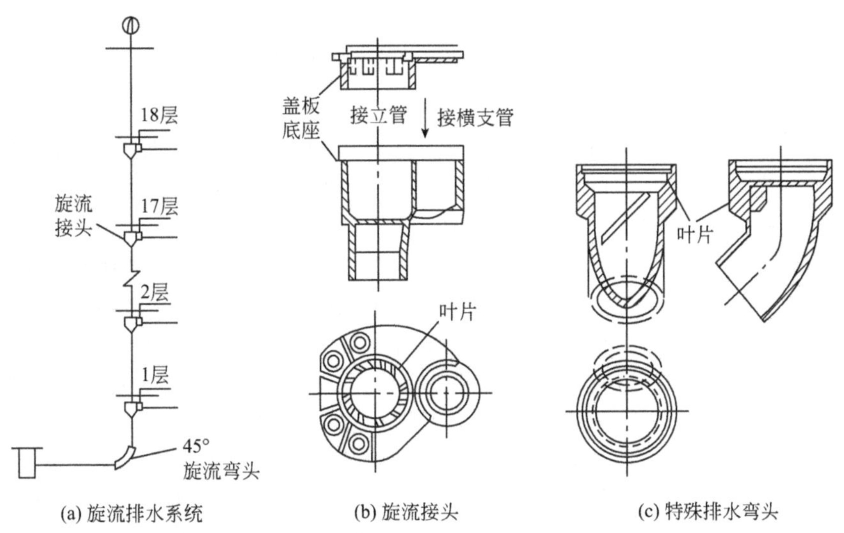

(a) 旋流排水系统　(b) 旋流接头　(c) 特殊排水弯头

图 3-25　旋流排水系统及其部件

2）特殊排水弯头　如图 3-25 所示，立管底部的排水弯头是一个装有特殊叶片的 45°弯头，设置在排水立管底部转弯处。在叶片作用下立管下降的附壁薄膜水流流向弯头后方，水流沿弯头下部流入干管，避免了因干管内出现水跃而封闭立管中的气流，造成正压过大。

（3）芯型排水系统

该系统在 20 世纪 70 年代初由日本开发使用。在系统的上部和下部各有一个特殊配件组成。

1）环流器　其外形呈倒圆锥形，下端呈 60°斜度的漏斗形状，平面上有 2～4 个可接入横支管的接入口（不接入横支管时也可作为清通用）的特殊配件，如图 3-26 所示，设置在立管与横管连接处。在立管的接入口向下延伸一段内管，不仅起防止水舌割断的作用，而且可使横支管排出水流“反弹”从而沿管壁面流动下降。立管中的污水经内管入环流器，经锥体时水流扩散形成水气混合液使流速减慢，沿壁呈水膜状下降，使管中气流畅通。因环流器可与多个支管间的环行通气，减小了管内压力波动。

2）角笛弯头　如图 3-26 所示外形似犀牛角，大口径连接立管，小口径连接横干管。设置在排水立管底部转弯处。由于大口径以下有足够的空间，因此减小立管下落水流速度，将污水中所挟带的空气释放出来。又由于角笛弯头小口径方向与横干管断面上部连通，可减小管中正压强度。该配件的曲率半径较小，水流能量损失小，从而增强了横干管的排水能力。且弯头曲率半径大，加强了排水能力，可消除水跃和水塞现象，避免立管底部产生过大正压。

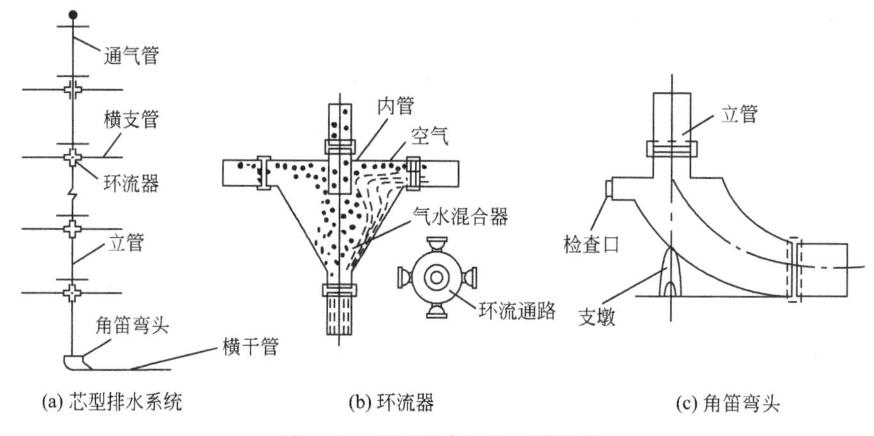


图 3-26　芯型排水系统及其部件

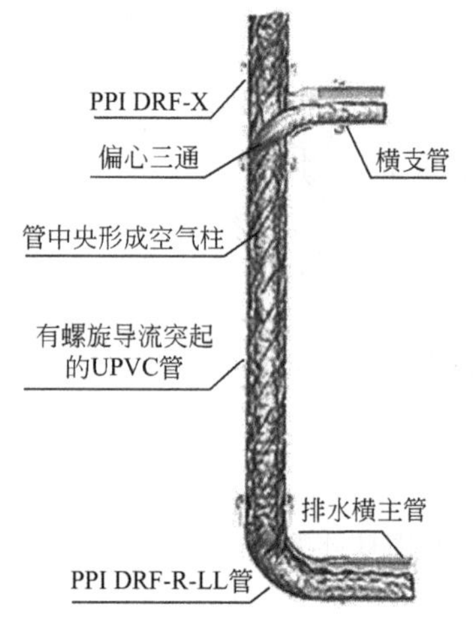


图 3-27　UPVC 螺旋排水系统

（4）UPVC 螺旋排水系统

该系统是韩国 20 世纪 90 年代开发研制的，由特殊配件偏心三通和内壁带有 6 条间距 50mm 呈三角形突起的螺旋线导流突起组成，如图 3-27 所示，偏心三通设置在立管与横管的连接处。由横支管流入的污水经偏心三通从圆周切线方向进入立管，旋流下降，立管中的污水在螺旋线导流突起的导流下，在管内壁形成较为稳定而密实的水膜旋流，旋转下落，使管中心保持气流畅通，减小了管道内的压力波动。同时由于立管旋流与横管切线进入的水流减小了相互撞击，可以降低排水噪声。

# 课题二　屋面雨水排水系统

降落在建筑物屋面的雨水和雪水，特别是暴雨，在短时间内会形成积水，需要设置屋面雨水排水系统，有组织、有系统地将屋面雨水及时排除到室外，否则会造成四处溢流或屋面漏水，影响人们的生活和生产活动。

## 一、外排水系统

雨水外排水系统各部分均设在室外，因建筑物内部没有雨水管道，所以不会产生室内管道漏水及地面冒水等现象。按屋面有无天沟，外排水系统又可分为檐沟外排水和天沟外排水两种方式。

1. 檐沟外排水系统

檐沟外排水系统又称为水落管（也称为落水管、雨水立管）排水系统，该系统由檐沟、雨水斗及水落管（雨水立管）组成，如图 3-28 所示。

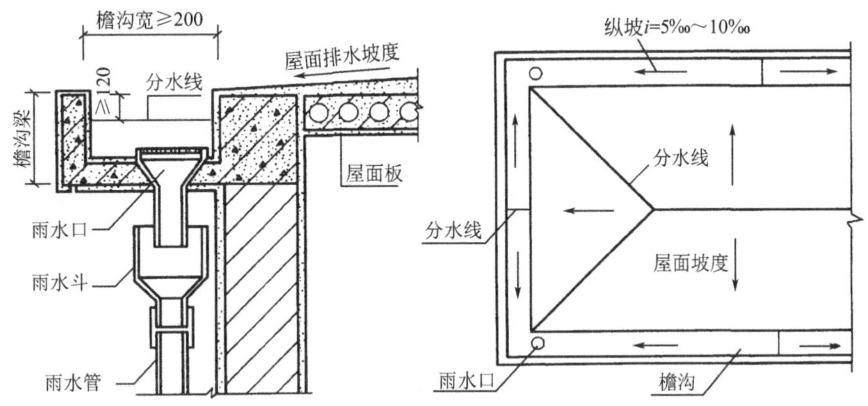


图 3-28　檐沟外排水

降落在屋面上的雨水沿屋面流入檐沟，然后流入雨水斗，再流入水落管，最后排至室外散水，流入地下管沟。这种排水系统适用于一般居住建筑、屋面面积较小的公共建筑和小型单跨厂房等建筑屋面雨水的排除，使用非常广泛。

檐沟常用镀锌铁皮或混凝土制成。水落管有镀锌铁皮管、UPVC 管、铸铁管或石棉水泥管。一般为 15～20m 设一根 $DN$100mm 的水落管，其汇水面积不超过 250m$^2$。阳台上的水落管可采用 $DN$50mm。

2. 天沟外排水系统

天沟外排水系统由天沟、雨水斗、排水立管组成。所谓天沟是指屋面上，在构造上形成的排水沟，设置在两跨中间并坡向端墙（山墙、女儿墙），接受屋面的雨（雪）水。雨水斗设在伸出山墙的天沟末端，也可设在紧靠山墙的屋面，如图 3-29 所示。该系统由天沟汇水后，流入雨水口经雨水立管流至室外地面或雨水管渠。这种排水系统适用于长度不超过 100m 的多跨工业厂房，以及厂房内不允许布置雨水管道的建筑。

天沟外排水，应以建筑的伸缩缝或沉降缝作为屋面分水线。天沟的流水长度，应结合天沟的伸缩缝布置，一般不宜大于 50m，其坡度不宜小于 0.003。为防止天沟末端处积水，应

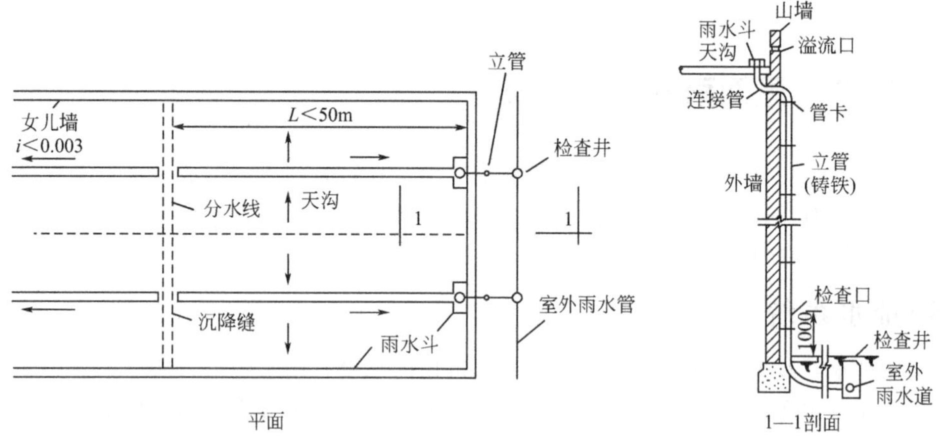


图 3-29　天沟外排水

在女儿墙、山墙上或天沟末端设置溢流口，溢流口比天沟上檐低 50～100mm。立管直接排水到地面时，需采取防冲刷措施，在湿陷性土壤地区，不准直接排水，冰冻地区立管需采取防冻措。

## 二、内排水系统

在建筑物内部设有雨水管道的雨水排除系统称为雨水内排水系统。该系统由雨水斗、连接管、悬吊管、立管、排出管、埋地干管和附属构筑物组成，如图 3-30 所示。降落到屋面上的雨水沿屋面流入雨水斗，经连接管、悬吊管进入排水立管，再经排出管流入雨水检查井或经埋地干管排至室外雨水管道。对于某些建筑物，由于受建筑结构形式、屋面面积、生产生活的特殊要求以及当地气候条件的影响，内排水系统可能只由其中的某些部分组成。

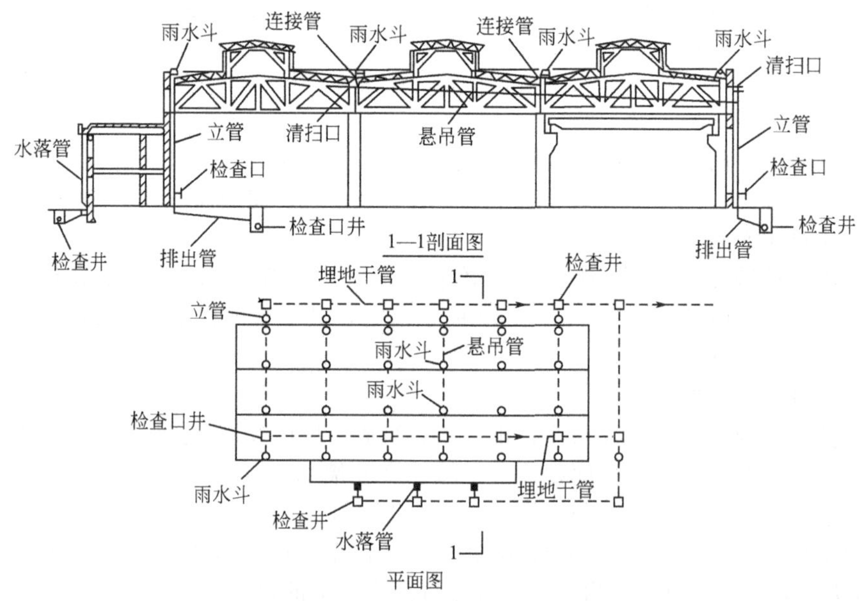


图 3-30　内排水系统

内排水系统适用于跨度大、特别长的多跨建筑，在屋面设天沟有困难的锯齿形、壳形屋面建筑，屋面有天窗的建筑，建筑立面要求高的建筑，大屋面建筑及寒冷地区的建筑，在墙外设置雨水排水立管有困难时，也可考虑采用内排水形式。

1. 雨水内排水系统分类

按每根立管接纳雨水斗的个数，内排水系统分为单斗和多斗雨水排水系统。单斗排水系统一般不设悬吊管，在多斗排水系统中，悬吊管将几个雨水斗和排水立管连接起来。单斗系统较多斗系统排水的安全性好，所以应优先采用单斗雨水排水系统。

按排除雨水的安全程度，内排水系统分为敞开式和密闭式。敞开式内排水系统是重力排水，由架空的管道将雨水引入建筑物内的地下管道和检查井或明渠，并将其排出建筑物外。这种系统如果设计和施工欠妥，容易造成冒水现象，但该系统可接纳生产废水排入。密闭式排水为压力排水，在建筑物内设有密闭的埋地管和检查口，当雨水排泄不畅时，室内也不会发生冒水现象，该系统不能接纳生产废水排入。为安全起见，当屋面雨水为内排水系统时，宜采用密闭式系统。

屋面雨水系统按设计流态又可划分为（虹吸式）压力流雨水系统、重力流雨水系统（如87型斗、堰流式斗）。重力流雨水系统是屋面雨水经雨水斗进入排水系统后，雨水以汽水混合状态依靠重力作用顺着立管排除。虹吸式雨水系统采用防漩涡虹吸式雨水斗，当屋面雨水高度超过雨水斗高度时，极大地减少了雨水进入排水系统时所夹带的空气量，使得系统中排水管道呈满流状态，利用建筑物屋面的高度和雨水所具有的势能，在雨水连续流经雨水悬吊管转入雨水立管跌落时形成虹吸作用，并在该处管道内呈最大负压。屋面雨水在管道内负压的抽吸作用下以较高流速排至室外，提高了排水能力。

2. 雨水内排水系统的布置

1）雨水斗　雨水斗是一种雨水由此进入排水管道的专用装置，设在屋面或天沟的最低处。雨水斗的要求是泄水量大，斗前水位低，水流平稳、通畅，拦截杂物能力强，掺气量小。雨水斗有重力式和虹吸式两类，如图3-31所示。重力式雨水斗由顶盖、进水格栅（导流罩）、短管等构成，进水格栅既可拦截较大杂物，又可对进水具有整流、导流作用，重力式雨水斗有65型（铸铁）、79型（钢制）和87型三种，常用65型、79型的。

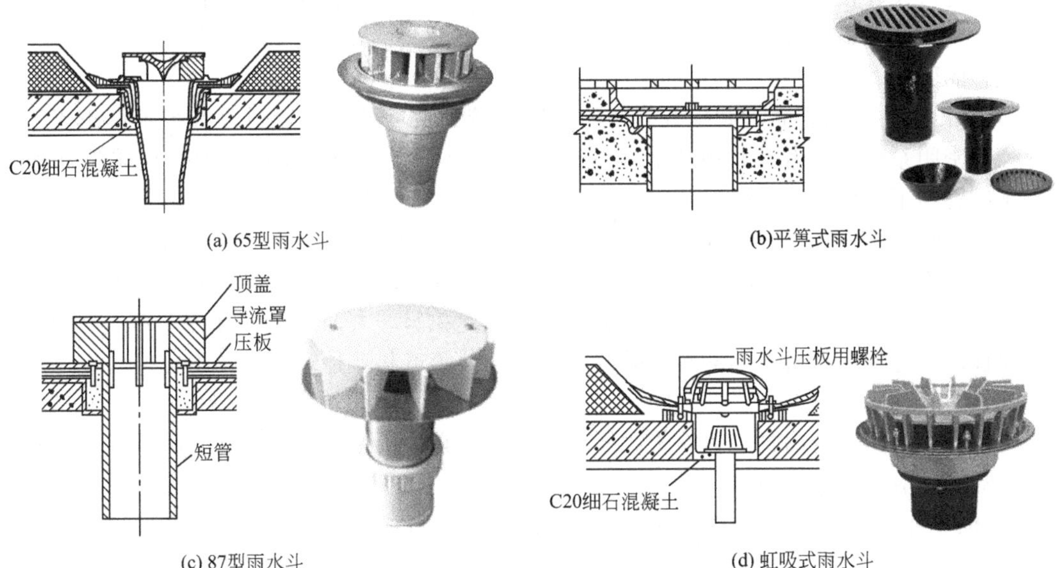


(a) 65型雨水斗　(b)平箅式雨水斗

(c) 87型雨水斗　(d) 虹吸式雨水斗

图3-31　雨水斗

晒台、屋顶花园等供人们活动的屋面上，宜采用平箅式雨水斗。布置雨水斗时，应以伸缩缝或沉降缝为排水分水线，否则应在该缝两侧各设一个雨水斗。当两个雨水斗连接在同一根立管或悬吊管上时，应采用伸缩接头，并保证密封。多斗雨水排水系统宜对立管作对称布置，并不得在立管顶端设置雨水斗。雨水斗与屋面连接处必须做好防水处理。雨水斗的出水管管径一般不小于 100mm。设在阳台、窗井很小汇水面积处的雨水斗可采用 50mm。

2）连接管　连接管的管径不得小于雨水斗短管的管径，连接管应牢固地固定在建筑物承重结构（如桁架）上，管材可采用铸铁管或钢管。

多斗雨水排水系统中排水连接管应接至悬吊管，连接管宜采用斜三通与悬吊管相连。

变形缝两侧雨水斗的连接管，如合并接入一根立管或悬吊管上时，应采用柔性接头。

3）悬吊管　悬吊管一般沿桁架或梁敷设，并牢固地固定其上。当采用多斗悬吊管时，一根悬吊管上设置的雨水斗不得多于 4 个。悬吊管管径不得小于其雨水斗连接管管径，沿屋架悬吊时，其管径不宜大于 300mm，塑料管的敷设坡度不小于 0.005；铸铁管的最小设计坡度不小于 0.01。与雨水立管连接的悬吊管，不宜多于两根。悬吊管的长度超过 15m 时，应设置检查口，检查口间距不得大于 20m，其位置应靠近墙柱，以利检修。

悬吊管一般采用塑料管或排水铸铁管，固定在建筑物的桁架或梁上。在管道可能受振动或生产工艺有特殊要求时，可采用钢管焊接连接。悬吊管不得设置在精密机械和设备、遇水会产生危害的产品及原料的上空，否则应采取预防措施。雨水悬吊管在工业厂房中一般为明装，在民用建筑中可敷设在楼梯间、阁楼或吊顶内，并应采取防结露措施。

4）立管　立管一般沿墙、柱明装，有特殊要求时，可暗装于墙槽或管井内，但必须考虑安装和检修方便，要设有检查口，并在检查口处设检修门。检查口中心至地面的距离宜为 1.0m。

立管的下端宜采用两个 45°弯头或大曲率半径的 90°弯头接入排出管。在立管上设检查口或横管上设水平检查口，当横管有向大气的出口且横管长度小于 2m 的除外。立管的管材和接口与悬吊管相同。在雨水立管的底部弯管处应设支墩或采取牢固的固定措施。在民用建筑中，立管常设在楼梯间、管井、走廊或辅助房间内，不得设在居住房间内。立管管径不得小于与其连接的悬吊管管径。当立管连接两根或两根以上悬吊管时，其管径不得小于最大一个悬吊管的管径。

5）排出管　排出管立管和检查井间的一段有较大坡度的横向管道，管径不得小于立管的管径。密闭系统不得有其他排水管道接入。当排出管穿越地下室墙壁时，应采取防水措施。排出管与下游埋地管在检查井中宜采用管顶平接，水流转角不得小于 135°。

6）埋地管　埋地管敷设于室内地下，承接立管的雨水并将其排至室外雨水管道。埋地管最小管径为 200mm，最大不超过 600mm。埋地管不得穿越设备基础及可能因水而发生危害的地下构筑物。坡度应按工业废水管道坡度的规定执行，并且不应小于 0.003。封闭系统的埋地管道，应保证严密、不漏水。敞开系统的埋地管道起点检查井内，不宜接入生产废水排水管。

埋地管可采用非金属管，但立管至检查井的管段宜采用铸铁管。雨水封闭系统埋地管在靠近立管处，应设水平检查口。

7）检查井（口）　封闭系统埋地管道交叉处或长度超过 30m 时，应设水平检查口，并应设检查口井。敞开式系统埋地管道交叉、转弯、坡度、管径改变，以及长度超过 30mm 处，均应设置检查井，排水管应先接入放气井，然后再接入检查井，以便稳定水流。

# 课题三 建筑中水系统

## 一、建筑中水基本知识

建筑中水是建筑物中水和小区中水的总称。“中水”一词来源于日本，为节约水资源和减轻环境污染，20 世纪 60 年代日本生产出了中水系统。中水是指各种排水经过处理后，达到规定的水质标准，可在生产、市政、环境等范围内杂用的非饮用水。其水质比生活用水水质差，比污水、废水水质好。

中水系统是由中水原水的收集、储存、处理和中水供给等工程设施组成的有机结合体，是建筑物或建筑小区的功能配套设施之一。

建筑中水可用于冲洗厕所、绿化、汽车冲洗、道路浇洒、空调冷却、消防灭火、水景、小区环境用水（如小区垃圾场地冲洗、锅炉湿法除尘等）。

由此可见，建筑中水系统是指以建筑的冷却水、淋浴排水、盥洗排水、洗衣排水等为水源，经过物理、化学方法的工艺处理，用于冲洗便器、绿化、洗车、道路浇洒、空调冷却及水景等的供水系统。

1. 建筑中水系统的分类

建筑中水系统按中水系统的服务范围可以分为建筑中水系统、小区中水系统和城镇中水系统。

1）建筑中水系统　建筑中水系统指单幢（或几幢相邻建筑）所形成的中水系统，视其情况不同可再分为完善排水设施的建筑中水系统（建筑排水系统为分流制，且具有城市二级水处理设施）与不完善排水设施的建筑中水系统（建筑物排水系统为合流制，且没有城市二级水处理设施或距二级水处理设施较远）两种形式，是目前使用较多的中水系统。考虑到水量的平衡和事故，可利用生活给水补充中水水量。具有投资少，见效快的优点。如图 3-32 所示。

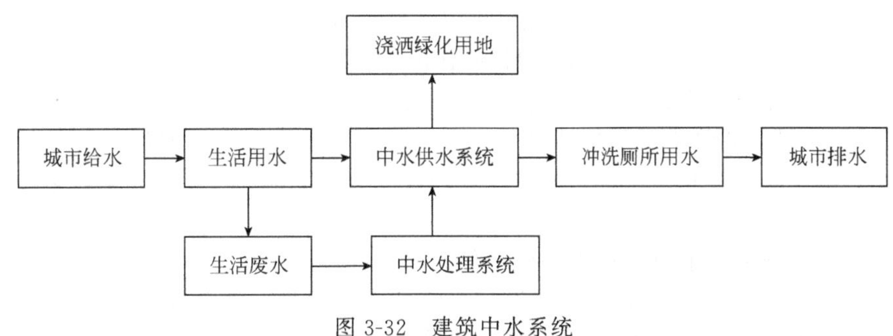


图 3-32　建筑中水系统

2）小区中水系统　小区中水系统适用于城镇小区、机关大院、企业学校等建筑群。中水水源取自建筑小区内各建筑物排放的污（废）水。室内饮用给水和中水供应采用双管系统分质供水。室内排水应与小区室外排水体制相对应，污水排放应按生活废水和生活污水分质、分流排放。如图 3-33 所示。

3）城镇中水系统　城镇中水系统以城镇二级污水处理厂的出水和部分雨水作水源，经提升后送到中水处理站，处理达到生活杂用水水质标准后，供城市杂用水使用。系统不要求室内外排水系统必须采用分流制，但城镇应设有污水处理厂。如图 3-34 所示。

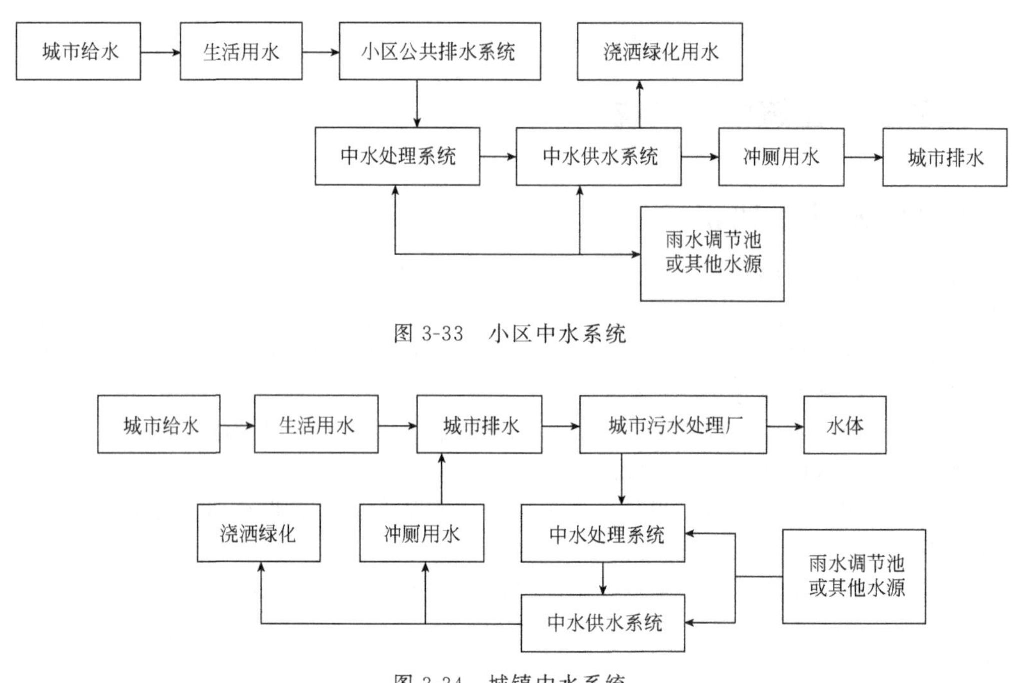


图 3-33　小区中水系统

图 3-34　城镇中水系统

2. 建筑中水系统的组成

(1) 中水原水系统

该系统指的是收集、输送中水原水至中水处理设施的管道系统和一些附属构筑物。建筑内排水系统有污、废水分流制与合流制之分，中水的原水一般以采用分流制方式中的杂排水和优质杂排水作为中水水源为宜。

(2) 中水处理设施

一般将中水处理过程分为前处理、主要处理和后处理三个阶段。

1) 前处理阶段　此阶段主要是截留较大的漂浮物、悬浮物和杂物，分离油脂、调整 pH 值等，其处理设施为格栅、滤网、除油池、化粪池等。

2) 主要处理阶段　此阶段主要是去除水中的有机物、无机物等。其主要处理设施有沉淀池、混凝池、气浮池、生物接触氧化池、生物转盘等。

3) 后处理阶段　此阶段主要是针对某些中水水质要求高于杂用水时，所进行的深度处理，如过滤、活性炭吸附和消毒等。其主要处理设施有过滤池、吸附池、消毒设施等。

(3) 中水管道系统

中水管道系统分为中水原水集水和中水供水两大部分，中水原水集水管道系统主要是建筑排水管道系统和将原水送至中水处理设施必需的管道系统。中水供水管道系统应单独设置，是将中水处理站处理后的水输送至各杂用水点的管网。中水供水系统的管网系统类型、供水方式、系统组成、管道敷设和水力计算与给水系统基本相同，只是在供水范围、水质、使用等方面有些限定和特殊要求。

(4) 中水系统中调节、储水设施

在中水原水管网系统中，除设置排水检查井和必要的跌水井外，还应设置控制流量的设施，如分流闸、调节池、溢流井等，当中水系统中的处理设施发生故障或集流量发生变化时，需要调节、控制流量，将分流或溢流的水量排至排水管网。

在中水供水系统中，除管网系统外，根据供水系统的具体情况，还有可能设置中水储水池、中水加压泵站、中水气压给水设备、中水高位水箱等设施。

## 二、建筑中水处理技术

1. 格网、格栅

格网、格栅主要是用来阻隔、去除中水原水中的粗大杂质，不使这些杂质堵塞管道或影响其他处理设备的性能。栅条、网格按间隙大小分为粗、中、细三种，按结构形式分为固定式、旋转式和活动式。中水处理一般采用细格栅（网）或二道格栅（网）组合使用。当处理洗浴废水时还应加设毛发清除器。

2. 水量调节

水量调节是将不均匀的排水进行储存调节，使处理设备能够连续、均匀稳定地工作。其措施一般是设置调节池。工程实践证明污水储存停留时间最长不宜超过 24h。调节池的形式可以是矩形、方形或圆形。

3. 沉淀

沉淀的功能是使液固分离。混凝反应后产生的较大粒状絮凝物，靠重力通过沉淀去除，从而大量减少水中污染物。常用的有竖流式沉淀池、斜板（管）沉淀池和气浮池。

4. 生物处理

1）接触氧化　接触氧化是在用曝气方法提供充足的氧的条件下，使污水中的有机物与附着在填料上的生物膜接触，利用微生物生命活动过程中的氧化作用，去除水中有机污染物，使水得到一定程度的净化。

2）生物转盘　生物转盘的作用与接触氧化相同，差别在于，一是生物膜附着在转盘的盘上；二是转盘时而与水接触，时而与空气接触，通过与空气的接触去获得充足的氧。

5. 过滤

过滤主要是去除水中的悬浮和胶体等细小杂质，还能起到去除细菌、病毒、臭味等作用。过滤有多种形式，中水处理一般均采用密封性好的、定型制作的过滤器或无阀滤池。常用的滤料有石英砂、无烟煤、泡沫塑料、硅藻土、纤维球等。

6. 消毒

中水经过有关环节处理后，虽然细菌含量已得到降低，但由于中水的原水是经过人的直接污染，含有大量的细菌、寄生虫和病毒等，达不到中水水质标准。因此，中水的消毒不仅要求杀灭细菌和病毒的效果好，同时还要提高中水的生产和使用过程整个时间上的保障性。消毒是中水使用和生产过程中安全性得到保障的重要一环。常用的消毒剂有氯、次氯酸钠、漂白粉、二氧化氯等。另外还有臭氧消毒和紫外线消毒等方法。

## 复习思考题

1. 室内排水是如何分类的？
2. 简述室内排水系统的组成。
3. 什么是分流制和合流制？各有何特点？
4. 清通装置有哪几种？其设置要求是什么？
5. 屋面雨水排水系统是如何分类的？各由哪些部分组成？
6. 卫生器具有哪几类？各包括什么洁具？
7. 根据污水性质，污水局部水处理构筑物有哪几种？
8. 建筑内部排水系统常用管材有哪些？

9. 高层建筑排水类型有哪些？

10. 建筑中水系统分哪几种？

# 任务四　建筑给排水工程施工图

**知识目标**

- 掌握建筑给水排水工程施工图制图的规定；
- 掌握建筑给排水工程施工图构成内容；
- 掌握建筑给排水工程施工图识读方法。

**能力目标**

- 能正确识读建筑给排水工程施工图。

## 课题一　建筑给排水工程施工图介绍

### 一、建筑给排水工程施工图制图的一般规定

建筑给排水工程施工图制图应符合《给水排水制图标准》(GB/T 50106—2010) 中的相应规定。

1. 图线规定

建筑给排水工程施工图制图的图线宽度，应根据图纸的类别、比例和复杂程度，按《房屋建筑制图统一标准》(GB/T 50001) 中的规定选用。线宽 $b$ 宜为 0.7mm 或 1.0mm。

新设计的各种排水和其他重力流管线宜用粗实线 ($b$)；新设计的各种给水和其他压力流管线宜用中粗实线 ($0.75b$)；给水排水设备、零（附）件 的可见轮廓线、总图中新建的建筑物和构筑物的可见轮廓线、原有的各种给水和其他压力流管线宜用中实线 ($0.5b$)；建筑的可见轮廓线、总图中原有的建筑物和构筑物的可见轮廓线，以及制图中的各种标注线宜用细实线 ($0.25b$)；不可见轮廓线宜用虚线表示。

2. 制图比例

建筑给排水平面图制图比例一般为 1∶100、1∶150、1∶200；建筑给排水轴测图（系统图）制图比例一般为 1∶50、1∶100、1∶150，如局部表达有困难时，该处可不按比例绘制；大样图制图比例一般为 1∶50、1∶30、1∶20、1∶10、1∶5、1∶2、1∶1、2∶1。水处理工艺流程断面图和建筑给排水管道展开系统图可不按比例绘制。

3. 标高

① 给水排水工程施工图中标高应以米 (m) 为单位，一般应注写到小数点后第三位。

② 管道应标注起点、转角点、连接点、变坡点和交叉点的标高。

③ 压力管道应标注管中心标高；沟渠和重力流（排水）管道宜标注沟（管）内底标高。必要时，室内架空敷设重力管道可标注管中心标高，但在图中应加以说明。

④ 管道标高在平面图、系统图中的标注如图 4-1 所示，剖面图中的标注如图 4-2 所示。

⑤ 室内工程应标注相对标高；室外工程宜标注绝对标高，当无绝对标高资料时，可标注相对标高，但应与总图专业一致。

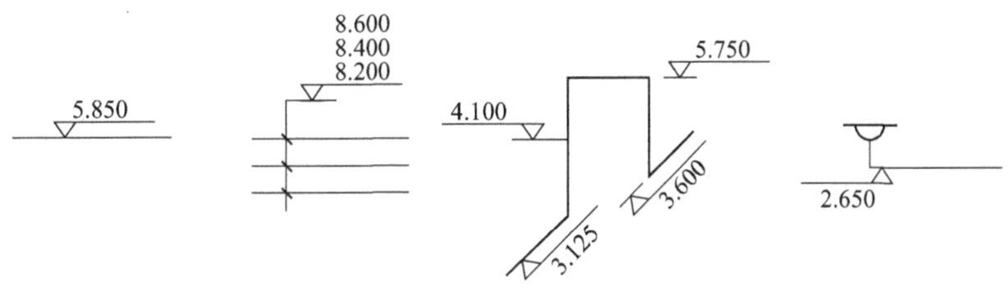


图 4-1　平面图、系统图中管道标高标注法

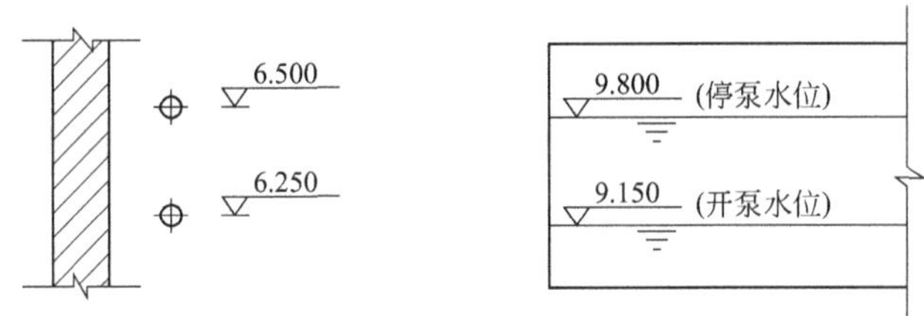


图 4-2　剖面图中管道及水位标高标注法

4. 管径

① 室内建筑给排水施工图中的管径标注应以毫米（mm）为单位。

② 管径的表达方式应符合下列规定。

a. 煤气输送钢管（镀锌或非镀锌）、铸铁管等管材，管径宜以公称直径 *DN* 表示（如 *DN*15、*DN*50）。

b. 无缝钢管、焊接钢管（直缝或螺旋缝）等管材，管径宜以外径 *D*×壁厚表示（如 *D*108×4、*D*159×4.5 等）。

c. 铜管、薄壁不锈钢管等管材，管径宜以公称外径 $D_w$ 表示。

d. 钢筋混凝土（或混凝土）管，管径宜以内径 *d* 表示（如 *d*230、*d*380 等）。

e. 建筑给排水塑料管材，管径宜按工称外径 $d_n$ 表示。

f. 复合管、结构壁塑料管管径应按产品标准的方法表示。

g. 设计均用公称直径 *DN* 表示管径时，应有公称直径 *DN* 与相应产品规格对照表。

管径的标注方法如图 4-3 所示。

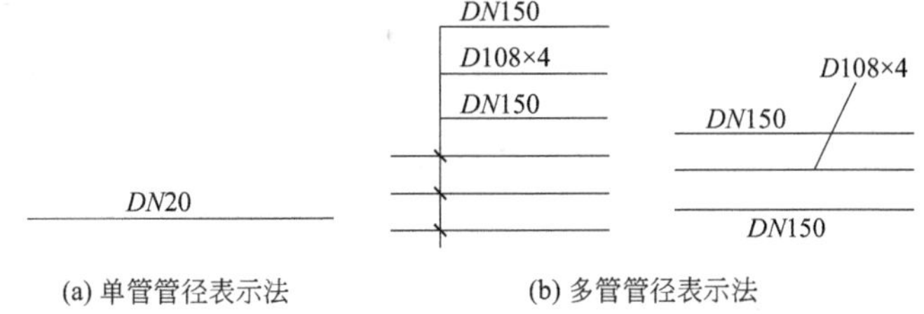


(a) 单管管径表示法　　(b) 多管管径表示法

图 4-3　管径的标注方法

5. 编号

① 为便于使平面图与轴测图对照起见，管道应按系统加以标记和编号。

给水系统以每一条引入管为一个系统，排水系统以每一条排出管或几条排出管汇集至室外检查井为一个系统。当建筑物的给水引入管或排水排出管的数量超过 1 根时，宜进行编号。系统编号的标志是在直径为 12mm 的圆圈内过中心画一条水平线，水平线上面是用大写的汉语拼音字母表示管道的类别，下面用阿拉伯数字的编号，如图 4-4（a）所示。

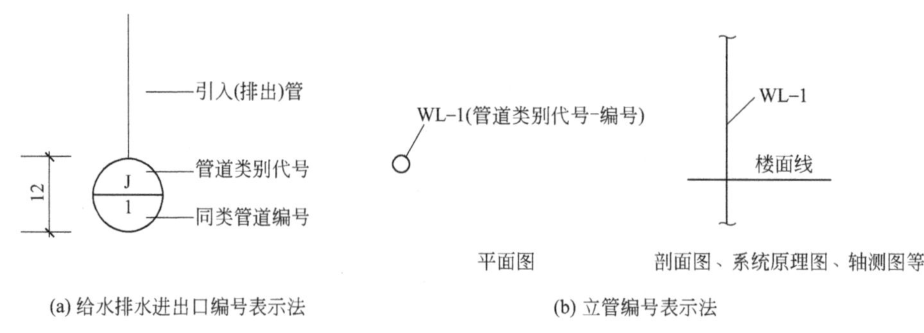


(a) 给水排水进出口编号表示法　　(b) 立管编号表示法

图 4-4　管道编号表示法

② 给排水立管在平面图上一般用小圆圈表示，建筑物内穿越的立管，其数量超过 1 根时，宜进行编号。

标注方法是管道类别代号-“编号”，如 3 号给水立管标记为 JL-3，2 号排水立管标记为 PL-2，如图 4-4（b）所示。

③ 给水排水附属构筑物（如阀门井、水表井、检查井、化粪池）多于 1 个时，应进行编号，宜用构筑物代号后加阿拉伯数字方法编号，即构筑物代号-编号。

## 二、室内给排水施工图制图的常用图例

### 1. 管道图例的表示方法（表 4-1）

**表 4-1　管道图例**

| 序号 | 名称 | 图例 | 备注 | 序号 | 名称 | 图例 | 备注 |
|---|---|---|---|---|---|---|---|
| 1 | 生活给水管 | —— J —— | | 8 | 雨水管 | —— Y —— | |
| 2 | 热水给水管 | —— RJ —— | | 9 | 保温管 | | |
| 3 | 热水回水管 | —— RH —— | | 10 | 多孔管 | | |
| 4 | 中水给水管 | —— ZJ —— | | 11 | 地沟管 | | |
| 5 | 废水管 | —— F —— | 可与中水原水管合用 | 12 | 防护套管 | | |
| 6 | 污水管 | —— W —— | | 13 | 管道立管 | XL-1 平面　XL-1 系统 | |
| 7 | 压力污水管 | —— YW —— | | 14 | 排水暗沟 | 坡向 → | |

### 2. 管道附件的常用图例（表 4-2）

**表 4-2　管道附件的常用图例**

| 序号 | 名称 | 图例 | 备注 | 序号 | 名称 | 图例 | 备注 |
|---|---|---|---|---|---|---|---|
| 1 | 套管伸缩器 | | | 3 | 刚性防水套管 | | |
| 2 | 方形伸缩器 | | | 4 | 柔性防水套管 | | |

续表

| 序号 | 名称 | 图例 | 备注 | 序号 | 名称 | 图例 | 备注 |
|---|---|---|---|---|---|---|---|
| 5 | 波纹管 |  | | 10 | 通气帽 |  成品 铅丝球 | |
| 6 | 管道固定支架 |  | | 11 | 圆形地漏 |  | |
| 7 | 管道滑动支架 |  | | 12 | 方形地漏 |  | |
| 8 | 立管检查口 |  | | 13 | 自动冲洗水箱 |  | |
| 9 | 清扫口 |  平面 系统 | | 14 | 减压孔板 | 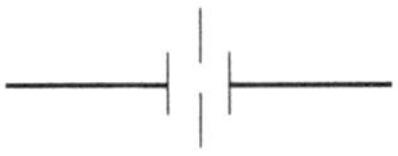 | |

3. 管件及管道连接的常用图例（表 4-3）

**表 4-3 管件及管道连接的常用图例**

| 序号 | 名称 | 图例 | 备注 | 序号 | 名称 | 图例 | 备注 |
|---|---|---|---|---|---|---|---|
| 1 | 法兰连接 |  | | 8 | 异径管 | 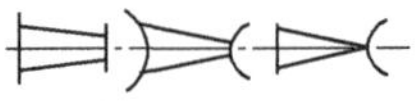 | |
| 2 | 承插连接 | 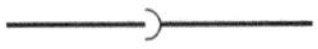 | | 9 | 乙字管 |  | |
| 3 | 活接头 |  | | 10 | 喇叭口 |  | |
| 4 | 管堵 | | | 11 | 存水弯 | 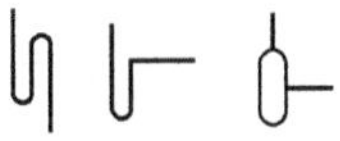 | |
| 5 | 三通连接 | 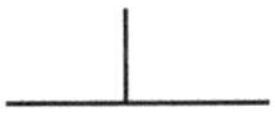 | | 12 | 弯头 |  | |
| 6 | 管道交叉 | 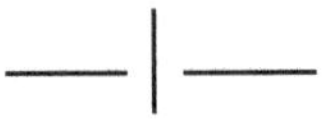 | 在下方的管道应断开 | 13 | 正三通 | 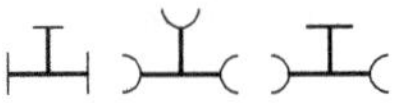 | |
| 7 | 偏心异径管 |  | | 14 | 斜三通 | | |

4. 阀门的常用图例（表 4-4）

**表 4-4 阀门的常用图例**

| 序号 | 名称 | 图例 | 备注 | 序号 | 名称 | 图例 | 备注 |
|---|---|---|---|---|---|---|---|
| 1 | 闸阀 |  | | 5 | 电动阀 | 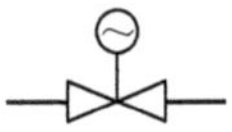 | |
| 2 | 角阀 |  | | 6 | 液动阀 | 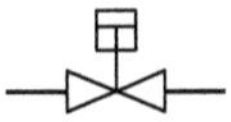 | |
| 3 | 三通阀 |  | | 7 | 气动阀 |  | |
| 4 | 截止阀 | 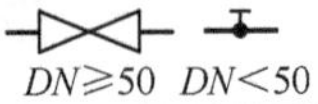 $DN \geqslant 50$ $DN < 50$ | | 8 | 减压阀 | 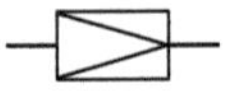 | |

续表

| 序号 | 名称 | 图例 | 备注 | 序号 | 名称 | 图例 | 备注 |
|---|---|---|---|---|---|---|---|
| 9 | 旋塞阀 | 平面 系统 | | 12 | 压力调节阀 | | |
| 10 | 球阀 | | | 13 | 止回阀 | | |
| 11 | 温度调节阀 | | | 14 | 浮球阀 | 平面 系统 | |

5. 给水配件及卫生设备的常用图例（表 4-5）

**表 4-5 给水配件及卫生设备的常用图例**

| 序号 | 名称 | 图例 | 备注 | 序号 | 名称 | 图例 | 备注 |
|---|---|---|---|---|---|---|---|
| 1 | 水嘴 | 平面 系统 | | 8 | 盥洗槽 | | |
| 2 | 皮带水嘴 | 平面 系统 | | 9 | 污水池 | | |
| 3 | 脚踏开关 | | | 10 | 立式小便器 | | |
| 4 | 混合水龙头 | | | 11 | 蹲式大便器 | | |
| 5 | 洗脸盆 | 立式 台式 | | 12 | 坐式大便器 | | |
| 6 | 浴盆 | | | 13 | 小便槽 | | |
| 7 | 化验盆洗涤盆 | | | 14 | 淋浴喷头 | | |

6. 给水排水设备及构筑物的常用图例（表 4-6）

**表 4-6 给水排水设备及构筑物的常用图例**

| 序号 | 名称 | 图例 | 备注 | 序号 | 名称 | 图例 | 备注 |
|---|---|---|---|---|---|---|---|
| 1 | 卧式水泵 | 平面 系统 | | 7 | 矩形化粪池 | HC | HC 为化粪池代号 |
| 2 | 管道泵 | | | 8 | 圆形化粪池 | HC | |
| 3 | 卧式热交换器 | | | 9 | 隔油池 | YC | YC 为除油池代号 |
| 4 | 立式热交换器 | | | 10 | 降温池 | JC | JC 为降温池代号 |
| 5 | 快速管式热交换器 | | | 11 | 阀门井、检查井 | | |
| 6 | 喷射器 | | | 12 | 水表井 | | |

7. 消防设施的常用图例（表 4-7）

表 4-7　消防设施的常用图例

| 序号 | 名称 | 图例 | 备注 | 序号 | 名称 | 图例 | 备注 |
|---|---|---|---|---|---|---|---|
| 1 | 消火栓给水管 | ——XH—— |  | 7 | 自动喷洒头（闭式） | 平面 系统 | 下喷 |
| 2 | 自动喷水灭火给水管 | ——ZP—— |  | 8 | 自动喷洒头（闭式） | 平面 系统 | 上喷 |
| 3 | 室内消火栓（单口） | 平面 系统 |  | 9 | 干式报警阀 | 平面 系统 |  |
| 4 | 室内消火栓（双口） | 平面 系统 |  | 10 | 湿式报警阀 | 平面 系统 |  |
| 5 | 水泵接合器 |  |  | 11 | 水流指示器 | L |  |
| 6 | 自动喷洒头（开式） | 平面 系统 |  | 12 | 手提式灭火器 |  |  |

## 三、建筑给排水工程施工图组成

建筑给排水工程施工图一般由图纸目录、主要设备材料表、图例、设计说明、平面图、系统图（轴测图）、系统原理图、剖面图、详图和大样图组成。上述图纸种类并非每个工程全部包含，按照工程的实际需要进行合理绘制。

1）图纸目录　将全部施工图纸进行分类编号，并填入施工图纸目录表格中，作为施工图一并装订。

施工图纸编号一般采用水施-××。

图纸图号一般按下列编排顺序。

① 系统原理图在前，平面图、剖面图、放大图、轴测图、详图依次在后。

② 平面图中应地下各层在前，地上各层依次在后。

③ 水处理流程图在前，平面图、剖面图、放大图、详图依次在后。

④ 总平面图在前，管道节点图、阀门井示意图、详图依次在后。

2）主要设备材料表　设备材料表一般都要列出系统主要设备及主要材料的规格、型号、数量、具体参数要求。

3）图例　用表格的形式列出该系统中使用的图形符号或文字符号，其目的是使读图者容易读懂图。

4）设计说明　主要体现设计图纸上用图或符号表达不清楚的问题，需要用文字加以说明。例如，工程概况、设计依据、管材及接口方式，管道的防腐、防冻、防结露的方法，卫生器具的类型及安装方式、其他施工注意事项、施工验收应达到的质量要求、系统的管道水压试验要求以及有关图例等。

一般中、小型工程的设计说明直接写在图纸上，工程较大、内容较多时则要另用专页编写，如果有水泵、水箱等设备，还须写明型号、规格及运行管理要点等。

5）平面图　建筑给水排水平面图表示建筑物内各层给排水管道及卫生设备的平面布置情况，包括以下内容。

① 各用水设备的类型及平面位置。

② 给水、消防、热水、排水各管道干管、立管、支管的平面位置，立管编号和管道的敷设方式。

③ 管道附件，如阀门、消火栓、清扫口的位置。

④ 给水引入管、消防引入管和污水排出管、接合器等与建筑物的平面定位尺寸、编号以及与室外给水、消防、排水管网的联系。管道穿建筑物外墙的标高、防水套管的形式等。

平面图一般有 2～3 张，分别是地下室或底层平面图、标准层平面图或顶层平面图。

6）系统图　系统图用来表达管道和设备的三维空间位置关系，一般用 45°轴测方向绘制。主要内容有各系统的编号及立管编号、用水设备及卫生器具的编号；管道的走向，与设备的位置关系；管道及设备的标高；管道的管径坡度；阀门种类及位置等。给水系统图、消防给水系统图、排水系统图单独绘制。

7）系统原理图（系统展开原理图）　比轴测图简单，主要反映各种管道系统的整体概念，以立管为主要描述对象，按管道类别分别绘制。一般水平坐标按照各个系统自左至右展开排列各立管，纵坐标描述楼层标高。

8）详图和大样图

① 详图也称放大图或节点图。对于给排水工程中某一关键部位或连接构造比较复杂，在比例较小的平面图、系统图中无法表达清楚时，在给排水施工图中以详图的形式表达。如设备较多的水泵房、水池、水箱间、热交换站、卫生间、水处理间等，其比例一般为 1∶50。节点详图反映了组合体各部位的详细构造与尺寸。

② 大样图。给排水施工图中为非标准化的加工件（如管件、零部件、非标准设备等）绘制的加工大样图。大样图的比例较大（1∶10、1∶5 等），管线一般用双线表示。

## 课题二　建筑给排水工程施工图识读

### 一、建筑给排水工程施工图识读方法

一套建筑给排水工程施工图所包括的内容比较多，图纸往往有很多张，阅读时应先看图纸目录及标题栏，了解工程名称、项目内容、设计日期、工程全部图纸数量、图纸编号等；接着看设计说明，了解工程总体概况及设计依据，了解图纸中未能表达清楚的各有关事项；给水排水施工图的主要图纸是平面图和系统轴测图，识读时必须将平面图和系统图对照起来看，以便相互说明和相互补充，以便明确管道、附件、器具、设备在空间的立体布置，明确某些卫生器具或用水设备的安装尺寸及要求，具体的识读方法是以系统为单位，沿水流方向观察。

给水、消防、热水管道的看图顺序是引入管→储水加压设备→干管→立管→支管→用水设备或卫生器具的进水接口（或水龙头）。

排水管道的看图顺序是器具排水管→排水横支管→排水立管→排水干管→排出管→通气系统。

雨水管道的看图顺序是雨水斗→雨水立管→雨水排出管。

## 二、建筑给排水工程施工图的识读案例

**【案例 4-1】** 某三层建筑物给排水工程施工图如图 4-5～图 4-13 所示，试识读给排水工程施工图。

1. 给排水设计说明

（1）工程概况（略）

（2）设计依据（略）

（3）设计范围

室内生活给水、排水、雨水、消火栓系统及建筑灭火器配置等。

（4）设计内容

1）生活给水系统　自建泵房，生活水箱设在餐饮中心地下室，采用恒压变频供水设备供水。室内系统形式为下行上给枝状管网。

2）生活排水系统　本建筑采用单立管排水方式，设伸顶通气管，连接 6 个及 6 个以上大便器的横支管设环形通气管；排水伸顶通气管在顶部设伞形通气帽，且高出屋面 700mm；排水立管上检查口应安装在距离装饰后的地面高 1.0m 处，检查口的朝向应便于检修。

3）屋面雨水系统　屋面雨水采用重力流排水系统，在顶层楼板下设悬吊管，排至室外设雨水井。

4）消火栓系统　消防水池及室内、外消防水泵设在餐饮中心地下室；高位水箱间设在教学楼顶部，水箱间内另配置稳压泵及气压罐；室内消火栓系统在室外环状管网上引入两条给水管，室内连成环状管网，并按规范要求设分段阀门；室内暗装消火栓采用单开门挂式，外形尺寸为 650mm×800mm×240mm，明装消火栓采用带灭火器箱组合式消防柜，外形尺寸为 700mm×1600mm×240mm。箱内配置 $DN65$ 消火栓 1 个、衬胶水龙带 1 条（带长 25m）、$\phi$19mm 水枪 1 支及消防按钮，消火栓采用减压稳压型。

5）建筑灭火器配置　本工程按中危险级 A 类配置磷酸铵盐干粉灭火器，每具 3kg，灭火级别为 2A，位置见图纸。

（5）材料、设备及防腐保温

1）管材　生活给水管采用 PP-R 管材（S4 系列，公称压力 1.6MPa），热熔连接。阀门及管件、水嘴应与管材相应配套；生活排水管采用 UPVC 排水管，粘接。伸顶部分（自屋面以下 300mm 至通气帽）采用离心铸铁管；消火栓管道采用热镀锌钢管，$DN<100$ 丝扣连接，$DN \geqslant 100$ 沟槽卡箍连接；雨水管道采用离心铸铁排水管，卡箍柔性连接；穿过楼板及防火墙的套管与管道之间缝隙应用不燃密实材料和防水油膏填实，端面光滑。

2）阀门　生活给水阀门采用 PP-R 球阀，工作压力为 1.0MPa；消防给水阀门采用蝶阀。阀门应常开，并有明显启闭标志。工作压力为 1.0MPa。

3）保温、防腐及防结露　消火栓给水管埋地部分应做防腐，即两布（玻璃丝布）、三油（沥青漆）；地沟内的刷两遍防锈漆；明装的生活给、排水横管，明装雨水管做防结露保冷处理，保温材料采用厚 10mm 橡塑。

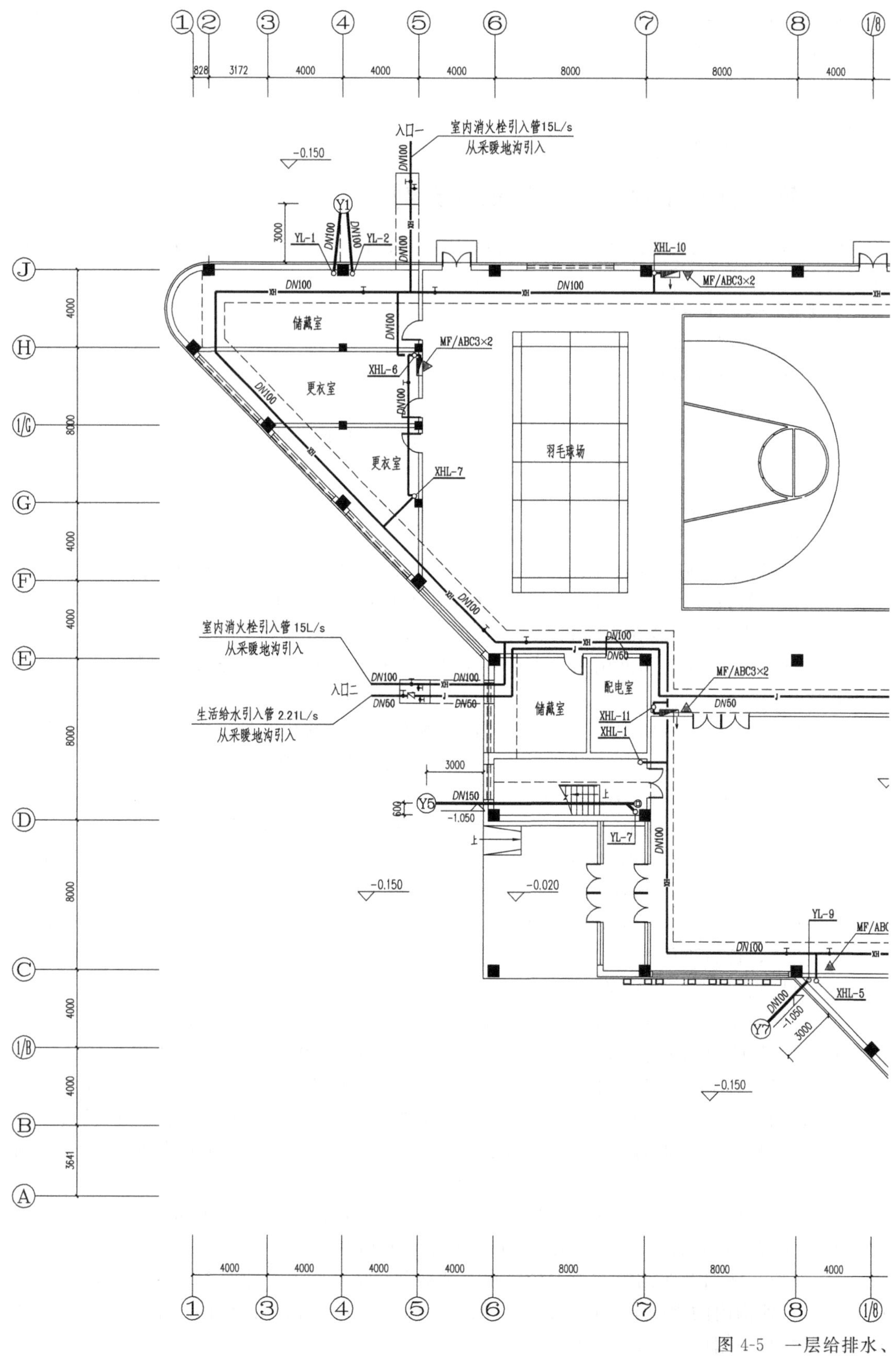
入口一
室内消火栓引入管15L/s
从采暖地沟引入
储藏室
更衣室
更衣室
羽毛球场
室内消火栓引入管 15L/s
从采暖地沟引入
入口二
生活给水引入管 2.21L/s
从采暖地沟引入
储藏室
配电室
MF/ABC3×2
XHL-10
XHL-6
XHL-7
XHL-11
XHL-1
XHL-5
YL-1
YL-2
YL-7
YL-9
DN100
DN50
DN150

图 4-5　一层给排水、

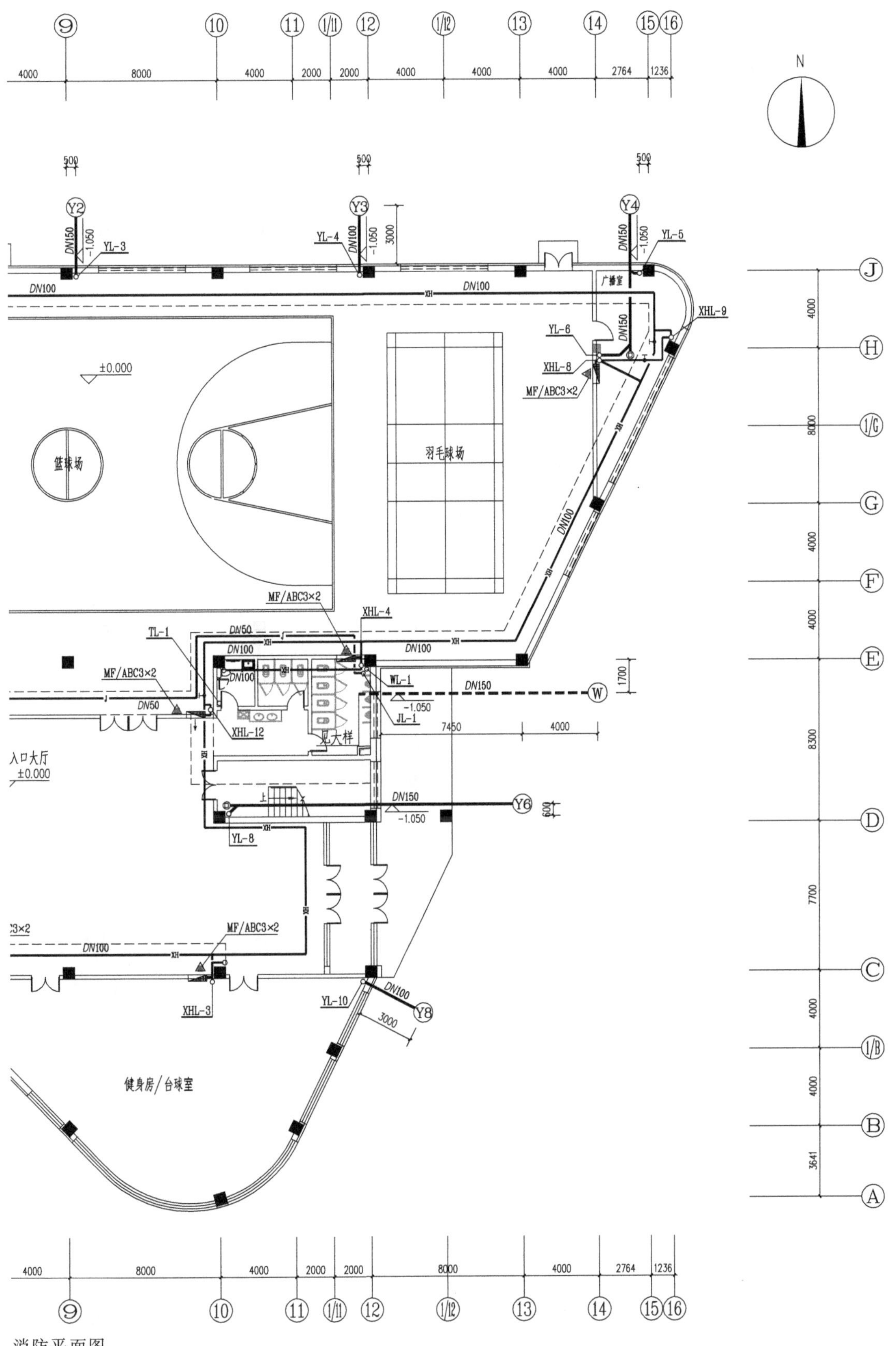

消防平面图

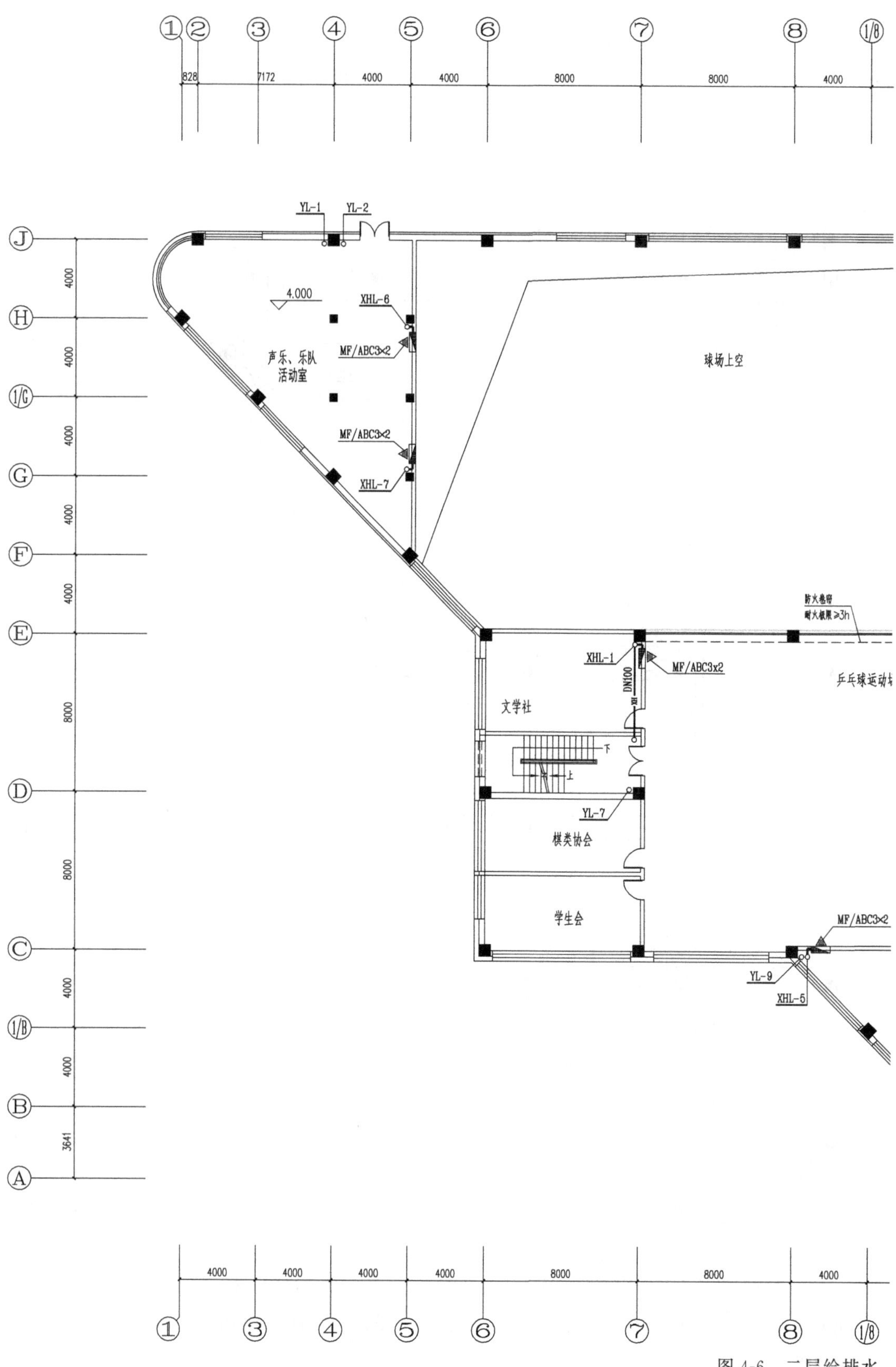
YL-1
YL-2
4.000
XHL-6
MF/ABC3×2
声乐、乐队活动室
MF/ABC3×2
XHL-7
球场上空
防火卷帘
耐火极限≥3h
XHL-1
MF/ABC3x2
DN100
乒乓球运动场
文学社
下
上
YL-7
棋类协会
学生会
MF/ABC3×2
YL-9
XHL-5
828
7172
4000
8000
3641

图 4-6　二层给排水、

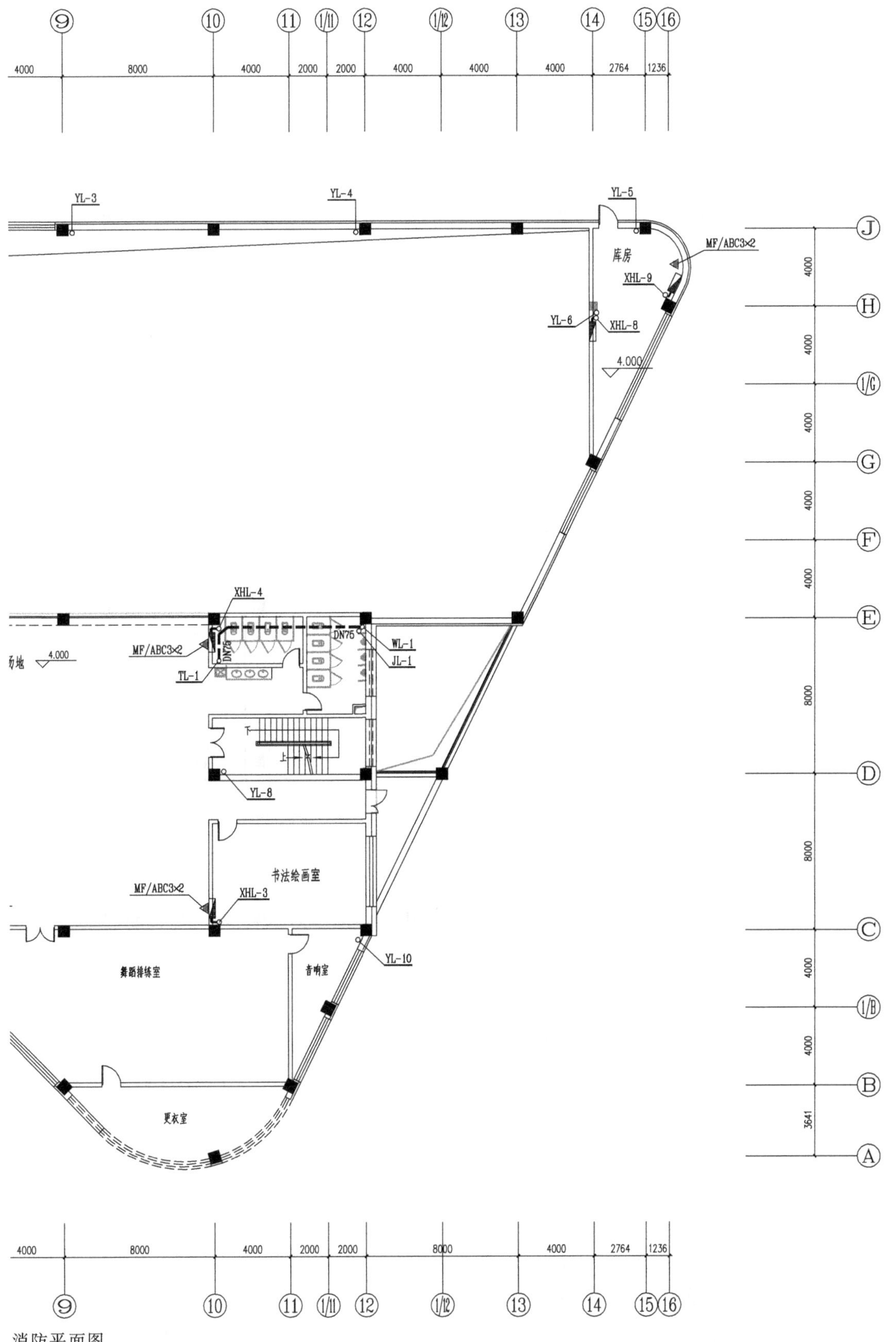
YL-3
YL-4
YL-5
库房
MF/ABC3×2
XHL-9
YL-6
XHL-8
4.000
XHL-4
MF/ABC3×2
DN75
WL-1
JL-1
TL-1
YL-8
书法绘画室
MF/ABC3×2
XHL-3
YL-10
舞蹈排练室
音响室
更衣室

消防平面图

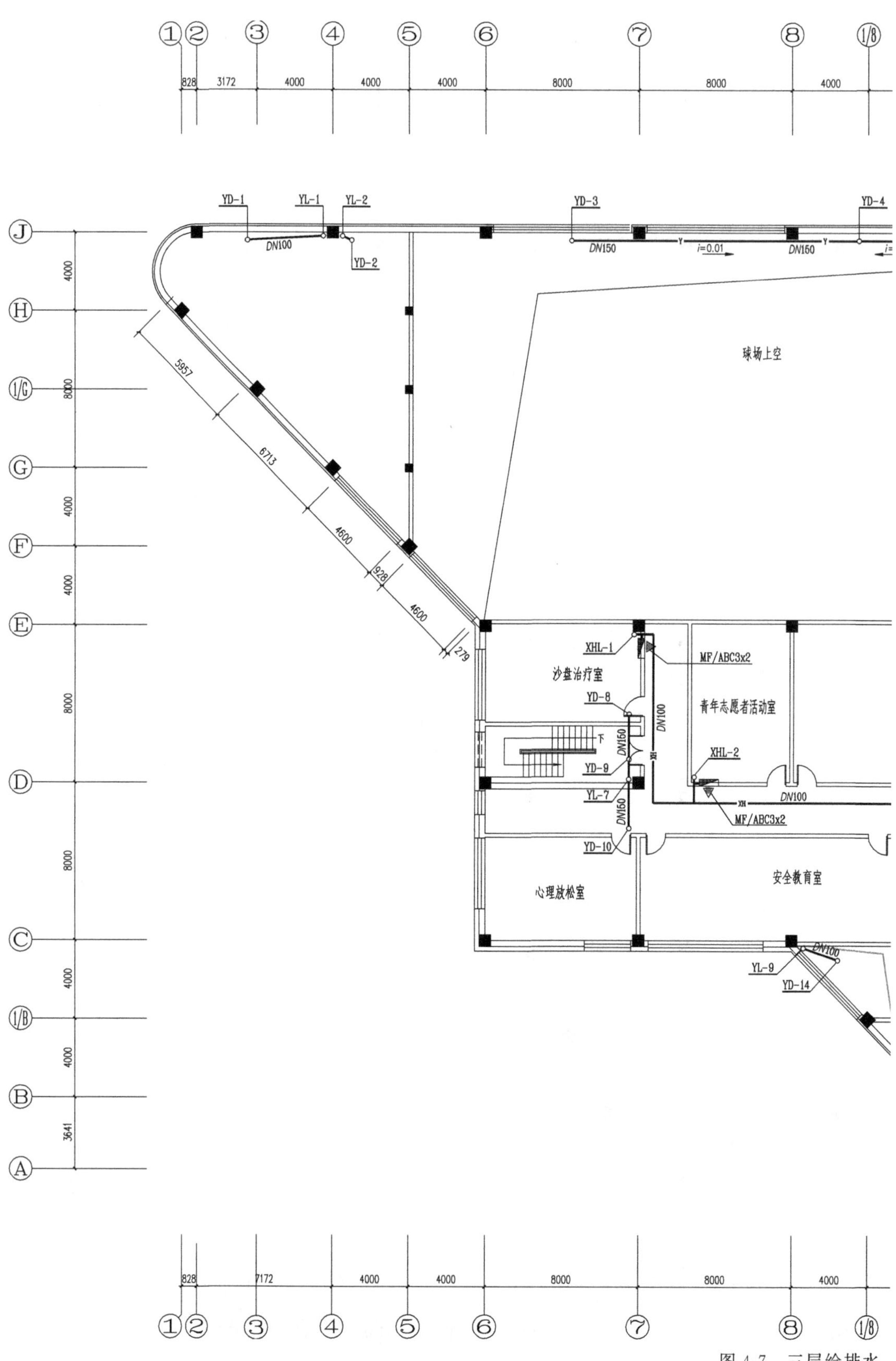
YD-1
YL-1
YL-2
YD-2
DN100
YD-3
DN150
i=0.01
DN150
YD-4
球场上空
5957
6713
4600
928
4600
279
XHL-1
MF/ABC3x2
沙盘治疗室
YD-8
青年志愿者活动室
DN100
DN150
XHL-2
YD-9
YL-7
DN100
MF/ABC3x2
DN150
YD-10
安全教育室
心理放松室
DN100
YL-9
YD-14
828
3172
7172
4000
8000
3641

图 4-7 三层给排水、

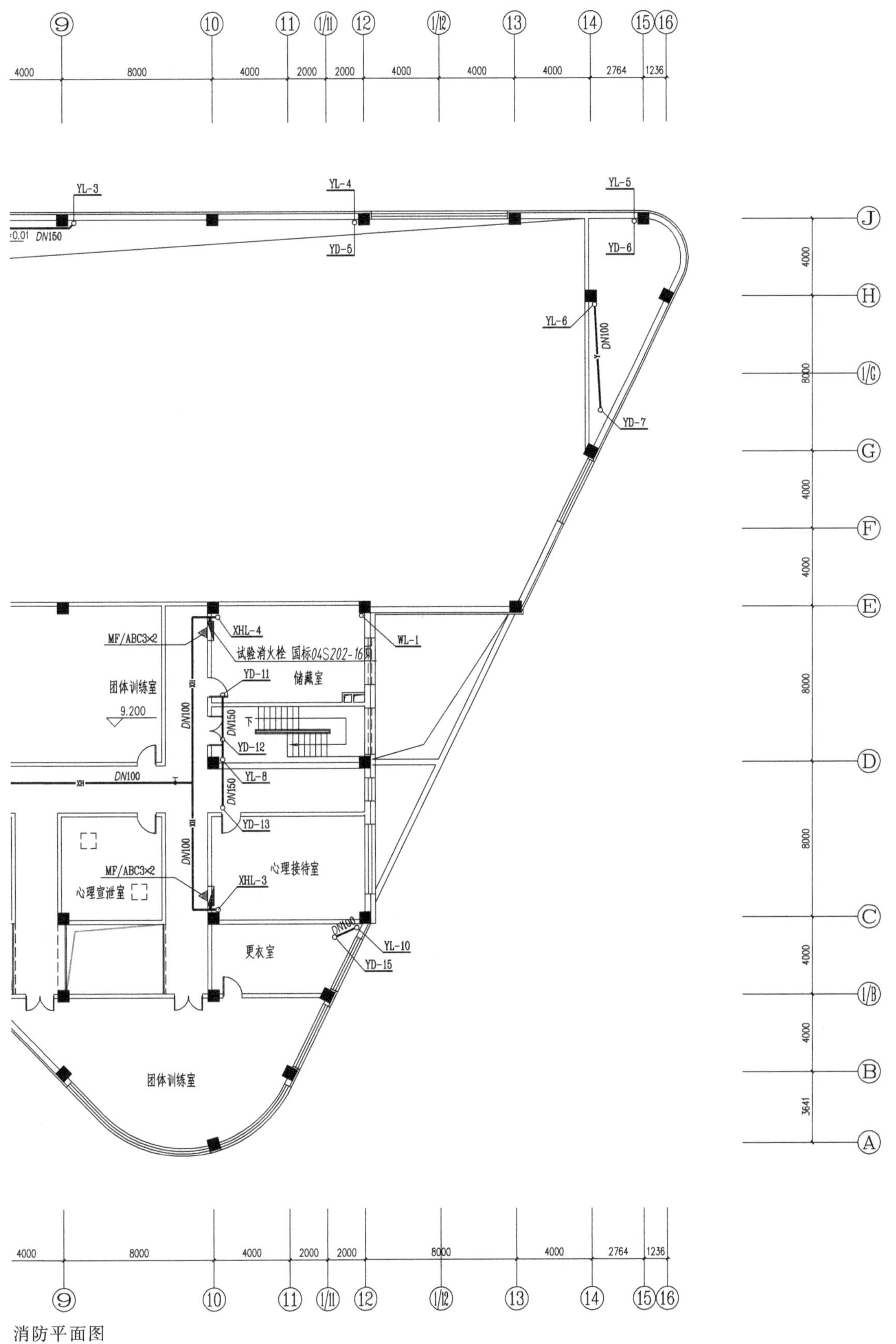
YL-3
YL-4
YL-5
YD-5
YD-6
YL-6
DN100
YD-7
DN150
XHL-4
MF/ABC3×2
WL-1
试验消火栓 国标04S202-16页
YD-11
储藏室
团体训练室
9.200
DN100
DN150
YD-12
YL-8
DN150
YD-13
心理接待室
MF/ABC3×2
XHL-3
心理宣泄室
YL-10
YD-15
更衣室
团体训练室

消防平面图

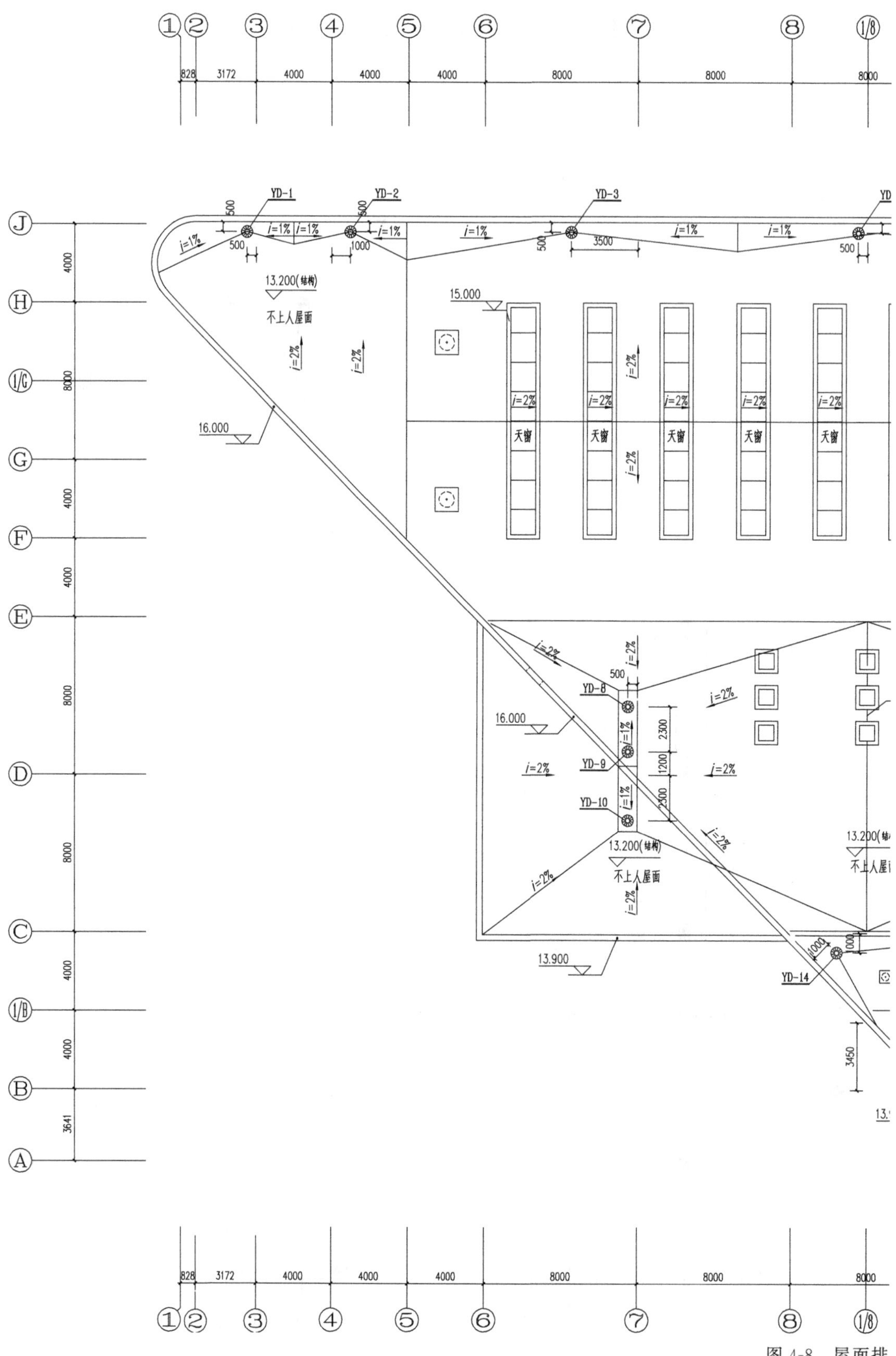
YD-1
YD-2
YD-3
YD-8
YD-9
YD-10
YD-14
13.200(结构)
不上人屋面
15.000
16.000
天窗
13.900
i=1%
i=2%

图 4-8　屋面排

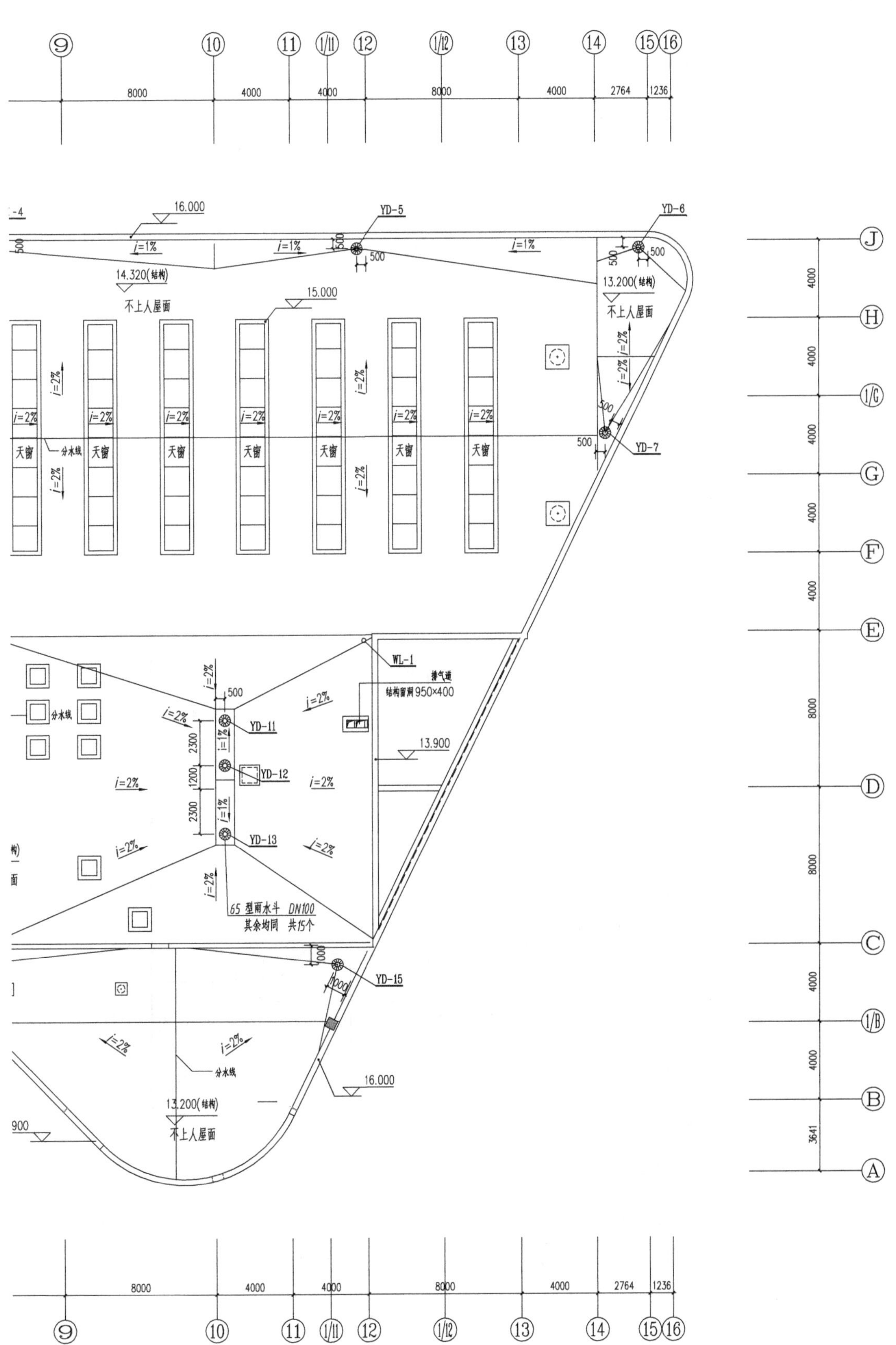
16.000
YD-5
YD-6
i=1%
14.320(结构)
不上人屋面
15.000
13.200(结构)
天窗
分水线
i=2%
YD-7
WL-1
排气道
结构留洞950×400
YD-11
YD-12
YD-13
13.900
65 型雨水斗 DN100
其余均同 共15个
YD-15
16.000
13.200(结构)
不上人屋面
8000
4000
2764
1236
3641

水平面图

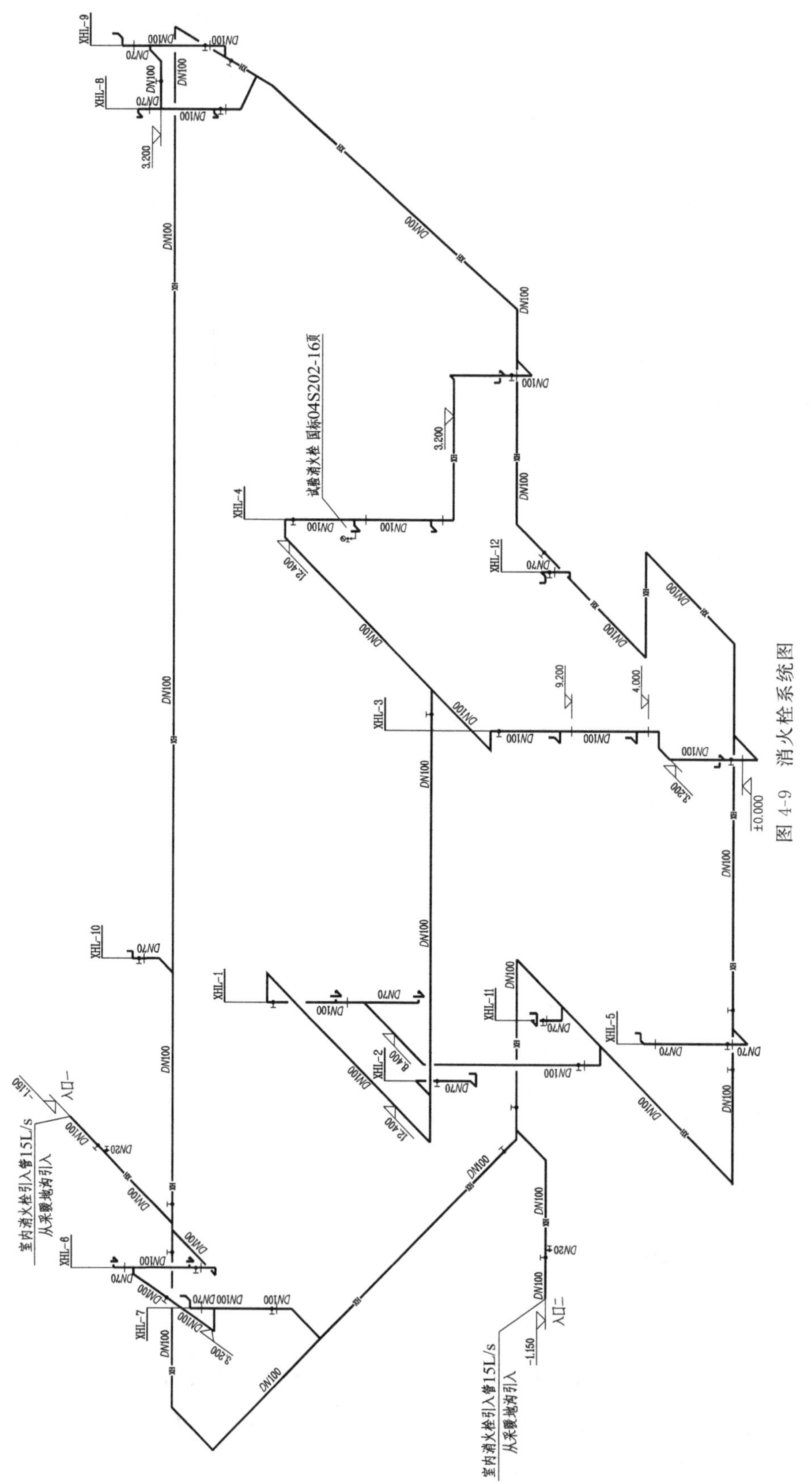
XHL-9
XHL-8
XHL-10
XHL-6
XHL-7
XHL-4
XHL-12
XHL-3
XHL-1
XHL-2
XHL-11
XHL-5
试验消火栓 国标04S202-16页
室内消火栓引入管15L/s
从采暖地沟引入
入口一
入口二

图 4-9 消火栓系统图

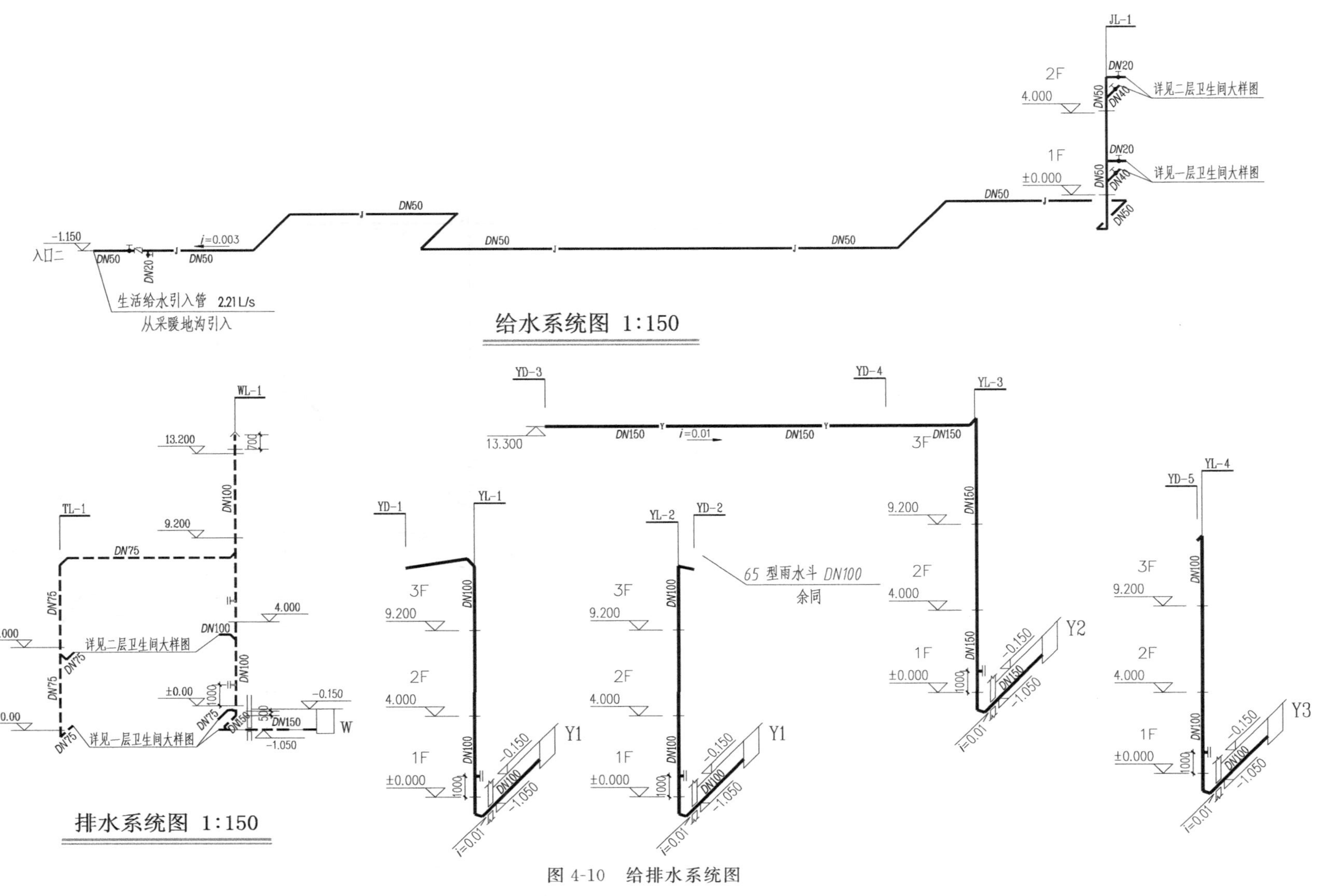
JL-1
2F
4.000
1F
±0.000
DN20
DN40
DN50
详见二层卫生间大样图
详见一层卫生间大样图
入口二
-1.150
$i$=0.003
生活给水引入管 2.21L/s
从采暖地沟引入
给水系统图 1:150
YD-3
YD-4
YL-3
13.300
DN150
$i$=0.01
WL-1
13.200
9.200
TL-1
DN75
DN100
±0.00
-0.150
-1.050
W
排水系统图 1:150
YD-1
YL-1
YL-2
YD-2
65 型雨水斗 DN100
余同
3F
Y1
Y2
YD-5
YL-4
Y3

图 4-10 给排水系统图

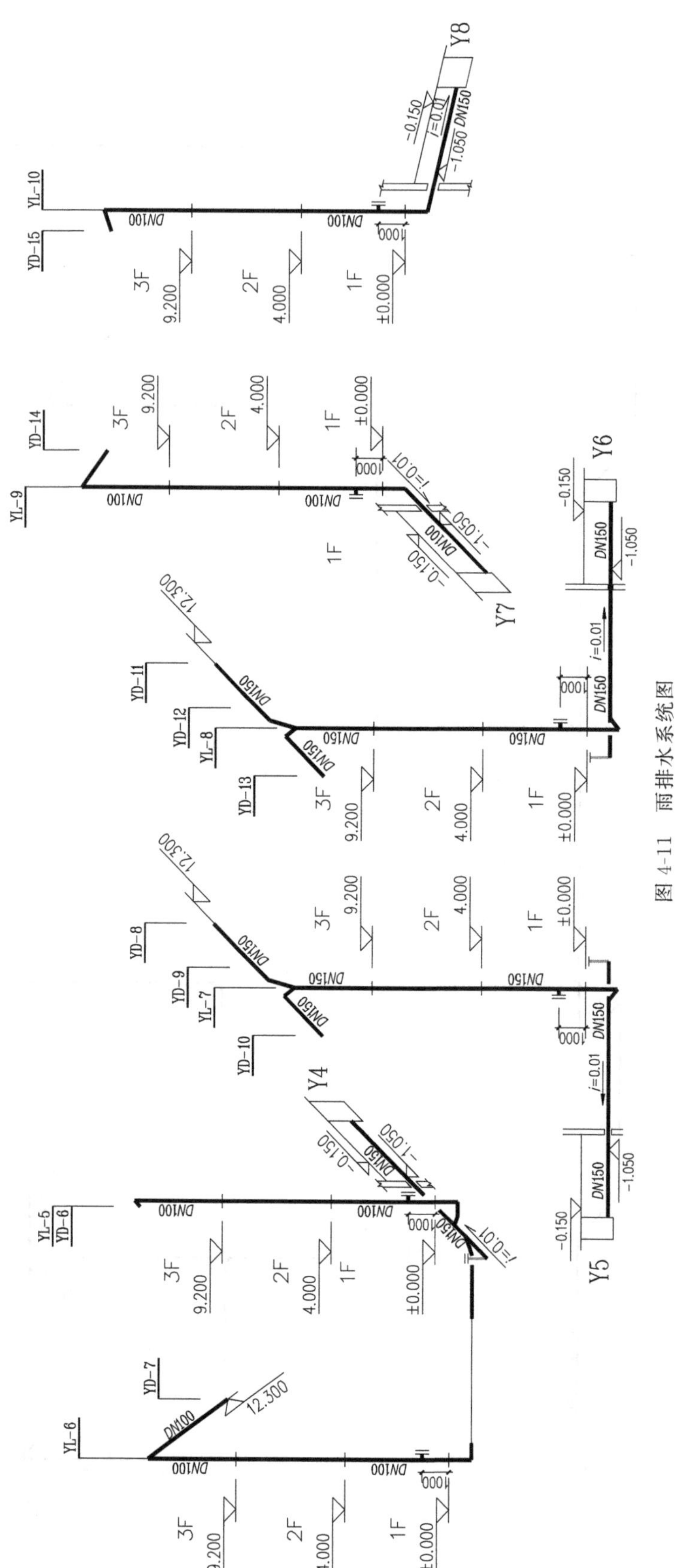
YL-6
YD-7
YL-5
YD-6
YD-8
YD-9
YL-7
YD-10
YD-11
YD-12
YL-8
YD-13
YL-9
YD-14
YL-10
YD-15
Y4
Y5
Y6
Y7
Y8
DN100
DN150
3F
2F
1F
9.200
4.000
±0.000
12.300
-0.150
-1.050
i=0.01
1000

图 4-11 雨排水系统图

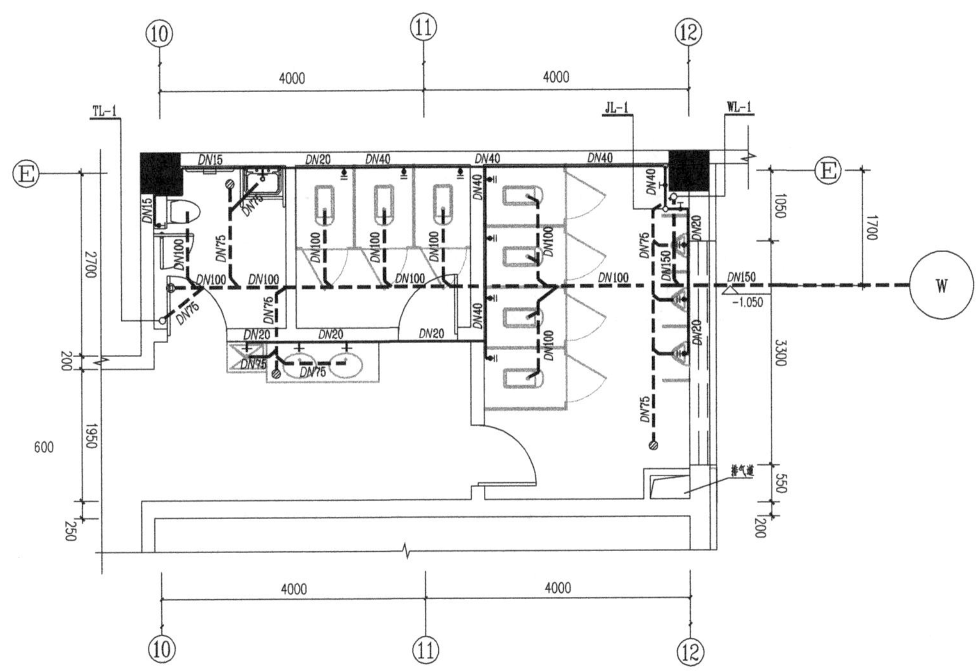


一层卫生间给排水平面图 1:50

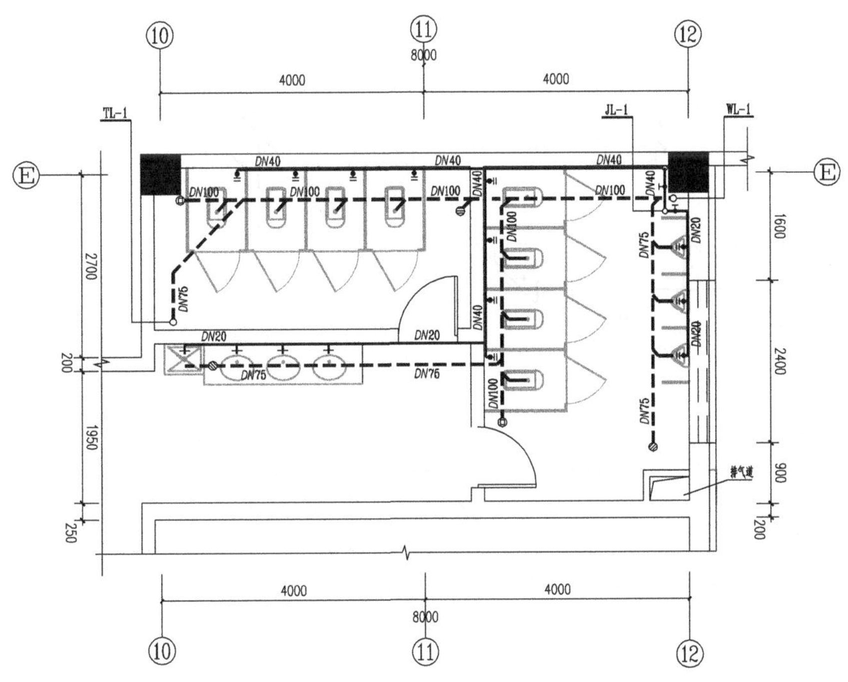


二层卫生间给排水平面图 1:50

图 4-12 卫生间大样平面图

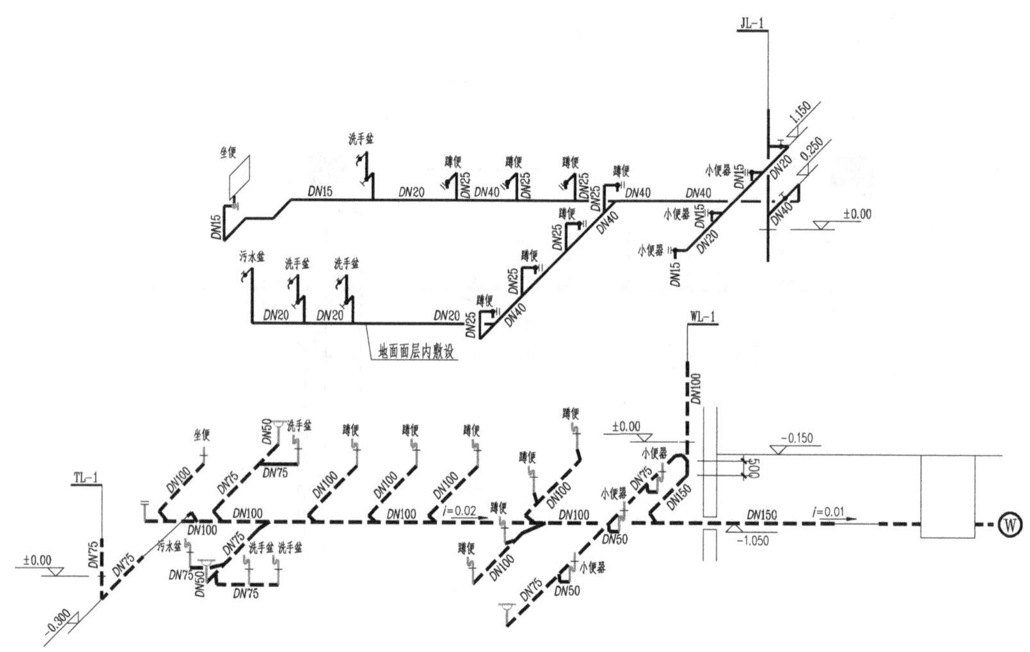


一层卫生间给排水系统图 1:50

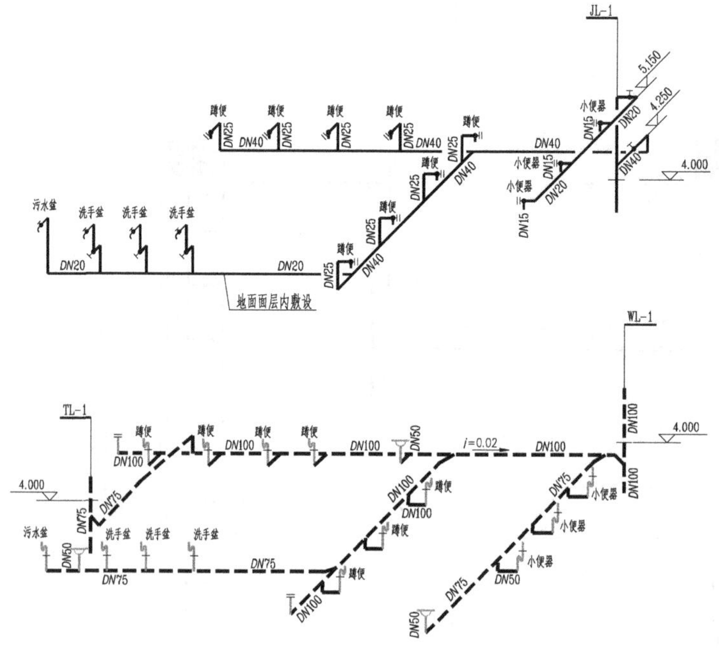


二层卫生间给排水系统图 1:50

图 4-13　卫生间大样系统图

（6）试压

生活给水管道工作压力为 0.21MPa，试验压力为 0.90MPa；消火栓管道工作压力为 0.36MPa，试验压力为 0.60MPa；生活排水系统应做灌水试验，其灌水高度应不低于底层卫生器具的上边缘或底层地面高度；消火栓系统安装完毕后应做试射试验。

2. 室内生活给水系统施工图的识读

此建筑物的生活给水方式为直接给水方式。

（1）一层平面图的识读

1）生活给水引入管　生活给水引入管借助采暖入口从建筑物西侧 D 轴附近进入室内，沿中间采暖沟送到男卫生间 JL-1，只设置 1 根引入管，管径为 *DN*50，阀门井中设置 1 个截止阀、1 个止回阀和 1 个泄水阀。

2）生活给水干管　**—J—**表示生活给水干管，与引入管连接，管径为 *DN*50，生活给水干管沿暖沟布置，进入一层卫生间。

3）生活给水立管　JL-1 表示生活给水的第一根立管，由于建筑物给排水结构比较简单，只在卫生间设置了 1 根生活给水立管。图中显示了一层卫生间的位置和卫生器具布置情况，具体见一层卫生间大样图。

（2）其他平面图的识读

从二层平面图中可以看出 JL-1 的位置、二层卫生间的位置和卫生器具的布置。从二层平面图中可以看出，三层无生活给水设施。

（3）生活给水系统图的识读

从生活给水系统图中可以看到生活给水系统的管道布置情况、引入管的埋深（1.15m）、各部分管道的管径、管道的坡度和支管的布置情况。从图 4-10 中可以看出，JL-1 上每层连接 2 根支管，管径为 *DN*20 和 *DN*40。

（4）卫生间平面布置大样图的识图

从卫生间平面布置大样图中可以看出各种卫生器具的布置位置、支管的布置情况和管径。一层和二层卫生间卫生器具布置情况不一样，因此生活给水管道的布置也会不同。一层有男、女及残障人卫生间各 1 个。女卫生间有 3 个蹲式大便器；男卫生间有 4 个蹲式大便器及 3 个小便器、地面有 1 个地漏；残障人卫生间有 1 个坐式大便器及污水池各 1 个、地面有 1 个地漏，排水横管顶端有一清扫口。二层有男、女卫生间各 1 个。女卫生间有 4 个蹲式大便器、地漏 1 个；男卫生间有 4 个蹲式大便器及 3 个小便器、连接大便器排水横管末端有清扫口。

（5）卫生间系统大样图的识读

从卫生间系统大样图中可以看出卫生间支管的布置情况、支管的安装高度、各类卫生器具的名称、卫生器具的进水管的管径和阀门的位置。一层 *DN*40 支管的安装标高为 0.250m，一层 *DN*20 支管的安装标高为 1.150m，二层 *DN*40 支管的安装标高为 4.250m，二层 *DN*20 支管的安装标高为 5.150m。

3. 消防给水系统施工图的识读

此建筑物的消防给水方式为室外给水管网直接供水的消火栓灭火系统。

（1）平面图的识读

1）消防给水引入管　在一层平面图中可以看出，消防给水引入管有 2 条，1 条与生活给水引入管并列布置，另 1 条从建筑物上方进入室内，管径为 *DN*100，阀门井中设置 1 个截止阀和 1 个泄水阀。

2）消防给水干管 —XH—表示消火栓给水干管，与引入管连接，管径为 *DN*100。从一层、二层、三层平面图中可以看出，干管在一层和三层布置成环状，并分段设置阀门。

3）消防给水立管—XHL—表示消火栓给水立管，从各层平面图中可以看出消防立管和消火栓的设置位置。每个消防箱下设 A 类配置磷酸铵盐干粉灭火器，每具 3kg，灭火级别为 2A。

（2）消防给水系统图的识读

从消防给水系统图中可以看到消防给水系统布置成环状管网，2 根引入管的埋深均为 1.150m。系统图中还标明了管道安装的标高、管道的直径和阀门安装的位置。

4. 室内排水施工图的识读

（1）卫生间大样图的识读

从卫生间平面布置大样图中可以看出各种受水器的位置、排水支管的布置情况、管道的管径、排水立管的位置和通气立管的位置。

从卫生间系统大样图中可以看出卫生间排水支管的布置情况、管道的安装高度、存水弯的类型、卫生器具的排出管的管径和管道的坡度。

（2）平面图的识读

从屋面排水平面图和三层平面图可确定伸顶通气管的位置 WL-1。二层平面图给出污水立管 WL-1 和通气立管 TL-1 的位置，结合通气管的布置情况和管径 *DN*75，一层平面图给出污水立管 WL-1、通气立管 TL-1 的位置和出户管的信息，出户管布置在建筑物的右侧，与引入管相对，出户管的管径为 *DN*150，埋深 1.050m。

（3）排水系统图的识读

从排水系统图中可以看到排水系统的管道布置情况、出户管的埋深、各部分管道的管径、立管检查口的设置情况和管道的安装高度。同时，还可以看到通气管道系统的布置情况，采用专用通气管 TL-1（*DN*75）给立管通气，在三层楼板下用结合通气管（*DN*75）与 WL-1 连接，在 WL-1 设置伸顶通气管（*DN*100），伸出屋顶 700mm。

5. 建筑雨水施工图的识读

本建筑物采用雨水内排水系统，有单斗密闭式内排水系统、多斗密闭式内排水系统两种。

（1）平面图的识读

从屋面平面图可以确定雨水斗的设置位置和数量，建筑物设置了 15 个 65 型雨水斗，连接管管径 *DN*100。三层平面可以确定雨水立管—YL—和悬吊管的位置和管径。从图中可以看出，雨水斗 YD-8、YD-9、YD-10 用悬吊管连接，从雨水立管 YL-7 排水，同理，雨水斗 YD-11、YD-12、YD-13 用悬吊管连接，从雨水立管 YL-8 排水，悬吊管管径为 *DN*150。从一层平面图可以确定雨水排出管和清扫口的位置和数量，建筑物有 8 个雨水排出管—Y—，管径有 *DN*100 和 *DN*150 两种。

（2）雨水系统图的识读

从雨水系统图中可以看出雨水系统的管道布置情况、出户管的埋深、各部分管道的管径、立管检查口的位置和安装高度、管道的安装高度、横向管道的坡度。

## 复习思考题

1. 室内给排水工程施工图制图的一般规定涉哪那几个方面的问题？
2. 室内给排水工程施工图主要包括哪些内容？
3. 简要阐述室内给排水工程施工图识读方法。

# 模块二 建筑供暖系统与燃气系统

## 任务五　建筑供暖系统

### 知识目标

- 了解供暖（供热采暖）系统的作用、分类及组成，熟悉室内供暖系统的形式；
- 熟悉热水供暖系统的工作原理，认识不同形式的热水供暖系统；
- 了解热水供暖工程、地面辐射供暖系统的构成；
- 了解各种供暖系统的设备和附件，供暖管道的材质、敷设、保温等情况。

### 能力目标

- 能根据建筑物性质选择供暖系统形式与进行系统布置；
- 能认知建筑供热系统的构成、设备，能进行设备选材。

### 课题一　热水供暖系统

冬季气候寒冷，大气温度下降，尤其在我国北方大部分地区，有时甚至降到零下几十度。由于室内外温度相差较大，室内热量源源不断地通过墙壁、门窗等流向室外，而室外冷空气由门窗缝隙、门窗的开启等侵入室内，造成热量的损失，室内的温度降到人体适应的温度之下。因此，有必要在室内装设供暖设备，使其放出一定的热量来补偿房间损失的热量，从而使房间温度保持在人体感觉舒适的范围内，建筑供暖系统由此产生。

供暖系统就是由热源通过热网（管道）向用户供应热能的系统。

## 一、供暖系统分类及组成

1. 供暖系统的组成

供暖系统通常由热源、输送管道、散热设备三个部分组成。

1）热源　指热能的生产设备，如热水锅炉、蒸汽锅炉。

2）输热管道　指热能的输送管道，包括室内外采暖管道。

3）散热设备　指在室内散出热量的设备，最常见的是各种类型的散热器。

2. 供暖系统分类

根据供暖系统的不同特征，有以下两种分类方法。

（1）根据供暖的范围不同分

1）局部供暖系统　将热源和散热设备合并成一个整体，分散设置在各个房间里。如家用的电加热器、燃气加热器等。这种供暖系统的作用范围很小。

2）集中供暖系统　热源设在独建的锅炉房或换热站内，热量由热媒通过供热管道向一幢或几幢建筑物的散热设备输送。

3）区域供暖系统　以区域性锅炉房为热源，对数群建筑物（一个区）的集中供暖。这种供暖作用范围大、节能、对环境污染小，是城镇供暖

（2）按使用热介质的种类不同分

1）热水供暖系统　供暖系统的热介质是低温水或高温水。习惯上，水温低于或等于100℃的热水称为低温水；水温大于100℃的热水称为高温水。室内热水供暖系统，大多采用低温水，设计供、回水温度为95℃/70℃或85℃/60℃。高温水供暖系统宜用于工业厂房内，设计供、回水温度为（110～130℃）/（70～80℃）。热水供暖系统按循环动力不同还可分为自然循环系统（无循环水泵）和机械循环系统（有循环水泵）两类。

2）蒸汽供暖系统　供暖的热介质是水蒸气。

3）热风供暖系统　供暖的热介质是热空气。

4）辐射供暖系统　利用建筑物内部的顶面、墙面、地面或其他材质表面进行采暖。

## 二、热水供暖系统基本原理与形式

在热水供暖系统中，水在锅炉内加热，被加热的水沿着管道输送到散热设备中，通过散热设备向房间内散热，水在散热的同时温度逐渐降低，降温后的水再经管道回到锅炉内重新被加热，加热后的热水又经管道送入散热器，如此循环反复，使热量源源不断地由锅炉输送到供暖房间，这就是热水供暖系统的工作过程。

根据热水供暖系统的不同特征，有以下五种分类方法。

按其循环方式的不同，分为自然循环热水供暖系统和机械循环热水供暖系统。

按供、回水方式的不同，可分为单管系统和双管系统。单管系统的散热器的供、回水立管共用一根管，立管上的散热器串联起来构成一个循环回路；双管系统的散热器的供水管和回水管分别设置，每组散热器都单独组成一个循环回路。

按管道敷设方式的不同，可分为垂直式系统和水平式系统。

按热水温度的不同，可分为低温水供暖系统和高温水供暖系统。

按供、回水干管布置位置的不同，可分为上供下回式、上供上回式、下供上回式、下供下回式、中供式。

热水供暖系统的分类方法很多，实际应用的热水供暖系统是以上各种形式的组合。本课题将按照循环方式的不同，分别介绍自然循环热水供暖系统和机械循环热水供暖系统。

### 1. 自然循环热水供暖系统

（1）自然循环热水供暖系统工作原理

自然循环热水供暖系统是靠水的密度变化来进行循环的。由于热水供、回水温度不同，造成水的密度发生变化，从而引起压力差，即自然循环热水系统的驱动力。压力差的大小取决于供回水温度差和锅炉散热器间的高度差。如图5-1所示，用供水管和回水管把散热器和锅炉连接起来，系统最高处设膨胀水箱。系统工作前，先将整个系统充满水，当水在锅炉内被加热后密度减小，而从散热器流回的水密度较大，由此形成的压力差使热水沿供水干管上升，流入散热器。在散热器内热水放出热量后温度降低，沿回水管流回锅炉。水就这样连续被加热、上升、散热降温、重新加热，不断进行循环流动。

（2）自然循环热水供暖系统的主要形式

自然循环热水供暖系统主要分双管和单管两种形式。如图 5-2 所示为自然循环双管上供下回式系统，每组散热器都组成一个循环回路，每组散热器的供、回水温度基本相同，各组散热器可自行调节热水流量，互相不受影响；如图 5-3 所示为自然循环单管上供下回式系统，立管上的散热器串联起来共同构成一个循环回路，从上到下各楼层散热器的供水温度依次降低。

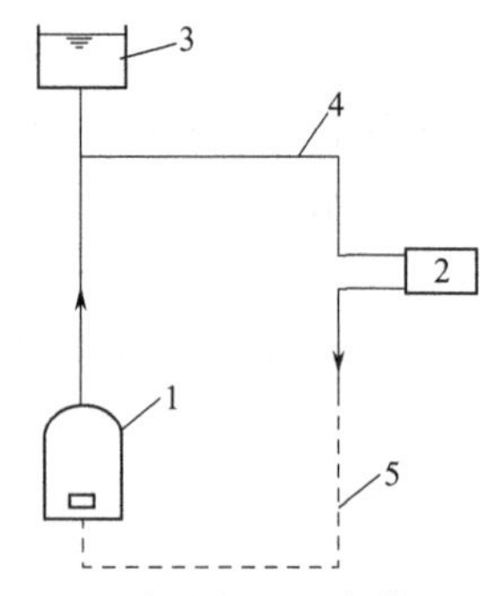


图 5-1　自然循环热水供暖系统
1—热水锅炉；2—散热器；3—膨胀水箱；4—供水管；5—回水管

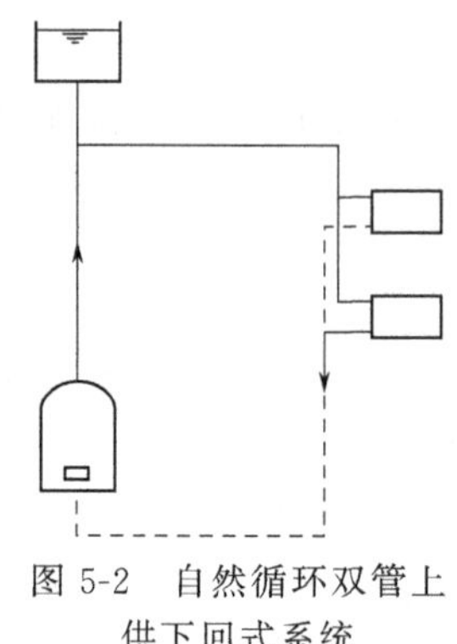

图 5-2　自然循环双管上供下回式系统

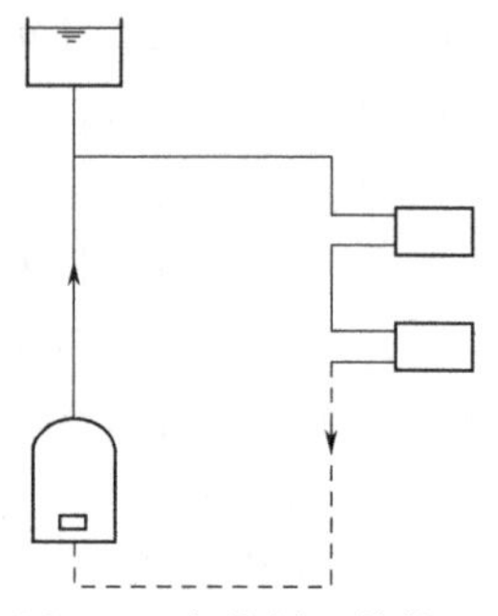

图 5-3　自然循环单管上供下回式系统

在双管系统中，各层散热器与锅炉间形成独立的循环，上层的散热器中心与锅炉中心的高度差较大，产生的循环压力也大，流经上层散热器的水量多；相反，下层的散热器中心与锅炉中心的高度差较小，产生的循环压力也小，流经下层散热器的水量少；这样就形成了上热下冷的“垂直失调”现象。楼层越多，这种失调现象越严重。

单管系统，由于各层的散热器串联在一个循环管路上，从上而下所产生的压力叠加在一起形成一个较大的压力，因此单管系统不存在垂直失调问题。自然循环热水供暖系统宜用单管系统。自然循环热水供暖系统装置简单，不消耗电能，运行时无噪声。但由于系统作用压力较小，管内流速偏小，管径偏大，作用半径（锅炉至最远立管的水平距离）不宜超过 50m，通常只能在单幢建筑物内使用。

2. 机械循环热水供暖系统

机械循环热水供暖系统设置水泵为系统提供循环动力，由于水泵的作用压力大，使机械循环系统的供暖范围可以很大，可以负担多幢建筑的供暖。当建筑物供暖半径大，需要较大的作用压力时，必须采用机械循环热水供暖系统。

机械循环供暖系统主要有垂直式和水平式两类。

（1）垂直式系统

1）上供下回式热水供暖系统　如图 5-4 所示。与自然循环相比，它增加了循环水泵、排气装置。

2）下供下回式热水供暖系统　如图 5-5 所示。该系统一般适用于顶层无法布置干管并且有地下室的建筑。当无地下室时，供、回水干管也可以敷设在底层地沟内。该系统可通过顶层散热器的放气阀或专设的空气管排气。

3）中供式热水供暖系统　如图 5-6 所示。水平供水干管敷设在建筑物中间某层的顶棚之下，适用于顶层供水干管无法敷设的建筑物或在原有建筑上加建楼层或“品”字形建筑。

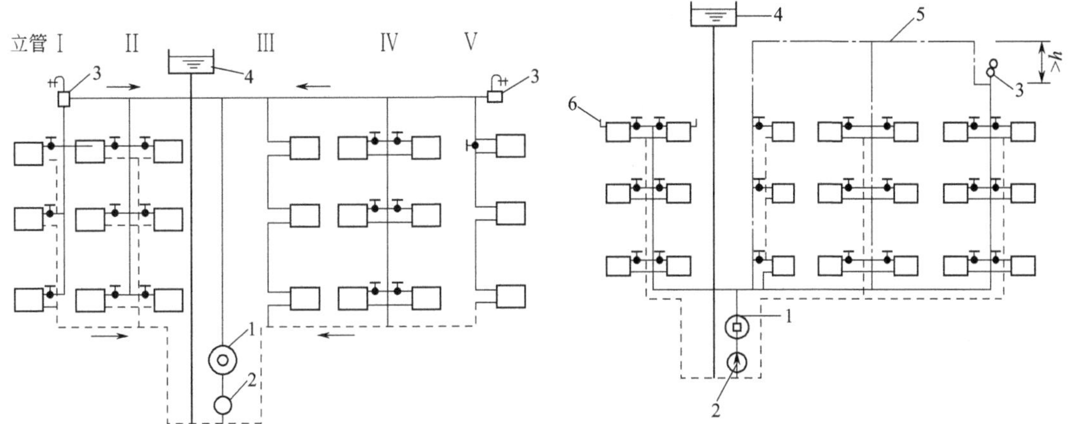


图 5-4 机械循环上供下回式热水供暖系统

1—热水锅炉；2—循环水泵；3—排气装置；4—膨胀水箱

图 5-5 机械循环下供下回式热水供暖系统

1—热水锅炉；2—循环水泵；3—集气罐；4—膨胀水箱；5—空气管；6—放气阀

4）下供上回式热水供暖系统　如图 5-7 所示。水的流向与空气流向都是由下而上，可通过膨胀水箱排气，无需设置集气罐。该形式特别适用于高温热水供暖、对室温有调节要求的建筑机械循环热水供暖系统，具有作用压力大，供暖范围大，水流速大，管径小，升温快等优点，广泛用于多幢建筑或区域供暖。但该系统的维修工作量大，运行费用相应增加。

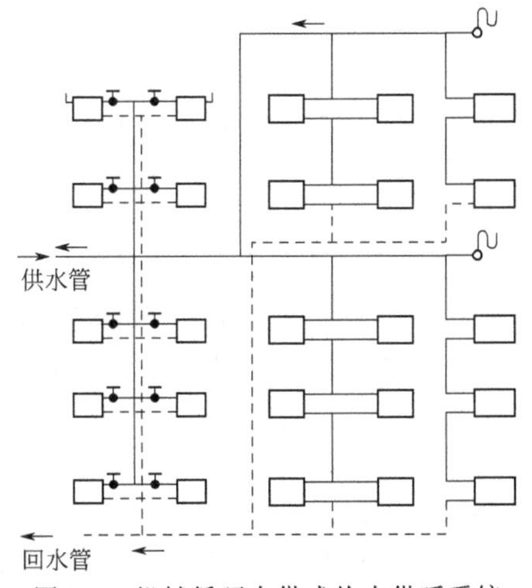


图 5-6 机械循环中供式热水供暖系统

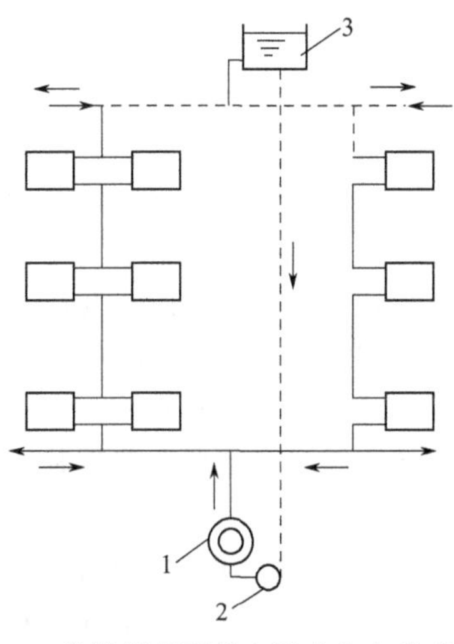

图 5-7 机械循环下供上回式热水供暖系统

1—热水锅炉；2—循环水泵；3—膨胀水箱

（2）水平式系统

水平式系统按水平管与散热器的连接方式不同，有顺流串联式系统和跨越式系统两类，如图 5-8、图 5-9 所示。

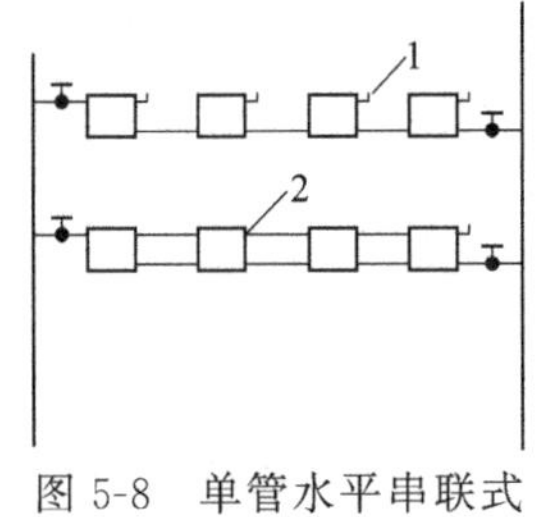

图 5-8 单管水平串联式

1—放气阀；2—空气管

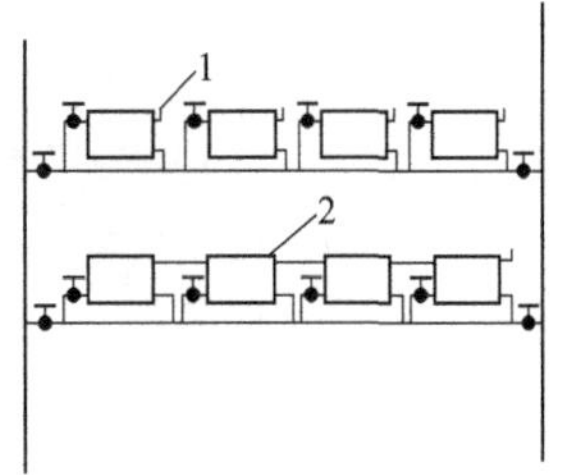

图 5-9 单管水平跨越式

1—放气阀；2—空气管

水平式系统的优点是系统的总造价低，管路简单、管子穿楼板少，施工方便，易于布置膨胀水箱。缺点是系统的空气排除较麻烦。

## 三、供暖系统设备、管道与附件

一个完整的供暖系统，必须有热源（如锅炉）、散热设备、各种附属设备等通过管道连接起来。每个设备和每根管道都必须正常工作，才能保证整个系统的顺利运转。

锅炉是生产热水或热蒸汽的设备，根据能源利用的形式又分为燃煤锅炉、燃油锅炉、燃气锅炉、电热锅炉等。

散热设备把热水或蒸汽的热量传递给室内空气，补偿建筑物损失的热量，从而使室内维持在设定的温度。常见的散热设备有散热器、暖风机、辐射板等，其中散热器应用最为广泛。

为了配合供暖系统更好地运作，各种附属设备的作用也是不容忽视的，如膨胀水箱、排气装置、除污器、疏水器等；作为各个设备的连接体，供暖系统管道的选材和安装也有一定的要求。

1. 散热器

供暖散热器是将供暖系统的热水或蒸汽所携带的热量通过散热器的表面，传递给室内空气的一种散热设备。根据材质来分，常见的有铸铁散热器和钢制散热器，近年来还开发出铝制散热器、铜铝散热器、全铜散热器、不锈钢散热器等。根据外形特点，有翼型、柱型、串片式、板式、钢管等。

（1）铸铁散热器

铸铁散热器长期以来被广泛应用，它具有结构简单、耐腐蚀、使用寿命长、造价较低、热稳定性好等优点，但相比于钢制散热器，铸铁散热器也有承压能力低、金属耗量大、安装和运输劳动强度大，外形不美观等缺点。

常见的铸铁散热器有以下几种。

1）翼型散热器　翼型散热器表面铸有翼片，通过翼片增加散热面积，增强换热效果。翼片分为长翼型和圆翼型两种，如图 5-10 所示。翼型散热器制造工艺简单，抗腐蚀性强，长翼型价格较低。但翼型散热器易积灰难清扫，外形不美观，一般用于工业厂房、蔬菜温室等建筑物。

2）柱型散热器　柱型散热器是呈柱状的中空立柱散热器，其外表光滑，无肋片，立柱相互连通。每个立柱由各个单片组对而成，可以根据供热量的需求大小决定立柱的组数。柱型散热器还有传热系数高，不易积灰，易清扫等优点，广泛应用于住宅和公共建筑中。常见有二柱、四柱型等，如图 5-11 所示。

(a) 长翼型

(b) 圆翼型

图 5-10　翼型铸铁散热器

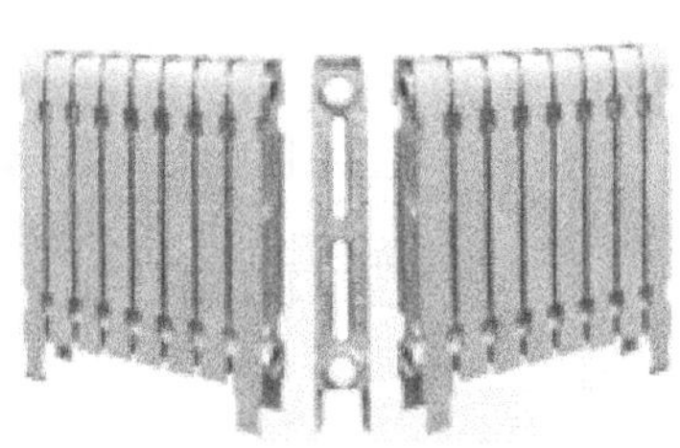

图 5-11　柱型铸铁散热器（二柱）

(2) 钢制散热器

钢制散热器主要有闭式钢串片散热器、板式散热器、钢制柱型散热器、钢制扁管散热器等几种类型。与铸铁散热器相比，金属耗量少，耐压强度高，外形美观，便于布置。但容易被腐蚀，使用寿命较短，如图 5-12 所示。

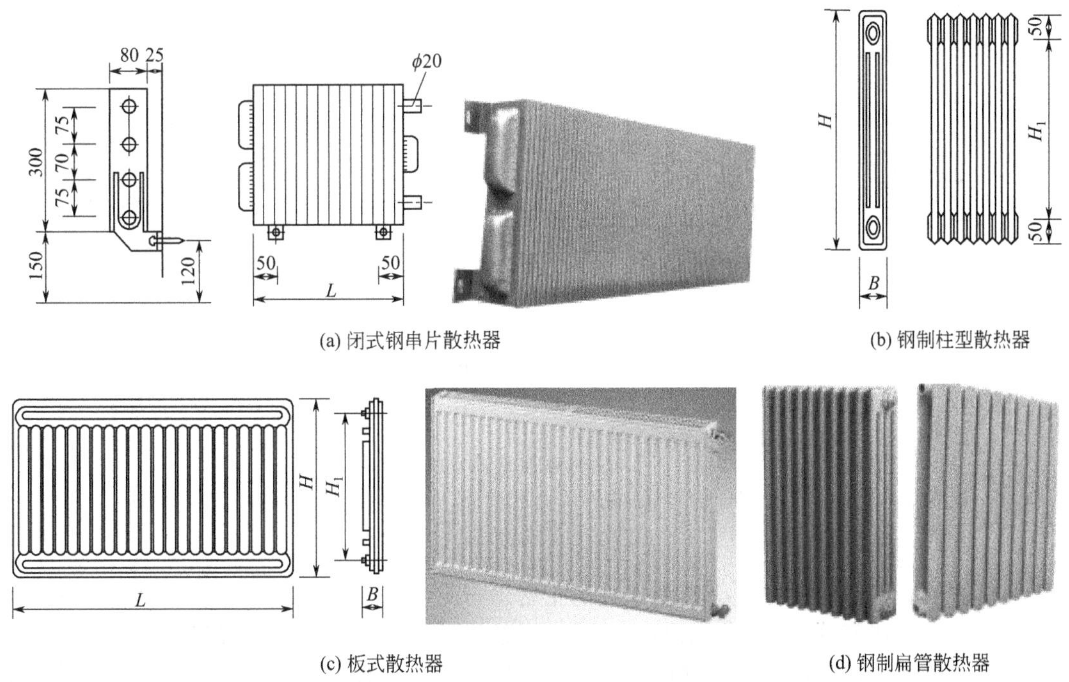


(a) 闭式钢串片散热器　(b) 钢制柱型散热器

(c) 板式散热器　(d) 钢制扁管散热器

图 5-12　钢制散热器

(3) 铝合金散热器

铝合金散热器是近年来我国工程技术人员在总结吸收国内外经验的基础上，开发的一种新型、高效散热器。其造型美观大方，线条流畅，占地面积小，富有装饰性，重量约为铸铁散热器的 1/10，便于运输安装，金属热强度高，约为铸铁散热器的 6 倍，节省能源，如图 5-13 所示。但无内防腐处理的铝制散热器不能用于锅炉的直接供暖。

(4) 复合材料型铝制散热器

复合材料型铝制散热器是普通铝制散热器发展的一个新阶段。如铜-铝复合、钢-铝复合、铝-塑复合等。这些新产品适用于任何水质，耐腐蚀、使用寿命长，是环保产品。

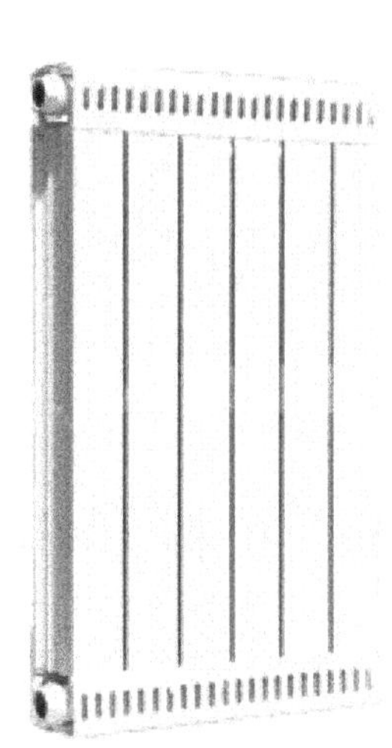

图 5-13　铝合金散热器

2. 膨胀水箱

热水供暖系统运行时，水温升高，体积膨胀，如不合理处置这部分增大的体积，将造成系统超压，引起渗漏；系统停止运行后，水温降低，体积收缩，如不及时补水，系统内将形成负压，吸入空气，影响系统正常运行。因此，热水供暖系统需设膨胀水箱。用以吸收储水的膨胀体积和补充水的收缩体积。在自然循环系统中，膨胀水箱还可以作为排气设施使用；在机械循环系统中，膨胀水箱接在循环水泵吸入口处，作为控制系统压力的定压点。

膨胀水箱一般用钢板制成，有方形和圆形两种，方形使用较多，如图 5-14 所示。膨胀水箱上设置的管道主要有膨胀管、循环管、溢流管、信号管、泄水管等。

膨胀罐产品如图 5-14 所示，是一种闭式的膨胀水箱，与供暖系统的连接和膨胀水箱一样，但可以落地安装，又称落地式膨胀水箱。当系统运行时，水受热膨胀，罐内气体被压缩，当罐内压力升高到一定值时，安全阀泄水；当系统停止运行，水冷却收缩引起系统水量不足时，系统压力下降，膨胀罐中的气体膨胀，将罐内水压入系统，压力降到某一设定值时，补水泵启动向系统补水，到设定压力后，补水泵停止补水。

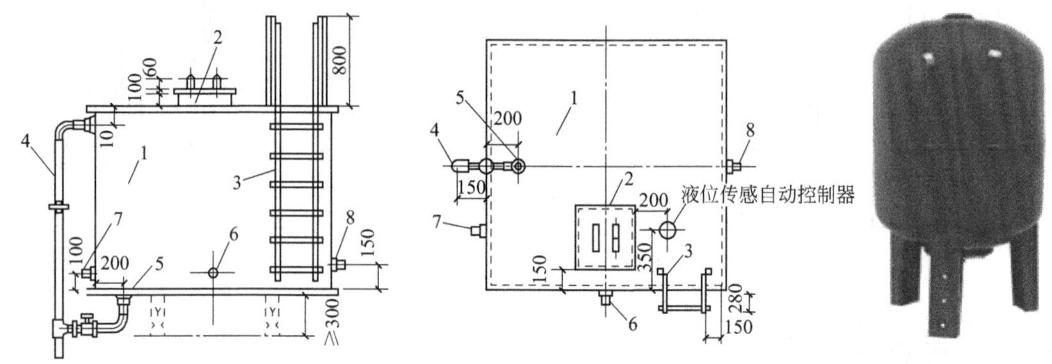


图 5-14　方形膨胀水箱及膨胀罐

1—膨胀水箱；2—人孔；3—扶梯；4—溢流管；5—排水管；6—循环管；7—膨胀管；8—信号管

3. 排气装置

在热水供暖系统中，空气会影响系统的正常运行。如果不能及时排除系统中的空气，则会形成空气塞，堵塞管道，破坏水循环，造成系统局部不热；如果空气聚集在散热器内，会减少散热器的有效散热面积；空气还会引起管道腐蚀，降低管道使用寿命。因此，在供暖系统中必须设置排气装置。常见的排气装置有集气罐、手动跑风门以及自动排气阀等。

（1）集气罐

用直径 100～250mm 的钢管制成，有立式和卧式两种。当水流经过集气罐时，流速降低，夹杂在水中的空气浮到罐顶，顶部连有放气管，放气管末端设阀门定期排除空气。机械循环热水供暖系统，大多采用在环路供水干管末端的最高处设集气罐，如图 5-15 所示。

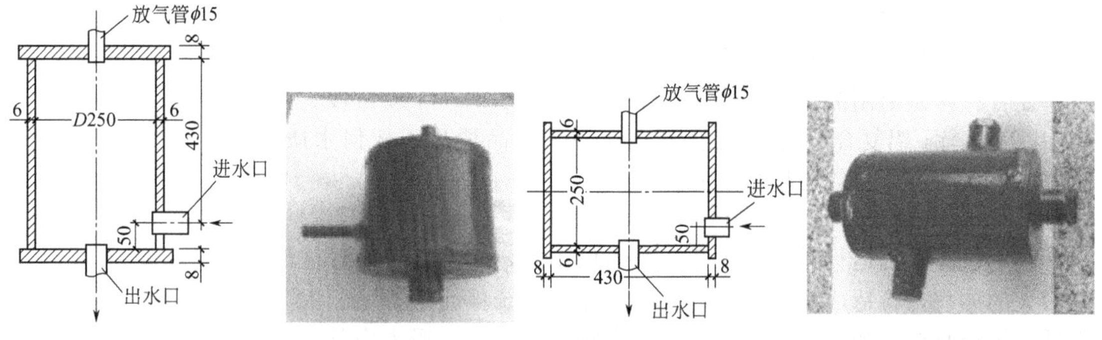


图 5-15　集气罐

（2）手动跑风门

手动跑风门用于散热器或分、集水器排除空气。如图 5-16 所示。

（3）自动排气阀

自动排气阀依靠阀体内的启闭机构自动排除空气。它具有安装方便、体积小巧、管理方便等优点，广泛用于热水供暖系统中，最好设置于末端最高处。但自动排气阀常会因水中污物堵塞而失灵，在排气阀前应安装一个阀门，该阀门应常年开启，只在检修排气阀失灵才临时关闭。

图 5-16 手动跑风门

4. 除污器

除污器用来截留和过滤系统中的杂质、污物并将其定期清除，从而确保水质洁净、减少流动阻力和防止管路堵塞。除污器为圆筒形钢制筒体，分立式直通和卧式直通、卧式角通（如 Y 形）三种。图 5-17 所示为供暖系统中常用除污器构造及实物图。

除污器是一种钢制筒体，当水从进水管 2 进入除污器内，因流速降低，使水中污物沉积到筒底，较洁净的水由出水管 3 流出。除污器一般应安装在热水供暖系统循环水泵的入口和换热设备入口及室内供暖系统入口处。安装时除污器不得反装，进出水口处应设阀门。

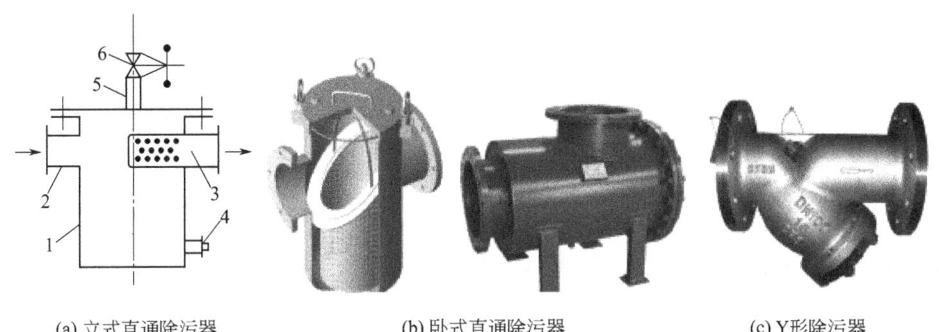

(a) 立式直通除污器　(b) 卧式直通除污器　(c) Y形除污器

图 5-17 常用除污器构造及实物

1—外壳；2—进水管；3—出水管；4—排污管；5—放气管；6—截止阀

5. 疏水器

疏水器主要用于蒸汽供暖系统中，起到分离蒸汽和凝水的作用。疏水器能自动阻止蒸汽逸漏，迅速地排出散热器及管道中的凝水，同时能排除系统内积留的空气，见任务二。

6. 温控与热计量装置

近几年为实现节能，供暖系统中要求安装散热器温控阀和热量计。

（1）散热器温控阀

散热器温控阀是安装在散热器上的自动控制阀门，通过改变采暖热水流量来调节、控制室内温度。由恒温控制器、流量调节阀以及一对连接件组成，如图 5-18 所示。

1）恒温控制器　恒温控制器的核心部件是传感器单元，即温包。恒温控制器的温度设定装置有内式和远程式两种，均可以按照窗口显示值来设定所要求的控制温度，并加以自动控制。

根据温包内灌注感温介质的不同，常用的温包主要有蒸汽压力式、液体膨胀式和固体膨胀式三类。

2）流量调节阀　散热器温控阀的流量调节阀具有较佳的流量调节性能，调节阀阀杆采用密封活塞形式，在恒温控制器的作用下直线运动，带动阀芯运动以改变阀门开度。流量调节阀具有良好的调节性能和密封性能，长期使用可靠性高。

散热器温控阀应安装在每组散热器的进水管上或分户供暖系统的总入口进水管上；明装散热器恒温阀不应安装在狭小和封闭空间，其恒温阀阀头应水平安装，且不应被散热器、窗帘或其他障碍物遮挡；暗装散热器恒温阀应采用外置式温度传感器，并应安装在空气流通且能正确反映房间温度的位置上。

(2) 热量计

进行热量测量与计算，并作为结算热量消耗依据的计量仪器称为热量计（又称为能量计、热表）。

目前，使用较多的热量计是根据管路中的供、回水温度及热水流量，确定仪表的采样时间，进而得出管道供给建筑物的能量。

热量计由一个热水流量计、一对温度传感器和一个积算仪三部分组成，如图 5-19 所示为热量计的外观。热水流量计用来测量流经散热设备的热水流量；一对温度传感器分别测量供水温度和回水温度，进而确定供回水温差；积算仪（也称为积分仪）可以通过与其相连的流量计和温度传感器提供的流量及温度数据，计算得出用户从热交换设备中获得的能量。

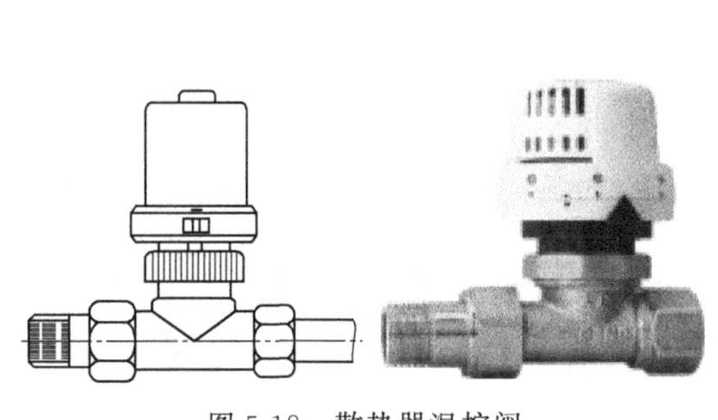

图 5-18　散热器温控阀

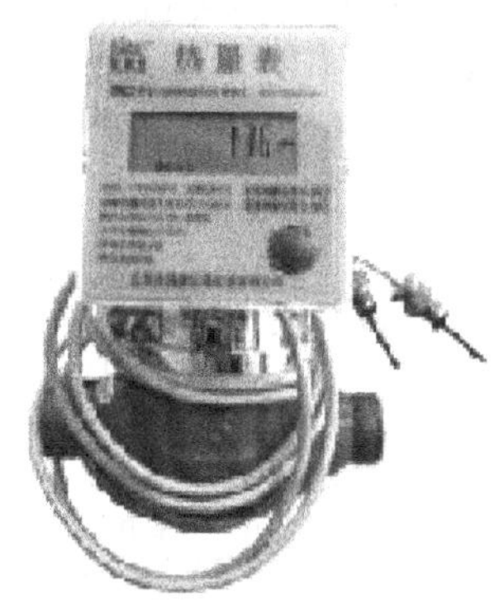


图 5-19　户用热量计

7. 供暖系统管道常用管材

焊接钢管、无缝钢管、PP-R 管、PP-R 铝塑稳态管、铝塑复合管、钢塑复合管等管材，在任务二已介绍。焊接钢管、PP-R 管、PP-R 铝塑稳态管使用较多。

## 四、供暖系统管道布置与敷设

室内供暖管道布置应在保证使用效果的前提下，力求简单、美观，各分支环路负荷均衡，阻力易平衡，安装与维修方便。

1. 用户引入口

室内供暖系统与室外供热管网是通过用户引入口连接起来的。其主要作用是分配、转换和调节供热量。用户引入口的形式主要根据供热管网提供的热媒形式和用户的要求确定，一般由相应设备、阀门及监测计量仪表等组成，图 5-20 所示为较常见的直接连接引入口形式。引入口一般每个用户只设一个，可设在建筑物底层的地下室、专用房间或地沟内。当管道穿越基础、墙或楼板时应按照规范预留空洞。

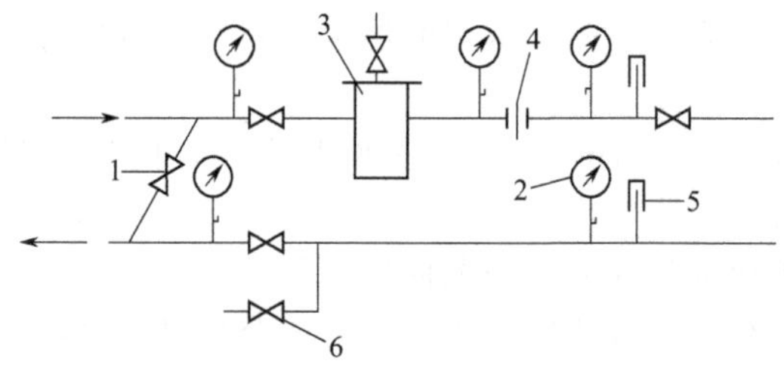


图 5-20　用户引入口示意图

1—旁通阀；2—压力表；3—除污器；4—调压孔板；5—温度计；6—泄水阀

2. 干管的布置与敷设

出于合理地分配热量、便于控制、运行调节和维修的目的，供暖系统通常被划分成几个分支环路。环路划分应尽量使各环路阻力易于平衡，较小的供暖系统可不设分支环路。一般采用明装。这样有利于散热器的传热和管道的安装、检修。暗装时应确保施工质量，并具备必要的检修措施。

供暖供水干管明装可沿墙敷设在窗过梁和顶棚之间的位置；暗装则布置在建筑物顶部的设备层中或吊顶内。回水干管或凝结水管一般敷设在建筑物地下室顶板之下或底层地板之下的管沟内，如图 5-21 所示；也可以沿墙明装在底层地面上，但当干管必须穿越门洞时，应局部暗装在沟槽内，如图 5-22 所示。无论是明装还是暗装，布置供热干管时应考虑到供热干管的坡度、集气罐的设置要求。管沟断面的尺寸应满足沟内敷设的管道数量、管径、坡度及安装、检修的要求，沟底应有 3‰的坡度，坡向引入口用以排水，管沟上应设有活动盖板或检修人孔。

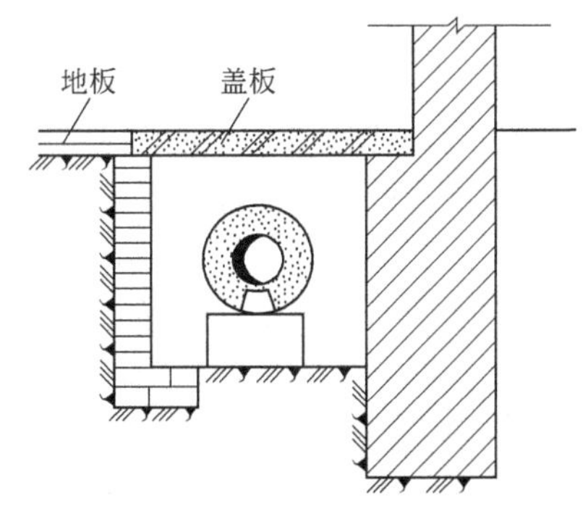

图 5-21　不通行地沟

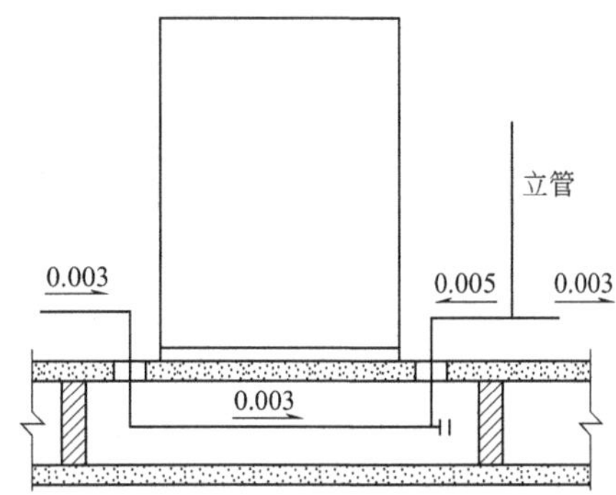

图 5-22　回水干管过门地沟

3. 立管的布置与敷设

立管可布置在房间外窗之间或墙身转角处，对于有两面外墙的房间，立管宜设置在温度最低的外墙转角处。楼梯间的立管尽量单独设置。立管应垂直地面安装，穿越楼板时应设套管加以保护，以保证管道自由伸缩且不损坏建筑结构，套管内应填充柔性材料。

暗装立管可敷设在墙体内预留的沟槽中，也可以敷设在管道竖井内。管道竖井应每层用隔板隔断，以减少井中空气对流而形成无效的立管传热损失。此外，每层还应设检修门供维修之用。

4. 支管的布置与敷设

散热器支管的布置与散热器的位置、进水口和出水口的位置有关。支管与散热器的连接方式一般采用上进下出、同侧连接方式，这种连接方式具有传热系数大，管路最短，美观的优点。

散热器的供、回水支管应按沿水流方向下降的坡度敷设。如坡度相反，则易造成散热器上部存气，或者下部水放不净。按施工与验收规范的规定，当支管长度小于或等于 500mm 时，坡度值为 5mm；长度大于 500mm 时，坡度值为 10mm。当 1 根立管接出 2 根支管时，如其一超过 500mm，则坡度值均为 10mm。

5. 散热器布置

① 散热器安装在外墙的窗台下。这样，沿散热器上升的对流热气流能阻止和改善从玻璃窗下降的冷气流和玻璃冷辐射的影响，使流经室内的空气比较暖和舒适。

② 两道外门之间不设置散热器，以防止冻裂散热器。在楼梯间或其他有冻结危险的场合，散热器应由单独的立、支管供热，且不得装设调节阀。

③ 散热器一般应明装，布置简单。内部装修要求较高的民用建筑可采用暗装。托儿所和幼儿园应暗装或加防护罩，以防烫伤儿童。

④ 在楼梯间布置散热器时，考虑楼梯间热气流上升的特点，应尽量布置在底层或按一定比例分布在下部各层。

## 五、高层建筑供暖系统

高层建筑供暖系统因产生的静压大，应根据散热器的承压能力、室外供暖管网的压力状况等因素来确定热水供暖系统的系统形式。

1. 分层式系统

系统在垂直方向分成两个或两个以上的系统。其下层系统可与外网直接连接，其系统高度取决于室外管网的压力工况与散热器的承压能力；而上层系统通过热交换器与室外管网隔绝式连接，其系统高度取决于散热器的承压能力。当高层建筑的散热器承压能力较低时，这种连接方式是比较可靠的。如图 5-23 所示。

2. 双水箱分层式系统

当热水温度不高，使用换热器面积过大而不经济时，则可采用图 5-24 所示的双水箱分层式系统。其特点是上层系统与室外管网直接连接，当外网供水压力低于高层静压时，在供水管上设加压水泵，而且利用进回水箱的高差进行上层系统的循环。上层系统利用非满管流动的溢水管与外网回水管的压力隔绝。另外，由于两水箱与外网压力隔绝，投资较使用换热器低，入口设备也少。但这种系统因采用开式水箱，易使空气进入系统，增加了系统的腐蚀因素。下层系统可与室外管网直接连接，其系统高度取决于室外管网的压力工况与散热器的承压能力。

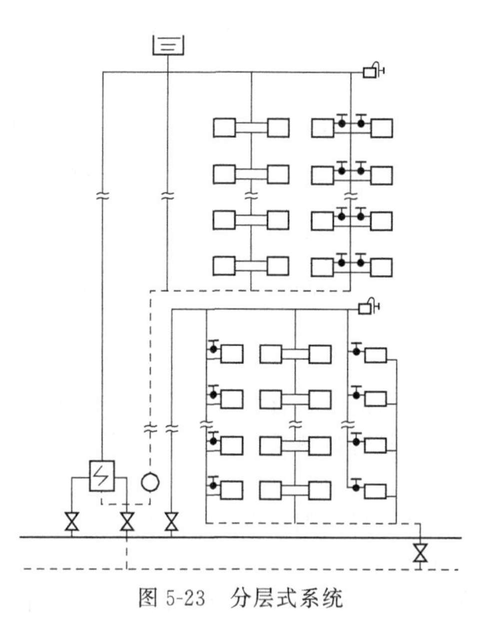

图 5-23 分层式系统

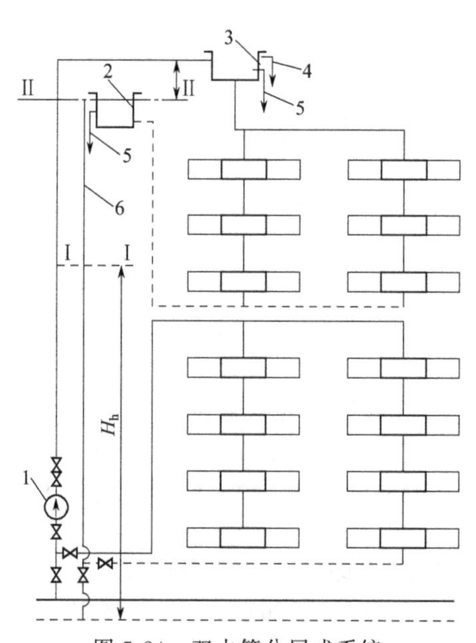


图 5-24 双水箱分层式系统

1—加压泵；2—回水箱；3—进水箱；4—进水箱溢水管；5—信号管；6—回水箱溢水管

3. 双线式系统

（1）垂直双线式系统

由竖向的 Π 形单管式立管组成，各层散热器平均温度相等，而且是单管系统，可避免高层建筑容易引起的垂直失调。由于在竖向的 Π 形单管式立管上阻力较小，容易引起各立管环路间的水平失调，一般在每个Ⅱ形单管式立管的回水立管上设置节流孔板，或采用同程式系统来消除水平失调现象。如图5-25所示。

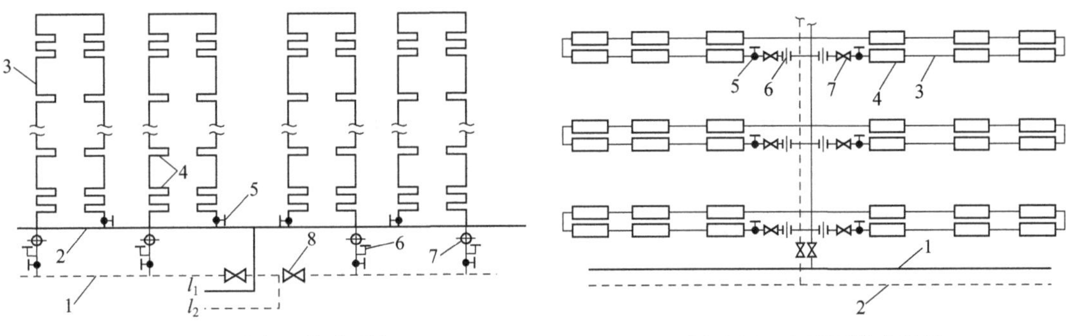

图5-25　垂直双线式系统

1—回水干管；2—供水干管；3—双线立管；4—散热器与加热盘管；5—截止阀；6—排水阀；7—节流孔板；8—调节阀

图5-26　水平双线式系统

1—供水干管；2—回水干管；3—双线水平管；4—散热器；5—截止阀；6—节流孔板；7—调节阀

(2) 水平双线式系统

这种系统如图5-26所示。系统能分层调节，因为在每一环路上均设置节流孔板、调节阀，从而能够保证系统各环路的计算流量，避免垂直失调；水平方向上各组散热器平均水温基本相同（不像单管水平式系统），不需加大尾部散热器面积。

4. 单双管混合式系统

这种系统是将垂直方向的散热器按2～3层为一组，在每组内采用双管系统，而组与组之间采用单管连接。因此既可避免楼层过多时双管系统产生的垂直失调现象，又能克服单管系统散热器支管管径过大、不能单独调节的缺点；但系统复杂，施工工序较多。如图5-27所示。

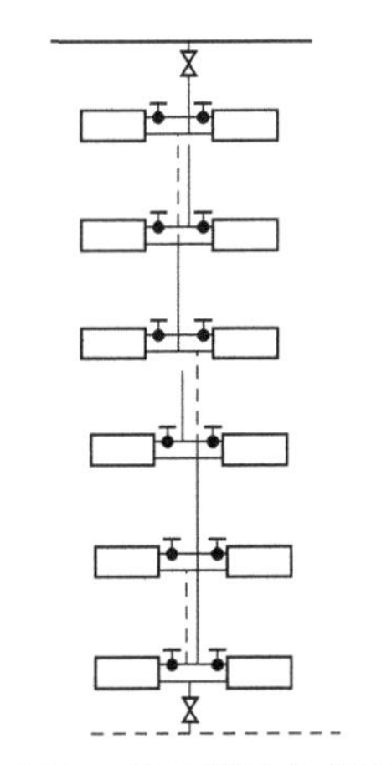

图5-27　单双管混合式系统

# 课题二　蒸汽供暖系统

## 一、蒸汽供暖系统工作原理

在蒸汽供暖系统中，水在锅炉中被加热至蒸汽，蒸汽沿着管道被输送到供暖房间的散热器内，在散热器设备中放出热量后凝结成水。凝结水流出散热器，经管道流回锅炉重新被加热变成蒸汽，继续经管道送入散热器，如此循环反复，达到向房间供暖的目的。

## 二、蒸汽供暖系统的特点

同热水供暖系统相比，蒸汽供暖系统具有以下特点。

① 同样质量流量的蒸汽比热水携带的热量高出许多，或者同等供热量，蒸汽供热所需的蒸汽流量比热水流量少很多。蒸汽供暖系统传热效率高，所需散热器面积小于热水供暖系统。

② 蒸汽不会像热水供暖那样，在系统中产生很大的水静压力，因此对设备的承压要求不

高。蒸汽供暖系统供汽时升温快，停汽时冷却也快，适合于间歇运行的场合。但间歇运行时，管内蒸汽、空气交替出现，加剧了管道的腐蚀，因此蒸汽系统的使用寿命比热水系统要短。

③ 由于蒸汽在系统内的密度、流量等参数变化比较大，并且还伴随着气态-液态变化，蒸汽供暖比热水供暖运行管理复杂。

蒸汽供暖系统散热器表面温度高，易烧烤积在散热器上的有机灰尘，产生异味，卫生条件较差。而且一旦系统内某个设备或附件发生问题，极易导致蒸汽供暖系统的跑、冒、滴、漏现象，因此目前民用建筑基本不采用蒸汽供暖系统。

## 三、蒸汽供暖系统基本形式

蒸汽供暖系统是利用蒸汽凝结时放出的汽化潜热来供暖的。按其压力分为低压蒸汽供暖系统（$p \leqslant 0.07$MPa）和高压蒸汽供暖系统（$p > 0.07$MPa）。

1. 低压蒸汽供暖系统的系统形式

（1）重力回水低压蒸汽供暖系统

如图 5-28 所示，用蒸汽管和回水管把散热器和锅炉连接起来，加热锅炉内的水，产生的蒸汽在自身压力作用下克服流动阻力，沿蒸汽管道输送到散热器内，并将积聚在蒸汽管道和散热器内的空气赶出，经连接在回水管末端的排气阀排出。而蒸汽在散热器内放出热量，在放热的同时蒸汽凝结成水，回水靠重力作用沿回水管路返回锅炉重新加热，不断进行循环流动。

（2）机械回水低压蒸汽供暖系统

图 5-29 所示为机械回水低压蒸汽供暖系统。水不直接返回锅炉，而首先进入凝水箱，然后再用回水泵将水送回锅炉重新加热。

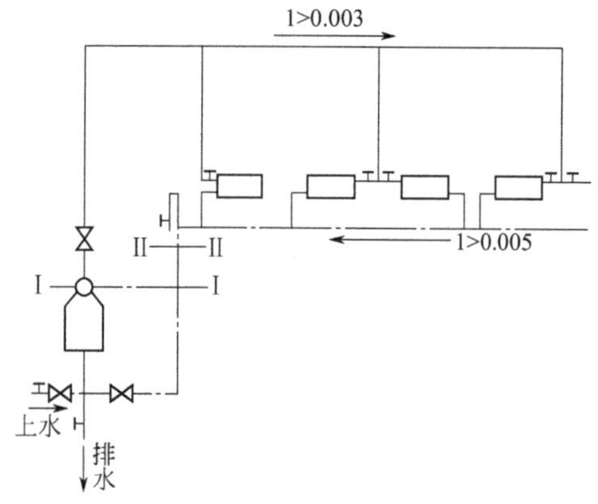

图 5-28 重力回水低压蒸汽供暖系统

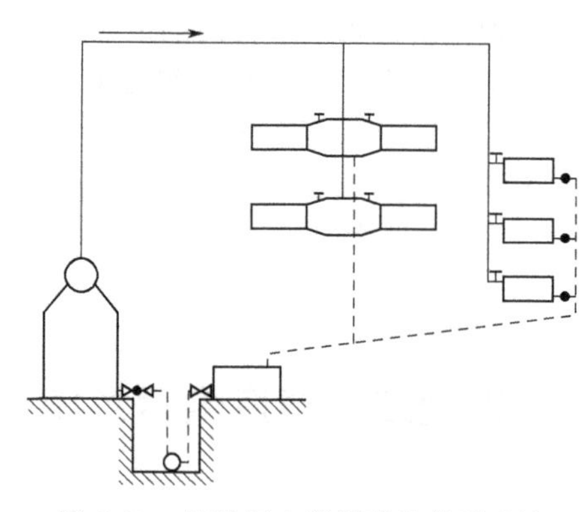
图 5-29 机械回水低压蒸汽供暖系统

2. 高压蒸汽供暖系统的系统形式

（1）上供上回式系统

这种系统如图 5-30 所示。系统供汽管和凝结水干管均设于系统上部，冷凝水靠疏水器后的余压上升到凝结水干管中，在每组散热器的出口处，除应安装疏水器外，还应安装止回阀并设泄水管、空气管等，以便及时排除每组散热设备和系统中的空气与冷凝水。

（2）上供下回式系统

这种系统疏水器集中安装在各个环路凝结水干管的末端，在每组散热器进、出口均安装球阀，以便于调节供汽量以及在检修散热器时能与系统隔断，如图 5-31 所示。

3. 单管串联式系统

这种系统如图 5-32 所示。系统凝结水管末端设置疏水器。

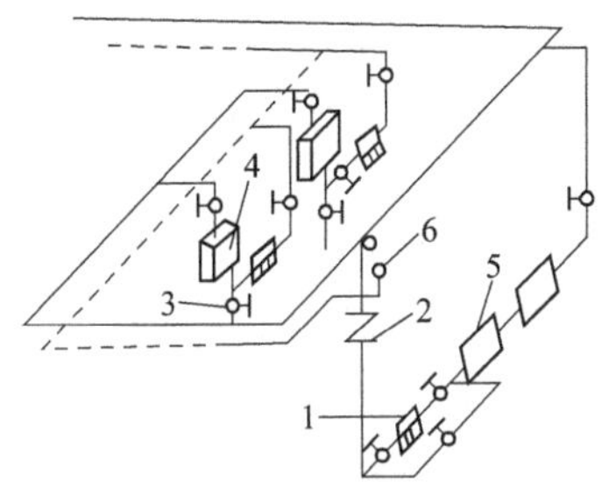

图 5-30　上供上回式系统
1—疏水器；2—止回阀；3—泄水阀；
4—暖风机；5—散热器；6—放气阀

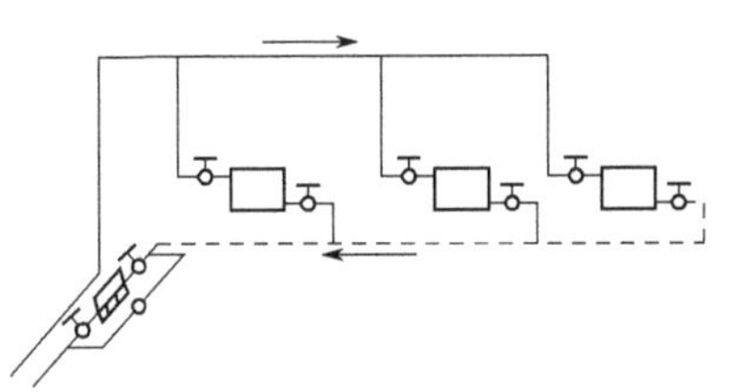
图 5-31　上供下回式系统

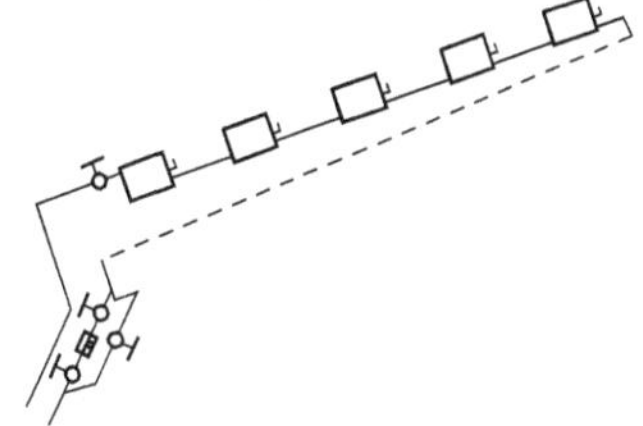
图 5-32　单管串联式系统

## 课题三　地面辐射供暖系统

散热设备主要依靠辐射传热方式向房间进行供热的供暖方式称为辐射供暖。按照辐射板面温度的高低可分为高温辐射、中温辐射和低温辐射。一般常用的是低温辐射供暖，其中低温热水地面辐射供暖系统（国内俗称地暖，国外也称为辐射地板）应用最为广泛。

### 一、低温热水地面辐射供暖系统

低温热水地面辐射供暖系统是以温度不高于 60℃的热水为热媒，在埋置于地面以下填充层中的加热管内循环流动，加热整个地板，通过地面以辐射和对流的热传递方式向室内供热的一种供暖方式。

1. 地面辐射热水供暖系统组成

地面辐射热水供暖系统由热源（如锅炉等）、循环水泵、供回水干管、分水器和集水器及其附件、埋地加热管（地辐射管）等部分组成，如图 5-33 所示。

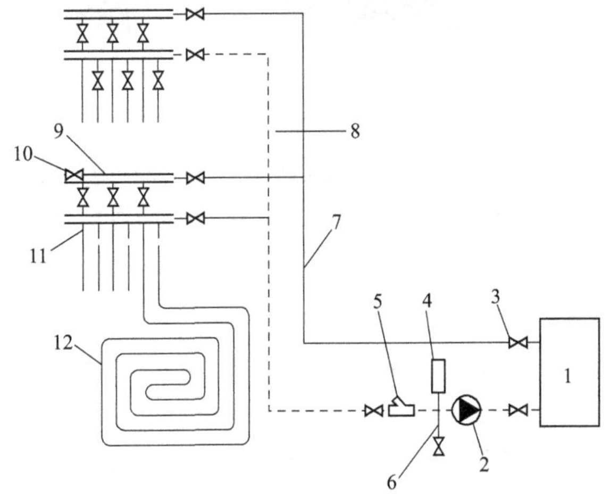

图 5-33　低温热水地面辐射供暖系统
1—锅炉；2—循环水泵；3—阀门；4—闭式膨胀水箱；5—Y 形过滤器；6—补水管；7—供水干管；8—回水干管；9—分水器；10—放气阀；11—集水器；12—埋地加热管

分水器是用来集中控制和分配每个环路地辐射管水流的管道附件，而集水器是将各环路地辐射管的水流量汇集在一起的管道附件。分、集水器上根据需要可以设置各种附件，如图 5-34 所示。分、集水器与埋地加热管连接的卡套式管接头上方均有关断阀，可以调节各环路流量及关断水流。分、集水器末端设有手动放气阀或自动排气阀用于排除系统中的空气。在分水器的供水管道上，顺水流方向应安装阀门、过滤器和热计量装置，在集水器之后的回水管道上应安装阀门。分、集水器及其附件通常放在分、集水器箱中，埋地加热管则从分、集水器箱的下部接出，弯曲后进入地面敷设，如图 5-34 所示。

2. 地辐射管的管材与布管方式

(1) 管材

低温地面辐射供暖系统的辐射管的管材均采用塑料管。目前，常用的塑料管有交联聚乙烯管（PEX）、聚丁烯管（PB）、无规共聚聚丙烯管（PP-R）、嵌段共聚聚丙烯管（PP-B 或 PP-C）及耐高温聚乙烯管（PE-RT）等。这几种管材均具有耐老化、耐腐蚀、不结垢、承压高、无污染、易弯曲、水力条件好等优点，尤其是交联聚乙烯管，在国内外得到广泛采用。

(2) 布管方式

地面辐射供暖系统的辐射管采用不同布置形式时，导致的地面温度分布是不同的。布管时，应本着保证地面温度均匀的原则进行，宜将高温段优先布置于外窗、外墙侧，使室内温度分布尽可能均匀，常用的布管方式有回字形、平行排管式及蛇形排管式，如图 5-35 所示为常用的回字形布管方式。

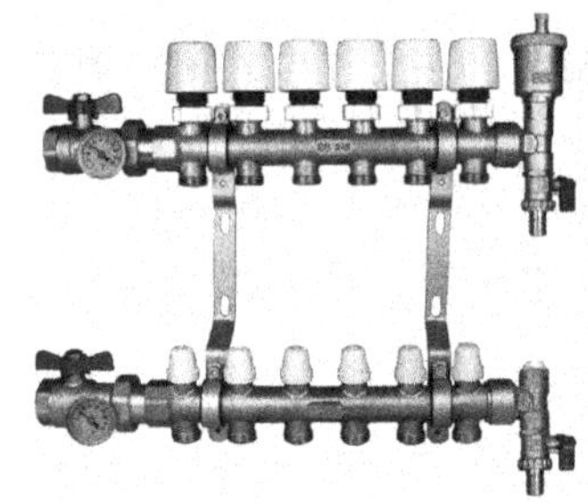

图 5-34　分、集水器

图 5-35　回字形布管方式

(3) 分、集水器布置

分、集水器可设置于厨房、盥洗间、走廊两头等既不占用使用面积，又便于操作的部位，也可设置在内墙墙面内的槽中。分、集水器宜在开始铺设地辐射管之前进行安装。水平安装时，将分水器安装在上，集水器安装在下，中心距宜为 200mm，集水器中心距地面不应小于 300mm。

3. 辐射地板结构与施工

地面辐射供暖施工应在建筑封顶后，室内装饰工作如吊顶、抹灰等完成后，与地面施工同时进行，入冬以前完成，不宜冬季施工。地辐管铺设时，先将保温板材铺设在基础层面上，要求地面平整，无任何凹凸不平及砂石碎块、钢筋头等。保温板可采用贴有锡箔的自熄型聚苯乙烯保温板，锡箔面朝上。保温层要用胶带贴牢接缝，然后，由远到近逐环铺设塑料管，并用专用塑料卡钉固定，当为直管段时其间距为 500mm，当为弯管段时其间距为 250mm。

地辐射管铺设好后，应做水压试验，试验压力为系统工作压力的 1.5 倍，且不应小于 0.6MPa。在试验压力下，稳压 1h，其压力下降≤0.05MPa 为合格。

塑料管隐蔽工程验收合格后，即可回填豆石混凝土，而且采用人工用振捣器，同时管道内应保持有不低于 0.4MPa 的压力。回填混凝土时不允许踩压已铺好的环路，豆石混凝土的厚度为 40～60mm，最后在混凝土层上方按设计要求铺设地面材料，其结构如图 5-36 所示。

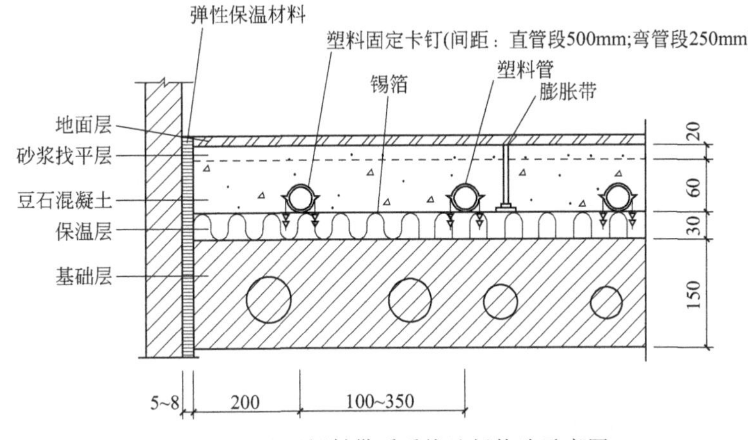


图 5-36　地面辐射供暖系统地板构造示意图

为防止地板在供暖后产生各方向的膨胀，使地面出现隆起和龟裂，要将地面根据塑料管的敷设形成分成若干区块，并以膨胀缝隔开。管道穿越膨胀缝处加塑料套管，混凝土填充层及地面层与墙、柱间也应设膨胀缝（或称伸缩缝），伸缩缝中的填充材料应为高发泡聚乙烯泡沫塑料。

## 二、发热电缆辐射供暖系统

发热电缆辐射供暖系统，是利用电能转换为热能且主要通过热辐射热传递向室内提供热量的一种供暖方式。发热电缆由内到外构造为发热体、绝缘层、接地导线、屏蔽层和护套（不宜小于 6mm）。发热电缆的型号和商标应有清晰标志，冷热线接头位置应有明显标志。发热电缆必须有接地屏蔽层，其发热导体宜使用纯金属或金属合金材料。

发热电缆的冷热导线接头应安全可靠，并应满足至少 50 年的非连续正常使用寿命。发热电缆应经国家电线电缆质量监督检验部门检验合格。

安装方式分类有组合式（干式）和直埋式（湿式）。组合式是预先将发热电缆加工成不同尺寸的加热片或毯，在现场只需进行铺设与配线等组合。直埋式是将发热电缆埋置于墙面、地面或吊棚顶等的混凝土填充层、砂浆或石膏粉刷构造层内。

## 复习思考题

1. 供暖系统是如何组成的？如何分类？
2. 机械循环热水供暖系统常用的形式有哪些？
3. 常用的散热器有哪些？
4. 管道敷设的方法有哪些？
5. 室内供暖系统有哪些主要设备和辅助设备，各起什么作用？
6. 地面辐射供暖有哪些主要特点？

# 任务六　建筑燃气供应系统

## 知识目标

- 熟悉室内燃气供应系统的分类及组成；
- 熟悉室内燃气供应系统管材与常用设备及管道布置。

## 能力目标

- 能认知燃气供应系统构成；
- 能进行燃气系统管材与设备的选择。

## 一、燃气系统基本知识

1. 燃气种类及特性

燃气是一种气体燃料，根据来源的不同，主要有人工燃气、液化石油气、天然气和生物气。

(1) 人工燃气

是将矿物燃料（如煤、重油等）通过热加工而得到的。根据制取方法不同有干馏煤气（如焦炉煤气)、气化煤气、高炉煤气和油制气。

此外还有从冶金生产或煤矿矿井得到的副产物，称为副产气或矿井气。

人工燃气具有强烈的气味及毒性，含有硫化氢、萘、苯、氨、焦油等杂质，容易腐蚀及堵塞管道，因此，人工燃气需加以净化后才能使用。

(2) 液化石油气

在对石油进行加工处理过程中（如减压蒸馏、催化裂化、铂重整等）所获得的副产品。它的主要组分是丙烷、丙烯、正（异）丁烷、正（异）丁烯、反（顺）丁烯等。

(3) 天然气

从油、气田开采或石油加工过程中取得的可燃气体。一种是气井气，是自由喷出地面的，即纯天然气；另一种是溶解于石油中，同石油一起开采出来后再从石油中分离出来的石油伴生气；还有一种是含石油轻质馏分的凝析气田气。天然气通常没有气味，故在使用时需混入某种无害而有臭味的气体（如乙硫醇 $C_2H_5SH$)，以便于发现漏气，避免发生中毒或爆炸燃烧事故。

(4) 生物气

生物气是在厌氧状态下，经微生物作用而成，也称“沼气”。主要成分是甲烷与二氧化碳。

2. 城市燃气供应系统

按管网输送压力，可分为低压管网，输送压力 $p\leqslant 5\text{kPa}$；中压管网，输送压力 $5\text{kPa}<p\leqslant 150\text{kPa}$；次高压管网，输送压力 $150\text{kPa}<p\leqslant 300\text{kPa}$；高压管网，输送压力 $300\text{kPa}<p\leqslant 800\text{kPa}$。

城市中的燃气供应管网包括街道燃气管网和庭院燃气管网。在较大城市中，街道燃气管网一般采用次高压管网、高压管网，以便于远距离输送；在较小城市中，街道燃气管网一般采用中压管网，庭院燃气管网一般采用低压管网。

3. 室内燃气供应系统组成

室内燃气供应系统是指由室外燃气管网到室内燃气用具的部分。它由引入管、水平干管、立管、支管、接灶管、燃气计量表、燃气用具组成。图 6-1 所示为室内燃气供应系统。引入管指由室外管网到建筑物内燃气阀门的管段；水平干管指敷设于底层的将燃气由引入管输送到立管的水平管段；立管指输送燃气的竖向管道；支管指进入室内的水平或竖直管段；接灶管指支管与燃气用具连接的管段；燃气计量表指计量燃气使用容量的设备；燃气用具指燃气燃烧设备。

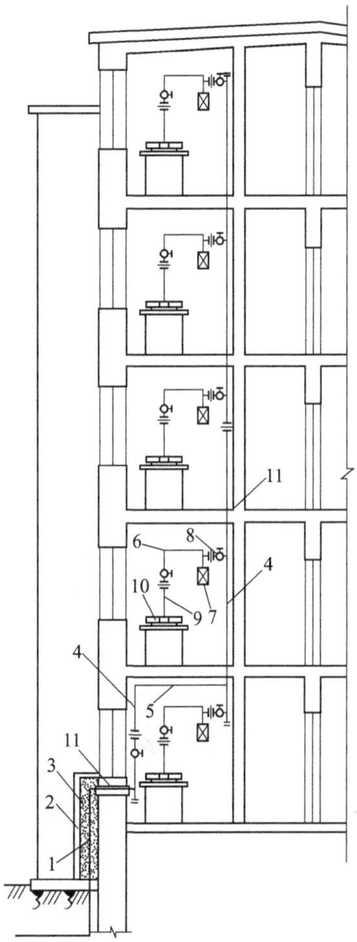

图 6-1 室内燃气供应系统
1—引入管；2—砖台；3—保温层；4—立管；5—水平干管；6—支管；7—燃气计量表；8—旋塞及活接头；9—用具连接管（接灶管）；10—燃气用具；11—套管

## 二、室内燃气管道及设备

1. 燃气管材及管道连接

燃气管道有钢管、聚乙烯管、机械接口球墨铸铁管、钢骨架聚乙烯塑料复合管等。燃气管道因管网输送压力不同可分别采用不同的管道。

① 低压燃气管道宜采用热镀锌钢管或焊接钢管螺纹连接。

② 中压管道宜采用无缝钢管焊接连接。

③ 室内明装燃气管道宜采用热镀锌钢管螺纹连接。

④ 室内暗埋低压燃气支管可采用不锈钢管或铜管，暗埋部分应尽量不设接头，明露部分可用卡套、螺纹或钎焊连接，铜管与球阀、燃气计量表及螺纹附件连接时，应该采用承插式螺纹管件连接，弯头、三通应该采用承插式铜配件或承插式螺纹连接件。

⑤ 燃具前低压燃气管道可采用橡胶管或家用燃气软管，连接可采用压紧螺帽或管卡。

⑥ 凡有阀门等附件处可采用法兰或螺纹连接，法兰宜采用平焊法兰，法兰垫片宜采用耐油石棉橡胶垫片，螺纹管件宜采用可锻铸铁件，螺纹密封填料采用聚四氟乙烯带或尼龙绳等。

2. 管道附属设备

为保证燃气管网的运行管理、检修，燃气管道设有阀门。常用阀门有球阀、闸阀、截止阀、旋塞、蝶阀、安全阀等。

3. 计量装置

燃气计量装置应根据燃气的工作压力、温度、燃气最大和最小流量、房间的温度等条件选择。燃气计量装置主要是燃气计量表。燃气计量表应有法定计量检定机构的检定合格证书、出厂合格证、质量保证书；标牌上应有 CMC 标志、出厂日期和表编号。超过有效期的燃气计量表应全部进行复检。燃气计量表的外表应无明显的损伤。

燃气计量表俗称煤气表，其种类按用途划分有焦炉煤气表、液化石油气燃气表和两用燃气表；按工作原理划分有容积式、流速式两种；按形式划分有干式、湿式两种。低压输气常采用容积式干式皮囊或湿式罗茨流量计，中压输气多选用罗茨流量表或流速式孔板流量计。

家用煤气表是早期广泛使用的燃气计量装置，常用的是干式皮膜燃气流量表，如图 6-2 所示。

带电子控制器的用户燃气表，是在普通的燃气表上安装了电子控制器，成为智能型煤气表，实现了用户预付煤气款，付款购气，煤气表自动控制，有效地防止了窃气、少收费、欠收费等情况的发生，免去了人工抄表收费的麻烦，如图 6-3 所示。

图 6-2 干式皮膜燃气流量表

图 6-3 带电子控制器的用户燃气表

4. 燃气用具

燃气用具可分为生活用器具、热水器、沸水器、热风炉、锅炉、工业锅炉等。广泛地应用于餐饮、热水供应、燃气采暖及制冷系统中。

民用燃具样式种类繁多，有燃气灶、燃气热水器、燃气烤箱灶等，图 6-4 所示为常见的家用燃气灶，燃气热水器见任务二课题三建筑热水供应系统。

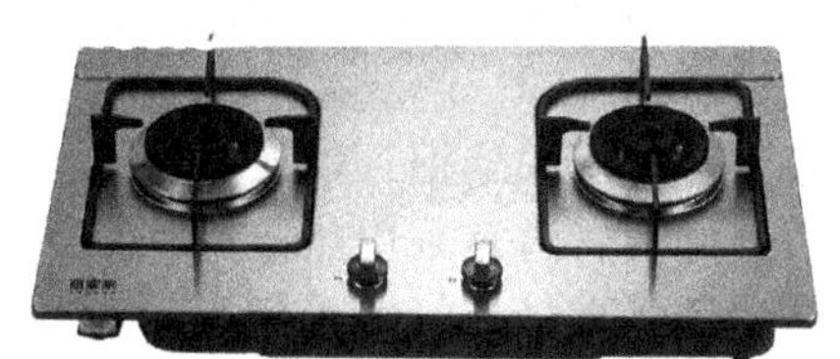
图 6-4 家用燃气灶

## 三、室内燃气管道布置与敷设

1. 燃气引入管

燃气引入管不得从卧室、浴室、厕所及电缆沟、暖气沟、烟道、垃圾道、风道等处引入；应设在厨房或走廊等便于检修的非居住房间内，当确有困难，可从楼梯间引入；穿墙或基础时应放在套管内，并应考虑沉降的影响，必要时应采取补偿措施等。进入建筑物之后，应尽快出室内地面，不得在室内地面下水平敷设；燃气引入管阀门宜设在室外操作方便的位置；设在外墙上的引入管阀门应设在阀门箱内，阀门的高度，室内宜在 1.5m 左右，室外宜在 1.8m 左右。

2. 室内管道

建筑物内部的燃气管道应明设。当建筑或工艺有特殊要求时可暗设，但必须便于安装和检修。敷设燃气管道的设备层和管道井应该保持良好的通风条件，燃气干管不允许穿越易燃易爆仓库、变电室、卧室、浴室、厕所、空调机房、通风机房、防烟楼梯间、电梯间及其前室等房间，也不得穿越烟道、风道、垃圾道等处。进户干管应设不带手轮旋塞式阀门。暗设的燃气水平管，可设在吊顶内或管沟中，管沟应设活动盖板，并填充干沙。建筑物如有可通风的地下室时，燃气干管可以敷设在这种地下室上部。

立管一般可布置在厨房、楼梯间墙角处。不得设置在卧室、浴室、厕所或电梯井、排烟道、垃圾道等内。暗设的燃气立管，可设在墙上的管槽或管道井中，管槽应设置活动门和通风孔。高层建筑的立管过长时，应设置补偿器，补偿器宜采用方形或波纹管型，不得采用填料型补偿器。

室内燃气支管应明设，敷设在过厅或走道的管段不得装设阀门和活接头。当支管不得已穿过卧室、浴室、阁楼或壁柜时，必须采用焊接连接并设在套管内。浴室内设有密闭型热水器时，燃气管可不加套管，但应尽量缩短支管长度。立管上接出每层的横支管一般在楼上部接出，然后折向燃气表，燃气表上伸出燃气支管，再接橡皮胶管通向燃气用具。燃气表后的支管一般不应绕气窗、窗台、门框和窗框敷设。当必须绕门窗时，应在管道绕行的最低处设置堵头，以利排泄凝结水或吹扫使用。水平支管应具有坡度坡向堵头。

3. 计量装置的布置与敷设

① 燃气表的安装应满足抄表检修、保养和安全使用本要求。用户计量装置严禁安装在卧室、浴室、危险品和易燃品堆存处，以及与上述情况类似的地方；安装隔膜表的工作环境温度，当使用人工煤气和天然气时，应高于0℃，当使用液化石油气时，应高于其露点。

② 家用燃气计量表高位安装时，表底距地面不宜小于1.4m，使安装、维修方便，而且便于检表和抄表。燃气计量表与燃气灶的水平净距离不得小于300mm，表后与墙面净距不得小于10mm。燃气计量表安装后应横平竖直，不得倾斜。燃气计量表安装在橱柜内时，应便于燃气计量表抄表、检修和更换，并具有良好的自然通风。

4. 民用灶具

应水平放置在耐火台上，灶台高度一般为700mm。

## 复习思考题

1. 室内燃气的类型有哪些？室内燃气供应系统的组成有几部分？
2. 室内燃气管材和连接方式有哪些？
3. 家用燃气表布置要求是什么？

# 任务七　建筑供暖工程施工图

### 知识目标

- 掌握建筑供暖工程施工图制图的规定；
- 了解建筑供暖工程施工图内容构成；
- 掌握建筑供暖工程施工图识读方法。

### 能力目标

- 能正确识读建筑供暖工程施工图。

## 课题一　建筑供暖工程施工图介绍

### 一、建筑供暖工程施工图制图的一般规定

室内供暖施工图与通风空调施工图制图应符合《暖通空调制图标准》（GB/T 50114—2010）和《供热工程制图标准》（CJJ/T 78—2010）的规定。

1. 图线规定

图线的粗线宽度 $b$ 宜从 1.0mm、0.7mm、0.5mm、0.35mm、0.18mm 中选取，并应根据图样的类别、比例大小及复杂程度选择 $b$ 值。线宽可分为粗、中、细三种，其线宽比宜为 $b$ ∶ $0.5b$ ∶ $0.25b$。使用两种线宽时为 $b$ ∶ $0.25b$。宜用一张图样。

《暖通空调制图标准》常用线型及含义见表 7-1。

**表 7-1　线型及含义**

| 名称 | | 线型 | 线宽 | 一般用途 |
|---|---|---|---|---|
| 实线 | 粗 | ━━━━ | $b$ | 单线表示的管道 |
| | 中粗 | ──── | $0.5b$ | 本专业设备轮廓、双线表示的管道轮廓 |
| | 细 | ──── | $0.25b$ | 建筑物轮廓<br>尺寸、标高、角度等标注线及引出线、非本专业设备轮廓 |
| 虚线 | 粗 | - - - - - - - | $b$ | 回水管线 |
| | 中粗 | - - - - - - - | $0.5b$ | 本专业设备及管道被遮挡的轮廓 |
| | 细 | - - - - - - - | $0.25b$ | 地下管沟、改造前风管的轮廓线、示意性连线 |
| 波浪线 | 中粗 | ～～～～ | $0.5b$ | 单线表示的软管 |
| | 细 | ～～～～ | $0.25b$ | 断开界线 |
| 单点长画线 | | —·—·—· | $0.25b$ | 轴线、中心线 |
| 双点长画线 | | —··—··— | $0.25b$ | 假想或工艺设备轮廓线 |
| 折断线 | | ——∿—— | $0.25b$ | 断开界线 |

2. 制图比例

总平面图、平面图的比例，与工程项目设计的主导专业一致，其余可按表 7-2 选用。

**表 7-2　供暖图比例**

| 图名 | 常用比例 | 可用比例 |
|---|---|---|
| 剖面图 | 1∶50、1∶100、1∶150、1∶200 | 1∶300 |
| 局部放大图、管沟断面图 | 1∶20、1∶50、1∶100 | 1∶30、1∶40、1∶50、1∶200 |
| 索引图、详图 | 1∶1、1∶2、1∶5、1∶10、1∶20 | 1∶3、1∶4、1∶15 |

3. 标高

水、汽管道所注标高未予说明时，表示管中心标高。如标注管外底或顶标高时，应在数字前加“底”或“顶”字样。

4. 系统编号

① 室内供暖系统以系统入口数量编号，当系统入口数量有两个或两个以上时，应进行编号。编号由系统代号和顺序号组成。系统代号由大写拉丁字母表示（室内供暖系统用“N”表示），顺序号由阿拉伯数字表示，如图 7-1（a）所示。当一个系统出现分支时，可采用图 7-1（b）所示的画法。系统编号宜标注在系统总管处。

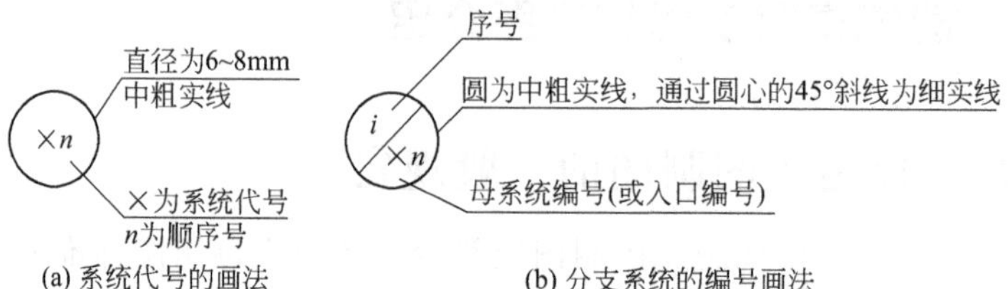

(a) 系统代号的画法　(b) 分支系统的编号画法

图 7-1　系统代号、编号的画法

② 竖向布置的垂直管道系统应标注立管号，如图 7-2 所示。在不引起误解时，可只标注序号，但应与建筑轴线编号有明显区别。

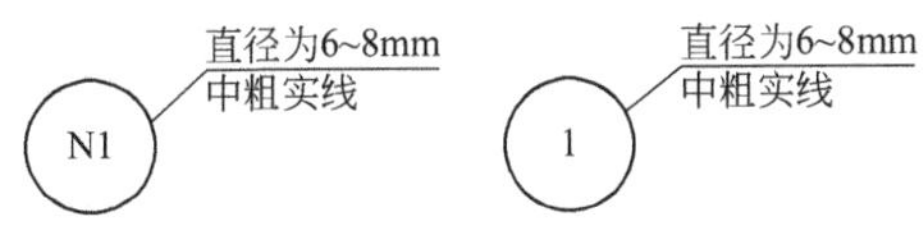


图 7-2 立管号的画法

## 二、建筑供暖工程施工图常用图例

供暖管道、阀门与附件、调控设备见建筑给排水部分的图例，其余常用图例见表 7-3。

**表 7-3 供暖系统常用图例**

| 序号 | 名称 | 图例 | 序号 | 名称 | 图例 |
| --- | --- | --- | --- | --- | --- |
| 1 | 供暖供水（汽）管<br>回（凝结）水管 | | 7 | 手动排气阀 | |
| 2 | 方形补偿器 | | 8 | 自动排气阀 | |
| 3 | 套管补偿器 | | 9 | 疏水器 | |
| 4 | 波形补偿器 | | 10 | 散热器三通阀 | |
| 5 | 流向 | | 11 | 节流孔板 | |
| 6 | 散热器放风门 | | 12 | 散热器 | |

## 三、建筑供暖工程施工图组成

室内供暖工程施工图纸包括首页、平面图、系统图（轴测图或立管图）、大样图及剖面图等。

1. 首页

首页包括图纸目录、主要的设计说明、施工说明及不统一的图例等。

供暖工程设计、施工说明的内容应包括下述内容。

1）供暖设计概况 建筑物的建筑面积、热负荷；热源的供热方式及热媒参数；供暖系统的形式以及入口要求的作用压差。

2）使用材料及设备说明 采用管材及连接要求，管道的防腐，保温要求及做法；散热器型号及安装要求；热水供暖系统的膨胀水箱及排气设备的说明。蒸汽供暖系统则需对疏水器加以说明。

3）施工及验收要求 凡采用国家、省（市）有关部门规定的统一的施工及验收规范作法，一般不再说明。有特殊要求者，应加以说明。

2. 平面图

多层建筑，平面图中间层完全相同时，可只绘制首层、顶层及标准层的平面图。

① 建筑物轮廓，其中应注明轴线、房间主要尺寸、指北针，必要时应注明房间名称。

② 热力入口位置，供回水总管名称、管径。

③ 干、立、支管位置和走向，管径以及立管编号。

④ 散热器的位置、片数或尺寸，散热器与管道连接如图 7-3 所示。规格和数量标注方法如下。

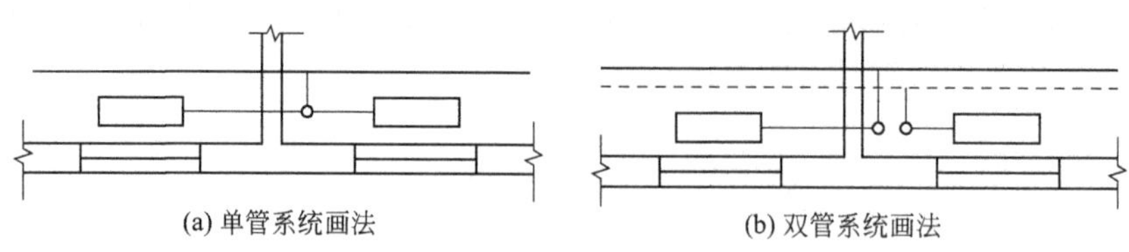


图 7-3　平面图散热器与管道连接

a. 柱型、长翼型散热器只注数量（片数）。

b. 圆翼型散热器应注根数、排数，如 3×2（每排报数×排数）。

c. 光管散热器应注管径、长度、排数，如 *D*108×200×4[管径（mm）×管长（mm）×排数]。

d. 闭式散热器应注长度、排数，如 1.0×2[长度（m）×排数]。

⑤ 阀门、集气罐、泄水、固定支架、补偿器、疏水器以及入口装置等的位置。

如该建筑物设有膨胀水箱，则应画出膨胀水箱间的平、剖面图，图中表示出膨胀水箱的规格尺寸、所连接的管道尺寸。在蒸汽供暖系统中，还须绘出疏水器位置，注明规格及所用安装标准图号。

⑥ 当平面图、剖面图中的局部要另绘详图时，应在平面图或剖面图中标注索引符号，画法如图 7-4 所示。

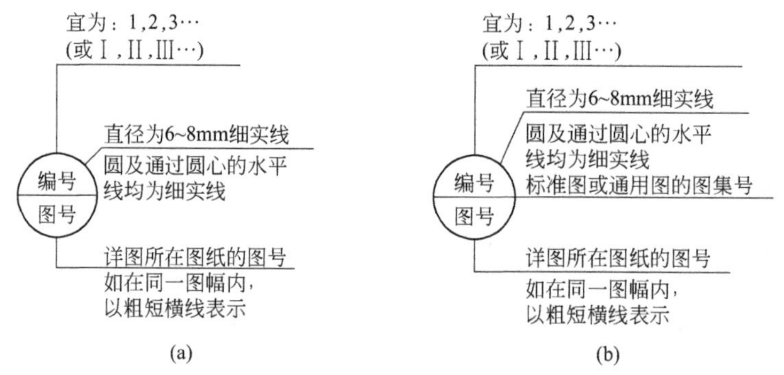


图 7-4　详图索引符号

### 3. 系统图

系统图又称系统轴测图，*X* 轴表示左右方向，*Y* 轴表示前后方向，*Z* 轴表示高度。*X* 轴与 *Y* 轴的夹角一般为 45°，图中管线的长度均与平面图一致。当干管比较简单，平面图能表示清楚时，可用立管图代替轴测图。

轴测图中，对应地标注出立管编号，散热器片数或尺寸，管道的直径、标高和坡度。绘出阀门、固定支架、疏水器等位置、规格。还应标出楼层标高，以及挂装散热器的底标高。散热器数量标注如图 7-5 所示。柱型、圆翼型散热器的数量注在散热器内；光管式、串片式散热器的规格及数量应注在散热器的上方。

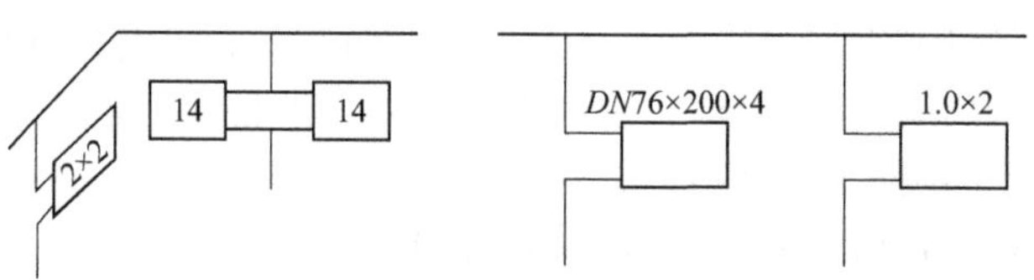


图 7-5　散热器的数量在系统图的表示方法

# 课题二　建筑供暖工程施工图识读

## 一、建筑供暖工程施工图识读方法

① 首先看图纸目录，了解这套图纸的组成、张数、然后再看具体图纸。

② 读设计施工说明，对工程有一个概括的了解，弄清设计对施工提出的具体要求与做法。

③ 平面图和系统图对照看，先看各层平面图，再看系统图，既要看清供暖系统的全貌和各部位的关系，也要搞清楚供暖系统各部分在建设物中所处的位置。

④ 识读顺序从供暖的用户入口处开始，供水总管、总立管、水平干管、立管、支管、散热器到回水支管、立管、干管、总回水管，再到用户入口，顺着管道流体流向把平面图和系统图对照看，弄清每条管道的名称、方向、标高、管径、坡度、变径、分流点、合流点；散热器的位置、型号、规格、组数、片数；阀门的位置、型号、规格、数量；集气罐、伸缩器、固定支架的位置、数量等。

## 二、建筑供暖工程施工图识读案例

**【案例 7-1】**某三层建筑物供暖工程施工图如图 7-6～图 7-10 所示。

1. 设计说明

（1）工程概况（略）

（2）设计依据（略）

（3）设计范围

建筑室内采暖系统。

（4）节能设计方案

采用散热器采暖，每组散热器设温控阀，篮球场采用下供下回双管系统，其余采用水平单管跨越式采暖系统；散热器采用内腔无粘砂铸铁新艺 666 型散热器，挂墙安装，距地 150mm；管道穿越墙壁及楼板处均设套管，楼板比装饰地面高 20mm，与墙壁平齐。地沟内水平干管及立管采用铝塑稳态 PP-R 管，热熔连接。其他与散热器连接支管采用 PP-R 管；地沟内及不采暖房间的管道采用离心超细玻璃棉管壳做保温处理。

（5）采暖设计

$DN\leqslant 50$mm 干管采用闸阀，阀门 $DN\geqslant 50$mm 干管采用蝶阀，跨越管上安装手动两通阀；散热器安装完，进行组装试压，试验压力为 0.6MPa，2～3min 压力不降、不渗不漏为合格；采暖系统安装完成，进行水压试验，试验压力 0.4MPa，试验方法按《建筑给排水及采暖工程施工质量验收规范》执行；系统竣工试压合格后要进行冲洗，反复注水、排水，直至排出的水不含铁屑、泥砂等杂质，且水色不浑浊。

2. 施工图识读

① 一层平面图中，建筑物供暖系统分为 2 组，北侧一组负责篮球场采暖，南侧一组负责楼层采暖。篮球场供回水干管从北墙 4、5 轴之间热力入口进出，供回水管管径均为 $DN70$。楼层间供回水干管从西墙 D、E 轴之间热力入口进出，供回水管管径均为 $DN70$。室内供回水干管在采暖沟内敷设，散热器与管道采用分组水平跨越式连接。每组散热器片数、采暖管管径在图中可以读出。地沟内管线每隔一定距离设置固定支架。

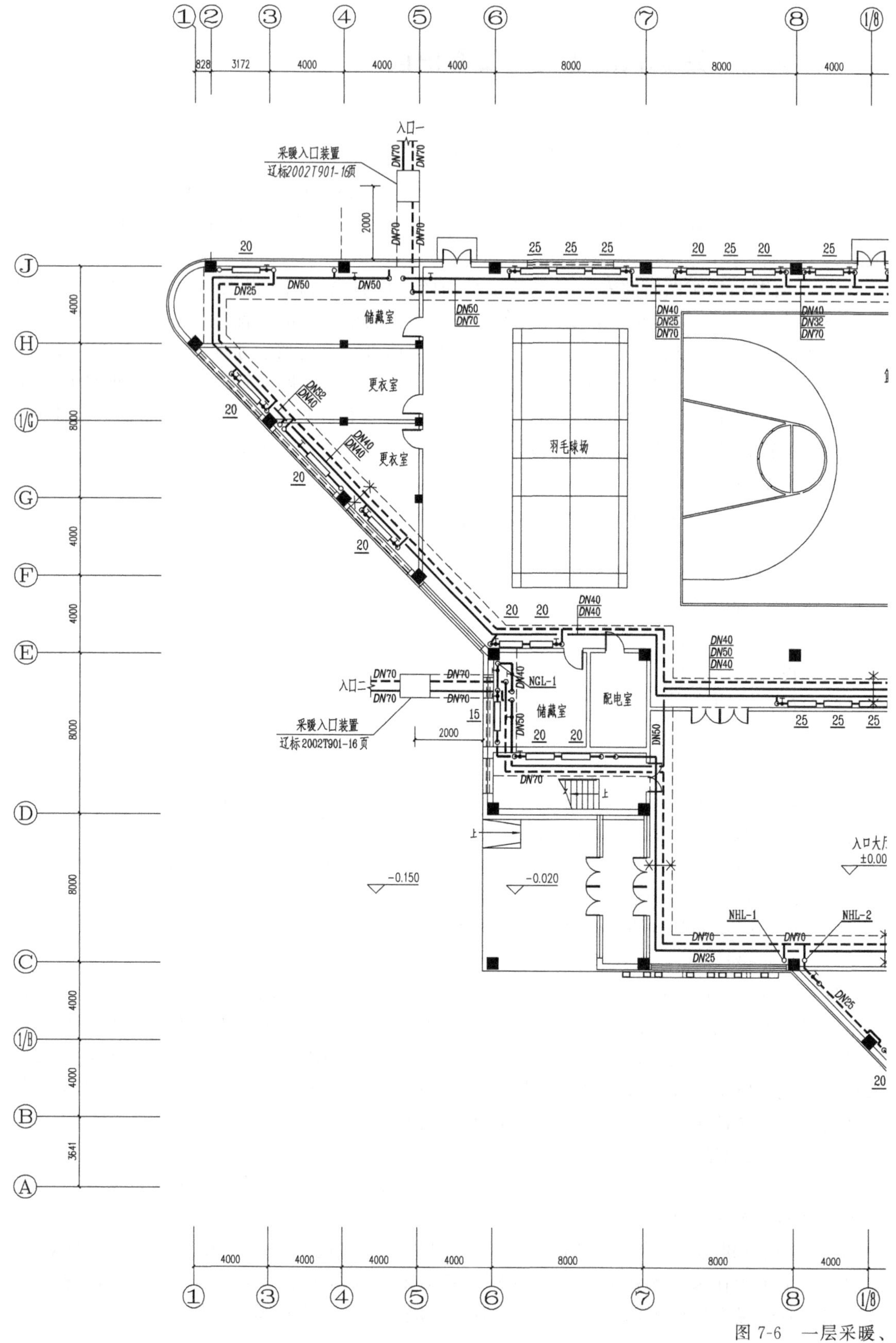
入口一
采暖入口装置
详标2002T901-16页
储藏室
更衣室
更衣室
羽毛球场
入口二
采暖入口装置
详标2002T901-16页
NGL-1
储藏室
配电室
NHL-1
NHL-2

图 7-6　一层采暖、

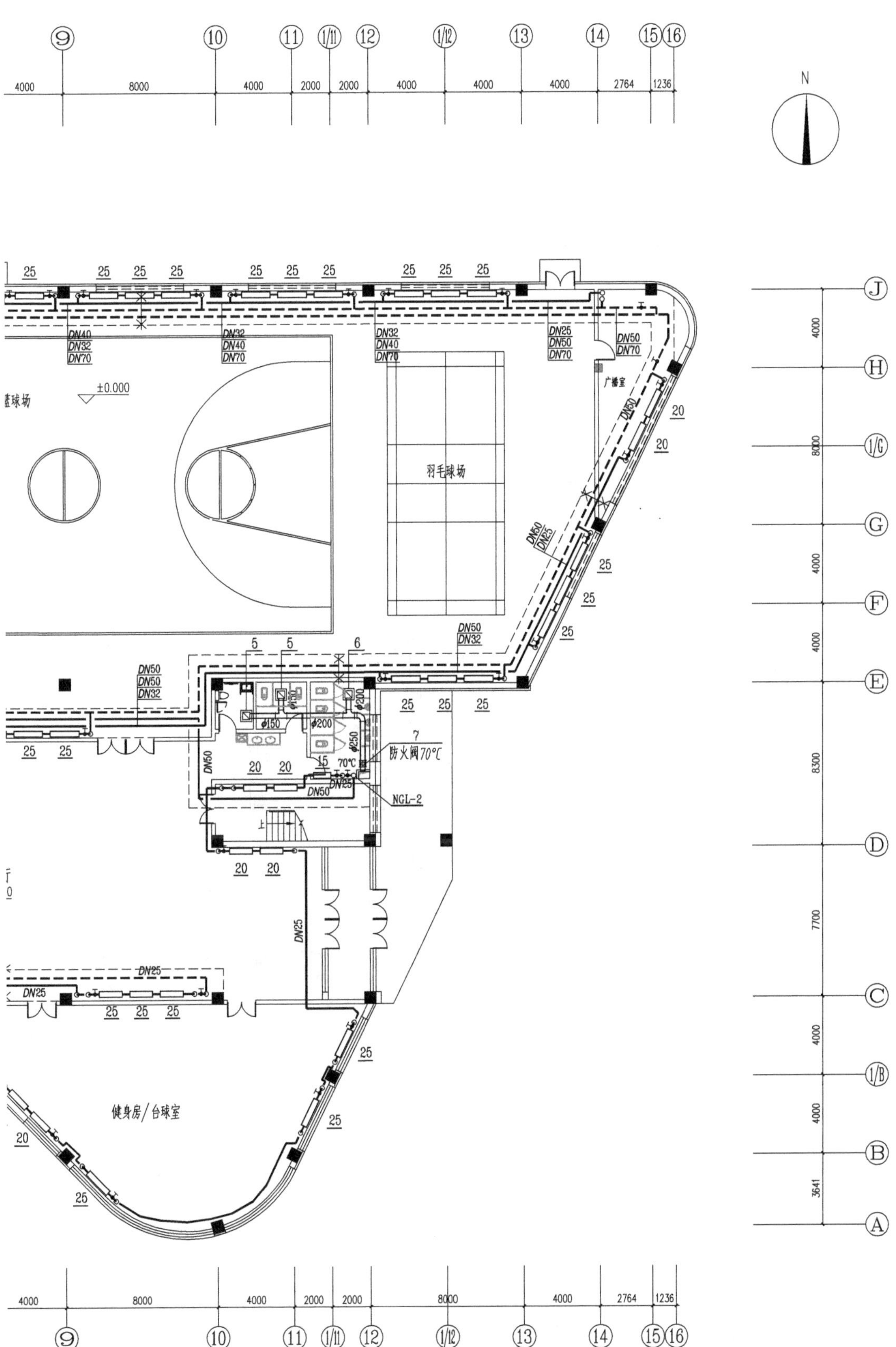


通风平面图

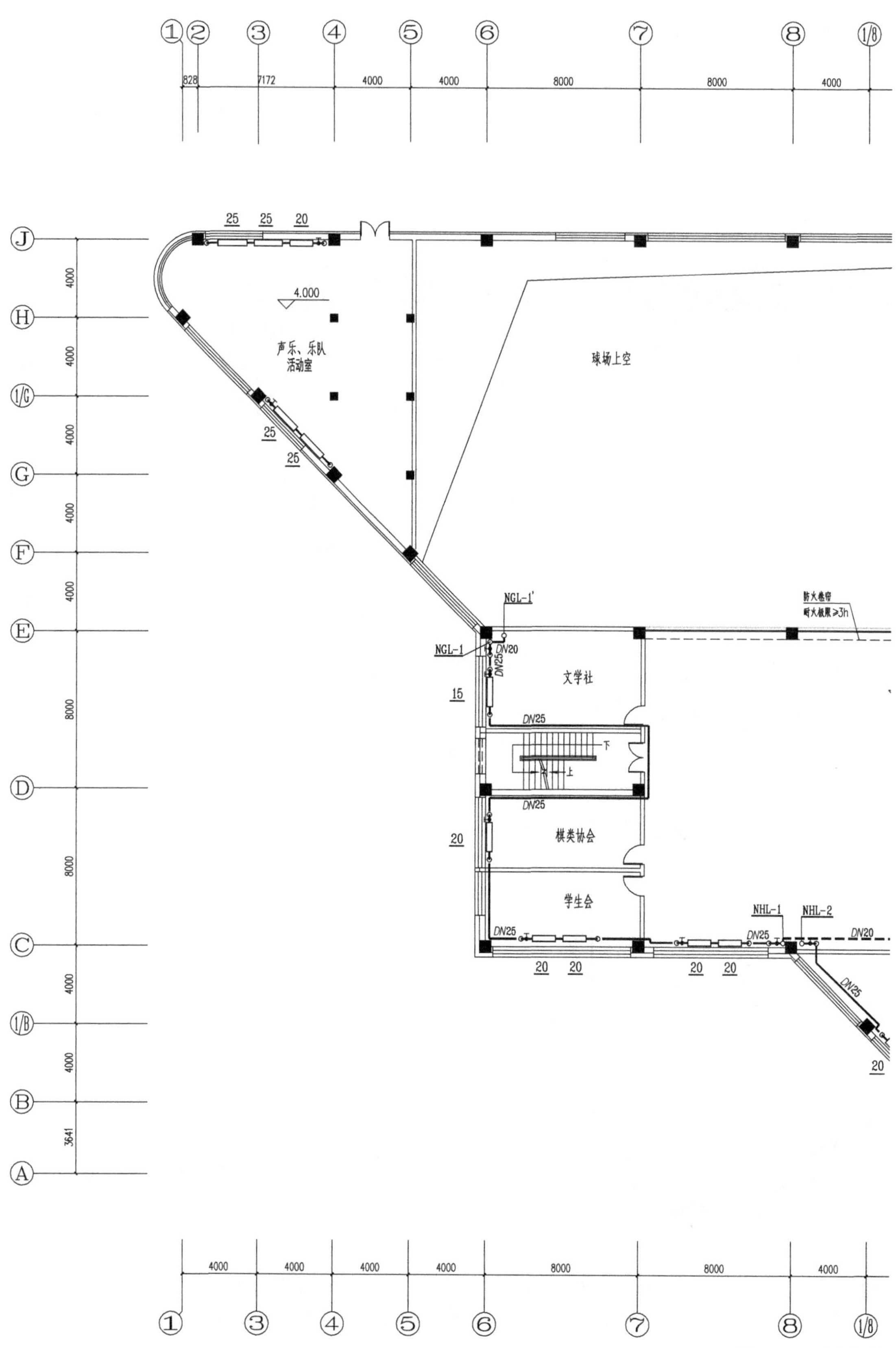
声乐、乐队活动室
球场上空
4.000
防火卷帘
耐火极限≥3h
NGL-1'
NGL-1
DN20
DN25
文学社
棋类协会
学生会
NHL-1
NHL-2
DN25
DN20
下
上

图 7-7　二层采暖、

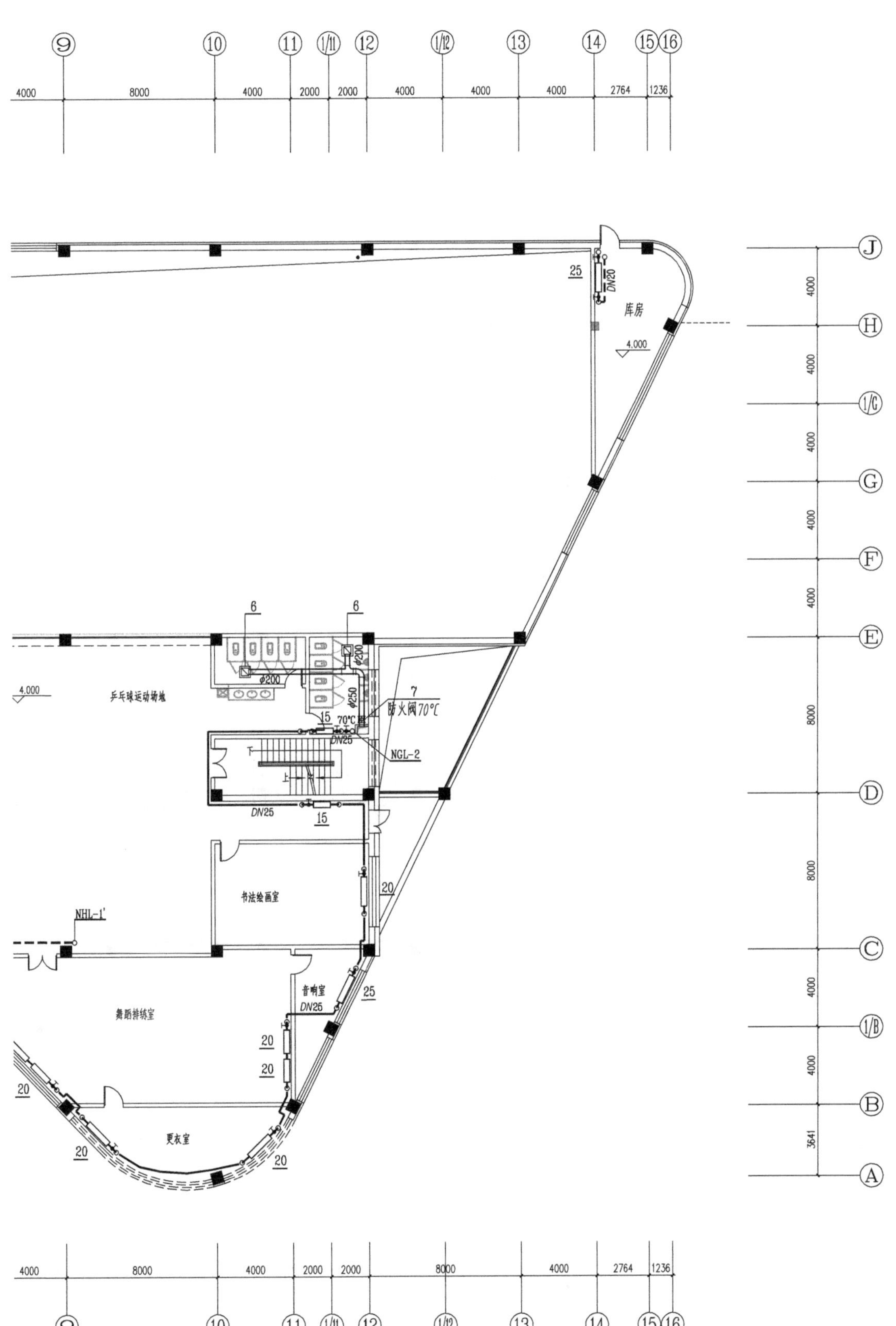
库房
DN20
25
4.000
乒乓球运动场地
φ200
φ250
防火阀70℃
NGL-2
DN25
15
书法绘画室
NHL-1'
音响室
舞蹈排练室
更衣室
20
25

通风平面图

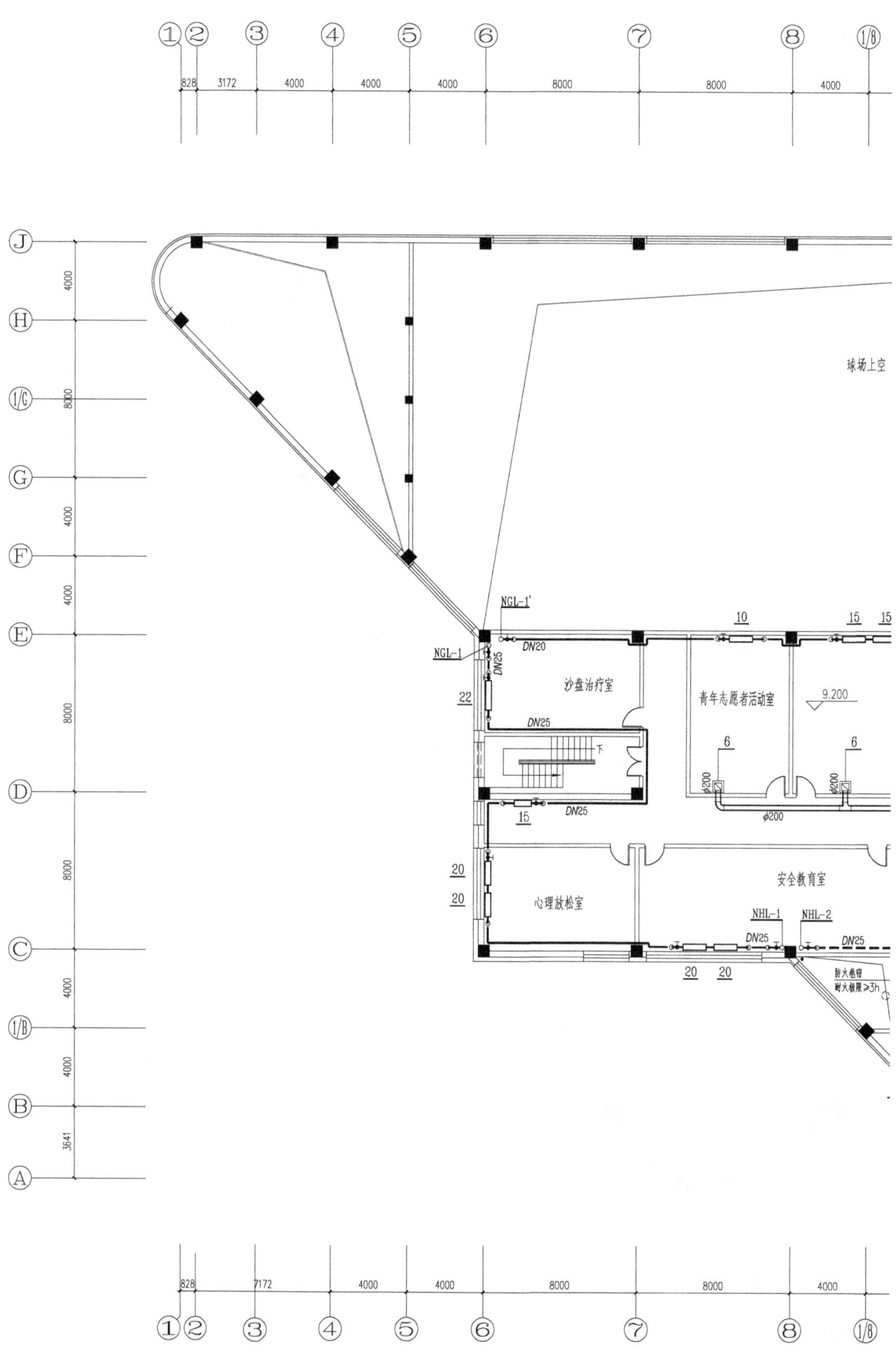
球场上空
NGL-1'
NGL-1
DN20
DN25
10
15
15
22
沙盘治疗室
青年志愿者活动室
9.200
6
6
φ200
15
DN25
20
20
心理放松室
安全教育室
NHL-1
NHL-2
DN25
20
20
防火卷帘
耐火极限≥3h

图 7-8 三层采暖、

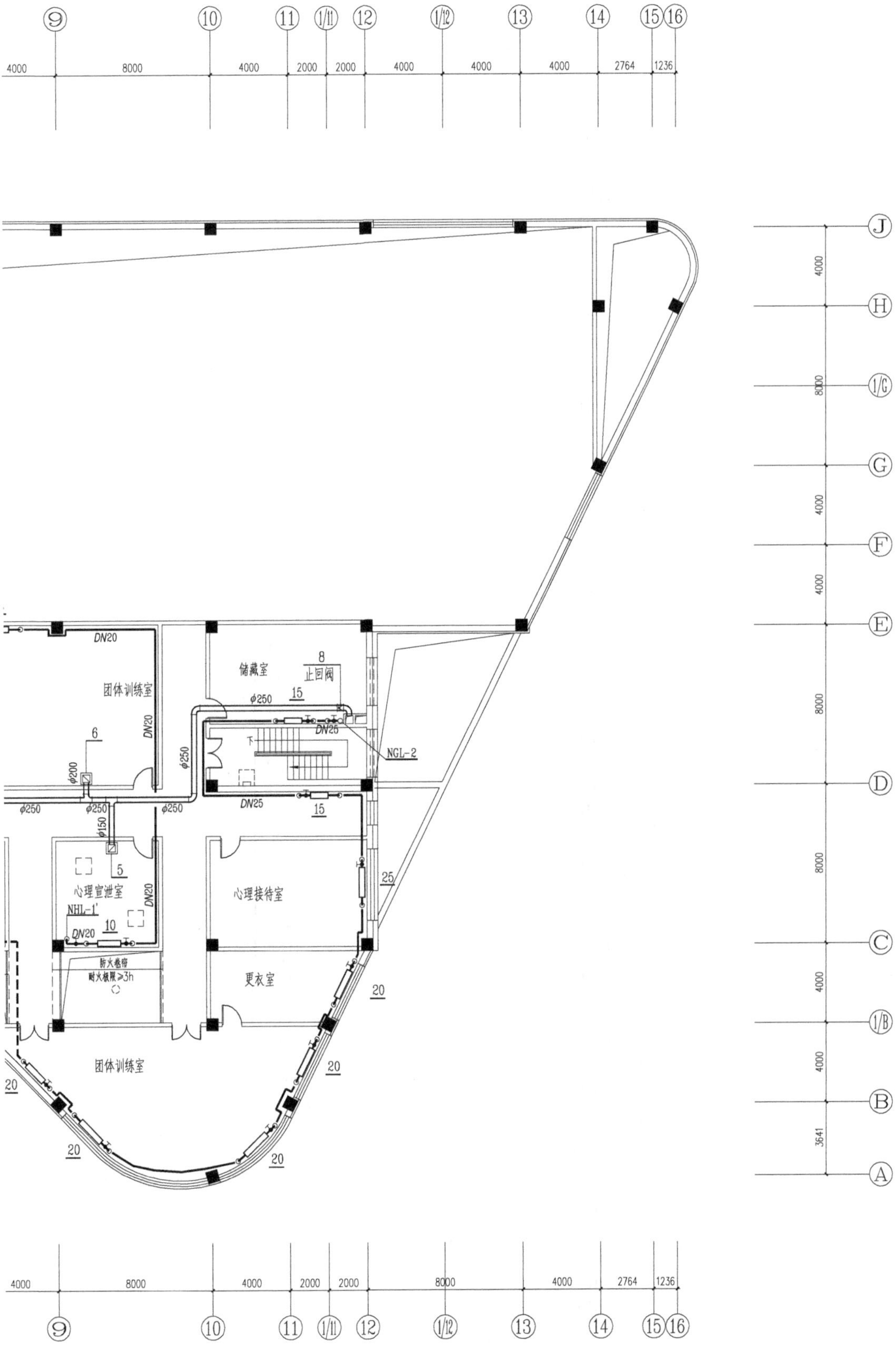

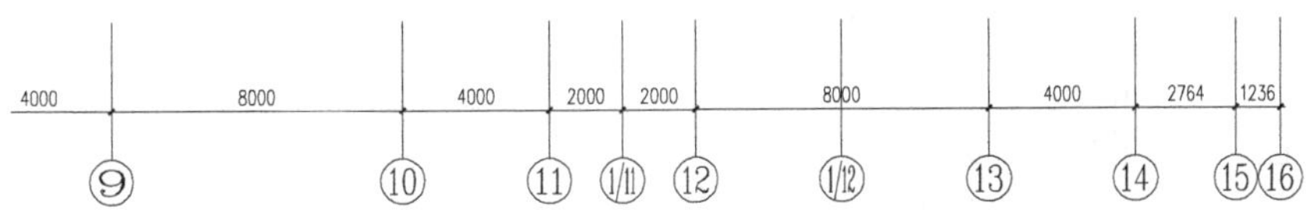
储藏室
止回阀
团体训练室
心理宣泄室
心理接待室
更衣室
防火卷帘
耐火极限≥3h
NGL-2
NHL-1'
DN20
DN25
φ250
φ200
φ150
4000
8000
2000
2764
1236
3641

通风平面图

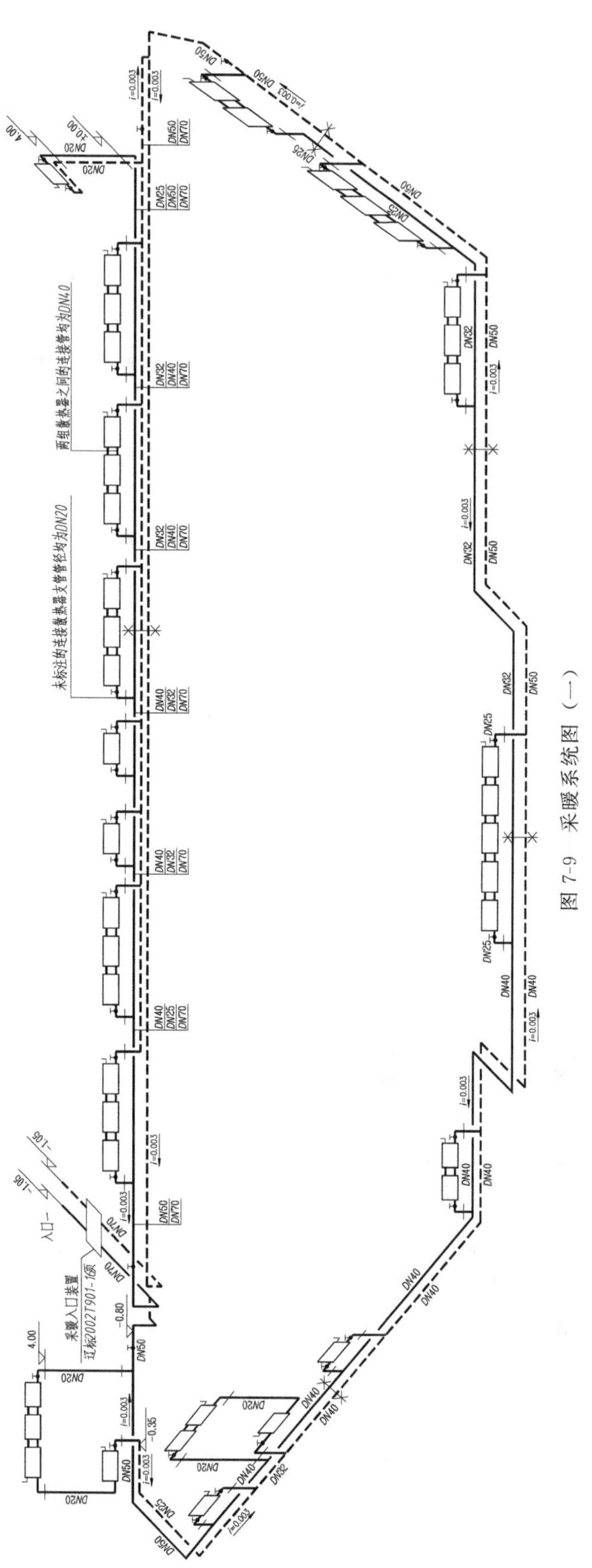


图 7-9 采暖系统图（一）

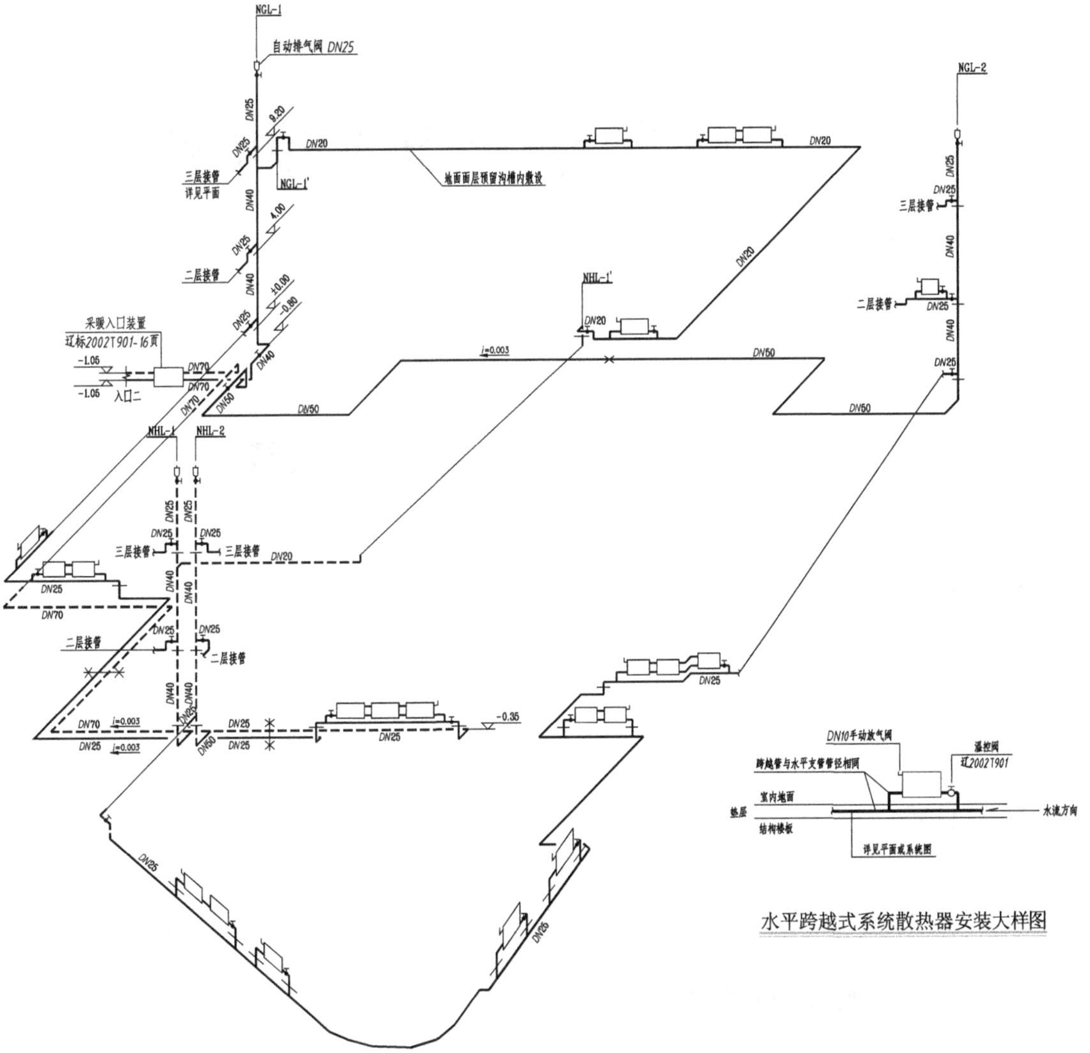

图 7-10 采暖系统图（二）

② 二层平面中可以读出供水立管 2 根，NGL-1 立管在西北墙角，NGL-2 立管在男卫生间风道处。回水立管 2 根，NHL-1 立管、NHL-2 立管在舞蹈室北墙轴线 8 的柱子旁边。

③ 从系统图中可以读出热力入口供回水干管的标高（为－1.05m），供回水干管的管径、坡度，阀门位置、管道走向等。一层供水横管在 0.00m 处从立管接出，二层供水横管在 4.00m 处从立管接出，三层供水横管在 9.20m 处从立管接出，每层均敷设在地面面层预留沟槽内。

## 复习思考题

1. 建筑供暖工程施工图主要包括哪些内容？
2. 简要阐述建筑供暖工程施工图识读方法。

# 模块三 建筑通风与空调系统

## 任务八 建筑通风与排烟系统

### 知识目标

- 了解通风与空调工程的作用、分类及基本组成；
- 熟悉建筑通风常用设备、部件及管道布置；
- 认识建筑防烟排烟的重要性及防排烟设备；
- 掌握金属管道及设备防腐保温基本要求。

### 能力目标

- 能认知通风系统构成、常用设备、部件；
- 能掌握金属管道及设备防腐保温方法。

### 课题一 建筑通风系统

通风工程是送风、排风、除尘、气力输送以及防、排烟系统工程的总称。其任务是把室外的新鲜空气送入室内，把室内受到污染的空气排放到室外。它的作用在于消除生产过程中产生的粉尘、有害气体、高度潮湿和辐射热的危害，保持室内空气清洁和适宜，保证人的健康和为生产的正常进行提供良好的环境条件。

#### 一、通风系统基本知识

通风是把室内被污染的空气直接或经过处理后排到室外，把新鲜空气补充进来，从而达到更换室内的空气，改善房间的空气条件的目的。送入空气可以是处理的也可以是未经过处理的。

通风按照通风系统工作动力的不同可分为自然通风和机械通风两种方式。

(1) 自然通风

自然通风是利用室外风力造成的风压，以及由室内外温差和高度差产生的热压使空气流动的通风方式。自然通风是在日常生活中最常见的通风方法，如办公室或住所通过开启门窗进行通风换气，厂房的自然通风车间利用热压设置高窗或天窗来达到换气的目的。

自然通风的动力有热压和风压两种。热压是室内外温度差异导致室内外空气密度差所产生的；风压主要指室外风作用在建筑物外围护结构而造成的室内外静压差。风压和热压作用下的自然通风如图 8-1 与图 8-2 所示。

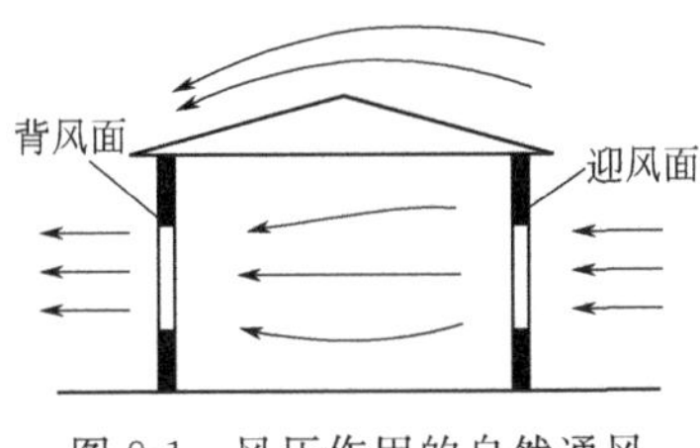


图 8-1　风压作用的自然通风

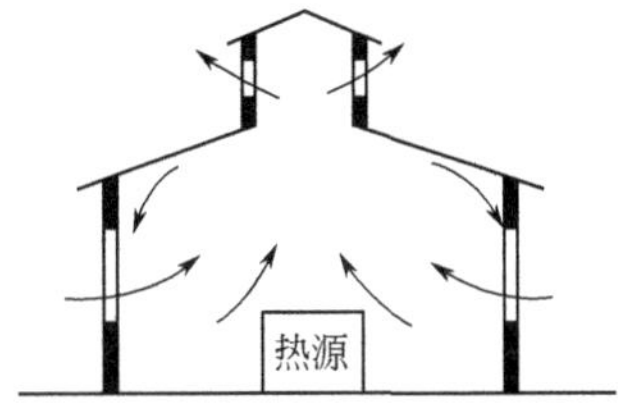


图 8-2　热压作用的自然通风

(2) 机械通风

机械通风靠风机高速运转产生的风压迫使室内空气流动，以达到通风的目的。当采用自然通风不能达到满意效果时，需要采用机械强制通风。如某些粉尘、有害气体浓度较高的车间厂房。机械通风需要消耗电能，风机和风道等设备需要占用一定的建筑空间，因此初投资和运行费都比较高，安装和维护管理都比较复杂。它适用于有害物分布面积广以及有些不适合采用局部通风的场合，它所需的风量大，设备较为庞大。机械通风系统按作用范围的大小，可分为局部通风和全面通风。

1) 局部通风　为使局部的工作区域不受有害物污染，将新鲜的空气送到局部区域，或将局部区域的污染空气直接或经过处理排出室外，这种通风方式称为局部通风。如图 8-3 所示，新鲜空气经过人体和呼吸区，改善了工人的工作环境。

局部通风系统又分为局部排风系统和局部送风系统。

① 局部排风系统由局部排风罩、风管、净化设备和风机组成，如图 8-3 所示。它是防止工业有害物污染室内空气最有效的方法，在有害物产生的地点直接将它们收集起来，经过净化处理，排至室外。与全面通风相比局部排风系统需要的风量小、效果好，设计时应优先考虑。

② 局部送风系统（图 8-4）对于面积很大、工作人数少的车间，相比全面通风的方式更经济。例如某些高温的车间，没有必要对整个车间降温，只需向少数的局部工作地点送风，在局部地点形成良好的空气环境，这种通风方式即为局部送风。

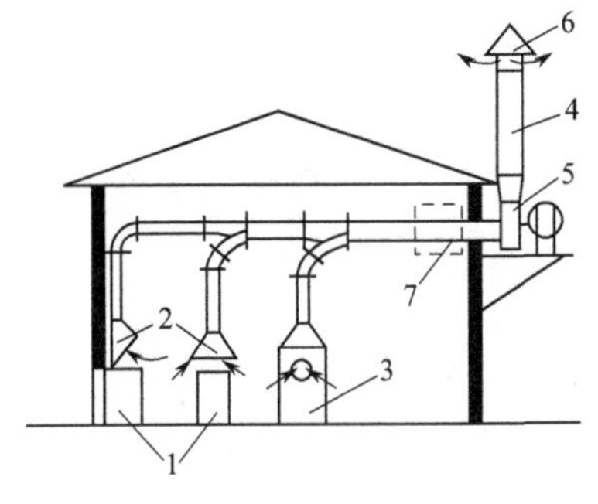


图 8-3　机械局部排风系统

1—净化设备；2—局部排风罩；3—排风柜；4—风管；5—风机；6—排风帽；7—排风处理装置

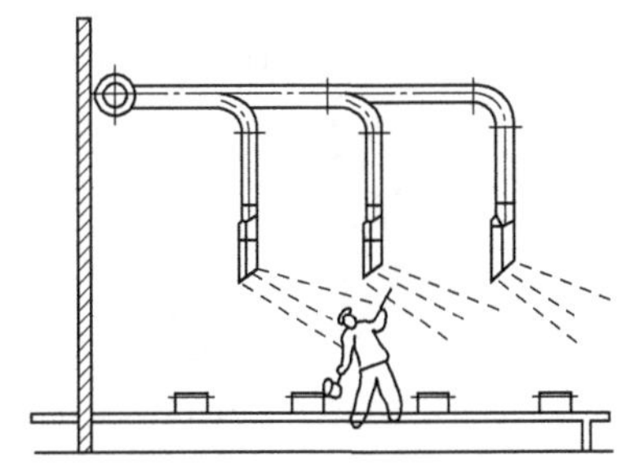

图 8-4　机械局部送风示意图

局部通风一般应用于工矿企业，民用建筑中的厨房排烟系统也属于局部通风。

2) 全面通风　全面通风就是对整个房间进行通风换气。全面通风也称稀释通风，它一方面用清洁的空气稀释室内空气中的有害物浓度，同时不断地把污染空气排至室外，使室内空气中有害物浓度不超过卫生标准规定的最高允许浓度。全面通风的效果与通风量和通风气流的组织有关。

机械全面通风系统一般是由进风百叶窗、空气过滤器、空气处理器、风机、通风管道、送排风口等设备组成，如图 8-5 所示。地下车库的通风排烟系统就属于全面通风。

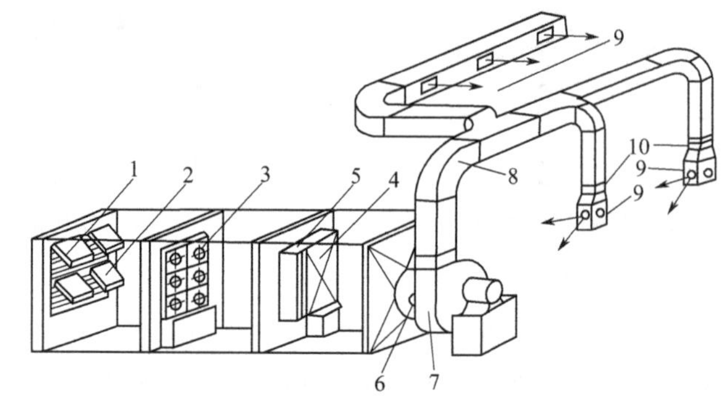


图 8-5　机械全面通风系统

1—进风百叶窗；2—保温阀；3—空气过滤器；4—空气加热器；5—旁通阀；6—启动阀；7—风机；8—风管；9—送排风口；10—调节阀

## 二、通风系统常用设备、部件及管道

1. 通风管道

通风管道是风管与风道的总称，它是通风系统中的主要部件之一，其作用是用来输送空气。

风管是指用金属板材（如薄钢板、镀锌钢板、铝及铝合金板、不锈钢板等）、非金属板材（玻璃钢板及复合材料等）制成的用于输送空气的管子。常见风管板材与形状如图 8-6 所示。

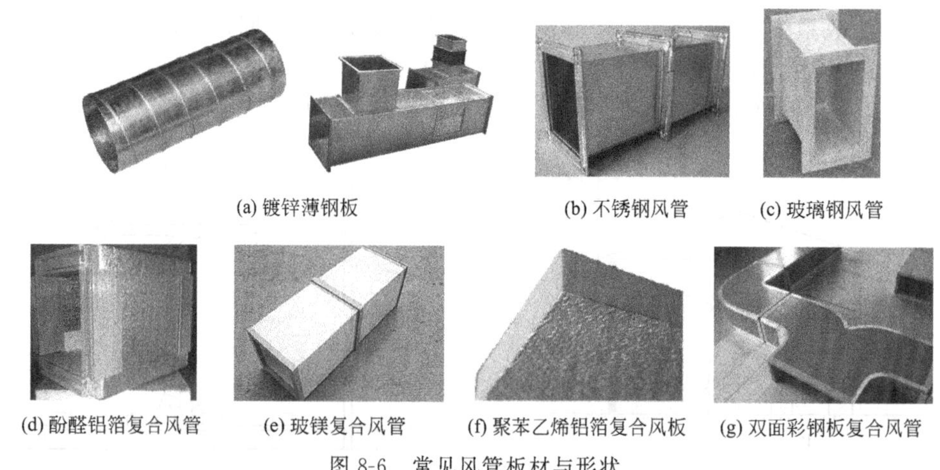

(a) 镀锌薄钢板　(b) 不锈钢风管　(c) 玻璃钢风管

(d) 酚醛铝箔复合风管　(e) 玻镁复合风管　(f) 聚苯乙烯铝箔复合风板　(g) 双面彩钢板复合风管

图 8-6　常见风管板材与形状

（1）金属风管

1）普通薄钢板（俗称黑铁皮）

① 热轧钢板。由碳素软钢经热轧制成，表面为黄色发光的氧化铁薄膜，性质较硬而脆，加工时易断裂，一般使用在以焊接为主要连接方法的工业通风工程上。

② 冷轧钢板。是由普通碳素结构钢热轧钢带，经过进一步冷轧制成厚度小于 4mm 的钢板。

2）镀锌薄钢板（俗称白铁皮）　由普通钢板表面镀一层金属锌的钢板，有防腐蚀的作用。常用厚度为0.5～1.5mm，其规格尺寸和普通钢板相同。

3）铝及铝合金板　铝板制作风管一般以纯铝为主，由于铝板具有良好的耐蚀性和摩擦时不易产生火花，故常用在化工环境的通风工程及其防爆系统。

4）不锈钢板　表面美观，耐腐蚀性能好，比普通钢长久耐用，强度高，能够抗火灾，清洁，光洁度高，用于食品、化工医药（洁净厂房、手术室送风）、电子仪表制造等工业厂房的通风，也常用于不锈钢排烟管、烟道、厨房排烟管等通风排烟场合。

（2）非金属风管

常见的非金属风管主要有玻璃钢风管、复合风管（酚醛铝箔复合风管、聚苯乙烯铝箔复合风 管、玻纤铝箔复合风管、玻镁复合风管）等。

1）玻璃钢风管　通过树脂和玻璃纤维以及添加优质的石英砂由机器控制缠绕而成，耐腐蚀，强度大，寿命长，安装方便可靠，适用于有腐蚀性通风系统，包括有机玻璃钢风管与无机玻璃钢风管。

2）复合风管　为解决传统风管噪声大，质重，散热性高，易结露，通风与空调系统出现了越来越多的新材料。

① 玻镁复合风管。玻镁复合风管是一种新型的高科技复合板材，原材料选用优质氧化镁、氯化镁、中碱玻璃纤维布、轻质材料及无机黏合剂，经生产线加工复合而成。玻镁复合风管具有良好的保温性能同时噪声低，漏风率低，不生锈，不发霉，不积尘，不繁殖细菌，能提高室内空气品质，防潮抗水性能好。

② 玻纤铝箔复合风管。将熔融状态的玻璃用离心喷吹法工艺进行纤维成型并喷涂热固性树脂后制成丝状材料，再经热固化深加工处理而制成。其具有防火、防毒、耐腐蚀、质量轻、耐高温、使用寿命长、防潮性好的特点，是优越的保温、隔热、吸声材料，广泛使用在建筑、化工、电子、冶金、能源、交通等领域的风管保温隔热和吸声降噪工程，效果十分显著。

③ 酚醛铝箔复合风管。酚醛是有机高分子材料中防火性能最好的材料，酚醛铝箔复合风管内外层为含防腐防菌涂层的压花铝箔，绝热层为硬质酚醛泡沫，具有良好的环保、节能、安全、不燃、隔声、美观、清洁、使用寿命长等多种优越性能，广泛适用于工业与民用建筑、酒店、医院、写字楼以及其他特殊要求场所。

④ 聚苯乙烯铝箔复合风管。聚苯乙烯铝箱复合风管，内部为独立的密闭式气泡结构，外部为压花铝箔，防潮、不透气、轻质、使用寿命长、保温隔热性能良好，适用于电子工业、购物中心、棉纺织、体育娱乐文化场所、酒店等环境质量要求高的场所。

⑤ 单双面彩钢板复合风管。既有传统玻纤风管的保温性，又有镀锌铁皮风管的刚性。彩钢板复合风管是用彩钢复合夹芯板为板材制作加工而成的风管。

风道是指用砖、钢筋混凝土、矿渣石膏、石棉水泥、木板和矿渣水泥板等制成的输送空气的通道。风道常采用的断面形式有圆形和矩形，石棉水泥矩形风道如图8-7所示。

2. 风机

风机是机械通风系统中为空气流动提供机械动力的设备。风机的分类有很多，按照使用用途，分为一般通风用风机、屋顶风机、消防排烟风机、防爆风机等；按照风机使用压力的不同，分为低压、中压和高压三种；目前最常用的分类方式是按照风机的气流方向，可分为离心式、轴流式和斜流式三类。相比较而言，离心式通风机（离心风机）可提供较大的风压。

图8-7　石棉水泥矩形风道

(1) 离心风机

离心风机主要借助叶轮旋转时产生的离心力使气体流动，作为送风和排风的主要设备，常安装在通风室地面上，也可以安装在屋面上，但一般下面都有减振基座和减振器组成的减振体系。减振体系安放在土建做好的凸台上即可，不需特殊固定。如果放在屋面上，要注意做好凸台与屋面接缝处的防雨水措施，如图 8-8 所示。离心风机适用于小流量、高压力的场所，常用于屋顶风机。

(2) 轴流风机

轴流风机是借助叶轮的推力作用促使气流流动的。轴流风机大多安装在风管中间、墙洞内或单独支架上，如图 8-9 所示。轴流风机适用于大流量，低压力的场合，目前广泛应用于化工、冶金、纺织、石油、厂房、仓库、办公室和住宅的通风换气。

图 8-8　离心风机

图 8-9　轴流风机

(3) 斜流风机

斜流风机又称混流风机，这类风机的气体以与轴线成某一角度的方向进入叶轮，在叶道中获得能量，并沿倾斜方向流出，风机的叶轮和机壳的形状为圆锥形，如图 8-10 所示。它兼有离心式和轴流式的特点，流量范围和效率均介于两者之间，也被广泛应用于工矿企业、宾馆、饭店、博物馆、体育馆、高层建筑等通风换气场所。

(4) 特殊风机

除上述各种风机外，还有一些特殊的风机，如屋顶风机（图 8-11），是安装在屋顶的风机，其叶轮可采用离心式或轴流式，外壳有多种形状，可以防止雨水进入，适用于厂房、仓库、高层建筑、试验室、影剧院、宾馆、医院等场合的排风。

图 8-10　斜流风机

图 8-11　屋顶轴流风机

### 3. 室内送、排风口及室外的进、排风装置

(1) 室内送、排风口

送风口是将送风管道内一定流速的气体分配到指定地点的末端装置，可以在风管上直接开设孔口，侧向或下向送风。室内送风口有不同的分类。按照送风形式有喷口、百叶风口、孔板风口、栅格式风口和散流器等；按照断面形状不同分为方形、矩形、圆形和条缝形等，如图 8-12 所示。

排（回）风口是把室内被污染的空气采集送入到排风管道内的始端装置，为防止外界杂质进入通风管道，通常带有过滤网。通常用百叶式较多。如图 8-12 所示。

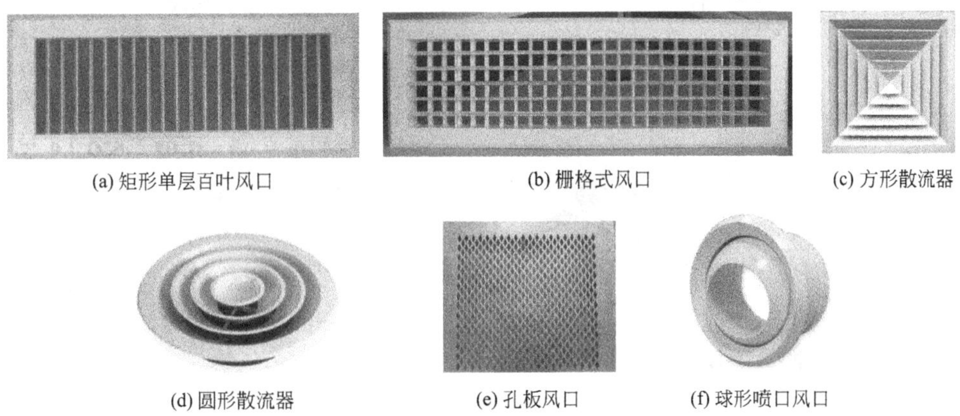

(a) 矩形单层百叶风口　(b) 栅格式风口　(c) 方形散流器

(d) 圆形散流器　(e) 孔板风口　(f) 球形喷口风口

图 8-12　风口类型

百叶式送排风口由铝合金制成，其外形美观、选用方便、调节灵活、安装简便，均安装在风管上或嵌入墙中与墙内风管连接；散流器是由上向下送风的送风口，一般明装在送风管道端部或暗装在顶棚上，可分为平送流型和下送流型。

送、排风口一般应满足，风口风量应能够调节；阻力小；风口尺寸应尽可能小。在民用建筑和公共建筑中室内送、排风口形式应与建筑结构的美观相配合。

在组织通风气流时，应将新鲜空气直接送到工作地点或洁净区域，而回风口则要根据有害物的分布规律布设在室内浓度最大的地方。

（2）室外的进、排风装置

1）进风装置　进风装置应尽可能设置在空气较洁净的地方，可以是单独的进风塔，也可以是设在外墙的进风窗口，如图 8-13 所示。

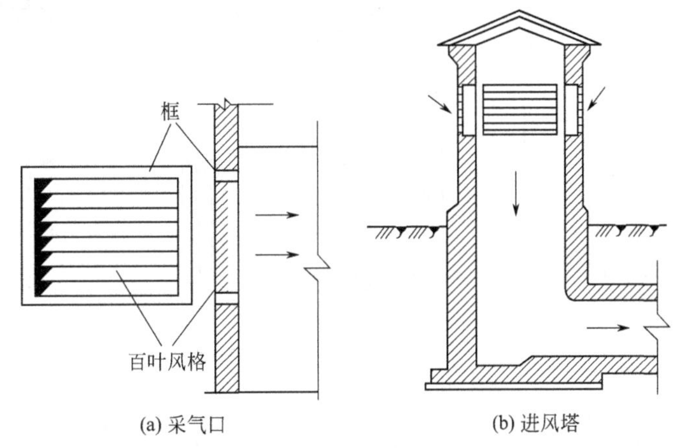


(a) 采气口　(b) 进风塔

图 8-13　室外进风装置

进风口的位置一般应高出地面 2.5m，设置在屋顶上的进风口应高出屋顶 1m 以上。进风口上一般装有百叶风格以防止杂质吸入，在百叶风格里面装有保温门，冬季关闭使用。

2）排风装置　排风装置即排风道的出口，任务是将室内被污染的空气直接排到大气中去。通常安装在屋顶上。要求排风口高出屋面 1m 以上，以避免污染附近空气环境。为防止雨、雪或风沙倒灌，在出口处应设有百叶风格或风帽。机械排风时可直接在外墙上开口作为风口，如图 8-14 所示为屋顶排风装置示意图。

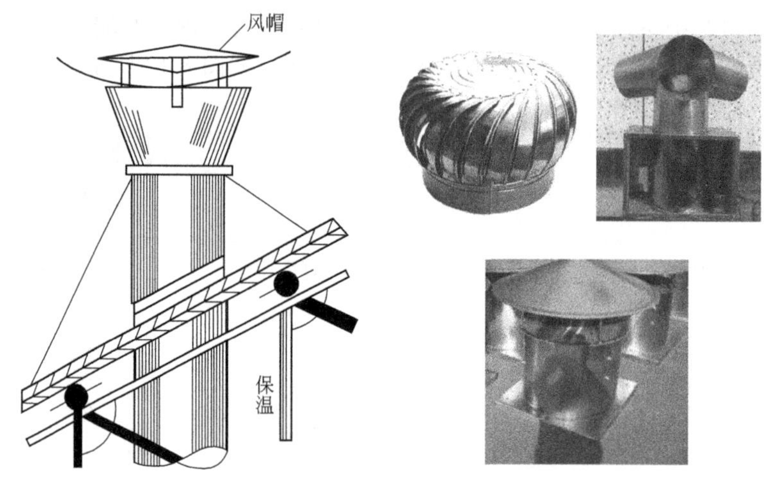


图 8-14　屋顶排风装置示意图

4. 防火阀

防火阀主要分为通风、空调系统防火阀系列和排烟系统防火阀系列。

安装在通风、空调系统送、回风管路上的防火阀，平时呈开启状态，火灾时当管道内气体温度达到 70℃时自动关闭，切断管道内气流，防止火灾蔓延。在一定时间内能满足耐火稳定性和耐火完整性要求，起阻烟隔火作用（图 8-15）。

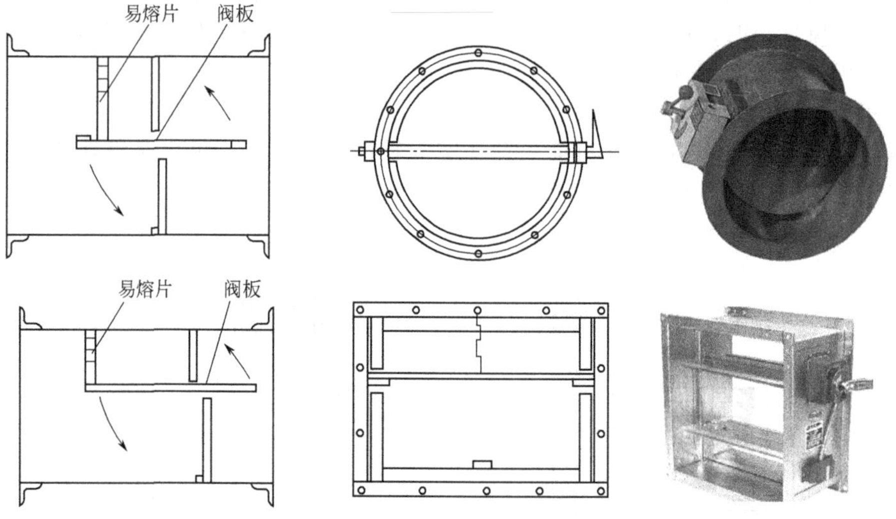

易熔片　阀板

易熔片　阀板

(a) 通风、空调防火阀

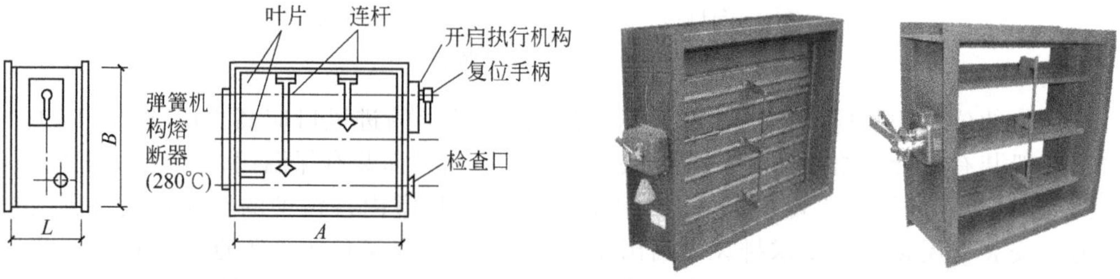

叶片　连杆　开启执行机构　复位手柄　弹簧机构熔断器(280℃)　检查口　B　L　A

(b) 排烟防火阀

图 8-15　通风、空调防火阀与排烟防火阀

排烟防火阀是指安装在排烟系统管道上，平时一般呈关闭状态，火灾时可手动启动，或借助感烟、感温器自动开启，起排烟作用。当排烟管道内烟气温度达到 280℃时自动关闭，在一定时间内能满足耐火稳定性和耐火完整性要求，起排烟作用的阀门（图 8-15）。

5. 风阀

风阀一般装在风道或风口上，用于控制通风管路启闭与调节通风量大小，还可启动风机或平衡风道系统的阻力，常用的风阀有蝶阀、多叶对开阀、插板阀、止回阀等。

1）蝶阀［图 8-16（a）］ 风管内绕轴线旋转阀板来调节风量的阀门，多设于分支管上或送风口前，用于调节风量，严密性差，不宜做关断用。

2）多叶对开阀［图 8-16（b）］ 相邻叶片按相反方向旋转的多叶联动风量调节阀，由平行叶片组成的按照同一方向旋转的多叶联动风量调节阀称为平行式多叶阀。此类阀门多用于通风机的出口或主干风道上，用来调节风量，控制风速。

3）插板阀［图 8-16（c）］ 阀板垂直于风管轴线并能在两个滑轨之间滑动的阀门，如果阀板与风管轴线倾斜安装，即称为斜插板阀。插板阀严密性好，用于控制气流的启闭或者流量的调节，多设置在通风机的出口或主干风道上。

4）止回阀［图 8-16（d）］ 气流只能按一个方向流动的阀门，以防止通风机停止运转后气流倒退，常设置在风机出口处。

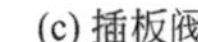

(a) 蝶阀　(b) 手动多叶对开阀　(c) 插板阀　(d) 止回阀

图 8-16　风阀

6. 除尘器

除尘器的种类很多，一般根据主要除尘机理的不同可分为重力、惯性、离心、过滤、洗涤、静电六大类；根据气体净化程度的不同可分为粗净化、中净化、细净化与超净化四类；根据除尘器的除尘效率和阻力可分为高效、中效、粗效和高阻、中阻、低阻等几类。典型除尘器有重力沉降室、旋风除尘器、袋式除尘器、湿式除尘器等。

## 三、通风管道布置与敷设

风道布置应整齐，力求顺直，按对称位置或梅花形布置。避免复杂的局部构件，弯头、三通等构件要安排得当，与风管连接要合理，以减少阻力和噪声。风管上应该设置必要的调节和测量装置或预留安装测量装置的接口。调节和测量装置应设在便于操作和观察的地点。

可明装或暗装于吊顶内，并应设置必要的检查口。圆形风管适用于工业通风和防排烟系统中，其正压段一般不应穿过其他房间。风管一般应设在隔墙内，而厂房上部有余热时，应符合防火规范的要求。

① 除尘系统的排风点不宜过多，以保证各支管间的压力平衡。

② 除尘风管应尽可能垂直或倾斜敷设，倾斜敷设与水平面的夹角最好大于 45℃，如果由于某种原因，风管必须水平敷设或平面的夹角小于 30℃时，应采取措施，如加大管内风速、在适当位置设置清扫孔等。

③ 排除含有剧毒、易燃、易爆物质的排风管，其正压管段一般不应穿过其他房间，穿过其他房间时，该段管道上不应设法兰或阀门。

④ 进、排风口的布置如下。

a. 进风口。应设在室外空气较清洁的地点；应尽量设在排风口的上风侧，并且应低于排风口；底部距室外地坪不宜低于 2m，当布置在绿化地带时，不宜低于 1m；降温用的进风口宜设在建筑物的背阴处。

b. 排风口。在一般情况下通风排气管至少应高出屋面 0.5m；如通风排气中的有害物质必须经大气扩散稀释时，排风口应伴于建筑物空气动力阴影区和正压区以上，且排风口上不应设风帽，以防止雨水进入风管。

## 四、通风管道防腐与保温

通风管道在输送介质过程中会发生热损失或冷损失，管道外壁可能产生结露；或者周围环境空气湿度较大时，风道外壁会发生腐蚀，影响管道使用时间长短与系统性能。为了减少管道冷、热损失，防止腐蚀对管道的破坏，通风管道应采取防腐与保温的措施。

1. 管道（设备）防腐、除锈及涂刷方法

（1）管道（设备）防腐

金属管道（设备）的腐蚀有化学腐蚀和电化学腐蚀。碳钢管（设备）的腐蚀在管道工程中是最经常、最大量的腐蚀。

影响腐蚀的因素主要有材料性能、空气湿度、环境中含有的腐蚀性介质的多少、土壤的腐蚀性和均匀性及杂散电流的强弱。

由于受到腐蚀，金属管道和设备的使用寿命会缩短，采用在管道（设备）上涂刷防腐涂料进行防腐处理。

涂料主要由液体材料、固体材料和辅助材料三部分组成。用于涂覆至管道、设备和附件等表面上构成薄薄的液态膜层，干燥后附着于被涂表面起到防腐保护作用。一般分为底漆和面漆，先用底漆打底，再用面漆罩面。防锈漆和底漆均能防锈，都可以用于打底，它们的区别在于，底漆的颜料成分高，可以打磨，漆料着重在对物体表面的附着力，而防锈漆料偏重在满足耐水、耐碱等性能的要求。

1）防锈漆　防锈漆有硼钡酚醛防锈漆和铝粉硼酚醛防锈漆、云母氧化铁酚醛防锈漆、红丹防锈漆、铁红油性防锈漆、铁红酚醛防锈漆和酚醛防锈漆等。

2）底漆　底漆有 7108 稳化型带锈底漆、X06-1 磷化底漆、G06-1 铁红醇酸底漆、F069 铁红纯酚醛底漆、H06-2 铁红环氧底漆、G06-4 铁红环氧底漆。

3）沥青漆　沥青漆常用于设备、管道表面，防止工业大气和土壤水的腐蚀。常用的沥青漆有 L501 沥青耐酸漆、L01-6 沥青漆、L04-2 铝粉沥青磁漆等。

4）面漆　面漆用来罩光、盖面，用作表面保护和装饰。

（2）管道（设备）除锈

管道（设备）在进行防腐前需进行管道除锈处理，对保证管道防腐质量非常重要，有手工除锈、机械除锈和化学除锈等方法。

① 手工除锈用刮刀、手锤、钢丝刷以及砂布、砂纸等手工工具磨刷管道表面的锈和油垢等。

② 机械除锈利用机械动力的冲击摩擦作用除去管道表面的锈蚀，是一种较先进的除锈方法。可用风动钢丝刷除锈、管子除锈机除锈、管内扫管机除锈、喷砂除锈。

③ 化学除锈利用酸溶液和铁的氧化物发生反应将管子表面锈层溶解、剥离的除锈方法。

（3）防腐涂料涂刷方法

防腐涂料常用的涂刷方法有刷、喷、浸、浇等。施工中一般多采用刷和喷两种方法。

① 手工涂刷用刷子将涂料均匀地刷在管道表面上。涂刷的操作程序是自上而下、自左

至右纵横涂刷。

② 喷涂利用压缩空气为动力，用喷枪将涂料喷成雾状，均匀地喷涂于管道表面上。

2. 管道保温

为减少输热管道（设备）及其附件向周围环境传热，或减少环境向输冷管道（设备）传递热量，防止低温管道和设备外表面结露，在管道（设备）外表面需包覆保温材料。

（1）常用保温材料

保温材料可分为珍珠岩类、蛭石类、硅藻土类、泡沫混凝土类、软木类、石棉类、玻璃纤维类、泡沫塑料类、矿渣棉类、岩棉类 10 大类。

（2）保温结构的形式

管道保温结构由绝热层（保温层）、防潮层、保护层三个部分组成。

保温层是管道保温结构的主体部分，根据工艺介质需要、介质温度、材料供应、经济性和施工条件来选择。

防潮层主要用于输送冷介质的保冷管道，地沟内、埋地和架空敷设的管道。常用防潮层有沥青胶或防水冷胶料玻璃布防潮层、沥青玛瑺脂玻璃布防潮层、聚氯乙烯膜防潮层、石油沥青油毡防潮层。

保护层应具有保护保温层和防水的性能。应具有重量轻、耐压强度高、化学稳定性好、不易燃烧、外形美观的要求。常用保护层如下。

① 金属保护层常用镀锌铁皮、铝合金板、不锈钢板等轻型材料制作，适用于室外保温管道。

② 包扎式复合保护层常用玻璃布、改性沥青油毡、玻璃布铝箔或阻燃牛皮纸夹筋铝箔、沥青玻璃布油毡、玻璃钢、玻璃钢薄板、玻璃布乳化沥青涂层、玻璃布 CPU 涂层、玻璃布 CPU 卷材等制作，也属轻型结构，适用于室内外及地沟内的保温管道。

③ 涂抹式保护层常用沥青胶泥和石棉水泥等材料制作，仅适用于室内及地沟内保温管道。

管道保温结构的施工方法有涂抹法、绑扎法、预制块法、缠绕法、充填法、粘贴法、浇灌法、喷涂法等。

保温层的施工应在管道（设备）试压合格及防腐合格后进行。保温前必须除去管道（设备）表面的脏物和铁锈，刷两道防锈漆。按先保温层后保护层的顺序进行。

## 课题二 建筑排烟系统

火灾是一种多发性灾难，一旦发生容易导致巨大的经济损失和人员伤亡。火灾发生时，会产生大量的烟气，烟气在建筑物内不断流动传播，不仅导致火灾蔓延，也引起人员恐慌，使人窒息。同时影响疏散和扑救，造成人员伤亡。引起烟气流动的因素有扩散、烟囱效应、浮力、热膨胀、风力、通风与空调系统等。烟气控制的主要目的是在建筑物内创造无烟或烟气含量极低的疏散通道、安全区。因此建筑物须有防排烟系统，用以控制烟气合理流动，使烟气不流向疏散通道、安全区和非着火区，而向室外流动。

建筑防排烟分为防烟和排烟两种形式。防烟是将烟气封闭在一定的区域内，以确保疏散线路畅通，无烟气侵入。排烟是将火灾时产生的烟气及时排除，防止烟气向防烟分区以外扩散，以确保疏散通路和疏散所需时间。

建筑中的防烟可采用机械加压送风防烟或开启外窗自然排烟。排烟可采用机械加压排烟方式或开启外窗自然排烟。机械排烟系统与通风、空调系统宜分开设置。

## 一、防火分区和防烟分区

为了防止火势蔓延和烟气传播，建筑物中必须划分防火分区和防烟分区。

1. 防火分区

所谓防火分区是指采用防火分隔措施（防火墙、楼板、防火门或防火卷帘等）划分出的、能在一定时间内防止火灾向同一建筑物的其余部分蔓延的局部区域（空间单元）。

防火分区包括楼层水平防火分区和垂直防火分区两部分。所谓水平防火分区，就是用防火墙或防火门、防火卷帘等将各楼层在水平方向分隔为几个防火分区；所谓垂直防火分区，就是用有 1.5h 或 1.0h 耐火极限的楼板和窗间墙（两上、下窗之间的距离不小于 1.2m）将上下层隔开。当上下层设有走廊、自动扶梯、传送带等开口部位时，应将相连通的各层作为一个防火分区考虑。

高层建筑内应采用防火墙等划分防火分区，每个防火分区允许最大建筑面积，不应超过表 8-1 的规定。

**表 8-1 每个防火分区允许最大建筑面积**

| 建筑类别 | 每个防火分区允许最大建筑面积/$m^2$ | 备注 |
|---|---|---|
| 一类建筑 | 1000 | 设有自动灭火系统时，面积可增大 1 倍 |
| 二类建筑 | 1500 | 设有自动灭火系统时，面积可增大 1 倍 |
| 地下室 | 500 | 设有自动灭火系统时，面积可增大 1 倍 |
| 商业营业厅、展览厅等 | 4000（地上）<br>2000（地下） | 设有火灾自动报警系统和自动灭火系统。且采用不燃烧或难燃烧材料装修 |
| 裙房 | 2500 | 高层建筑与裙房之间设有防火墙等防火设施，设有自动喷水灭火系统时，面积可增加 1 倍 |

2. 防烟分区

所谓防烟分区是指用挡烟垂壁、挡烟梁（从顶棚向下凸出不小于 500mm 的梁）、挡烟隔墙等划分的可把烟气限制在一定范围的空间区域（图 8-17）。防烟分区应在防火分区内划分，不应跨越防火分区，每个防烟分区建筑面积不宜超过 500$m^2$。防烟分区划分是为了有利于建筑物内人员安全疏散与有组织排烟，而采取的技术措施。使烟气集于设定空间，通过排烟设施将烟气排至室外。

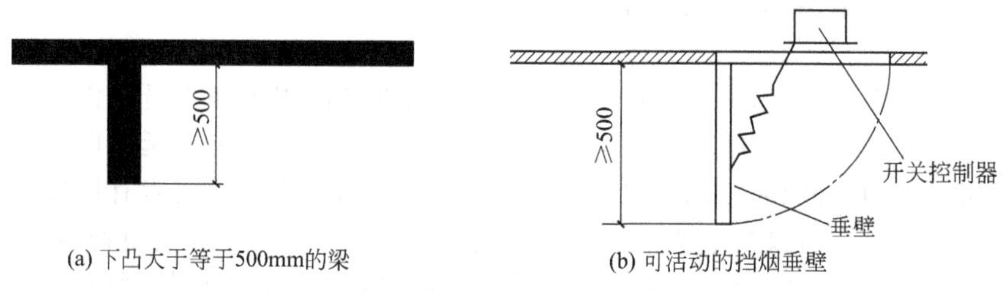


(a) 下凸大于等于500mm的梁　(b) 可活动的挡烟垂壁

图 8-17 用梁和挡烟垂壁阻挡烟气流动

## 二、高层建筑防、排烟

高层建筑发生火灾时，控制不及时，易发生重大的安全事故，故做好高层建筑防排烟系统设计，对为人员争取疏散时间，保证消防灭火工作顺利进行，有重要意义。

建筑物内部人员的疏散方向为房间→走廊→防烟楼梯间前室→防烟楼梯间→室外，由此可见，防烟楼梯间是人员唯一的垂直疏散通道，而消防电梯是消防队员进行扑救的主要垂直运输工具。要确保在疏散和扑救过程中防烟楼梯间和消防电梯井内无烟，因此，应在防烟楼梯间及其前室、消防电梯间前室和两者合用前室设置防烟设施。为保证建筑内部人员安全进入防烟楼梯间，应在走廊和房间设置排烟设施。排烟设施分为机械排烟设施和可开启外窗的自然排烟设施。另外，高度在 100m 以上的建筑物由于人员疏散比较困难，因此还应设有避难层或避难间，对其应设置防烟设施。

1. 自然排烟

利用高温烟气产生的热压和浮力以及室外风压造成的抽力，通过建筑物的对外开口（如门、窗、阳台等），或排烟雾竖井，将烟气排至室外。其优点是不需要额外动力、投资少，维护管理简单。缺点是极易受室外风向、风力的影响，排烟效果不稳定。

自然排烟一般利用建筑物的阳台、凹廊或在外墙上设置外窗或排烟窗进行排烟。如图 8-18、图 8-19 所示。

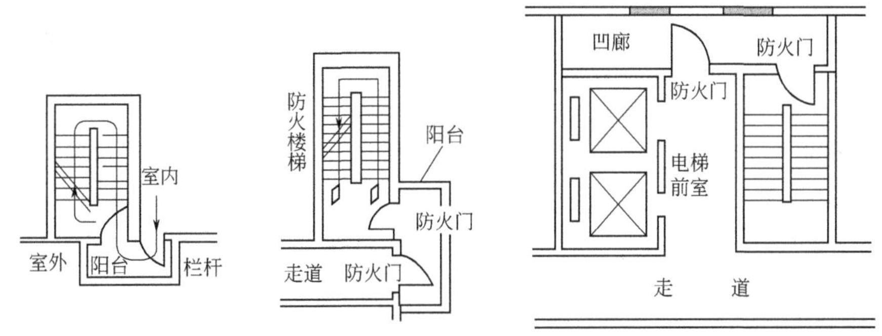


图 8-18　利用室外阳台或凹廊排烟

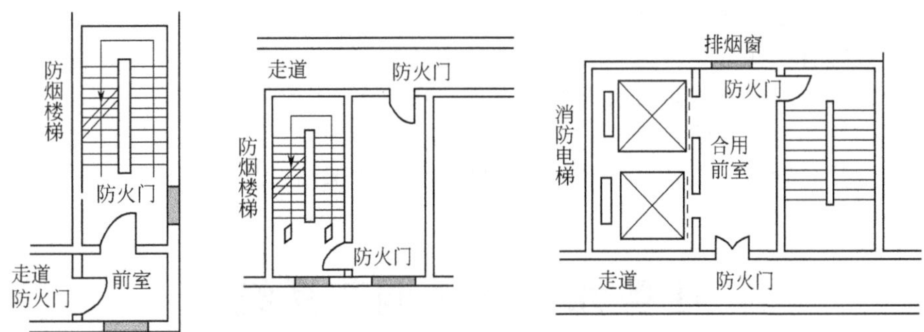


图 8-19　利用直接向外开启的窗排烟

2. 机械排烟

当火灾发生时，利用风机做动力向室外排烟的方法叫作机械排烟。机械排烟系统实质就是一个排风系统，即设置专用的排烟口、排烟管道及排烟风机把火灾产生的烟气与热量排至室外进行强制排烟。适用于不具备自然排烟条件或较难进行自然排烟的内走道、房间、中庭及地下室。

3. 机械加压送风防烟

机械加压送风是通过通风机所产生动力来控制烟气的流动，即通过增加防烟楼梯间及其前室、消防电梯间前室和两者合用前室的压力以防止烟气侵入。图 8-20 所示为机械加压送风防烟两种情况，其中图 8-20（a）所示为当门关闭时，房间内保持一定正压值，空气从门

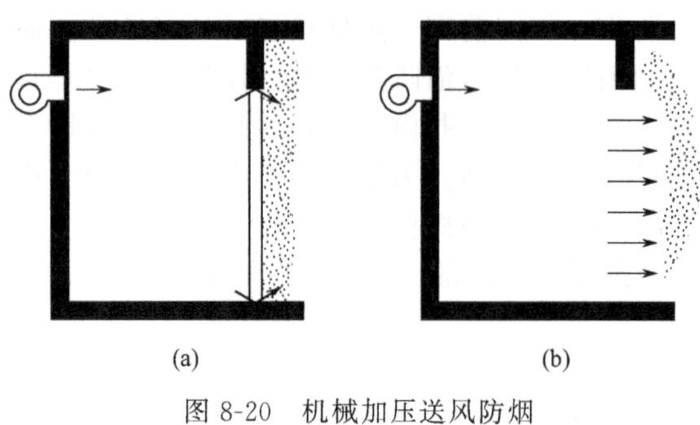

图 8-20　机械加压送风防烟

缝或其他缝隙处流出，防止了烟气的侵入；图 8-20（b）所示为当门开启的时候，送入加压区的空气以一定风速从门洞流出，阻止烟气流入。当流速较低时，烟气可能从上部流入室内。由上述两种情况分析可知，为了阻止烟气流入被加压的房间，必须达到，一是门开启时，门洞有一定向外的风速；二是门关闭时，房间内有一定正压值。

## 三、防、排烟装置

1. 风机

机械加压送风输送的是室外新鲜空气，而排烟风机输送的是高温烟气，因此对风机的要求是不同的。

机械加压送风可采用轴流风机或中、低压离心风机；排烟风机可采用排烟轴流风机或离心风机，并应在入口处设有当烟气温度达到 280℃时能自行关闭的排烟防火阀。同时，排烟风机应保证在 280℃时能连续工作 30min。

2. 防排烟阀门

用于防火防排烟的阀门种类很多，根据功能主要分为通风、空调防火阀，正压送风口和排烟防火阀三大类，见课题一。

## 复习思考题

1. 通风系统主要有哪些功能？
2. 通风系统有哪些分类方法？各自包含什么内容？
3. 通风系统常用设备与附件有哪些？有什么用途？
4. 高层建筑如何进行防排烟？
5. 输冷（热）管道（设备）为什么要做防腐和绝热保温？如何做？

# 任务九　空气调节系统

### 知识目标

- 理解空调系统的组成、分类及制冷系统；
- 熟悉空调系统空气处理设备、制冷装置；
- 掌握空调风系统、水系统。

### 能力目标

- 能认知空调系统组成、常用处理设备；
- 能提出简单空调系统布置方案。

## 一、空气调节系统基本知识

空调即空气调节，指的是对建筑物内的空气温度、湿度、洁净度、风速进行控制和调节，来满足生产工艺或人体舒适的要求。

1. 空气调节系统组成

一个完整的空调系统应由空气处理设备、输送设备、冷热源空气处理设备、调节控制系统等部分组成。

1）空气处理设备　通过热湿交换和净化，使室内空气或室内空气与室外新鲜空气的混合物达到要求的温湿度与洁净度的设备，称为空气处理设备。一般集中式空调系统的空气处理设备设置在空气调节箱（简称空调箱）中。

2）输送设备　主要指输送冷热源产生的冷量和热量的水泵、水管、风道、风机、风口及风量调节等装置。将空气处理设备处理好的空气有效地输送到各空调房间；同时将房间回风排出，实现室内的通风换气，保证室内空气品质。

3）冷热源空气处理设备　产生冷热源的设备包括制冷机组（冷水机组、风冷热泵机组等）、锅炉、电加热器等。

4）调节控制系统　保证系统的温度、湿度、压力和风速等参数在要求的设定范围内，同时，还能够按照需要提供经济运行模式，即在预定的程序内，停止或启动设备，并按负荷的变化和需要，提供相应的系统输出量。

2. 空气调节系统分类

（1）按空气处理设备设置的情况分类

1）集中式空气调节系统　这种空调系统如图 9-1 所示，是将所有的空气处理设备集中到空气处理室，对空气进行集中处理后，再通过风管送至各个空调房间，空气处理所需的冷、热源由集中设置的冷冻站、锅炉房或热交换站供给。主要用于商场、超市、剧院等公共建筑内的空气调节。

集中式空调系统送入各空调房间的风道数目可分为单风道系统与双风道系统。单风道系统仅有 1 根送风管，夏天送冷风，冬天送热风，缺点是为多个负荷变化不一致的房间服务时，难以进行精确调节。双风道系统有 2 根送风管，1 根热风管，1 根冷风管，可通过调节

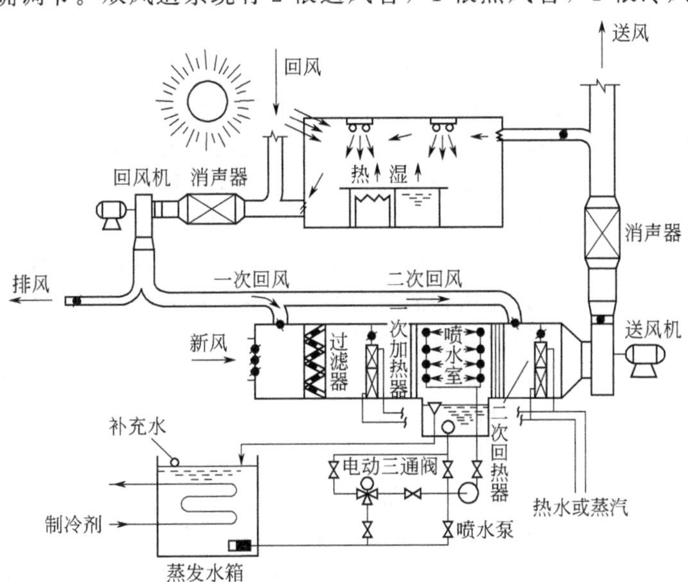


图 9-1　集中式空气调节系统组成

二者的风量比控制各房间的参数。缺点是占建筑空间大，系统复杂，冷热风混合热损失大，因此初投资与运行费高。

集中式空调系统处理的空气来源一般一部分是新鲜空气，一部分是室内的回风。不使用回风而把室内空气全部直接排到室外的叫作直流系统或全新风系统，除污染严重的场所外一般不采用。在炎热的夏季或寒冷的冬季把温度与室温接近的室内回风循环使用是一种有效的节能手段，因此是最常用的。根据回风混合过程的不同有一次回风与二次回风两种形式。

2）分散式空气调节系统　这种系统如图 9-2 所示，又称为局部空调系统。利用空调机组直接在空调房间或其邻近地点就地处理空气，再使用少量风道与空调房间相连，向室内送风。空调机组是将冷源、热源、空气处理、风机和自动控制等设备组装在一个或两个箱体内的定型设备。此系统使用灵活，安装方便，节省风道，常用如窗式空调器、立式空调柜等。分散式空调系统主要用于办公楼、住宅等民用建筑的空气调节。

3）半集中式空气调节系统　这种空调系统如图 9-3 所示，是将一部分空气处理设备集中到空气处理室，另一部分处理设备（末端装置）如诱导式系统、风机盘管等设置到空调房间。多用于宾馆、办公楼等民用公共建筑的空气调节。半集中式空调系统最常用的是风机盘管加新风机组。由集中设置在空调机房的空调机组处理新风后送入室内，由设置在各空调房间的风机盘管循环处理室内空气，运行时管内通入冷冻水或热水。和集中空调系统不同，它采用就地处理回风的方式，由风机驱动室内空气流过盘管进行冷却除湿或加热，再送回室内。机组内还装有凝水盘与凝结水管路，用来排除除湿时产生的凝结水。供给盘管的冷热水一般是由集中冷热源提供的。

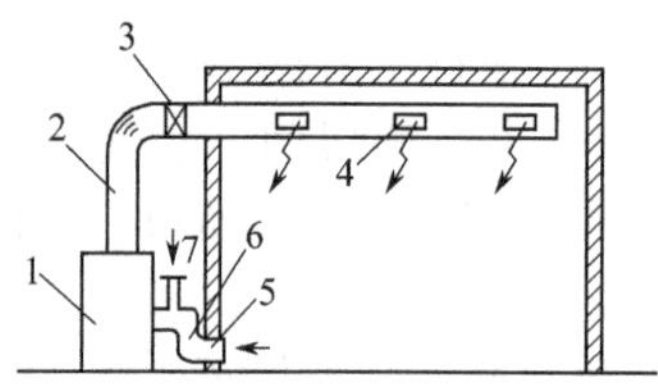

图 9-2　分散式空气调节系统
1—空调机组；2—送风管道；3—电加热器；4—送风口；5—回风口；6—回风管道；7—新风入口

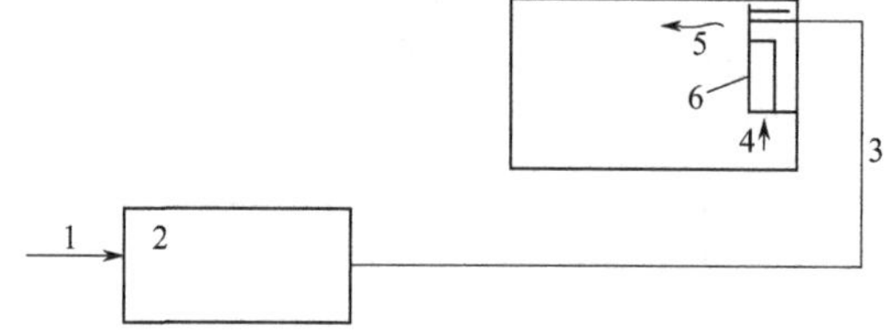

图 9-3　半集中式空气调节系统
1—新风；2—空气处理室；3—新风管；4—室内回风；5—送风；6—风机盘管

（2）以负担室内热湿负荷所用的介质种类分类

1）全空气系统　空调房间的热、湿负荷全部由经过处理的空气来负担，如集中式空调系统。由于空气的比热容较小，需要较多的空气量才能满足消除室内余热、余湿的要求，所以这种系统要求有较大断面的风道或较高的风速，可能要占据较多的建筑空间。

2）全水系统　空调房间的热、湿负荷全部由水来负担，如风机盘管系统。水的比热容远大于空气的比热容，所以在相同的负荷条件下所需的水量较少，系统风道占据建筑空间比全空气系统小，全水系统往往只能达到消除余热、余湿的目的，没有引入室外新鲜空气，在实际工程中很少单独使用，一般需要配合通风系统一同设置。

3）空气-水系统　上述两个系统的综合利用。空调房间的热、湿负荷全部由空气与水共同负担。典型的空气-水系统是风机盘管＋新风系统，既不需要全空气系统的大空间，又弥补了全水系统缺少新鲜空气的缺点，所以这种系统比较适用于大多数建筑，在实际工程中也应用最多，如酒店客房、办公建筑、住宅等。

4）制冷剂系统　依靠制冷剂的蒸发或凝结来承担空调房间的负荷。由于制冷剂管道不便于长距离输送，该系统通常用于分散式安装的局部空调机组。最常见的制冷剂系统是家用分体式空调器，它分为室内机和室外机两部分。其中，室内机实际就是制冷系统中的蒸发器，并且在其内设置了噪声极小的贯流风机，迫使室内空气以一定的流速通过蒸发器的换热表面，从而使室内空气的温度降低；室外机就是制冷系统中的压缩机和冷凝器，内部设有一般的轴流风机，迫使室外的空气以一定的流速流过冷凝器的换热表面，让室外空气带走制冷剂液化放出的热量。

（3）根据集中式空调系统处理的空气来源分类

1）封闭式系统　封闭式系统所处理的空气全部来自空调房间本身，没有室外新鲜空气补充，全部是室内的空气在系统中周而复始地循环。因此，空调房间与空气处理设备由风管连成了一个封闭的循环环路。这种系统无论是夏季还是冬季冷热消耗量最省，但空调房间内的卫生条件差，多用于战争时期的地下庇护所或指挥部等战备工程，以及很少有人进出的仓库等。

2）直流式系统　所处理的空气全部来自室外的新鲜空气，即室外的空气经过处理后送入各空调房间，吸收了室内的余热、余湿后全部排出室外。与封闭式系统相比，系统消耗的冷（热）量最大，但空调房间内的卫生条件完全能够满足要求。适用于不允许采用室内回风的场合，如放射性实验室和散发大量有害物质的车间等。

3）混合式系统　对于绝大多数空调系统，往往采用混合式系统，即采用一部分回风以节省能量，又使用部分室外的新鲜空气以满足卫生条件的要求。综合了封闭式系统和直流式系统的优点，在工程实际中被广泛应用。

## 二、空调系统处理设备

为了保证空调房间内空气的温度、湿度和洁净度在一定的范围内，空气在送入空调房间前需要进行过滤、加热、冷却、加湿或减湿等处理，因此需要空气处理设备。

根据空调系统的集中程度，常用的空气处理设备有装配式空调箱、空调末端装置和局部空调机组等。

1. 装配式空调箱

对于集中式空调系统，系统所需空调送风参数由装配式空调箱集中控制。

装配式空调箱由各种空气处理功能段组装而成，自身不带冷、热源，冷媒为冷水，热媒为热水或蒸汽，是由空气过滤、加热、冷却、加湿、减湿、消声、热回收、新风处理和新回风混合等功能段组合而成的机组，可满足空气调节工程中各种空气处理的需要，如图 9-4 所示。

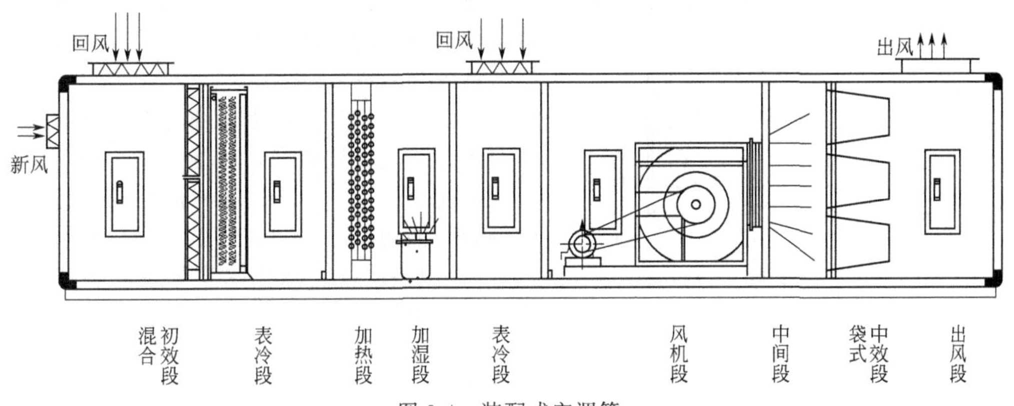


图 9-4　装配式空调箱

（1）空气过滤设备

对空气进行净化处理的设备，称为空气过滤器。按照过滤器的形状不同，常用的有布袋式过滤器［图 9-5（a）］和金属网格过滤器［图 9-5（b）］两种。

(2) 空气加热设备

对空气进行加热处理的设备，称为空气加热器。目前广泛使用的加热设备有表面式空气加热器和电加热器两种类型，前者用于集中式空调系统的空气处理室和半集中式空调系统的末端装置中，后者在小型空调系统和小型空调装置中应用较广，对于温度控制精度要求较高的大型空调系统，有时也将电加热器装在各送风支管中作为精密调节设备。

1）表面式空气加热器　表面式空气加热器又称表面式换热器，是以热水或蒸汽作为热媒通过金属表面传热的一种换热设备。图 9-6 所示为用于集中加热空气的一种表面式空气加热器。

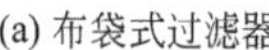

(a) 布袋式过滤器

(b) 金属网格过滤器

图 9-5　空气过滤器

图 9-6　表面式空气加热器

2）电加热器　电加热器是通过电热丝或电热管加热空气的设备。按构造不同分为管式电加热器和裸线式电加热器

(3) 空气冷却设备

将被处理的空气冷却到所需要的温度的设备，主要有表面换热器，也称为表冷器，其工作原理和结构与加热设备的表面换热器相同，不同在于它是以冷水或制冷剂作冷媒。

根据管内冷媒的不同，分为水冷式和直接蒸发式两类。水冷式的管内为冷冻水，常用于大中型的空气处理机组；直接蒸发式的管内为制冷剂（制冷循环中的蒸发器），常用于室内空调器、小型中央空调等局部式空调机组。

(4) 空气加湿与减湿设备

1）喷水室　利用水与空气直接接触对空气进行处理的设备，如图 9-7 所示，改变水温可实现对空气的冷却加湿、冷却减湿和升温加湿等多种处理过程。

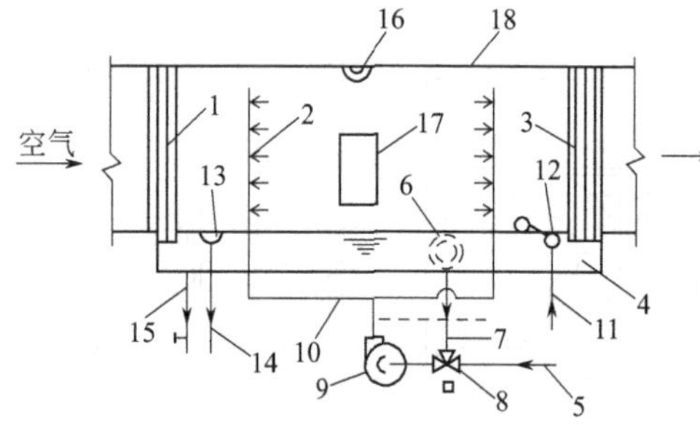


图 9-7　喷水室构造

1—前挡水板；2—喷嘴与排管；3—后挡水板；4—底池；5—冷水管；6—滤水器；7—循环水管；8—三通轮流阀；9—水泵；10—供水管；11—补水管；12—浮球阀；13—溢水器；14—放水管；15—灌水管；16—防水灯；17—检查门；18—外壁

喷水室体型较大，水系统复杂，易对金属腐蚀，水与空气直接接触，易受污染。目前舒适性空调中使用较少，主要用于对湿度控制比较严格的场合，如纺织厂车间的恒温恒湿空调系统。

2）加湿设备　除喷水室外，还有蒸汽喷管加湿器及电加湿器等空气加湿设备。

① 蒸汽喷管加湿器。蒸汽喷管加湿器是最简单的蒸汽加湿装置。在长度不超过 1m 的管道上，按照需要开出一定数目孔径为 2～3mm 的小孔，使自锅炉房引来的蒸汽从小孔中喷出，与流过喷管外面的空气相混合，从而达到加湿空气的目的，如图 9-8 所示。

② 电加湿器。直接用电能加热水产生蒸汽，直接与空气混合的加湿设备。根据工作原理不同，电加湿器又分为电热式和电极式两种，如图 9-9 所示。

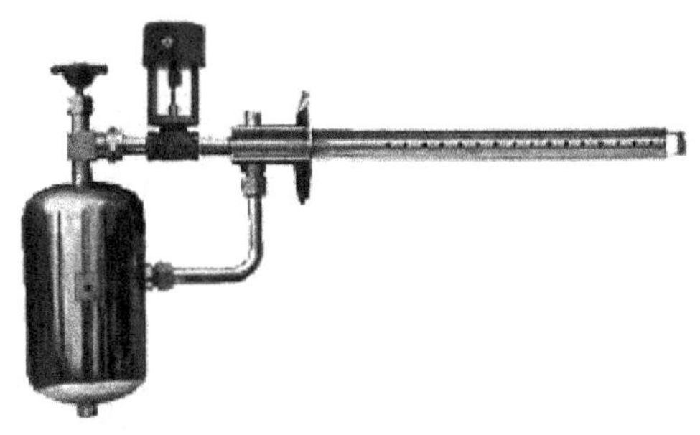

图 9-8　蒸汽喷管加湿器

(a) 电热式

(b) 电极式

图 9-9　电加湿器

3）除湿设备

① 加热通风法减湿　如果室外空气含湿量低于室内空气的含湿量，则可以使经过加热、相对含湿量较低的空气进入室内，同时从室内排出同样数量的潮湿空气，从而达到减湿的目的。

② 冷却减湿　冷却减湿设备即冷冻除湿机，由制冷系统和风机组成，需要减湿的湿空气先经过蒸发器，蒸发器的表面温度低于湿空气的露点温度，水蒸气凝结从而使空气被降温减湿。

③ 液体吸湿装置　液体吸湿装置由吸湿塔和再生塔两部分组成，使用的液体吸湿剂有氯化钙、氯化锂和三甘醇等。

④ 转轮除湿机　湿空气通过含有吸湿剂（氯化锂）的蜂窝状纤维纸制品，在水蒸气分压力差的作用下，使水分被吸湿剂吸收或吸附。

2. 空调末端装置

半集中式空调系统，空调送风参数由机房内的组装式空调箱和设在房间内的空调末端装置共同处理。一般的空调末端装置有风机盘管、诱导器。

（1）风机盘管

1）风机盘管系统的组成　风机盘管系统主要由三个部件组成。

① 冷源、热源。夏季由冷水机组提供 7℃的冷冻水；冬季由锅炉或城市集中供热系统提供 55℃左右的热水。

② 水泵和管路系统。水泵的作用是使冷热水在系统中不断循环。

③ 风机盘管机组。风机盘管机组的作用是不断地循环室内空气，使之被冷却、除湿或加热，以保持室内有一定的温度和湿度。

2）风机盘管机组　风机盘管机组是半集中式空调系统的末端装置，设在空调房间，可根据室内要求独立控制空气参数，新风可通过室外渗风、室外直接引入以及独立的新风系统来提供。

风机盘管机组由风机、电动机、盘管（换热器）、空气过滤器、室温调节装置和箱体等组成。其形式有立式、卧式和顶置式三种，有暗装和明装两种机型，如图 9-10 所示。

（2）诱导器

诱导器由外壳、热交换器（盘管）、喷嘴、静压箱和一次风连接管等组成。经过处理的一次风首先进入诱导器的静压箱，然后以很高的速度从喷嘴喷出，在喷射气流的作用下，诱导器内部将形成负压，从而将二次风诱导进来，与一次风混合形成空调房间的送风，如图 9-11 所示。诱导器空调机组噪声较大，目前仅常用于地下车库或大空间场所的通风与空调系统中。

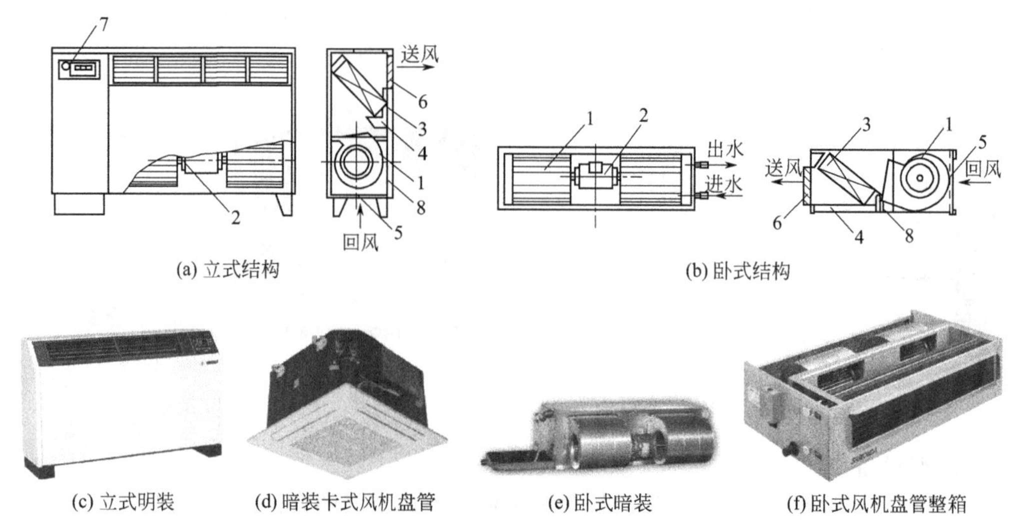


(a) 立式结构　　(b) 卧式结构

(c) 立式明装　　(d) 暗装卡式风机盘管　　(e) 卧式暗装　　(f) 卧式风机盘管整箱

图 9-10　风机盘管机组

1—离心式风机；2—电动机；3—盘管；4—凝水盘；5—空气过滤器；6—出风格栅；7—控制器（电动阀）；8—箱体

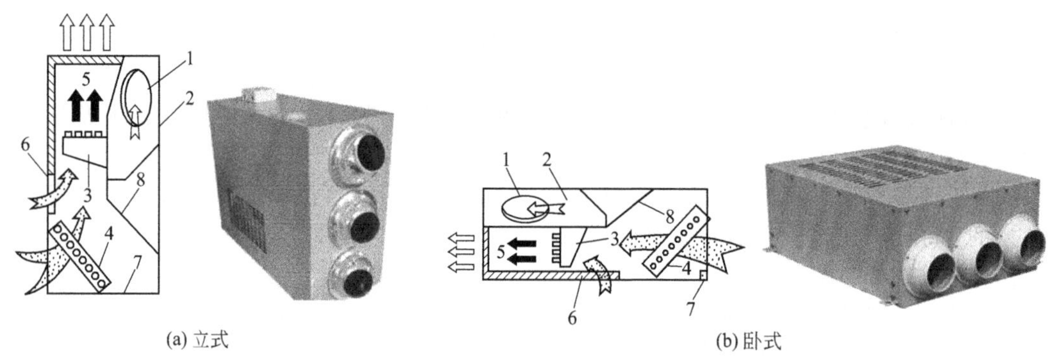

(a) 立式　　(b) 卧式

图 9-11　诱导器

1——次风连接管；2—静压箱；3—喷嘴；4—二次盘管；5—混合段；6—旁通风门；7—凝水盘；8—导流板

（3）新风机组

新风机组是提供新鲜空气的一种空气调节设备，一般由风机、表冷器、过滤器、进风口、出风口等部件组成。功能上按使用环境的要求可以达到恒温恒湿或者单纯提供新鲜空气。主要处理的是室外空气，一般来说不承担空调区域的热湿负荷，按照安装形式的不同，可分为吊顶式新风机组、立式新风机组。如图 9-12 所示。

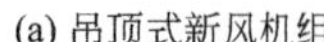

(a) 吊顶式新风机组

(b) 立式新风机组

图 9-12　新风机组

3. 局部空调机组

相当于小型空调系统，它集制冷（热）设备、空气处理、动力及自控系统为一体，也称为空调器。局部空调机组按结构分类，通常分整体式空调机组与分体式空调机组两种。

（1）整体式空调机组

整体式空调机组是将空气处理部分、制冷部分和电控部分等安装在一个罩壳内形成一个整体。结构紧凑，操作灵活，但噪声、振动较大。常见的有窗式空调机组、水冷式空调机组和风冷式空调机组等。

1）窗式空调机组　窗式空调机组冷凝器冷却介质为空气，是一种可以安装在窗口上的小型空调器，有冷风型、电热型和热泵型三种。单机制冷量较小，适用于面积为几十平方米内的建筑。

作为一体机，结构紧凑、体积小、重量轻、安装方便，但噪声大，影响美观。机组的操作面板朝向室内，机体大部分在室外，适合安装在窗台或墙孔位置上，如图 9-13（a）所示。

2）水冷式空调机组　水冷式空调机组中的制冷系统以水作为冷却介质，用水带走其冷凝热水，也称水冷柜式空调机或水冷柜机，如图 9-13（b）所示。机组可直接或通过风管向空调房间吹送冷风，冷凝热由冷却水通过冷却水管带至室外的冷却塔中散发掉。

此种机组结构紧凑，占地省，对安装位置无特殊要求，现场安装只需接上冷却水管和单一电源即可使用，适合于中小型商场、餐馆、试验室、仓库、工厂办公室和车间等场所使用。

3）风冷式空调机组　空调机组中的制冷系统以空气作为冷却介质，用空气带走其冷凝热。不需要冷却塔和冷却水泵，不受水源条件的限制，在任何地区都可以使用。由于此机组一般安装在建筑物的屋顶或室外，通过风管向空调房间供冷或供热，所以又称屋顶式空调机，如图 9-13（c）所示。

屋顶式空调机完全不占用机房面积，可保证室内安静，更容易获取新风以改善是室内空气品质。中小型商场、餐馆、仓库、办公区等场所使用越来越多。

(a) 窗式空调机组

(b) 水冷式空调机组

(c) 风冷式空调机组

图 9-13　整体式空调机组

（2）分体式空调机组

分体式空调机组由室内、室外两部分机组组成。空调制冷系统的压缩机、冷凝器、冷凝风机和电动机构成室外机，安装在室外。空调器的空气过滤器、控制部分、制冷系统的蒸发器、毛细管、送风机和电动机等构成室内机，安装在空调房间内，两个机组之间用制冷剂管道连接。

1）一拖一空调机组　一拖一空调机组由一个室外机连接一个室内机组合而成。室内机有悬挂安装的壁挂式和落地安装的立柜式两种。如图 9-14 所示。适用于安装在家庭、小型超市或小商铺等建筑面积在 100$m^2$ 以内的建筑中。

2）一拖多空调机组　由一个室外机通过制冷剂管路连接多个室内机组合而成。室内机可明装或暗装，此类空调也被称为户式中央空调或多联机，如图 9-15 所示，具有智能化、节能、设计控制灵活、节省空间的特点，常用于小型餐馆、商店、旅店、学校、办公楼、别墅、高档公寓和厂房等建筑面积在几百到一千多平方米之间的建筑中。

## 三、空调系统制冷装置

由于空气处理设备只负责把冷水或热水带来的冷量或热量传递给空气，不负责冷、热源

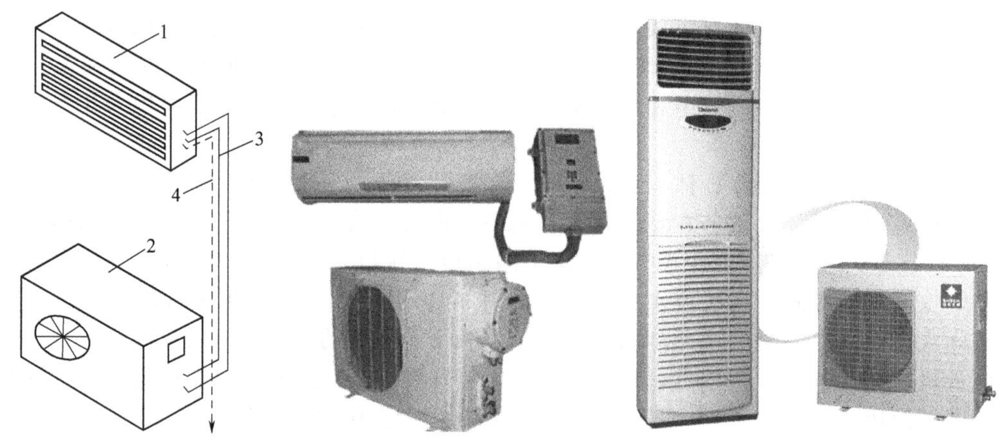

图 9-14　一拖一式分体式空调机组
1—室内机；2—室外机（主机）；3—制冷剂管道；4—排凝结水管

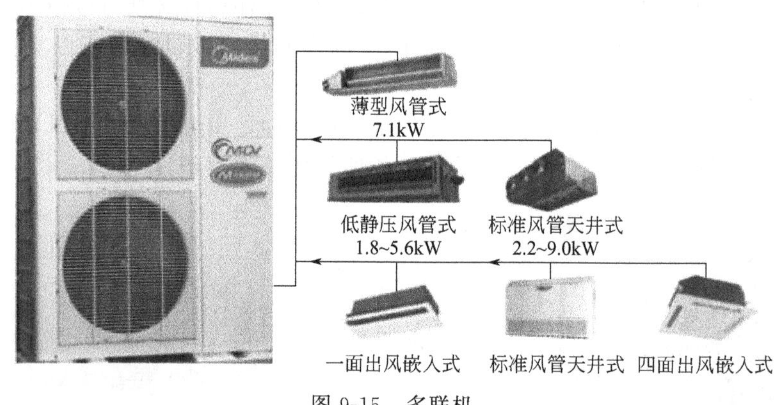

图 9-15　多联机

的产生。因此空调装置需要冷源对处理空气进行加湿、减湿及冷却，以控制空调房间的温、湿度，其冷源由制冷装置提供。制冷装置由制冷主机与制冷辅助设备组合而成。

1. 空调系统冷源

空调使用的冷源有天然冷源和人工冷源两种，天然冷源主要是指地下水和地道风；人工冷源主要是指制冷机组。

制冷机组的主要作用是制备冷水作为空气温度调节的冷媒。目前备用的制冷机组有蒸汽压缩式和吸收式两种。

2. 空调系统制冷装置

(1) 蒸汽压缩式制冷装置

集中式和半集中式空调系统通常采用冷水机组，被冷却介质为水。低温水通过供回水设备（水泵、分水器、集水器、水过滤器和水处理装置等）送入到空调处理机组或末端空调器内，与空气进行二次热交换使空气降温。局部空调系统则采用小型直接蒸发式制冷设备，直接将空调房间内空气冷却。

冷水机组是由制冷部件（压缩机、蒸发器、冷凝器和节流阀等）、辅助设备（油分离器、过滤器、气液分离器等）以及控制系统组成的整体机组，可直接引出冷冻水。

根据制冷压缩机的形式不同，可分为离心式冷水机组、螺杆式冷水机组和活塞式冷水机组等，根据冷凝器冷却方式不同分为水冷式和风冷式，根据压缩级数不同分为单级式和双极式，如图 9-16 所示。此类冷水机组采用电驱动，制冷剂均为氟利昂。

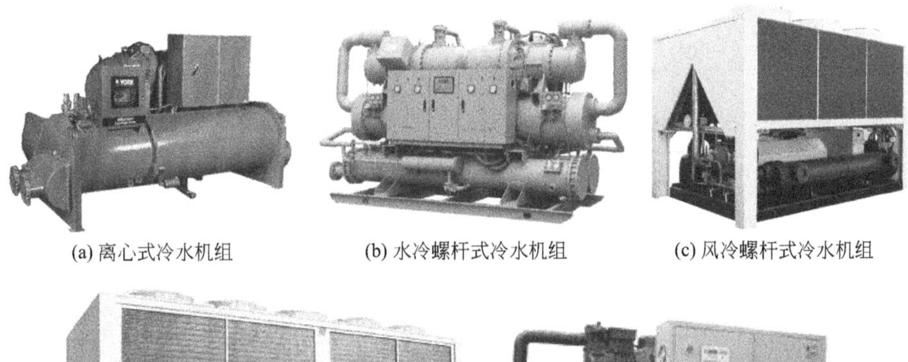

(a) 离心式冷水机组　(b) 水冷螺杆式冷水机组　(c) 风冷螺杆式冷水机组

(d) 风冷活塞式冷水机组

(e) 水冷活塞式冷水机组

图 9-16　冷水机组

（2）吸收式制冷装置

吸收式制冷装置最常见的为溴化锂制冷机组。它通常用于大中型的集中空调系统或半集中空调系统。

根据热源的不同，溴化锂制冷机组通常分为蒸汽型、直燃型（燃油或燃气）、热水型和太阳能型。根据发生器个数的不同分为单效型和双效型。根据各换热器的布置，分为单筒型、双筒型和三筒型。根据应用范围分冷水型和冷水热型。如图 9-17 所示。

(a) 直燃型

(b) 蒸汽型

图 9-17　溴化锂吸收式制冷机组

3. 制冷管道系统

制冷管道与压缩机、冷凝器、蒸发器等连接后形成一个封闭的循环制冷系统，一般采用钢管和铜管。主要包括冷冻水循环和冷却水循环，二者关系如图 9-18 所示。

（1）冷冻水系统

冷冻水循环是将来自冷水机组的低温冷冻水输送到空调设备，冷冻水与空调房间空气进行热交换升温后再回到冷水机组降温的动力循环过程。

冷冻水循环系统主要由冷冻水泵、集水器、分水器、膨胀水箱、除污过滤器及其连接管道组成。冷冻水泵、集水器、分水器一般与冷水机组设置在一个机房内，称为冷冻水泵房或冷冻站。

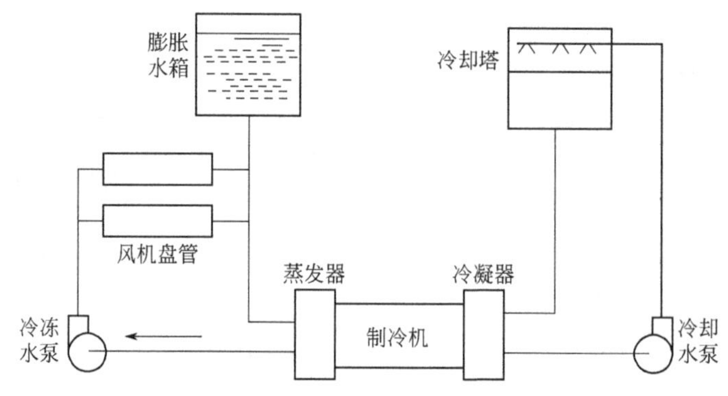


图 9-18　冷冻水系统和冷却水系统关系示意图

(2) 冷却水系统

空调冷却水系统是指由冷水机组的冷凝器、冷却塔、冷却水箱和冷却水泵、水处理设备等组成的循环系统。除冷却装置设置在室外，其他设置在一个泵房内，称冷却水循环泵房。

冷却水循环是来自冷凝器的冷却水吸收制冷剂的热量升温后，被通入到冷却装置内，降温冷却后再回到冷凝器中继续吸收制冷剂热量，以保证制冷进行的动力循环过程。

(3) 冷凝水系统

在空气冷却处理过程中，当空气冷却器的表面温度等于或低于处理空气的露点温度时，空气中的水汽将在冷却器表面冷凝，形成冷凝水。因此，诸如单元式空调机、风机盘管机组、组合式空气处理机组、新风机组等设备，都设有冷凝水收集装置和排水口。为了能及时、顺利地将设备内的冷凝水排走，必须配置相应的冷凝水排水系统。

## 四、空调系统消声与减振

通风与空调系统中的主要噪声源是通风机、制冷机、机械通风冷却塔等，还有由于风管内气流压力变化引起的振动而产生的噪声，尤其当气流遇到障碍物（如阀门）时，产生的噪声较大。这些噪声源产生的噪声会沿风管系统传入室内，此外，由于出风口风速过高也会产生噪声，所以在气流组织中要适当限制出风口的风速。

消除方法主要有在管路中或空调箱内设置消声器以减少动力噪声，以及对各种设备进行减振来减少机械噪声。

### 1. 系统噪声控制

消声器是一种安装在风管上防止噪声通过风管传播的设备。它由吸声材料和按不同消声原理设计的外壳所构成，如图 9-19 所示。根据不同的消声原理可分为阻性型、抗性型和复合型消声器。

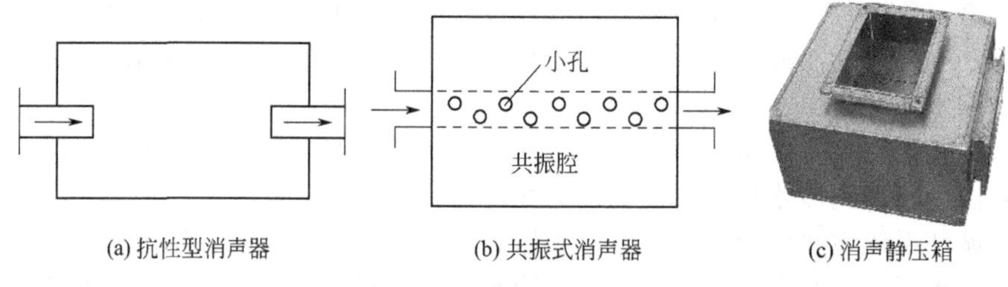


(a) 抗性型消声器　(b) 共振式消声器　(c) 消声静压箱

图 9-19　消声器示意及实物

（1）阻性型消声器

阻性型消声器主要是靠吸声材料的吸声作用而消声，常用的吸声材料为玻璃棉、泡沫塑料、矿渣棉、毛毡、石棉绒、加气混凝土等。把吸声材料固定在风管内壁，或按照一定方式排列在管道和壳体内，就构成了阻性型消声器。按气流管道不同，可分为直管式、片式、折板式、迷宫式、声流式以及弯头式等。

（2）抗性型消声器

抗性型消声器是通过改变截面来消声的，它适用于消除中低频噪声或窄带噪声。按其作用原理不同，可分为扩张式、共振式和干涉式等。

（3）复合型消声器

复合型消声器是利用上述两种原理复合制成的消声器，同时具有阻性和抗性两种消声器的优点，消声频带比较宽，是目前空调系统中最常用的类型。

静压箱是送风系统减少动压、增加静压、稳定气流和减少气流振动的一种必要的配件，它可使送风效果更加理想。在风机出口处或在空气分布器前设置静压箱并贴以吸声材料，同时起到稳定气流的作用和消声器的作用，因此也被称为消声静压箱。

2. 系统减振装置

空调系统的噪声除了有沿风管传播的空气噪声外，还有通过建筑物的结构、基础、水管、风管等传递的固体噪声。因此，若要消除振动产生的噪声，需要对机房内设备和管路进行隔振。

（1）设备隔振

机房内各种有运动部件的设备（风机、水泵、制冷压缩机）在运转时都会产生振动，它直接传给基础和连接的管件，并以弹性波的形式从机器基础沿房屋结构传到其他房间产生噪声，要削弱由设备传给基础的振动，可以通过消除它们之间的刚性连接来实现。

在设备和基础之间采用减振器，设备与管道之间采用帆布短管或橡胶软接头。常用的基础隔振材料或隔振器有以下几种。

1）压缩性隔振材料　常见的压缩性隔振材料有橡胶垫和软木。橡胶垫适用于室外转速为1450～2900r/min的水泵隔振；软木常用于室内水泵和小型制冷机的隔振。

2）剪切型隔振器　常见的剪切型隔振器有金属弹簧隔振器和橡胶剪切隔振器（图9-20）。弹簧隔振器是目前最常用的隔振器，适用于风机、冷水机组等隔振。橡胶剪切隔振器，常用于风机、水泵等的隔振。

(a) 弹簧隔振器

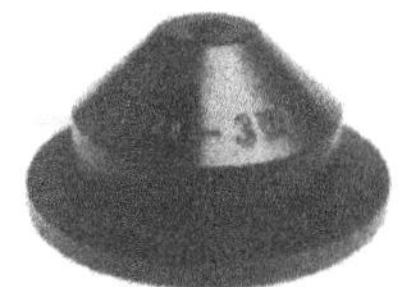

(b) 橡胶隔振器

图9-20　隔振器

（2）管路隔振

管路隔振方式有水泵、冷水机组、风机盘管、空调机组等设备与水管用一小段软管连接，以不使设备的震动传递给管路，如图9-21所示。

(a) 水泵出口橡胶减震装置

(b) 不锈钢波纹管

(c) 帆布短管

图9-21　管路隔振

常用的软接管有橡胶软接管和不锈钢波纹管。其中橡胶软接管隔振减噪的效果好，但是不能耐高温和高压，耐腐蚀性差，在空调采暖等水系统中采用较多。不锈钢波纹管也有较好的隔振减噪效果，且能耐高温、高压和腐蚀，但价格较贵，常用于制冷机管路的隔振。

风机进出口与风管间的软管宜采用人造革材料或帆布材料制作。

复习思考题

1. 空调系统的任务是什么？由哪些部分组成？
2. 空调系统如何分类？
3. 常用的几种空调系统有什么特点？分别适用于何种场合？
4. 空调系统常用的冷源有哪些形式？
5. 空调系统空气处理设备有哪些？
6. 通风与空调系统常采用哪些消声减震的措施？

# 任务十　通风与空调系统施工图

### 知识目标

- 掌握通风与空调系统施工图制图的规定；
- 了解通风与空调系统施工图内容；
- 掌握通风与空调系统施工图识读方法。

### 能力目标

- 能识读通风与空调系统施工图。

## 课题一　通风与空调系统施工图制图规定及其组成

### 一、通风与空调系统施工图制图的一般规定

通风与空调施工图制图应符合《暖通空调制图标准》(GB/T 50114—2010) 的规定。

1. 比例

通风与空调工程施工图的比例，参见表 7-2 中所列比例。

2. 风管规格标注

风管规格对圆形风管用外径“$\phi$”表示（如 $\phi$360），一般不注明壁厚，壁厚在图纸或材料表中说明；对矩形风管用断面尺寸“宽×高”表示（如 400×120），单位均为 mm，不标注壁厚。

3. 风管标高标注

矩形风管标注管底标高，圆形风管标注管中心标高。

4. 通风与空调系统施工图常用图例

见表 10-1。

表 10-1 部分通风与空调系统施工图常用图例

| 序号 | 名称 | 图例 | 序号 | 名称 | 图例 |
|---|---|---|---|---|---|
| 1 | 送风系统 | S——1 | 18 | 蝶阀 | |
| 2 | 排风系统 | P——2 | 19 | 电动对开式多叶调节阀 | M M |
| 3 | 空调系统 | K——3 | 20 | 三通调节阀 | |
| 4 | 新风系统 | X——4 | 21 | 防火（调节）阀 | |
| 5 | 回风系统 | H——5 | 22 | 止回阀 | |
| 6 | 排烟系统 | PY——6 | 23 | 送风口 | |
| 7 | 制冷系统 | L——7 | 24 | 回风口 | |
| 8 | 正压送风系统 | ZS——11 | 25 | 方形散流器 | |
| 9 | 空调供水管 | ——$L_1$—— | 26 | 圆形散流器 | |
| 10 | 空调回水管 | ——$L_2$—— | 27 | 伞形风帽 | |
| 11 | 冷凝水管 | —— *n* —— | 28 | 离心式通风机 | M (1) M (2) (3) |
| 12 | 冷却供水管 | ——$LG_1$—— | 29 | 轴流式通风机 | M (1) (2) (3) |
| 13 | 冷却回水管 | ——$LG_2$—— | 30 | 离心式水泵 | M (1) (2) (3) |
| 14 | 送风管、新（进）风管 | | 31 | 制冷压缩机 | |
| 15 | 回风管、排风管 | | 32 | 水冷机组 | |
| 16 | 混凝土或砖砌风道 | | 33 | 风机盘管 | |
| 17 | 插板阀 | | | | |

## 二、通风与空调系统施工图的组成

通风与空调施工图一般由设计说明、平面图、系统图、剖面图、原理图、详图和设备材料表组成。

1. 设计说明

设计施工说明主要包括通风与空调系统的建筑概况；系统采用的设计气象参数；房间的设计条件（冬季、夏季空调房间的空气温度、相对湿度、平均风速、新风量、噪声等级、含尘量等）；系统的划分与组成（系统编号、服务区域、空调方式等）；要求自控时的设计运行工况；风管系统和水管系统的一般规定、风管材料及加工方法、管材、支吊架及阀门安装要求、保温、减振作法、水管系统的试压和清洗等；设备的安装要求；防腐要求；空调系统设备安装要求，主要是对空调系统的装置，如风机盘管、柜式空调器、水泵及通风机等提出详细的安装要求；机械送排风，建筑物内各空调房间、设备层、车库、消防前室、走廊的送排风设计要求和标准；空调冷冻机房，列出所采用的冷冻机、冷冻水泵及冷却水泵的型号、规格、性能和台数，并提出主要的安装要求；系统调试和试运行方法和步骤；应遵守的施工规范等。

2. 平面图

通风与空调系统平面图包括建筑物各层面通风与空调系统的平面图、空调机房平面图、制冷机房平面图等。

① 系统平面图。主要说明通风与空调系统的设备、风管系统、冷热媒管道、凝结水管道的平面布置。主要包括风管系统、水管系统、空气处理设备、尺寸标注。

② 通风与空调机房平面图。一般应包括空气处理设备、风管系统、水管系统、尺寸标注等内容。空气处理设备应注明按产品样本要求或标准图集所采用的空调器组合段代号，空调箱内风机、表面式换热器、加湿器等设备的型号、数量以及该设备的定位尺寸；风管系统包括与空调箱连接的送、回风管，新风管的位置及尺寸，用双线绘制；水管系统包括与空调箱连接的冷、热媒管道，凝结水管道的情况，用单线绘制。

③ 送、排风示意图。表示出空调中的送、排风，消防正压送风，防火排烟的风口、风道尺寸，风机等设备的型号、尺寸、安装位置等。

3. 剖面图

在通风、空调平面图上不可能表示建筑物内的风管、附件或附属设备的立面位置和立面尺寸，只有剖面图才能表示出它们的立面位置以及安装的标高尺寸。施工当中应与平面图相互对照进行识读。

4. 系统图

系统图与平面图相配合可以说明通风与空调系统的全貌。表示出风管的上、下楼层间的关系，风管中干管、支管、进（出）风口及阀门的位置关系。风管的管径、标高也能得到反映。

水系统图包括空调冷冻水和冷却水系统图，可以使施工人员对整个空调水系统有全面的了解。风系统图示意了从空气处理设备到空调末端设备的气流分配情况。

5. 原理图

原理图主要包括系统的原理和流程，主要反映该系统的作用原理、管路流程及设备之间的相互关系，应绘出设备、阀门、控制仪表、配件、标注介质流向、管径及设备编号。流程图可不按比例绘制，但管路分支应与平面图相符。

6. 详图

局部放大的施工图，用于表示其他图纸上表示不清的信息。

7. 设备材料表

统计通风与空调系统中的设备和材料的使用情况，将各系统选用的设备和材料列出规格、型号、数量等。

# 课题二　通风与空调系统施工图识读

通风与空调系统施工图中风管系统和水系统具有相对独立性，因此，看图时应将风系统和水系统分开阅读，然后再综合阅读。风系统和水系统都有一定的流动方向，有各自的回路，可以从冷水机组或空调机组开始阅读，直至经过完整的环路又回到起始点，如图 10-1 和图 10-2 所示。

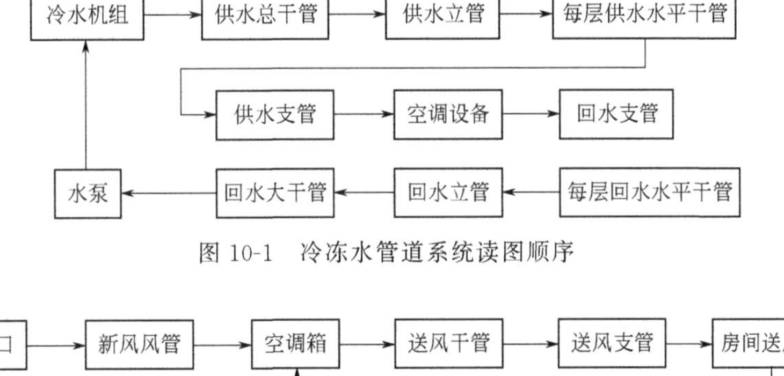


图 10-1　冷冻水管道系统读图顺序

新风口 → 新风风管 → 空调箱 → 送风干管 → 送风支管 → 房间送风口

排风口 ← 排风管 ← 回风干管 ← 回风支管 ← 房间回风口 ← 房间

图 10-2　风管系统读图顺序

## 一、通风与空调系统施工图识读方法

一套通风与空调系统施工图所包括的内容比较多，一般应按以下顺序依次阅读，有时还需进行相互对照阅读。识图过程中注意平面图与系统图、系统原理图及剖面图的结合。

1）图纸目录及标题栏　了解工程项目名称、项目内容、设计日期、工程全部图纸数量、图纸编号等。

2）总设计说明　了解工程总概况及设计依据，了解图纸中未能表达清楚的各有关事项。如系统形式、管材附件使用要求、管路敷设方式和施工要求，图例符号，施工时应注意的事项等。

3）平面布置图　了解各层平面图上风管平面布置编号，设备的编号及平面位置、尺寸，风口附件的位置，风管的规格等。

4）系统图　系统图一般和平面图对照阅读，要求了解系统编号，管道的来龙去脉，管径、管道标高、设备附件的连接情况、数量和种类。了解通风管道在土建工程中的空间位置、建筑装饰所需的空间。

5）安装大样图　了解设备用房平面布置，定位尺寸、基础要求、管道平面位置，管道、设备平面高度，管道、设备的连接要求，仪表附件的设置要求等。

6）设备材料表　了解主要设备、材料的型号、规格和数量。

## 二、通风系统施工图识读案例

**【案例 10-1】**某三层建筑物的通风系统施工图见任务七图 7-6～图 7-10，屋面通风平面图及风机安装大样图如图 10-3、图 10-4 所示，试识读通风系统施工图。

1. 设计说明

① 卫生间内设吊顶安装型卫生间通风器，连接管道用镀锌铁皮制作，为防止火灾蔓延，在每层接入竖井的排风支管上设 70℃熔断关闭防火阀。三层房间设排气扇通风换气。

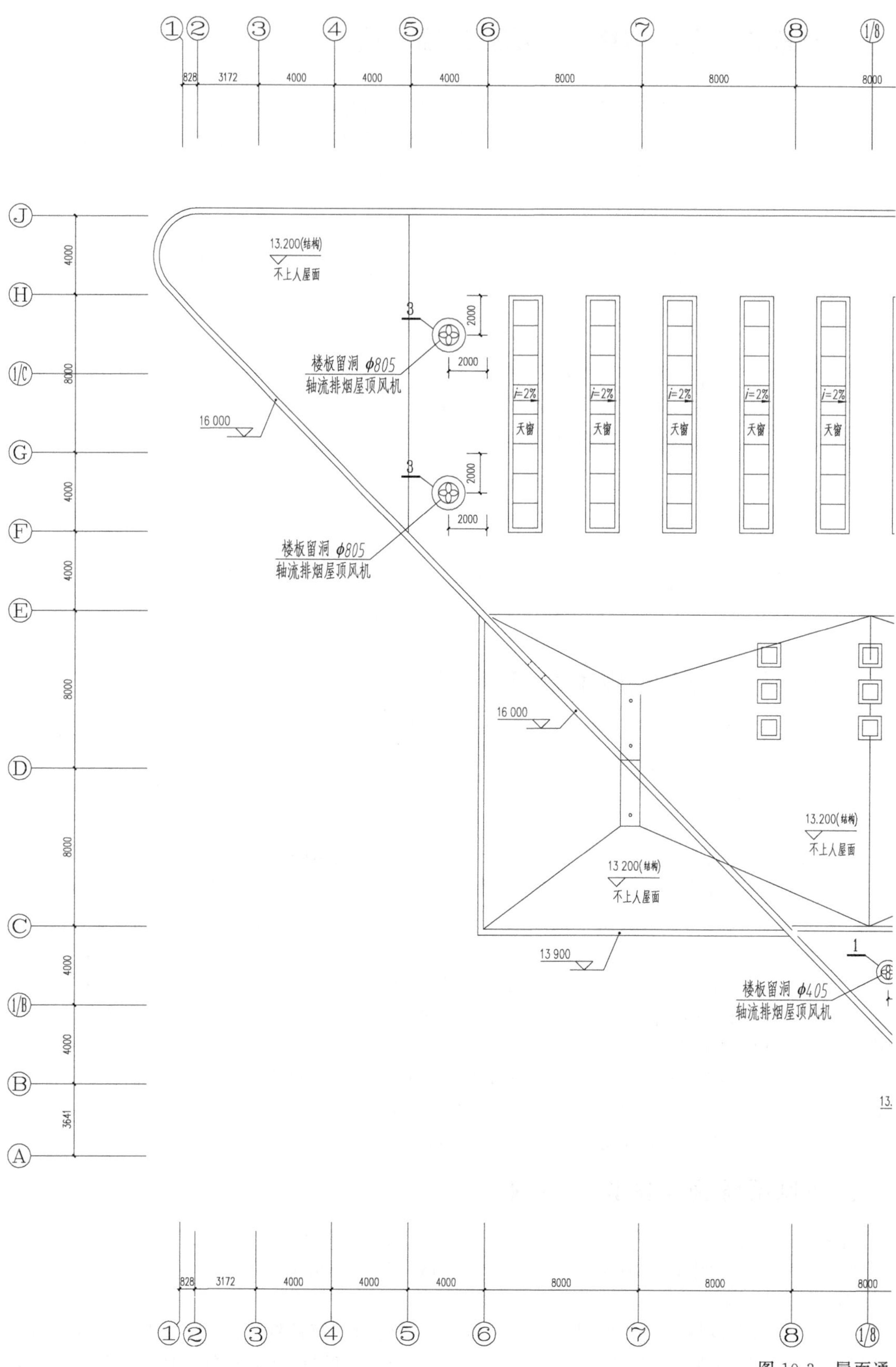

1 2 3 4 5 6 7 8 1/8
828 3172 4000 4000 4000 8000 8000 8000
J H 1/C G F E D C 1/B B A
4000 8000 4000 4000 8000 8000 4000 4000 3641
13.200(结构)
不上人屋面
楼板留洞 φ805
轴流排烟屋顶风机
16 000
2000
i=2%
天窗
13 200(结构)
13 900
楼板留洞 φ405


图 10-3 屋面通

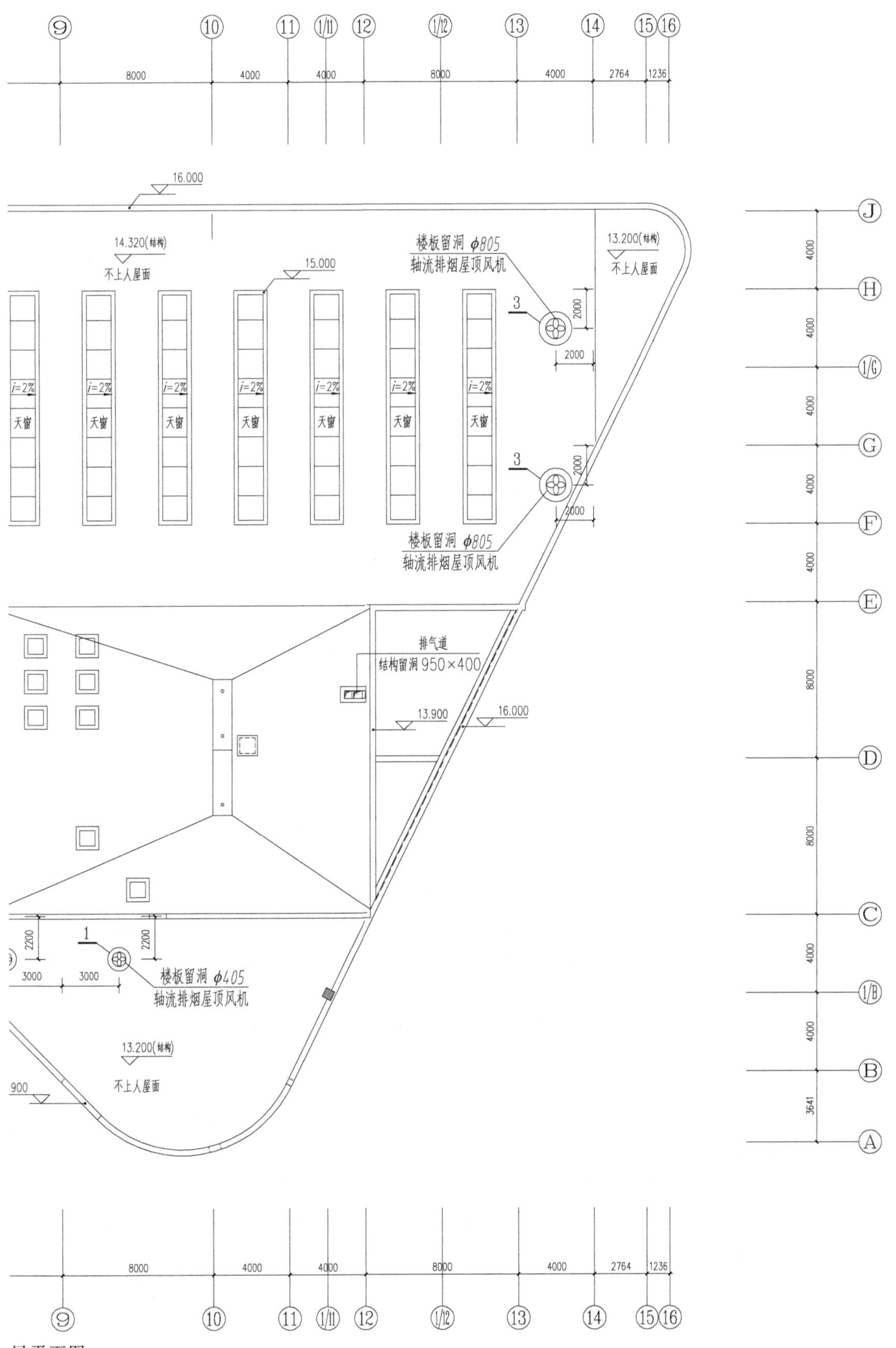
16.000
14.320(结构)
不上人屋面
15.000
楼板留洞 φ805
轴流排烟屋顶风机
13.200(结构)
不上人屋面
i=2%
天窗
排气道
结构留洞 950×400
13.900
16.000
楼板留洞 φ405
轴流排烟屋顶风机
13.200(结构)
不上人屋面

风平面图

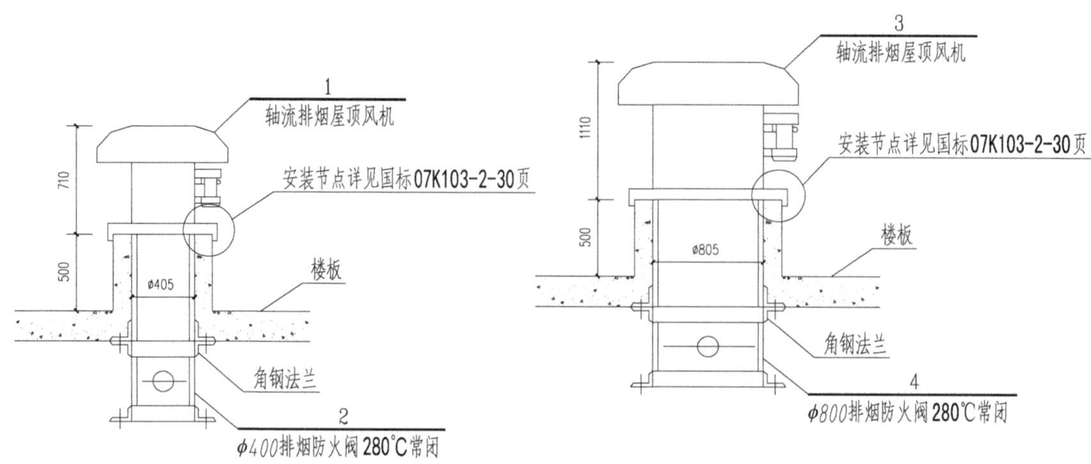


舞蹈排练屋面排烟风机安装大样图1:25

篮球场屋面排烟风机安装大样图1:25

舞蹈排练屋面排烟风机基础1:25

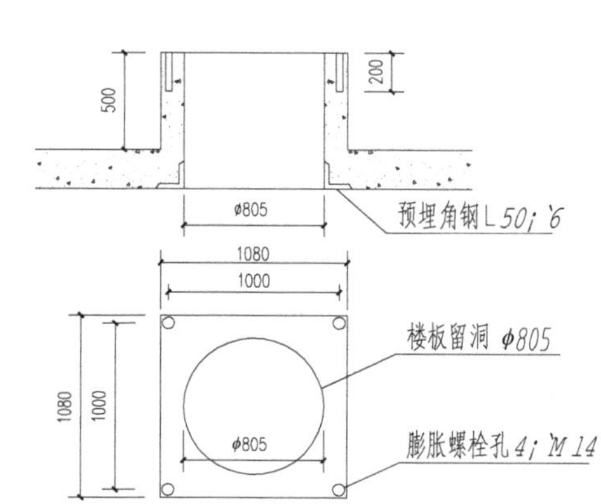


篮球场屋面排烟风机基础1:25

图 10-4　风机安装大样图

② 篮球场与二层舞蹈室相通的中庭设置机械排烟系统，排烟量按换气次数 6 次设计，排烟风机设在屋面上，在排烟风机入口处设置常闭 280℃排烟防火阀。

2. 施工图识读

一层卫生间通风管道管径为 $\phi$250，在男卫生间排入东北角的风道，进入风道前安装 70℃熔断关闭防火阀，卫生间通风器男、女及残疾人卫生间各 1 个，吊顶安装，连接风管管径分别为 200、150。

二层卫生间通风管道布置同一层卫生间，卫生间通风器在男、女卫生间各设 1 个，吊顶安装，连接风管管径为 200。

三层无外窗房间均设有通风系统，每个房间设置一个通风器，主干风道设在走廊靠北侧墙，沿走廊向北进入储藏室进入风道，吊顶内安装，管径为 250，末端管径为 200。建筑物所有风道均为圆形断面。

篮球场屋面东西两侧各设 2 台屋顶风机，舞蹈室屋面设 2 台屋顶风机。风机基础及安装如图 10-4 所示。

## 三、空调系统施工图识读案例

空调系统的新风和回风管路，按空气流向进行识读。空调系统的水系统，按照水的流向来进行识图。

**【案例 10-2】** 图 10-5～图 10-7 所示为某建筑物标准层空调风系统、水系统平面图及水系统轴测图。

1. 设计说明

(1) 设计依据（略）

(2) 设计范围

夏季空气调节系统。

(3) 室内外空气计算参数（略）

(4) 空气调节系统

1) 空调范围　本建筑除地下室设散热器采暖外均设集中空气调节系统。水箱间及各层卫生间、楼梯间设风机盘管，冬季供暖，夏季关闭。

2) 空调系统形式　所有房间采用风机盘管加新风机组的集中空调系统。每层设置新风机组，提供办公人员所需新风风量。

3) 空调冷热源　夏季空调冷源由设在地下室空调机房的冷水机组供给 7～12℃冷冻水，冬季热源由地下室空调机房换热器换热后提供 50～60℃热水。本建筑冬季总负荷 980kW，夏季总负荷 1480kW，系统阻力 75000Pa。

4) 空调风系统　风机盘管加新风系统。风机盘管与送风口用风管相连，回风为吊顶回风，回风口为单层百叶风口加过滤网。新风送至吊顶进入空气循环；新风风道穿越防火分区、空调机房、其他设备机房及其他火灾危险性大的房间隔墙处设防火阀；每个新风口处均安装多叶对开调节阀，规格与风管同径。空调送回风、新风管为直接风管，A 级不燃，外贴 W38 白色防潮防腐贴面，内敷防菌抗霉隔离质。风管均为顶对齐，未注风管顶标高为 2.95m（相对本层地面标高）。

5) 空调水系统　系统采用两管制闭式系统，风机盘管、新风机组在一个系统内；风机盘管供回水及凝结水接口处均为 *DN*20；并且风机盘管进出口均安装等径球阀及金属软连接，同时设置电动两通阀。空调冷水管 *DN*≥150 时，采用镀锌无缝钢管，*DN*<150 时，采用镀锌钢管；空调冷却水管采用镀锌无缝钢管；凝结水管采用镀锌钢管。注：风机盘管底标高为 3.00m（相对本层地面标高）。标准层空调水平干管标高为 2.8m（相对本层地面标高）。

(5) 保温

空调冷水管采用橡塑保温，$\delta$=19mm，凝水管采用橡塑保温，$\delta$=13mm。

(6) 阀门

设备管道上配用的阀门应根据系统介质性质温度、工作压力分别选择手动蝶阀、柱塞阀、截止阀及闸阀等。阀门应严格保证质量标准，严禁出现滴、漏、跑汽等现象。

空调冷热水系统，*DN*>50，截止阀或对夹式手动蝶阀；*DN*≤50，U11S-1.6 柱塞阀（新风机组及风机盘管进出口）；TE2A 型电动二通阀（新风机组及风机盘管进出口）。空调冷却水系统，截止阀或闸阀；截止阀或 D671 型电动对夹式衬胶蝶阀（冷却塔）。

(7) 风机盘管连接风管及风口尺寸（表 10-2）

**表 10-2　风机盘管连接风管及风口尺寸**

| 图中编号 | 风机盘管型号 | 送风管尺寸/(mm×mm) | 双层送风百叶尺寸/(mm×mm) | 单层回风百叶尺寸/(mm×mm) |
|---|---|---|---|---|
| A | FP-3.5WH | 600×150 | 600×200 | 600×200 |

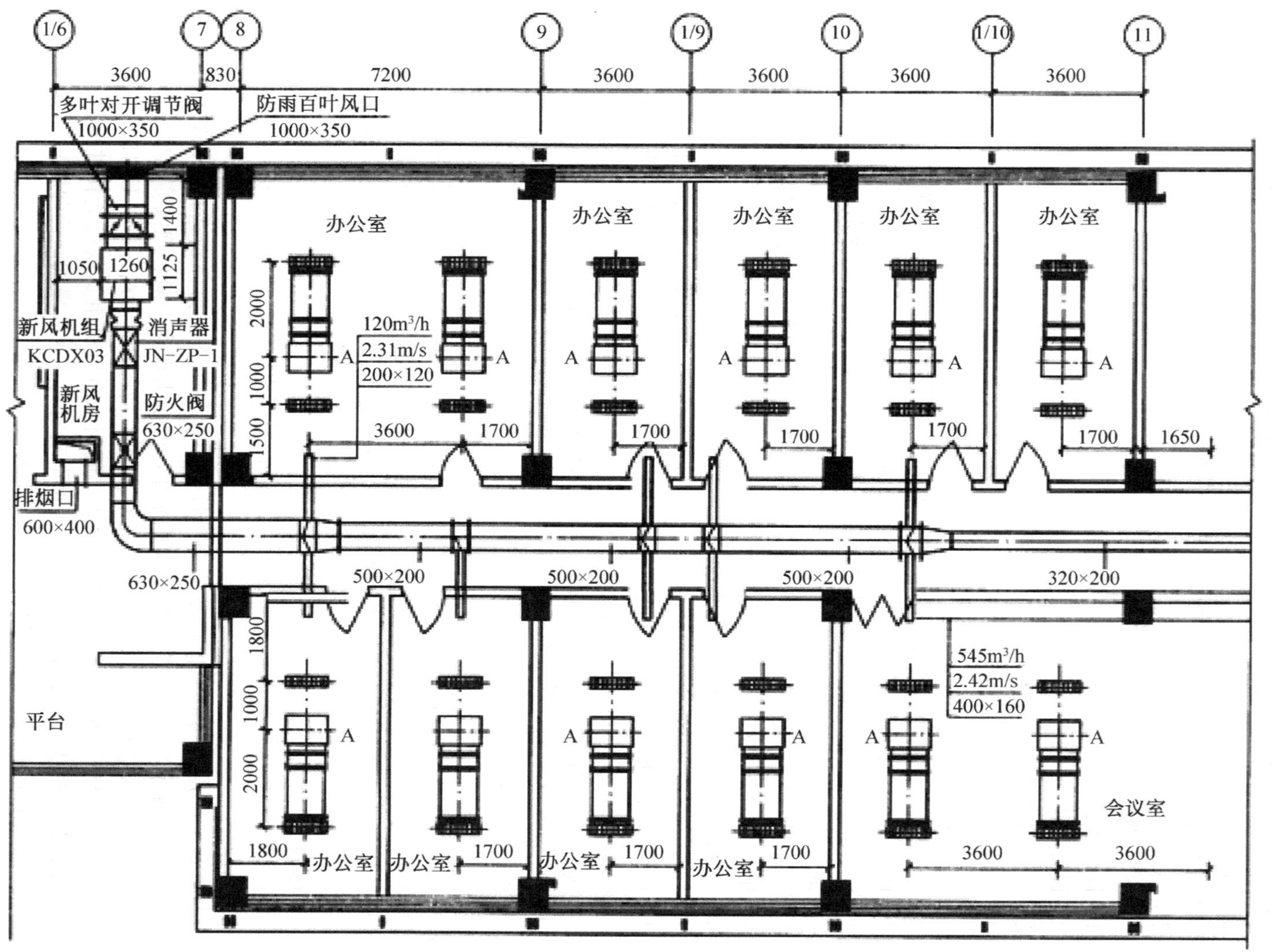


图 10-5 标准层空调风系统平面图

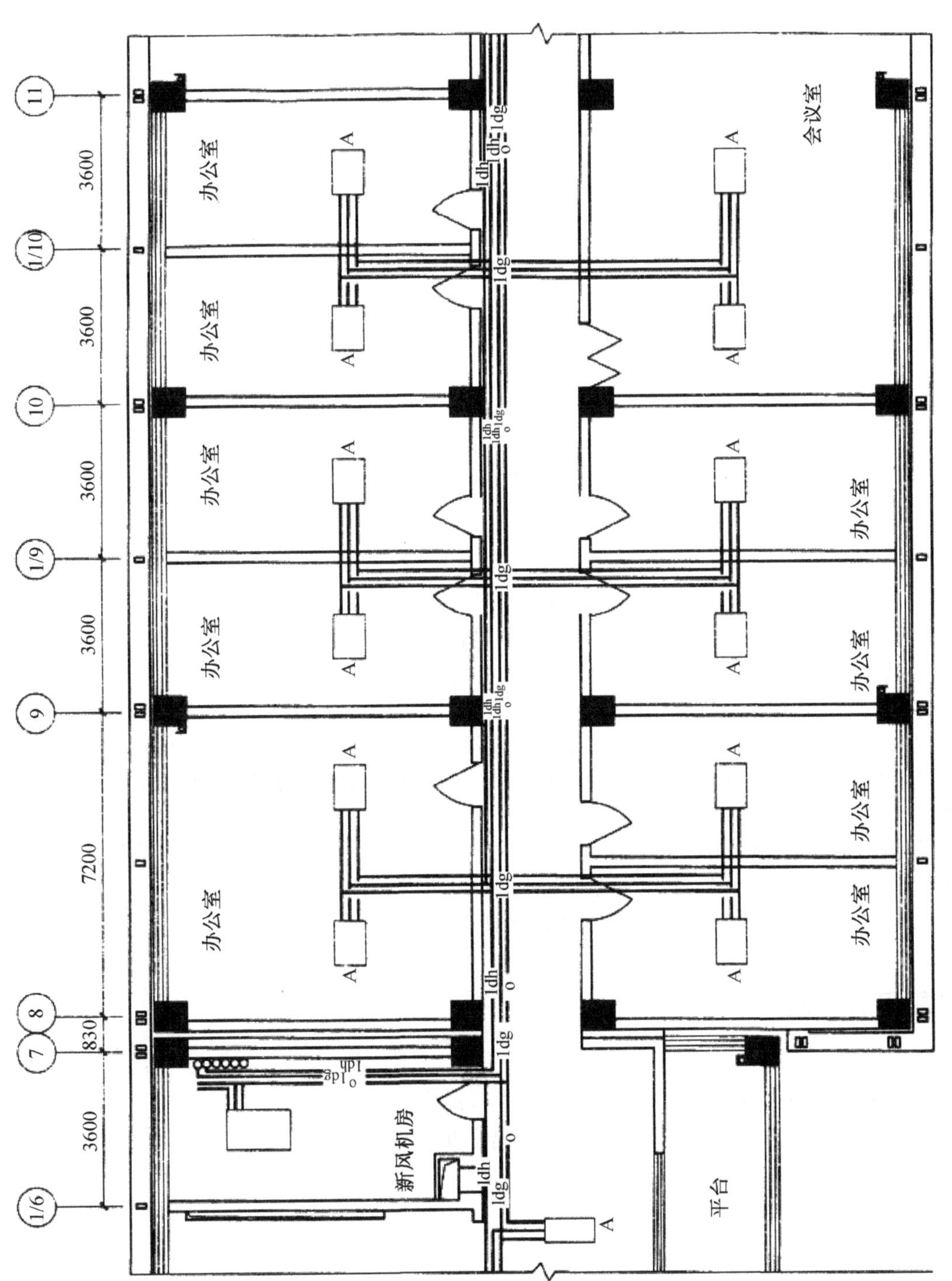


图 10-6　标准层空调水系统平面图

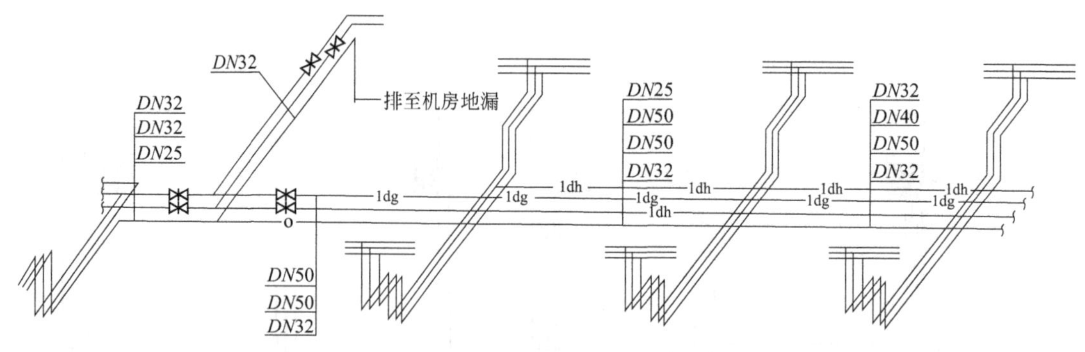


图 10-7　标准层空调水系统轴测图

（8）主要图例

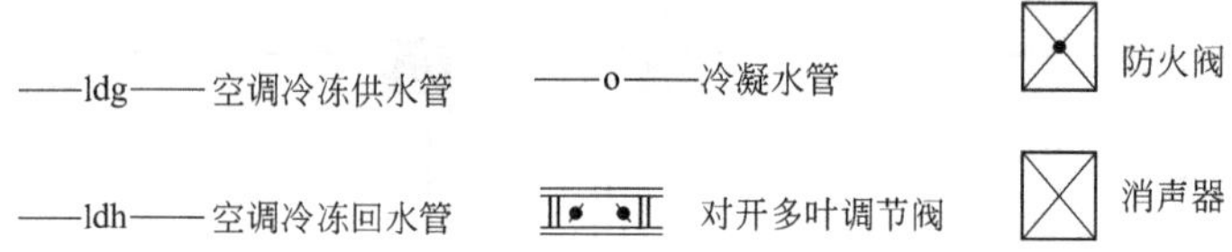


2. 施工图识读

① 从设计施工说明中可以看出，所有房间采用风机盘管加新风机组的集中空调系统。每层设置新风机组，提供办公人员所需新风风量。空调水系统采用两管制闭式系统；风机盘管的送风口采用双层百叶风口，回风口采用单层百叶风口。

② 从图 10-5 中可见，1/6～7 轴间为新风机房，新风经处理后经消声器通过风管沿走廊送入各办公室，在穿越机房墙体时设置防火阀，具体风管尺寸见图样。送入各办公室的新风风管规格为 200mm×120mm，送入会议室的新风风管规格为 400mm×160mm。各办公室设置风机盘管，回风直接从吊顶回风口吸入，经风机盘管处理后通过一小段风管至双层送风口下送。

③ 图 10-6 中 7 轴处有一排立管，连接该层水平布置的冷冻水供回水管，该层的空调凝结水管也通过其中一根立管排出。风机盘管、新风机组通过同一组供回水水平干管连接。

④ 从图 10-7 的空调水系统图可以读出水管管径。

## 复习思考题

1. 建筑通风与空调系统施工图主要包括哪些内容？
2. 简要阐述建筑通风与空调系统施工图识读方法。

# 模块四 建筑电气与智能化系统

## 任务十一 建筑电气系统

### 知识目标

- 了解建筑供电系统的组成；熟悉低压配电系统的功能及配电方式；
- 掌握配线工程敷设方式；
- 了解照明的种类和照明的方式；掌握电光源的分类、组成和特点；
- 掌握建筑物避雷装置的组成、防雷措施。

### 能力目标

- 能认知建筑照明系统的构成；能根据图纸选择电气设备与照明设备；
- 能认知避雷设备与防雷措施。

### 课题一 建筑供配电系统

#### 一、建筑供配电系统基本知识

1. 建筑供配电系统

建筑供配电系统是电力系统的一个重要组成部分，包括从电源进户起到用电设备的输入端止的整个电路，其主要功能是完成在建筑内接受电能、变换电压、分配电能、输送电能的任务。一般由供配电设施、配电线路、用电设备部分组成。

(1) 供配电设施

主要是指用来分配、控制电能的设备，如各种配电柜、配电箱等。

(2) 配电线路

主要用来运输电能，如各种电缆、电线等。

(3) 用电设备

又称用电负荷，是将电能转化成其他光能、机械能的设备，如灯具、电动机等。

2. 电力负荷分级

根据供电可靠性及中断供电在政治、经济上所造成的损失或影响的程度，用电负荷分为一级负荷、二级负荷和三级负荷。

（1）一级负荷

中断供电将造成重大的政治、经济损失或人员伤亡的负荷，或是影响有重大政治、经济意义的用电单位正常工作的负荷，叫作一级负荷。如重要通信枢纽、重要交通枢纽、重要的经济信息中心、特级或甲级体育建筑、国宾馆、国家级及承担重大国事活动的会堂以及经常用于重要国际活动的大量人员集中的公共场所等用电单位中的重要电力负荷。

一级负荷要采用两个独立的电源供电；当从电力系统取得第二电源不能满足上述条件或经济上不合理时应设置备用电源，从而保证一级负荷供电的连续性。

（2）二级负荷

中断供电将造成较大的政治、经济损失或影响重要用电单位正常工作的负荷，叫作二级负荷。如地、市政府办公楼，三星级旅馆，甲级电影院，地、市级主要图书馆、博物馆、文物珍品库等。

二级负荷要求采用双回路供电，即有两条线路，一备一用。在条件不允许采用双回路时，则允许采用 6kV 以上专用架空线路供电。

（3）三级负荷

不属于一级负荷和二级负荷的用电负荷应为三级负荷。三级负荷对供电无特殊要求，一般采用单回路供电，但在可能的情况下，也应尽力提高供电的可靠性。

3. 电源电压

（1）三相 380V/220V 电源

建筑供电一般应采用 380V/220V 三相四线制或三相五线制中性点直接接地的交流供电系统。三条线路分别代表 A、B、C 三相，另一条是中性线 N，五线制比四线制多一条地线 PE。

380V/220V 三相四线制供电线路由电力变压器的低压侧引出，由变压器三相绕组的三根头端引出的线称为相线，也称火线；变压器三相绕组的三根尾连接在一起称中性线也叫“零线”。三相平衡时刻中性线中没有电流通过，且中性线直接或间接地接到大地，跟大地电压接近零，因此称为零线，零线的最近接地点在变电所或者供电的变压器处。地线是把设备或用电器的外壳可靠地连接大地的线路，不构成回路，地线的对地电位为零。

零线和另外任何三根（火线）中的任何一根可以构成供电回路，就是常说的单相 220V，而三根（火线）中任何两根也可以构成供电回路，电压是 380V。因此三相四线制供电能同时供出 220V、380V 两种不同的电压。

在三相四线制供电系统中，增加第五根线地线，称为三相五线制供电方式。它的一端在用户区附近用金属导体深埋于地下形成接地体，另一端与各用户的地线接点相连，当设备外壳等金属可导电部分因漏电或电磁感应等原因而带电时，可由地线将这部分电荷导入地下，起接地保护的作用。三相五线制包括三根相线、一根工作零线、一根地线（PE 线）。

（2）单相 220V 电源

当负荷电流小于 15A 时，可采用 220V 单相二线制的交流电源；当负荷电流为 15～30A 时，可采用 380V 两相三线制的交流电源。

## 二、变（配）电所

1. 建筑供电系统的基本方式

1）对于 100kW 以下的用电负荷　不单独设变压器，通常采用 380V/220V 低压供电即可，只需设立一个低压配电室。

2）小型民用建筑的供电　只设一个简单的降压变电所，把电源进线 6～10kV 经过降压变压器变为 380V/220V。

3）对于用电负荷较大的民用建筑　有多台变压器时，一般采用10kV高压供电，经过高压配电所，分别送到各变压器，降为380V/220V低压后，再配电给用电设备。

4）大型民用建筑　供电电源进线可为35kV，经过两次降压，第一次先将35kV的电压降为6～10kV，然后用高压配电线送到各建筑物变电所，再降为380V/220V低压。

2. 变配电所的形式

变配电所的形式应根据用电负荷的分布状况和周围环境、工程性质等情况综合确定。

① 高层或大型民用建筑，宜考虑设置室内变配电所。

② 负荷小而分散的工业企业和大中城市的居民区视负荷情况可以采用独立式变配电所。也可将高、低压配电装置及变压器集中安装在一个大型防护箱内，组成户外箱式变电站，如图11-1所示。

③ 环境允许的中小城镇居民区和工厂的生活区，当变压器容量在315kV·A及以下时，可设户外杆上变压器，如图11-2所示。

图11-1　户外箱式变电站

图11-2　户外杆上变压器

④ 负荷较大的车间和站房，宜设变配电所或半露天变配电所；负荷较大的多跨厂房，负荷中心在厂房的中部且环境许可时，宜设车间内变配电所或组合式成套变配电站。

3. 变配电所的基本组成

变配电所的主要任务是用来变换供电电压，集中和分配电能，并实现对供电设备和线路的控制与保护。

变配电所包括变压器和配电装置两部分，主要设备由电力变压器、高压开关柜（断路器、电流互感器、计量仪表等）、低压开关柜（隔离刀闸、空气开关、电流互感器、计量仪表等）、母线及电缆等组成。根据变配电所的布置要求，应设置变压器室、高压配电室、低压配电室。

（1）变压器

就是用来改变电压的设备。变压器在正常工作时都会放热，所以，需要在变压器上放置冷却装置，按照冷却方式不同，可以把变压器分为油浸式变压器、干式变压器。油浸式变压器常用在独立建筑的变配电所或户外安装，干式变压器常用在高层建筑内的变配电所。

（2）高压电气设备

1）高压断路器（QF）　高压断路器是一种开关电器，不仅能够接通和断开正常负荷的电流，还能在保护装置的作用下自动跳闸，切除故障电流。高压断路器里安装有灭弧装置，灭弧装置会把开关的触头挡住，致使高压断路器无可见触头。高压断路器经常和高压隔离开关配合使用。高压断路器按灭弧介质可分为多油断路器、少油断路器、真空断路器、六氟化硫断路器，如图11-3所示。

2）高压负荷开关（QL）　高压负荷开关用来接通和断开高压线路正常的负荷电流。高压负荷开关有一定的灭弧装置，不能通断故障电流，必须与高压熔断器串联使用，由高压熔断器切断故障电流，如图 11-4 所示。

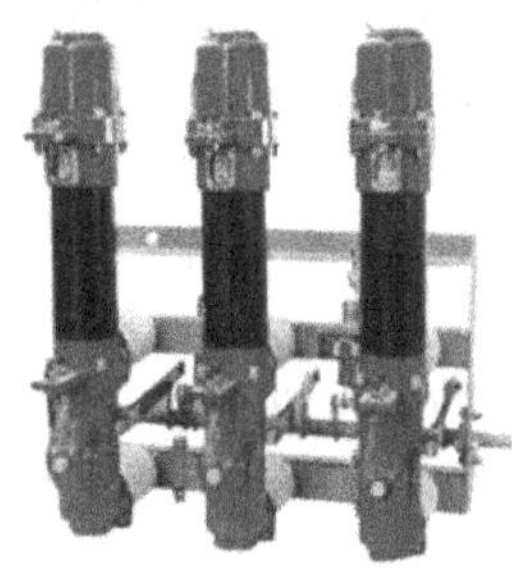

图 11-3 SN10-10 型户内高压少油断路器

图 11-4 高压负荷开关

3）高压隔离开关（QS） 高压隔离开关的作用是隔离高压电源，以保证线路能安全检修。高压隔离开关没有灭弧装置，不能通断负荷电流，如图 11-5 所示。高压断路器经常和高压隔离开关配合使用，合闸时，先合隔离开关，后合断路器；断开时，先断开断路器，后断开隔离开关。

4）高压熔断器（FU） 高压熔断器是一个线路保护器，作用是使设备或者线路避免遭受过电流和短路电流的危害。保护主要由熔丝来完成，当线路或者设备出现故障时，电流增大，熔丝温度上升到熔断温度，熔丝熔断，从而保护线路与设备，如图 11-6 所示。

图 11-5 GN19-12 型高压隔离开关

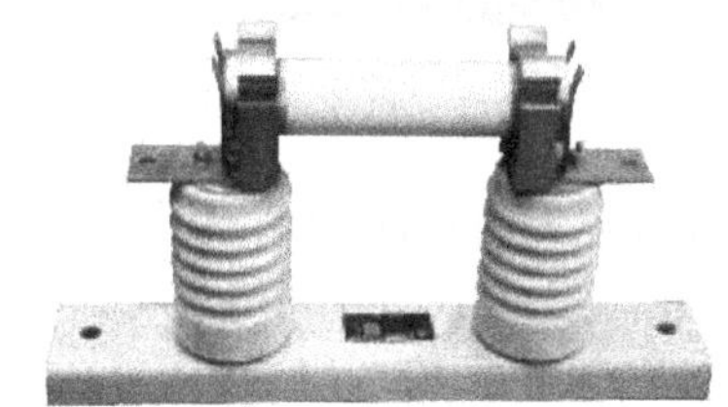

图 11-6 RN4 型高压熔断器

5）高压开关柜 按照一定的线路方案将高压电气设备等有关设备组装为一体的配电装置，用于供配电系统中作为受电或配电的控制、保护和监察测量。

高压开关柜有固定式、手车式两大类型。固定式高压开关柜中的所有电气元件都是固定安装的；手车式高压开关柜中的某些主要电气元件如高压断路器、电压互感器和避雷器等，是安装在可移开的手车上面的，因此手车式又称移开式。

（3）低压电气设备

1）低压断路器 能通断负荷电流，具有良好的灭弧装置，对电气设备进行欠压、失压、过载和短路保护的开关电器，广泛地应用于现代的建筑电气中。

① 按用途分类

a. 导线保护用断路器。主要用于照明线路和保护家用电器，额定电流在 6～125A 范围内。

b. 配电用断路器。在低压配电系统中作过载、短路、欠电压保护之用，也可用作电路的不频繁操作，额定电流一般为 200～4000A。

c. 电动机保护用断路器。在不频繁操作场合，用于操作和保护电动机，额定电流一般为 6～63A。

d. 漏电保护断路器。主要用于防止漏电，保护人身安全，额定电流多在 63A 以下。

② 按结构分类

a. 框架式断路器。所有结构元件都装在同一框架或底板上，可有较多结构变化方式和较多类型脱扣器，为敞开式结构，广泛应用于工业企业变电所及其他变电场所，如图 11-7 所示。

b. 塑料外壳式断路器。所有结构元件都装在一个塑料外壳内，结构紧凑、体积小，为封闭式结构，广泛用于变（配）电、建筑照明线路中，如图 11-8 所示。

c. 微型断路器。为建筑电气终端配电装置提供保护，最大电流等级在 125A 以内，常用于建筑照明线路中。房间较大时更适宜选择塑壳断路器，如图 11-9 所示。

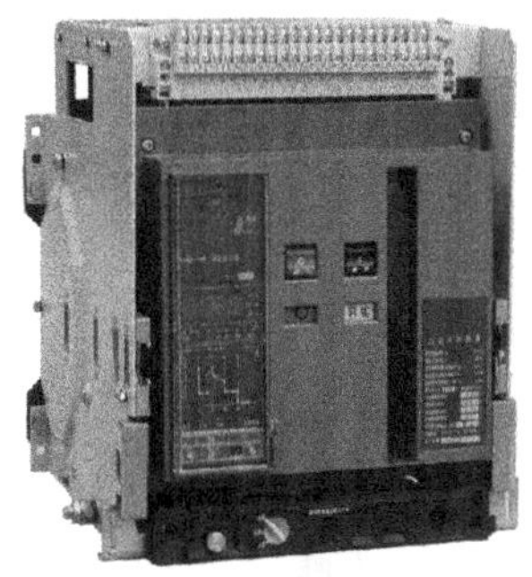

图 11-7　框架式断路器

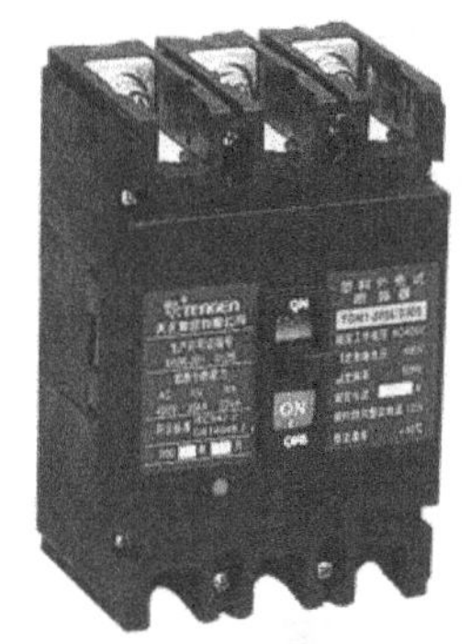

图 11-8　塑料外壳式断路器

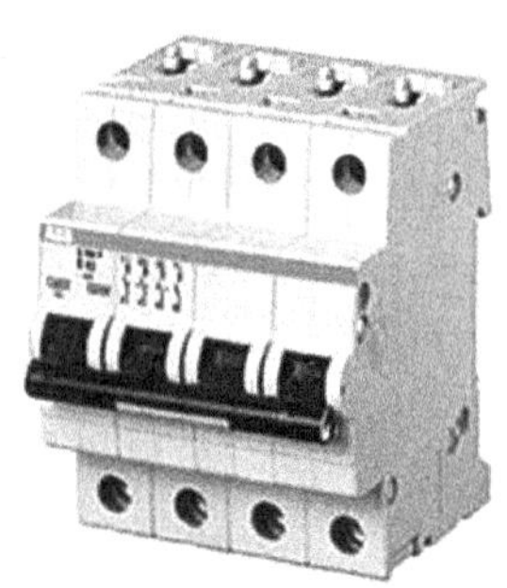

图 11-9　微型断路器

2）低压负荷开关　低压负荷开关是使用在低压线路中，可以带负荷操作的开关设备。它具有简单的灭弧装置，可以切断有设备正在运行的线路，既可以通断负荷电流，同时内部安装熔断器，也可以在短路时通过熔断器断开线路。

低压负荷开关常见有胶盖闸刀开关（图 11-10）和铁壳开关（图 11-11）两种。胶盖闸刀开关一般多用于临时线路（如建筑工地的供电），铁壳开关外部是一个坚固的铁外壳，为了安全，开关手柄与箱盖有连锁机构，开关合闸后，铁壳盖不能打开，所以其安全性相对较高。

图 11-10　胶盖闸刀开关

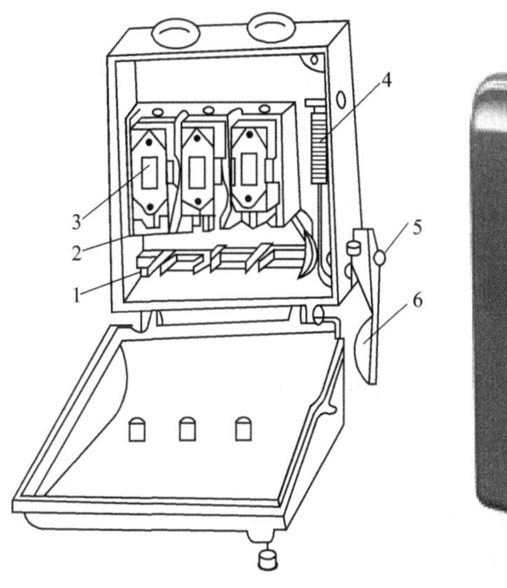


图 11-11　铁壳开关结构与实物

1—刀式触头；2—夹座；3—熔断器；4—速断弹簧；5—转轴；6—手柄

3）低压隔离开关　在安装或检修时，为了保证线路和设备绝对不带电，要在低压线路中安装隔离开关，以达到线路和设备隔离的目的。由于其触点可见，所以很容易判断线路是闭合还是断开，方便线路安装和维修。低压隔离开关一般安装在配电柜或配电箱内，起到保护人员和设备安全的作用。

在供配电系统设计规范中及开关设备生产厂家将隔离开关称为隔离器，低压负荷开关称为隔离开关。但在实际工程应用中一般仍然延续上述介绍的叫法。

4）低压熔断器　是一种线路保护器件，串联在线路中，当线路中电流超过额定值后，自身熔断从而断开线路，以保护电路免于受到伤害，如图 11-12 所示。

5）低压配电柜　又称低压配电屏，它是按一定的线路方案将低压设备组合而成的一种低压成套配电装置。低压配电柜有固定式和抽屉式两大类。固定式中的所有元件是固定安装的；而抽屉式的某些电气元件是先按一定线路方案组成若干功能单元，然后灵活组装成配电屏（柜），各功能单元类似抽屉，可按需要抽出或推入，因此又称为抽出式。

4. 建筑低压配电方式

建筑低压配电系统常用的配电方式，一般分为三种，如图 11-13 所示。

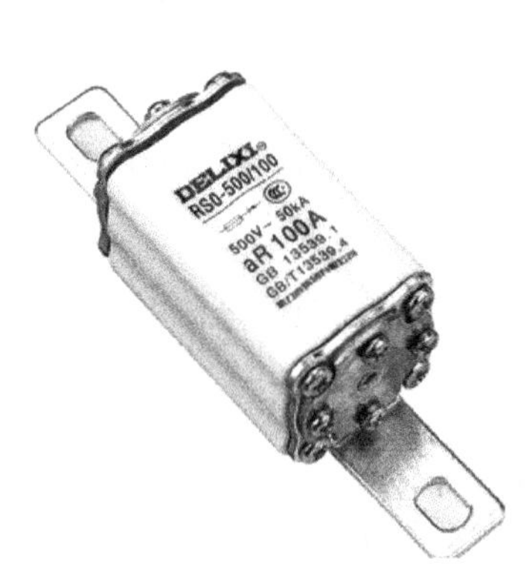


图 11-12　低压熔断器

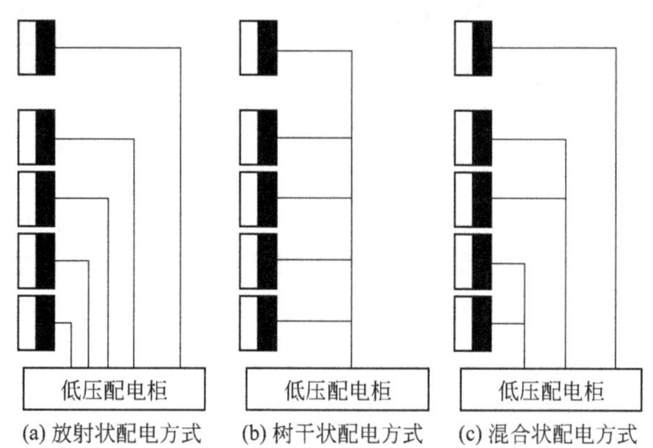


(a) 放射状配电方式　(b) 树干状配电方式　(c) 混合状配电方式

图 11-13　建筑低压配电方式

（1）放射状配电方式

该方式是各种用电负荷均从低压配电柜处直接接线，各个供电回路之间相互独立，供电可靠性高；缺点是所需线路及开关较多，一般适用于容量大，负荷对供电可靠性要求较高的场所。

（2）树干状配电方式

该方式是从低压配电柜引出一路配电干线，每个用电负荷直接从该干线上引出分支线供电的接线方式。供电可靠性不高，故障影响面大。一般适用于用电设备分布较均匀、容量不大又无特殊要求的三级负荷。

（3）混合状配电方式

该方式是将放射式配电和树干式配电相结合的一种配电方式。是目前最常用的一种配电方式。

## 三、室外配电线路

低压配电线路按照敷设的场所，分为室外配电线路和室内配电线路。室外配电线路是指从变配电所至建筑物进线处的一段低压线路。由进户线至室内用电设备之间的一段线路，则是室内配电线路。民用建筑室外配电线路有架空线路和电缆线路两种。

1. 架空线路

架空线路的特点是投资少、材料容易解决，安装维护方便，便于发现和排除故障；占地面积大，影响环境的整齐和美观，易受外界气候的影响。

低压架空线路由导线、电杆、横担、绝缘子（瓷瓶）、金具和拉线等组成。架空线路有电杆架空和沿墙架空两种形式。

(1) 电杆架空线路

电杆架空线路是将导线（裸铝或裸铜）或电缆架设在电杆的绝缘子上的线路。电杆有钢筋混凝土杆和木杆两种。在繁华地区，进户线多采用电缆架空敷设。

(2) 沿墙架空线路

沿墙架空线路是将绝缘导线或电缆沿建筑外墙架设在绝缘子上的线路。由于与建筑物之间的距离较小，无法埋设电杆，这时可采用导线穿钢管或电缆沿墙架空明设。架设的部位距地面高度应大于2.5m。

2. 电缆线路

电缆线路的特点是不受外界风、雨、冰雹及人为损伤，供电可靠性高；供电容量可以较大；有利于环境美观；材料和安装成本都高、投资大、维修不方便。

(1) 电缆结构

电力电缆由缆芯、绝缘层和内外护层组成，其结构如图11-14所示。内护层用以保护绝缘层，而外护层用以保护内护层免受机械损伤与腐蚀。

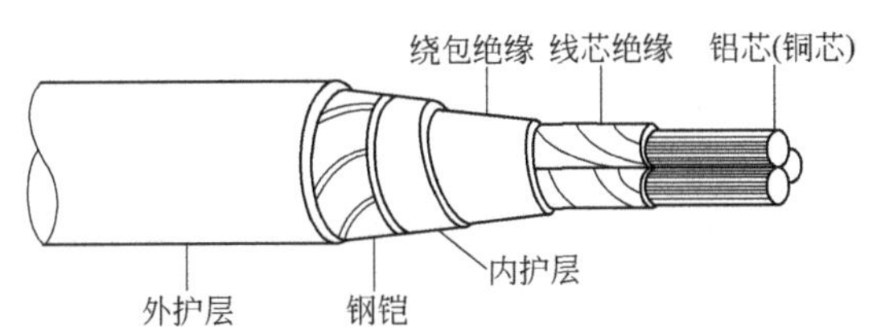


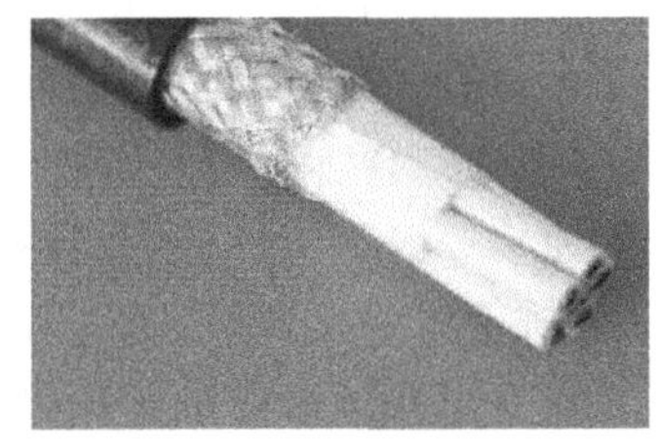

图 11-14　电缆结构示意图

电缆的分类方式很多，按电缆芯数可分为单芯、双芯、三芯、四芯等；按线芯的材料可分为铜芯电缆和铝芯电缆；按用途可分为电力电缆、控制电缆和通信电缆等；按绝缘层和保护层不同又可分为油浸纸绝缘铅包电缆、聚氯乙烯绝缘聚氯乙烯护套电缆和橡皮绝缘聚氯乙烯护套电缆等。

电力电缆的型号一般由五部分组成，其型号组成及含义见表11-1。

**表 11-1　电力电缆型号组成及含义**

| 绝缘代号 | 导体代号 | 内护层代号 | 特征代号 | 外护层代号 | |
|---|---|---|---|---|---|
| | | | | 第一数字（铠装层类别） | 第二数字（外护层） |
| Z—纸绝缘<br>X—橡皮绝缘<br>V—聚氯乙烯<br>YJ—交链聚乙烯 | T—铜（省略）<br>L—铝 | Q—铅包<br>L—铝包<br>H—橡套<br>V—聚氯乙烯<br>Y—聚乙烯 | D—不滴流<br>P—贫油式<br>F—分相铅包 | 0—无<br>1—钢带<br>2—双钢带<br>3—细圆钢丝<br>4—粗圆钢丝 | 0—无<br>1—纤维绕包<br>2—聚氯乙烯<br>3—聚乙烯 |

如VV42-10 3×50表示铜芯、聚氯乙烯绝缘、粗钢线铠装、聚氯乙烯护套、额定电压10kV、3芯、标称截面积50mm$^2$的电力电缆。

常见电缆型号名称及适用范围见表11-2。

表 11-2 常见电缆型号名称及适用范围

| 型号 | 名称 | 适用范围 |
|---|---|---|
| VV（VY）<br>VLV（VLY） | 聚氯乙烯绝缘、聚氯乙烯（聚乙烯）护套电力电缆 | 敷设在室内、隧道内及管道中，电缆不能承受机械外力作用 |
| VV22（23）<br>VLV22（23） | 聚氯乙烯绝缘、聚氯乙烯（聚乙烯）护套钢带铠装电力电缆 | 敷设在室内、隧道内及管道中，电缆不能承受机械外力作用 |
| VV32（33）<br>VLV32（33） | 聚氯乙烯绝缘、聚氯乙烯（聚乙烯）护套细钢丝铠装电力电缆 | 敷设在室内、矿井中、水中，电缆能承受相当的拉力 |
| VV42（43）<br>VLV42（43） | 聚氯乙烯绝缘、聚氯乙烯（聚乙烯）护套粗钢丝铠装电力电缆 | 敷设在室内、矿井中、水中，电缆能承受相当的拉力 |
| YJV<br>YJLV | 交联聚乙烯绝缘聚氯乙烯护套电力电缆 | 架空、室内、隧道、电缆沟 |
| YJY<br>YJLY | 交联聚乙烯绝缘聚乙烯护套电力电缆 | |
| YJY22<br>YJLV22 | 交联聚乙烯绝缘钢带铠装聚氯乙烯护套电力电缆 | 室内、隧道、电缆沟及地下 |

（2）电缆敷设

电缆敷设方式有直接埋地、电缆沟敷设、电缆桥架（托盘）和沿管道敷设等几种。此外，在大型发电厂和变电所等电缆密集的场所，还采用电缆隧道、电缆排管和专用电缆夹层等方式。

1）直接埋地　这种方式投资省、散热好，但不便检修和查找故障，且易受外来机械损伤和水土侵蚀，一般用于户外电缆不多的场合。

2）电缆桥架敷设　如图 11-15、图 11-16 所示，这是电缆桥架的一种，它由支架、托臂、线槽及盖板组成。电缆桥架在户内和户外均可使用，这种方式整齐美观、便于维护，槽

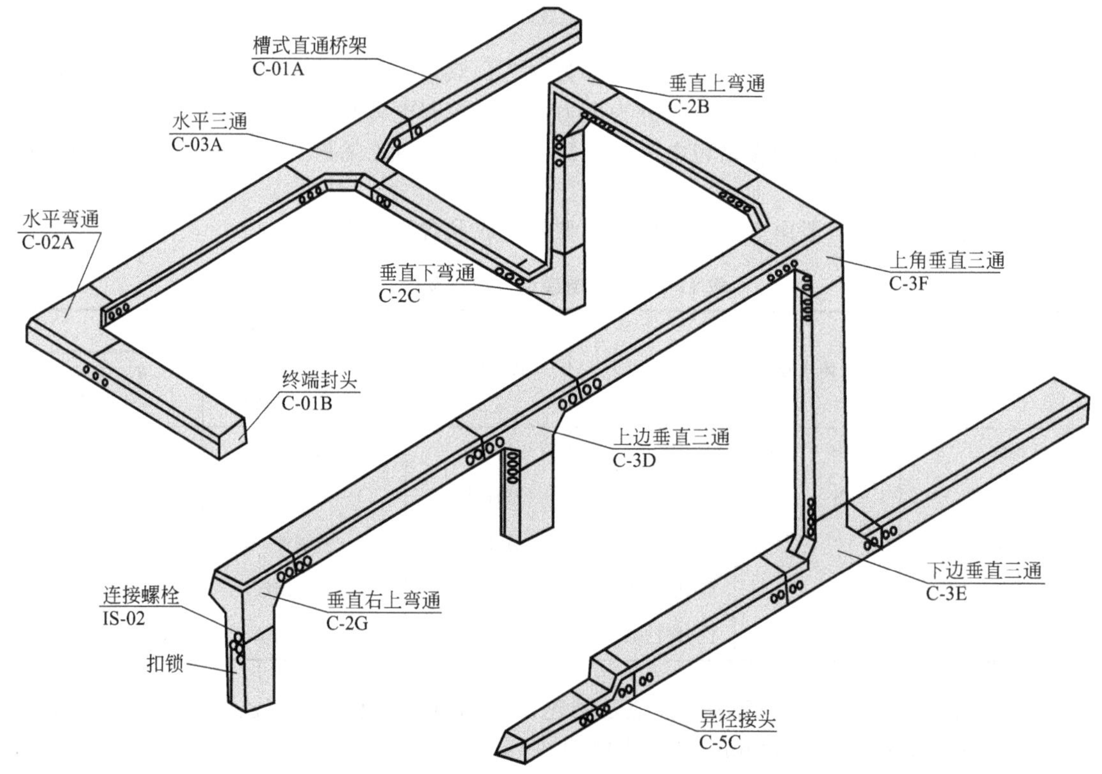


图 11-15　电缆桥架结构

内可以使用价廉的无铠装全塑电缆。电缆桥架亦称电缆托盘，有全封闭与半封闭等形式。

3）电缆沟敷设　沟槽砌筑完成，在沟的侧壁焊接承力角钢架并按要求接地，上面盖以盖板的地下沟道，就是电缆沟。沟内可敷设多根电缆，此种敷设方式占地少，且便于维修，如图 11-17 所示。

图 11-16　电缆桥架

图 11-17　电缆沟

## 四、室内配线工程

室内配线必须采用绝缘导线或电缆。

1. 配线工程常用材料

(1) 常用导线

常用导线可分为裸导线和绝缘导线。裸导线主要用于架空线路，绝缘导线用于一般动力和照明线路。

常用导线种类及用途见表 11-3。

**表 11-3　常用导线种类及用途**

<table>
<tr><th>类别</th><th>型号</th><th>名称</th><th>用途</th></tr>
<tr><td rowspan="5">橡皮绝缘电线</td><td>BLX</td><td>铝芯橡皮绝缘棉纱或其他相当纤维编织电线</td><td rowspan="2">室内外固定，明、暗敷设，设备连线</td></tr>
<tr><td>BX</td><td>铜芯橡皮绝缘棉纱或其他相当纤维编织电线</td></tr>
<tr><td>BXR</td><td>铜芯橡皮绝缘棉纱或其他相当纤维编织软电线</td><td>同 BX 型，仅用于安装要求柔软的场所</td></tr>
<tr><td>BXHF</td><td>铜芯橡皮绝缘护套电线</td><td rowspan="2">同 BX 型，适用于较潮湿的场所和作为室外进户线</td></tr>
<tr><td>BXLHF</td><td>铝芯橡皮绝缘护套电线</td></tr>
<tr><td rowspan="4">聚氯乙烯绝缘电线</td><td>BLV</td><td>铝芯聚氯乙烯绝缘电线</td><td rowspan="2">用于室内一般动力、照明线路</td></tr>
<tr><td>BV</td><td>铜芯聚氯乙烯绝缘电线</td></tr>
<tr><td>BLVV</td><td>铝芯聚氯乙烯绝缘聚氯乙烯护套圆形电线</td><td rowspan="2">同 BV 型，用于潮湿和需要机械防护的场所</td></tr>
<tr><td>BVV</td><td>铜芯聚氯乙烯绝缘聚氯乙烯护套圆形电线</td></tr>
</table>

(2) 配管

一般将电线、电缆放在导管内敷设，称为电线保护管或电线管。导管是在电气安装中用来保护电线或电缆的圆形或非圆形的布线系统的一部分，导管有一定的密封性，使电线、电缆只能从纵向引入，而不能从横向引入。

1）钢管　室内配线所用的钢管有厚壁钢管和薄壁钢管两类。厚壁钢管又称焊接钢管或水煤气管，按其表面质量又有镀锌和不镀锌之分，有轻微腐蚀性气体和有防爆要求的场所必需使用水煤气钢管；薄壁钢管又称为电线管，主要应用于干燥场所的电线保护管。

2）塑料管　包括硬质聚氯乙烯管、刚性阻燃管、半硬质阻燃管、PVC-U 双壁波纹管与氯化聚氯乙烯管（PVC-C）等。塑料管重量轻、易弯曲，耐酸、耐碱，但是易老化变形，机械强度不如钢管。硬质塑料管一般适用于室内场所和有酸碱腐蚀性介质的场所，在易受机械损伤的场所不宜采用明装。硬质塑料管由于其热胀冷缩性大，在建筑表面敷设或穿越沉降缝、变形缝处应该设置补偿装置。PVC-U 双壁波纹管与氯化聚氯乙烯管（PVC-C）一般用于电力电缆与通信电缆的套管，如图 11-18（a）、（b）所示。

3）金属软管　又称蛇形管，有一定的机械强度和柔韧性，钢管与电气设备、器具间的电线保护管宜采用金属软管或可挠金属电线保护管，应该敷设在不易受机损伤的场所，且不应直接埋于地下或混凝土中。

4）可挠金属软管　又称普里卡金属套管，是由镀锌钢带卷绕成螺旋状。这类管子不需预先切断，使用时用专用的割刀切断，不需要用任何工具可用手自由弯曲，如图 11-18（c）所示。

(a) PVC-U双壁波纹管

(b) 硬氯化聚氯乙烯管

(c) 可挠金属软管

图 11-18　不同材质保护管

2. 室内配电线路敷设

室内低压线路中，由总配电箱至各分配电箱的线路叫作干线，由分配电箱引出的线路叫作支线。室内低压配线的方式有暗线敷设和明线敷设两种。

1）暗线敷设　是指导线穿管预先埋设在墙内、地坪内或装设在顶棚内，然后再将导线穿入管内。不影响室内美观，防潮且能防止导线受到有害气体的腐蚀和机械损伤。是目前常用的敷设方式。

2）明线敷设　沿建筑物的墙面或天花板表面、梁、柱子用塑料卡、瓷夹板等固定绝缘导线。这种敷设方式工程造价低、施工方便、维修容易；但导线裸露在外，容易受到有害气体的腐蚀和机械损伤而发生事故，同时也影响室内的美观。

明线敷设的方式一般有瓷夹板、瓷柱、槽板、铝皮卡钉、穿管等敷设方法。明装配线敷设要横平竖直，转弯处要垂直，采用粘接、射钉螺栓及胀管螺栓等固定线路。

## 课题二　建筑电气照明系统

### 一、建筑电气照明基本知识

建筑电气照明是使用电光源将电能转换为光能，对建筑物进行采光，以保证人们在建筑物内从事正常的生产和生活活动。照明还能对建筑进行装饰，表现建筑物的美感。

照明系统是指光能的产生、传播、分配（反射、折射和透射）和消耗吸收的系统，由光源、控照器、室内空间、建筑内表面、建筑形状和工作面等组成。照明系统应满足《建筑照明设计标准》（GB 50034—2013）所对应的照度标准、照度均匀度、空间照度、统一眩光值、光源颜色、照明功率密度值等相关标准值的综合要求。照明种类有以下几种。

1. 正常照明

永久性安装及正常情况下使用的室内外照明。

2. 应急照明

在正常照明电源因故障失效的情况下而启用的照明，供人员疏散、保障安全或继续工作用的照明叫作应急照明。应急照明包括以下几种照明。

1）疏散照明　在正常照明因故障熄灭后，为了避免发生意外事故，而需要对人员进行安全疏散时，在出口和通道设置的指示出口位置及方向的疏散标志灯和照亮疏散通道而设置的照明。疏散照明的地面水平照度不宜低于 0.5lx。

2）安全照明　是指用于确保处于潜在危险之中的人员安全的照明。工作场所的安全照明照度不应低于该场所正常照明的 5%。

3）备用照明　是在当正常照明因故障熄灭后，可能会造成爆炸、火灾和人身伤亡等严重事故的场所，或停止工作将造成很大影响或经济损失的场所而设的继续工作用的照明，或在发生火灾时为了保证消防能正常进行而设置的照明。一般场所的备用照明照度不应低于正常照明的 10%。

3. 警卫值班照明

在非生产时间内为了保障建筑及生产的安全，供值班人员使用的照明。

4. 障碍照明

在可能危及航行安全的建筑物、构筑物上安装的标志灯叫作障碍照明。障碍照明应该按交通部门有关规定装设，在高层建筑物的顶端应该装设飞机飞行用的障碍标志灯；在水上航道两侧建筑物上装设水运障碍标志灯。障碍照明灯应采用能透雾的红光灯具，有条件时宜采用闪光照明灯。

5. 装饰照明

为美化和装饰某一特定空间而设置的照明，叫作装饰照明。装饰照明以纯装饰为目的，不兼作工作照明。

## 二、照明设备与布置

1. 照明电光源

照明电光源是指将电能转化为光能的设备。在照明工程中使用的各种各样的电光源，根据发光原理的不同，可分为热辐射发光光源、气体放电发光光源和其他发光光源。

（1）热辐射发光光源

是利用某种物质通电加热而辐射发光的原理制成的光源，如白炽灯和卤钨灯等。

1）白炽灯　是第一代电光源，依靠钨丝通过电流时被加热至白炽状态而发光的热辐射光源，由灯头、玻璃泡、支架、钨丝、引线及惰性气体构成，如图 11-19 所示。特点是显色性好、瞬时启动、可连续调光、结构简单、价格低廉，

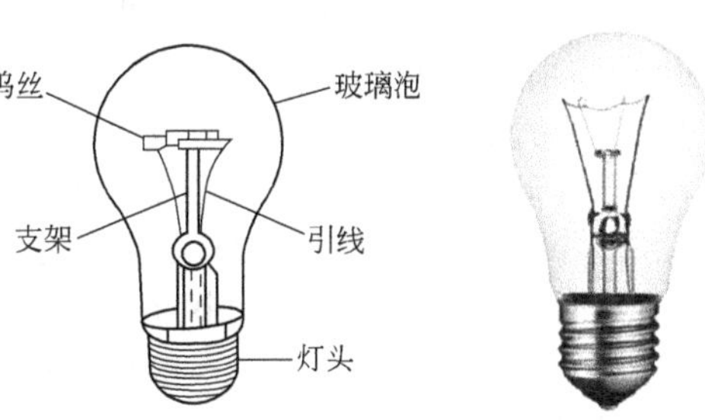

图 11-19　普通白炽灯

但寿命短、光效低。

白炽灯种类较多，有普通白炽灯、信号灯、指示灯、磨砂灯、乳白灯、彩色灯等。其灯头形式有螺口和插口两种。

2）卤钨灯　在白炽灯的基础上改进而成的，在白炽灯充填的惰性气体中加入微量卤素或卤化物而制成的电光源，工作原理与普通白炽灯基本一致。按照充入的卤素不同分为碘钨灯和溴钨灯。常见卤钨灯构造及实物如图 11-20 所示。

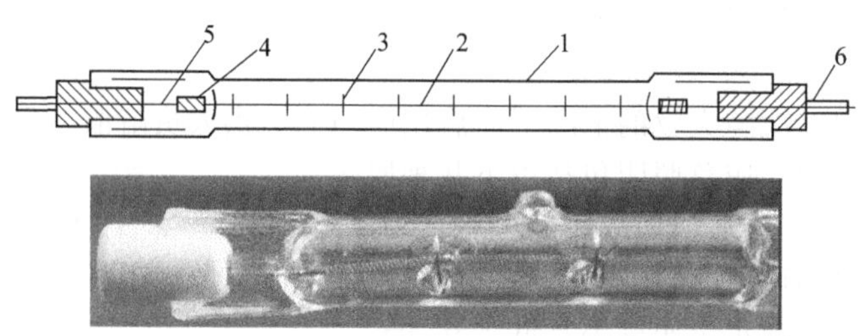


图 11-20　卤钨灯构造及实物

1—石英玻璃管；2—螺旋状钨丝；3—钨质支架；4—钼箔；5—导线；6—电极

卤钨灯的特点是体积小、功率大、光色好、光效高、寿命长；但电压变化较敏感，不耐振动。主要用于会议室、展览展示厅、客厅、商业照明、影视舞台、仪器仪表、汽车、飞机及其他照明。

卤钨灯按用途分为以下 6 类。

① 照明卤钨灯。又分为高压双端灯、低压单端灯和多平面冷反射低压定向照明灯 3 种，广泛用于商店、橱窗、展厅、家庭室内照明。

② 汽车卤钨灯。又分前灯、近光灯、转弯灯、刹车灯等。

③ 红外、紫外辐照卤钨灯。红外辐照卤钨灯用于加热设备和复印机上，紫外辐照卤钨灯已开始用于牙科固化粉的固化工艺。

④ 摄影卤钨灯。已在舞台影视和新闻摄影照明中取代普通钨丝白炽灯。

⑤ 仪器卤钨灯。用于现代显微镜、投影仪、幻灯及医疗仪器等光学仪器上。

⑥ 冷反射仪器卤钨灯。用于轻便型电影机、幻灯机、医用和工业用内窥镜、牙科手术着色固化、彩色照片扩印等光学仪器上。

（2）气体放电发光光源

气体放电发光光源是让电流流经气体（如氩气、氖气）或金属蒸气（如汞蒸气），使之放电而发光。

1）荧光灯　荧光灯是常用的一种低压气体放电光源，一般由灯管、启动器、整流器和补偿器组成。它具有结构简单、光效高、显色性较好、寿命长、发光柔和等优点，可制成各种造型新颖的台灯、吊灯、装饰灯等，广泛应用于家庭、宾馆、办公室等场所的照明。

荧光灯的分类方式有多种。根据形状不同分为直管形、环形和紧凑型荧光灯；根据电源加电端不同分为单端和双端荧光灯；根据启动方式不同分为预热启动、快速启动和瞬时启动等。常见的单端荧光灯按照放电管的数量和形状的不同又可分为单管、双管、四管、多管、H 形、方形、环形荧光灯等类型。如图 11-21 所示。

2）高压汞灯　高压汞灯又叫水银灯，如图 11-22 所示，是一种高压气体放电光源，按构造不同分为外镇流式与自镇流式两种。高压汞灯的特点是结构简单、寿命长、耐振性较好，但光效低、显色性差，一般可用在车间、施工现场等需要大面积照明的场所。

3）高压钠灯　高压钠灯是一种高压钠蒸气放电光源。它的特点是发光效率特高、寿命很长、透雾性能好，广泛用于道路、机场、码头、车站、广场、体育场等场所照明，是一种

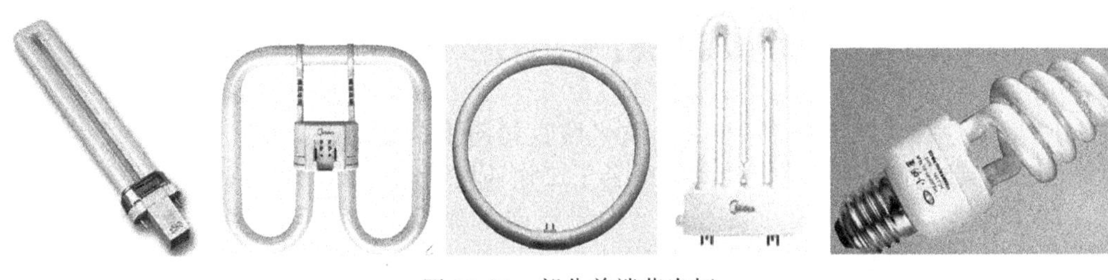

图 11-21 部分单端荧光灯

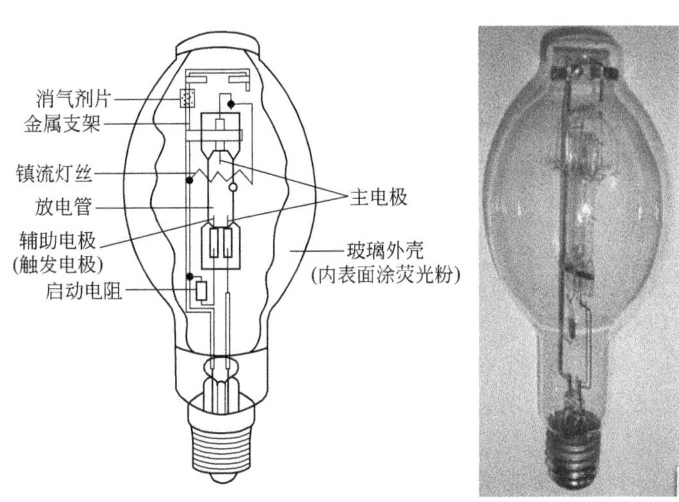


图 11-22 高压汞灯

理想的节能光源；缺点是显色性差。

4）低压钠灯 低压钠灯是电光源中光效最高的品种。它的特点是光色柔和、眩光小、光效特高、透雾能力极强，适用于公路、隧道、港口、货场和矿区等场所的照明；缺点是其光色近似单色黄光，分辨颜色的能力差，不宜用在繁华的市区街道和室内照明。

5）金属卤化物灯 金属卤化物灯是在高压汞灯和卤钨灯工作原理的基础上，在放电管中加入各种不同的金属卤化物而制成的新型高效光源，其特点是发光效率高、寿命长、显色性好，一般用在工业、商业、体育场、广场、停车场、车站、码头等照明。

6）管型氙灯 灯管内充以高纯度氙气，俗称“人造小太阳”。特点是功率大、发光效率较高、触发时间短、不需镇流器、使用方便，一般用在广场、港口、机场、体育场等照明和老化试验等要求有一定紫外线辐射的场所。

（3）其他发光光源

1）场致发光灯（屏） 利用场致发光现象制成的发光灯（屏）。它可以通过分割做成各种图案与文字，多用于指示照明、电脑显示屏等照度要求不高的场所。

2）发光二极管（LED） 一种半导体光源。一般由电极、PN 结芯片和封装树脂组成。它具有发光效率高、反应速度快、无冲击电流、可靠性高、寿命长等特点，多用作指示灯、显示器、交通信号灯、汽车灯等，是一种非常有前途的照明光源。

2. 照明器具

照明器具又称灯具或控照器。照明器具的选择是照明工程光照设计中照明设备选择的内容之一，合理的电光源要配上适合的照明器具，因为它不但可以对光进行有效的分配，对节能、提高照明质量有重要作用，还具有美化装饰的效果，这一点在现代生活中尤为重要。

灯具是透光、分配和改变光源光的分布的器具，包括除光源外所有用于固定和保护光源的全部部件及电源连接所必需的线路附件。灯具的分类方式如下。

（1）按配光分类

1）直射型灯具　灯具90%～100%的光线直接向下部投射，直射型灯具光线集中，方向性很强，灯具的光通量利用率最高，适合于工作环境照明。

2）半直射型灯具　灯具60%～90%的光线向下部投射，40%～10%的光线向上部投射。使室内环境亮度更舒适。这种灯具常用于办公室、书房等场所。

3）漫射型灯具　灯具40%～60%的光线分别向上部或下部投射。这类灯具采用漫射透光材料制成封闭式的灯罩，选型美观，光线均匀柔和，如乳白玻璃球形灯。它常用于起居室、会议室和厅堂的照明。缺点是光的损失较多，光效较低。使用中上半部容易聚集灰尘，影响灯具的效率。

4）半间接型灯具　灯具10%～40%的光线向下部投射，灯的上半部一般用透光材料制成，下半部用漫射透光材料制成，这样就把大部分光线投向顶棚和上部墙面，使室内光线更为柔和宜人。

5）间接型灯具　灯具10%以下的光线向下部投射，其余大部分光线投向顶棚，使顶棚成为二次光源，使室内光线扩散性极好，光线均匀柔和。缺点是光通损失较大，不经济。

（2）按灯具结构分类

1）开启型灯具　其特点是没有灯罩，光源直接照射周围环境。

2）闭合型灯具　采用闭合的透光罩，但灯具内部与外界能自然通气，不防尘，如半圆罩天棚灯和乳白玻璃球形灯等。

3）密闭型灯具　其透光罩接合处严密封闭，内外空气不能流通，具有防水、防尘功能。一般用在浴室、厨房、潮湿或有水蒸气的厂房内。

4）防爆型灯具　其透光罩及接合处、灯具外壳均能承受要求的压力，用于爆炸危险场所，它能保证在任何条件下，不会因灯具引起爆炸危险。

5）防腐型灯具　其透光罩用防腐材料制成，密闭性好，一般用在有腐蚀性气体的场所。

（3）按灯具安装方式分类

1）悬吊式灯具　用吊线、吊链和管吊等悬吊在顶棚或墙支架上安装的灯具。

2）吸顶式灯具　采用吸顶式安装，即将灯具直接安装在顶棚的表面上。

3）嵌入式灯具　将灯具嵌入安装在顶棚的吊顶内，有时也采用半嵌入式安装。

4）壁式灯具　灯具安装在墙壁上。

5）其他安装形式的灯具　落地式、台式、庭院式、道路式、广场式等。

3. 灯具的布置

合理布置灯具除了会影响到它的投光方向、照度、均匀度、眩光限制等，还会关系到投资费用、检修是否方便等问题。在布置灯具时，应该考虑到建筑结构形式和视觉要求等特点。一般灯具的布置包括高度布置与平面布置，某宿舍灯具布置如图11-23所示。

1）高度布置　灯具的高度布置即确定灯具与灯具之间，灯具与顶棚、墙面之间等的距离。选择适合的灯具悬挂高度是光照设计的主要内容。我国《建筑照明设计标准》（GB 50034—2013）中，综合考虑了使用安全、无机械损坏、限制眩光、提高灯具的利用系数、便于安装维护、与建筑物协调美观等因素，规定了室内一般照明灯具的最低悬挂高度。

2）平面布置　灯具的平面布置即确定灯具之间、灯具与墙面之间的距离。包括均匀布置与选择布置两种。

① 均匀布置。该方式不考虑室内设施位置，将灯具有规律地均匀布置，能使工作场所

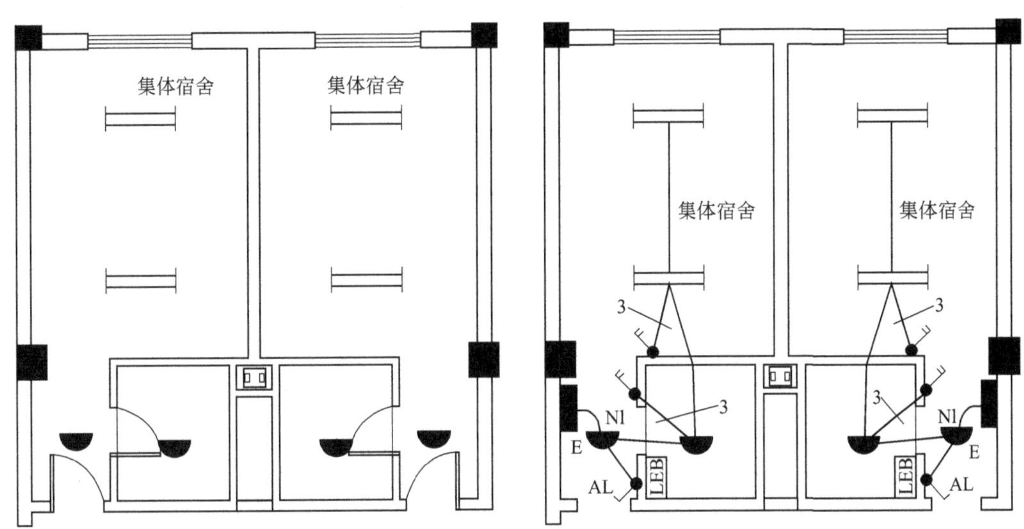


图 11-23 某宿舍灯具布置
3—3 根线；LEB—等电位连接端子箱；N1—天棚灯；E—配电箱；AL—开关

获得一致的照度。一般为办公室、阅览室采用。具体又分为正方形布置、矩形布置和菱形布置三种形式。

② 选择布置。这是一种满足局部照明要求的灯具布置方案。对于局部照明（或定向照明）方式，当采用均匀布置达不到所需求的照度分布时，多采用这种布灯方案。其特点是可以加强某个局部，或突出某一部位。

## 三、照明控制线路

1. 常用照明控制线路

按控制数量分单联、双联、三联等控制线路。单联即一个开关控制一个回路，双联即两个开关各控制两个回路，三联即三个开关各控制三个回路等，依次类推。

按控制方式分单控、双控、三控等电路。单控即一个单控开关控制一个回路，如图 11-24（a）所示；双控即两个双控开关一个回路（即两地控制），如图 11-24（b）所示；三控即两个双控开关、一个三控开关控制一个回路（即三地控制）。注意，控制开关接在相线上，灯具接在零线上。

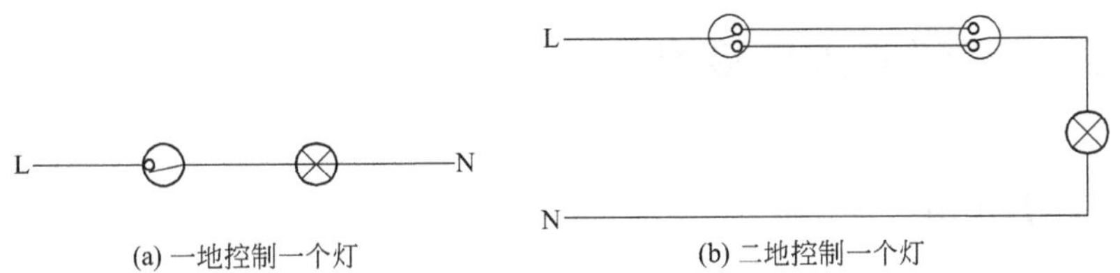


(a) 一地控制一个灯　(b) 二地控制一个灯

图 11-24 线路控制方式

2. 照明控制导线穿管根数的确定

（1）插座回路导线穿管根数的确定

插座主要用来插接移动电气设备和家用电气设备。按相数分单相插座和三相插座，民用建筑中常用单相二插与单相三插插座。插座回路中穿管的导线根数比较容易确定，如是三相插座，管中导线 4 根；如是单相二、三两用插座，管中导线 3 根。常用的插座接线方式如图 11-25 所示。

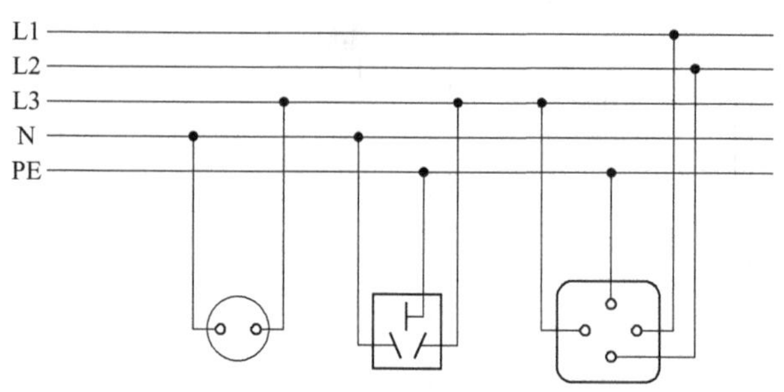

图 11-25　常用的插座接线方式

（2）照明回路导线穿管根数的确定

一个照明回路接有开关和灯具，相线必须经过开关后再进入灯座，零线直接进灯座，保护接地线与灯具的接地线相连接。照明回路导线穿管根数的确定既与开关、灯具的数量有关，还与控制方式有关，而且当灯具和开关的位置改变、进线方向改变、并头的位置改变、都会使导线根数变化。

例如在一个房间内，一个开关控制一盏灯，如图 11-26 所示，采用线管配线。图 11-26（a）所示为照明平面图，相线不能与灯具直接连接，到灯座的导线和灯座与开关之间导线都是两根，但其意义不同。图 11-26（c）所示为透视接线图，到灯座的 2 根导线，1 根为中性线（N），1 根为相线控制线（G）（经过开关的相线称为相线控制线，简称相控线）；开关到灯座之间 1 根为相线（L），1 根为相线控制线（G）。

照明平面图能清楚地表现灯具、开关、插座和线路的具体位置与安装方法（某宿舍电气照明平面图见图 11-23），要结合系统图来分析，实际施工中，关键是掌握原理接线图，灯具、开关位置变动，原理接线图始终不变。

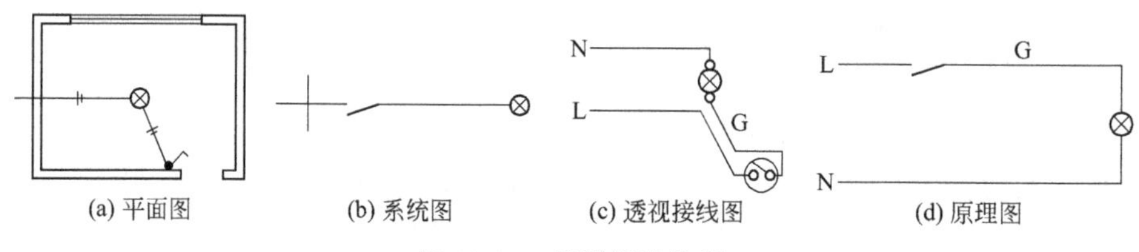

图 11-26　照明线路控制

## 课题三　建筑防雷与接地

### 一、建筑物的防雷

雷电是雷云之间或雷云对地面放电的一种自然现象。在雷雨季节里，云中的水滴受强烈气流的摩擦产生电荷，而且微小的水滴带负电，小水滴容易被气流带走而聚集在一起形成带电的云；较大的水滴留下来形成带正电的云。由于静电感应，带电云层在大地表面会感应出与云层异性的电荷，当其间的电场强度达到一定程度时，使周围空气的绝缘性能被破坏，即会发生雷云与大地之间的放电；同样在两块异性电荷的雷云之间，当电场强度达到一定值便会发生云层之间的放电。放电时伴随着强烈的电光和声音，即闪电和雷鸣，这就是雷电现象。其中尤以雷云对地放电（直接雷击）对地面上的建筑物和构筑物的破坏性最大。

1. 雷电的种类及危害

雷电可分为直击雷、感应雷、雷电波侵入及球形雷四种类型。

1）直击雷　带电雷云直接对大地或地面凸出物放电，叫直击雷。直击雷一般作用于建筑物顶部的凸出部分或高层建筑的侧面（又叫侧击雷）。

2）感应雷　又称雷电感应，它是由雷电流的强大电场和磁场变化产生的静电感应与电磁感应而引起的。

静电感应使导体上带有与雷云异性的电荷，雷云放电时，在导体上的感应电荷得不到释放，使导体与地面之间形成很高的电位差，产生危害。

电磁感应会产生强大的、变化的电磁场，使其中的导体感应产生极大的电动势，若有回路，则产生很大的感应电流，而产生危害。

3）雷电波侵入　雷电打击在架空线或金属管道上，雷电波沿着这些管线侵入建筑物内部，危及人身或设备安全，叫雷电波侵入。

4）球形雷　球形雷是一个炽热的等离子体，温度极高，并发出橙色或红色光的球体。它沿地面滚动或在空气中飘动，通过烟囱、门、窗或其他孔洞进入建筑物内部，伤害人身和破坏物体，甚至发生剧烈的燃烧或爆炸，引起严重的后果。

2. 建筑物的防雷

(1) 防雷措施

建筑物应根据其重要程度、使用性质、发生雷电事故的可能性和后果，采取防直击雷、防雷电波侵入和防雷电感应的措施。

防直击雷的措施是在建筑物顶部安装避雷针、避雷带和避雷网；防感应雷的措施是将建筑物面的金属构件或建筑物内的各种金属管道、钢窗等与接地装置连接；防雷电波侵入的措施是在变配电所或建筑物内的电源进线处安装避雷器。

(2) 建筑物防雷系统

建筑物的防雷装置由接闪器、引下线、接地装置三部分组成。

1）接闪器　接闪器是吸引和接受雷电流的金属导体，常见接闪器的形式有避雷针、避雷网。

避雷针通常由钢管制成，针尖加工成锥体。当避雷针较高时，则加工成多节，上细下粗，固定在建筑物或构筑物上。避雷网（带）由直径不小于 8mm 的圆钢，或截面面积不小于 $48mm^2$ 并且厚度不小于 4mm 的扁钢组成，在要求较高的场所也可以采用 $\phi20$ 镀锌钢管。明敷的避雷网（带）应沿屋面、屋脊、屋檐和檐角等易受雷击部位敷设；暗敷的避雷网（带）必须与避雷针配合沿屋面、屋脊、屋檐和檐角等易受雷击部位敷设。

2）引下线　引下线是连接接闪器和接地装置的金属导体，它的作用是把接闪器上的雷电流引到接地装置上去。引下线一般用圆钢或扁钢制作，既可以明装，也可以暗设。对于建筑艺术要求较高者，引下线一般暗敷，目前也经常利用建筑物本身的钢筋混凝土柱子中的主筋直接引下去，非常方便又节约投资，但必须要求将两根以上的主筋焊接至基础钢筋，以构成可靠的电气通路。

3）接地装置　接地装置由接地线和接地体组成，接地装置是引导雷电流安全入地的导体。接地体分为水平接地体和垂直接地体两种。水平接地体一般用圆钢或扁钢制成，垂直接地体则采用圆钢、角钢或钢管制成。连接引下线和接地体的导体叫作接地线，接地线通常采用直径为 10mm 以上的镀锌圆钢制成。

(3) 避雷器

避雷器是一种过电压保护设备，主要有阀式和排气式等。通常用避雷器来防止雷电产生的过电压波沿线路侵入变配电所或其他建筑物内，以免危及被保护设备的绝缘。避雷器应与被保护设备并联，装在被保护设备的电源侧，其放电电压低于被保护对象的耐压值。当线路上出现危及设备绝缘的雷电过电压时，避雷器的火花间隙就被击穿，或由高阻变为低阻，使过电压对大地放电，从而保护了设备的绝缘。

## 二、接地

将电气设备的某一部分与地做良好的连接，叫接地。埋入地中并直接与大地接触的金属导体，叫接地体（或接地极）。兼作接地用的直接与大地接触的各种金属构件、金属井管、钢筋混凝土建筑物的基础、金属管道和设备等，叫自然接地体；为了接地埋入地中的接地体，叫人工接地体。连接设备接地部位和接地体的金属导线，叫接地线。接地体和接地线的组合，叫接地装置。接地电阻指的是接地装置对地电压和通过接地体流入地中电流的比值。

接地的种类在工程中，为了保证各系统稳定可靠地工作，保护设备及人身安全，解决环境电磁干扰及雷电危害等，就必须有一个良好的接地系统。常见的接地类型有以下几种。

1）工作接地　为满足电力系统或电气设备的运行要求，而将电力系统的某一点进行接地，称为工作接地，如电力系统的中性点接地。

2）保护接地　将电气设备正常运行情况下不带电的金属外壳和架构通过接地装置与大地连接，用来防护间接触电，称作保护接地。

3）重复接地　在低压三相四线制采用接零保护的系统中，为了加强零线的安全性，在零线的一处或多处通过接地装置与大地再次连接，称作重复接地。

4）防雷接地　为了防止雷击，常在各种电气设备和建筑物上装设避雷器、避雷针和避雷线等。避雷器、避雷针和避雷线都必须进行接地才能起作用。这种接地就称作防雷接地，又称为过电压保护接地。

5）防静电接地　将静电荷引入大地，防止由于静电积聚对人身和设备产生危害而进行的接地，称作防静电接地，如将输送某些液体或气体的金属管道或车辆的接地。

6）屏蔽接地　为防止电气设备受电磁干扰，而影响其工作或对其他设备造成电磁干扰的屏蔽设备的接地，称作屏蔽接地。

## 复习思考题

1. 低压配电线路有哪些敷设方式？
2. 变配电所的形式与有哪些？
3. 建筑低压配电方式有哪些？各自适用条件？
4. 按功能分，照明有哪几类？
5. 电光源有哪些常见分类？
6. 灯具有哪些常见分类？
7. 灯具的布置包括哪些内容？
8. 雷电的危害形式有哪些？各种形式分别采取什么样的防雷措施？
9. 防雷装置的组成有哪些？
10. 什么叫保护接地？

# 任务十二 建筑智能化系统

## 知识目标

- 掌握建筑智能化各系统基本概念，综合布线系统结构及组成；
- 熟悉通信网络系统结构及组成；
- 熟悉安全防范系统结构及组成；
- 熟悉火灾自动报警及消防联动系统组成。

## 能力目标

- 能认知各建筑智能系统的设备、进行选材；
- 能进行简单的综合布线；
- 能认知消防控制室的控制系统。

## 课题一 智能建筑

### 一、智能建筑的定义

智能建筑（intelligent building，IB）已逐渐成为现代化都市重要标志之一，依据中华人民共和国住房和城市建设部会同有关部门共同制定的推荐性国家标准《智能建筑设计标准》（GB/T 50314—2012）对智能建筑进行定义，即以建筑物为平台，兼备信息设施系统、信息化应用系统、建筑设备管理系统、公共安全系统等，集结构、系统、服务、管理及其优化组合为一体，给建筑使用者提供安全、高效、便捷、节能、环保、健康的建筑环境。

### 二、智能建筑的构成

智能建筑作为现代建筑业的主题是社会发展的必然。按其用途可将智能建筑划分为智能住宅、综合型智能大楼、出租型写字楼和专用办公大楼等不同类型。需要注意的是，智能建筑的基本构成大体相同，只是由于建筑物类型的差异而对功能的侧重点有所不同而已。下面以综合型智能大楼为例，分析智能建筑的基本构成。

综合型智能大楼通常由三大基本要素构成，分别为建筑设备自动化系统（building automation system，BAS)、通信网络系统（communications network system，CNS）和办公自动化系统（office automation system，OAS)。此三系统相互协调、有机结合，从而构建了建筑的智能化系统平台。

(1) 建筑设备自动化系统（building automation system，BAS)

建筑设备的自动化系统通常是对综合型智能大楼内部的各类机电设备进行自动化控制，主要包括暖通系统、给排水系统、空调系统、供配电系统、安保系统、消防系统及电梯系统等众多子系统。如图 12-1 所示。

通过电子信息网络组成集中监视、分散控制的管理控制一体化系统，通过系统即时检测、运行参数显示功能，来监视和控制系统运行的状态。如以建筑负载和外界环境、条件的变化为依据，及时将各类设备运行的状态调节至最佳；实现对供水、供热和电力等能源的自动调节和管理；为建筑的使用者提供舒适、安全而高效的工作环境。

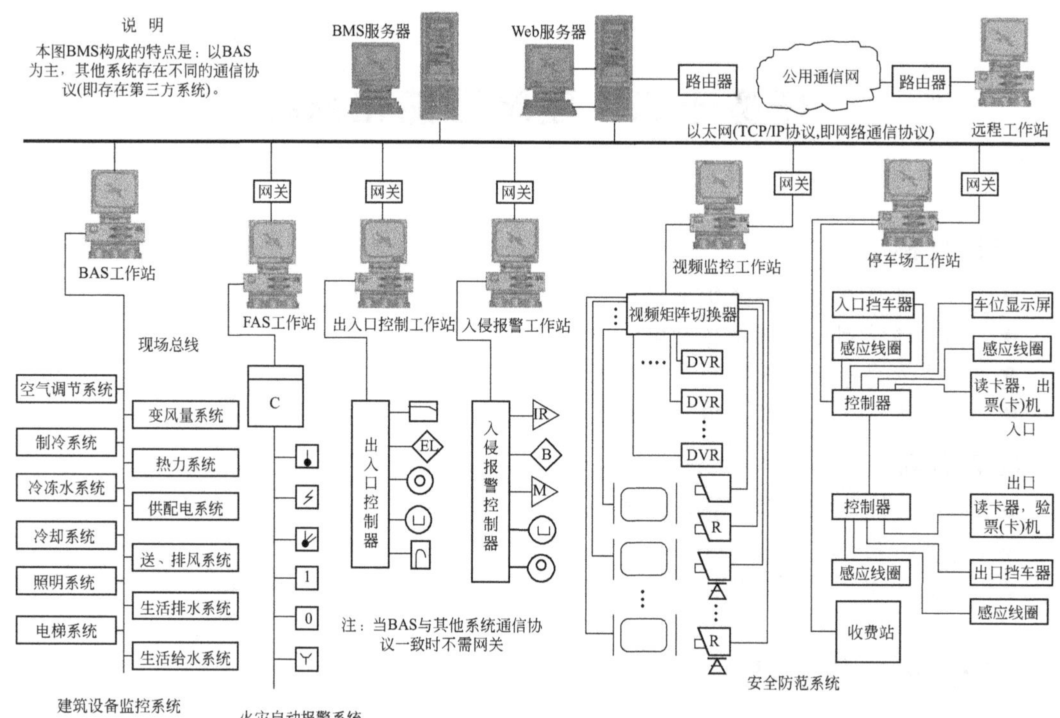


图 12-1 建筑设备自动化系统（BAS）示意图

BMS—建筑物管理系统；Web—互联网；FAS—火灾报警系统；C—控制模块；EL—电控锁；IR—被动红外报警探测器；B—玻璃破碎探测器；M—微波入侵探测器；DVR—硬盘录像机；R—摄像机

（2）通信网络系统（communications network system，CNS）

通信网络系统可以为智能建筑提供畅通无阻的各种通信联系，提供必要的网络支持能力。实现对数据、语音、图像、文本及控制信号的收集、处理、传输、控制和利用。通信网络系统主要包括核心为数字程控交换机（PABX)，以语音为主兼顾数据和传真的电话通信网络；连接各类高速数据处理设备的计算机广域网（WAN)、局域网（LAN）公共数据网及卫星通信网等综合数字网络系统等。借助这些通信网络系统可以轻松地实现智能建筑内部间和与建筑外部间的信息互通与资源共享。

（3）办公自动化系统（office automation system，OAS）

智能建筑办公自动化系统是服务于使用者办公所需的人机交互信息系统。办公自动化系统是由多功能电话机、传真机、各类 PC 机（个人计算机)、终端机和计算机服务器及相应应用软硬件等办公设备组成的。综合型智能建筑的 OA 系统通过包括两方面内容，一是服务于智能建筑本身的 OA 系统，如公共区域的管理、服务和物业管理等内容；二是服务于建筑使用者的 OA 系统，如专门服务于外贸、金融等工作环境的专用办公系统。

## 三、建筑智能化系统基本内容

建筑智能化系统，即由建筑设备自动化系统、办公自动化系统以及信息通信系统组成。这三大系统中又各自包括通信网络系统、安全防范系统、火灾自动报警及消防联动系统等子系统。通过结构化综合布线系统（structured cabling systems，SCS)，即利用计算机网络和通信技术将智能建筑中各系统有机地组合在一起，形成智能化系统实现各系统间信息及软、硬件资源的共享。

建筑智能化系统的基本内容可用图 12-2 所示的框图予以表示。

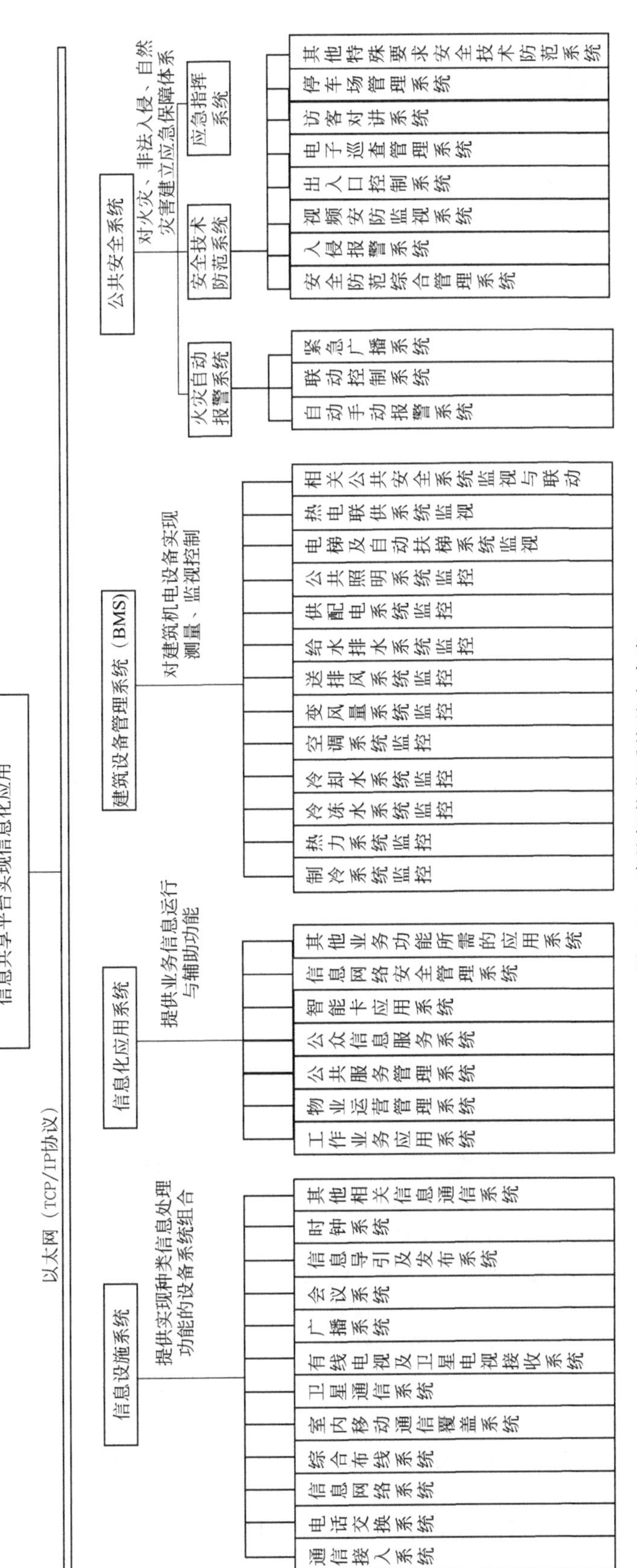


图 12-2 建筑智能化系统基本内容

# 课题二 综合布线系统

## 一、综合布线系统的定义

综合布线系统是建筑物中或建筑群间所有的语音、数据、视频信号等信息传递的网络系统，由通信电缆、光缆、各种软电缆及有关连接硬件构成。能支持多种应用系统，即使用户尚未确定具体的应用系统，也可进行布线系统设计与安装，系统不包括应用中的各种设备。

## 二、综合布线系统的组成

综合布线系统是开放式结构，包括建筑群主干布线子系统、建筑物主干布线子系统和水平布线子系统三个部分，如图 12-3 所示。工作区布线为非永久性部分，当用户使用时，可临时敷设，在工程中不需设计和施工。采用分层星形拓扑结构，每个分支子系统都具有独立性。

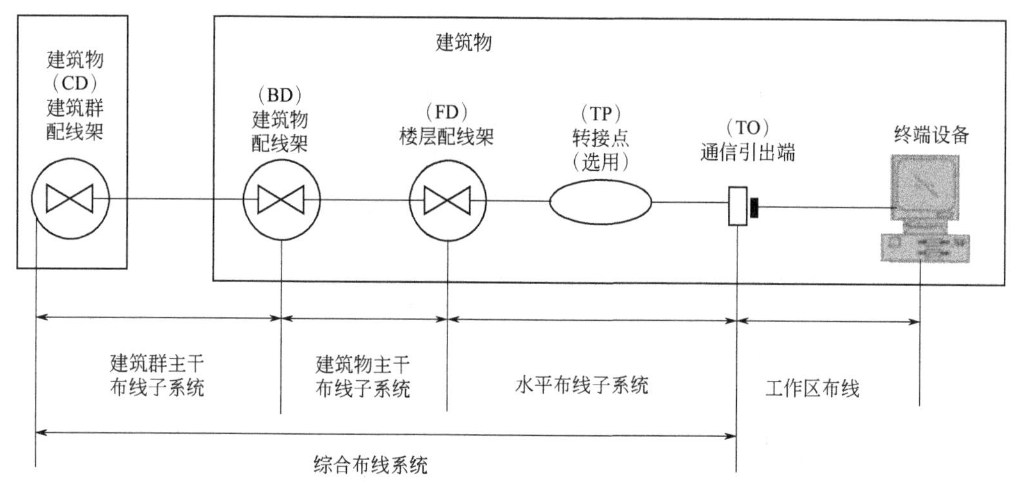


图 12-3 综合布线系统的组成

1. 建筑群主干布线子系统

建筑群是指由两幢及以上建筑物组成的建筑群体，有时扩大成为智能化小区。在整个建筑群或智能化小区的某幢建筑物内装有建筑群配线架（CD），以便统一布线和连接。建筑群主干布线子系统是建筑群配线架（CD）至各幢建筑物配线架（BD）之间的通信线路，它们一端的终端设备——建筑群配线架也属于建筑群主干布线子系统。当建筑群体分布在整个智能化小区时，即成为智能化小区布线，这种通信线路是以建筑群配线架（CD）为中心，采取星形或树形（星形派生出来）的网络结构，分别与各幢建筑中的建筑物配线架（BD）连接。建筑群主干布线系统包括建筑群主干电缆或光缆，以及在建筑群配线架和建筑物配线架上的机械终端、建筑群配线架上的接插软线和跳线等。

建筑群主干线路所需的电缆对数和光纤芯数较多，技术要求也较高。因此，应以其所在段落当前信息业务需求为依据，结合发展因素进行选型。采用电缆或光缆应进行技术经济比较，对发展迅速的经济发展区域建筑而言，应尽量选择光缆。此外，建筑群主干电缆或主干光缆应分别连接到建筑物配线架或光缆配线架上。

建筑群主干电缆或建筑群主干光缆的建筑方式，应依据电缆或光缆的规格数量、该段线路的重要程度和敷设环境等具体条件等因素予以考虑并以技术可行和经济合理等要求进行比较筛选，采用地下管道、沟渠等地下敷设方式，如受其他因素限制，也可采用立杆架空或沿建筑物墙壁敷设等其他敷设方式。

2. 建筑物主干布线子系统

建筑物主干布线子系统一般是智能建筑中垂直敷设（有时也有横向水平敷设）的骨干馈线线路，从建筑物配线架（BD）到各个楼层配线架（FD）的通信线路均属于建筑物主干布线子系统。该子系统包括建筑物主干电缆或光缆及其在建筑物配线架和楼层配线架的机械终端、建筑物配线架上的接插软线和跳线。

由于建筑物主干布线子系统是建筑中缆线最多、外径最粗的重要通信线路，为了便于安装施工，减少线路障碍和简化维护管理，建筑物主干电缆或主干光缆应直接端接到相关的楼层配线架，在其中间不应有转接点或接头。转接点又称过渡点或递减点（但递减点一般不采用），它是指不同型号或规格的电缆、光缆相连接的地点，接着是指相同形式或规格的电缆、光缆连接。因此，在建筑物主干电缆或光缆线路上均不应有不同型号或规格的电缆或光缆连接，建筑物主干电缆或光缆的两端应分别直接连接到建筑物配线架和楼层配线架上。

3. 水平布线子系统

水平布线子系统是综合布线系统的分支部分，相当于传统专业布线系统的通信配线线路，从各个楼层的楼层配线架（FD）起，分别引到各个楼层的通信引出端（TO，又称信息插座）为止的通信线路，该子系统还包括通信引出端及其在楼层配线架上的机械终端、接插软线和跳线。

为了便于施工和减少线路障碍，水平电缆或水平光缆在整个敷设段落中不宜有转接点或接头，两端宜分别直接连接到楼层配线架和通信引出端（信息插座）。如因地形限制（如拐弯多）或距离较长等原因，楼层配线架到通信引出端之间的电缆或光缆，允许有一个转接点，但要求电缆或光缆进出转接点处，电缆线对或光纤芯数均应按 1∶1 互相连接，以保持对应关系。转接点处的所有电缆或光缆应作机械终端。当采用电缆进行连接时，所用电缆应符合国家相关规定对综合布线用电缆、光缆的技术要求。

水平电缆和光缆在转接点处通常为永久性连接，不作配线用的连接。

当有些水平布线子系统所管辖范围较大，如楼层平面面积较大，需设置工作区的数量较多时；或有些房间为面积很大的大开间，需有较多工作时；或今后工作区有较大变化或调整时，在水平布线子系统设计中可适当考虑灵活性，允许在这些房间或有利于调整的适当部位设置非永久性连接的转接点，但转接点的对数不宜过多，这种转接点最多为 12 个工作区配线。

转接点处只包括无源连接硬件，应用设备不应在这里连接。因为在水平布线子系统中，水平电缆或光缆如需设置转接点，一般是不同类型或规格的电缆或光缆相互连接的地方，如扁平电缆与圆形电缆相接。

4. 工作区布线

工作区布线是综合布线系统的末梢，是邻近用户端的通信线路。工作区布线是用户使用的终端设备（例如微型计算机）连接到通信引出端的所有通信线路（包括连接的软线和接插部件）。由于它直接为用户服务，经常有移动或变化的可能，成为难以固定敷设的一段线路，所以工作区布线一般采取非永久性的敷设方式。但在安装时，应注意其布线相对稳定，应采取敷设有序、合理布局，且有适当保护的固定方式，不得任意乱拉乱放，更不应在有可能损害线路的段落处敷设（如过于邻近暖气片或洗手水池等装置）。

## 课题三 通信网络系统

通信网络系统（CNS）是智能建筑内语音、数据、图像传输的基础，同时它与外部的通信网络（如公用电话网、综合业务数字网、计算机互联网、数据通信网及卫星通信网等）相连，确保内外信息交换的畅通。

### 一、电话通信系统

1. 电话通信系统概述

电话通信系统是以话音方式进行信息交换的通信系统，由电话交换设备、传输系统和用户终端设备三部分组成。通常在智能大厦系统中所使用的交换设备多为程控电话交换机，它是负责接通电话用户通信线路的专用设备，更是当前电话交换技术发展的主流方向。

（1）电话交换设备

电话交换机是接通电话用户之间通信线路的主要设备，正是借助于交换机，一台用户电话能够拨打其他任意一台用户电话机，使人们的信息交流能够在比较短的时间内完成。

电话交换机的发展经历了四个发展阶段，即人工制式电话交换机、步进式电话交换机、纵横制式电话交换机和程序控制电话交换机（简称程控交换机）。程控交换机根据技术结构可以分为程控模拟交换机和程控数字交换机，现在广泛使用的是程控数字交换机。

程控交换技术是传统电话交换技术的电脑化产物。原来电话系统的交换是采用人工转接或用继电器转接的。使用计算机化的程控交换机后，所有的电话交换都没有了硬件的接通和拆除过程，整个电话的转接业务都通过执行计算机指令方式来实现。

（2）传输系统

电话传输系统根据传输媒介的不同可以分为有线传输（电缆、光纤等）和无线传输（微波、卫星通信等）。在智能建筑中主要使用有线传输，但是目前基于微波技术的 PHS（个人手持式电话系统）、TDMA（时分多址）等技术的应用，也出现了很多无线传输电话交换系统。

对于有线传输信息系统来讲，信息的传输方式又分为模拟传输和数字传输两种。模拟传输是将信息转换成为与之相应大小的电流模拟量进行传输，大部分普通电话都是采用模拟传输的方式。数字传输则是根据数字编码（PCM）方式将信息转换成为数字信号进行传输，它具有抗干扰能力强、保密性强、电路便于集成、适用于开展新业务等特点，当前智能建筑程控交换系统大多都是采用数字信号来传输信息的。

（3）用户终端设备

以前所谓的用户终端设备主要是指电话机，现在随着通信技术的发展又出现了很多用户终端设备，比如传真机、调制解调器、计算机终端、IP 电话等。

2. 程控数字交换机系统

程控数字交换机系统是一种采用现代数字交换技术、计算机通信技术、信息电子技术、微电子技术等先进技术，进行系统综合集成的高度模块化结构的集散系统。它不仅为智能建筑内部的工作人员提供常规的模拟通信手段，而且能满足用户对数据通信、计算机通信、窄带多媒体（N-ISDN）和宽带多媒体（B-ISDN）通信的要求。

程控数字交换机是通过计算机的存储程序控制来实现对各种接口的电路接续、信息交换及其他的控制、维护、管理等功能，基本结构如图 12-4 所示。

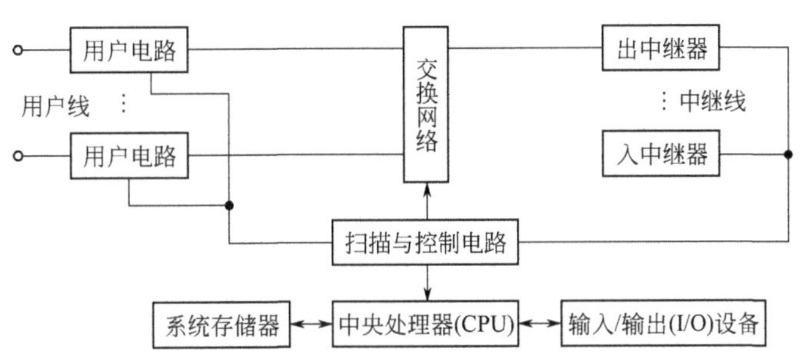


图 12-4　程控数字交换机结构

## 二、共用天线电视系统

共用天线电视系统（cable television，CATV）也称为有线电视系统，或称有线电视网、闭路电视系统等，是传输双向多频道通信的有线电视，由前端系统、干线传输系统和用户分配系统三部分组成，如图 12-5 所示。

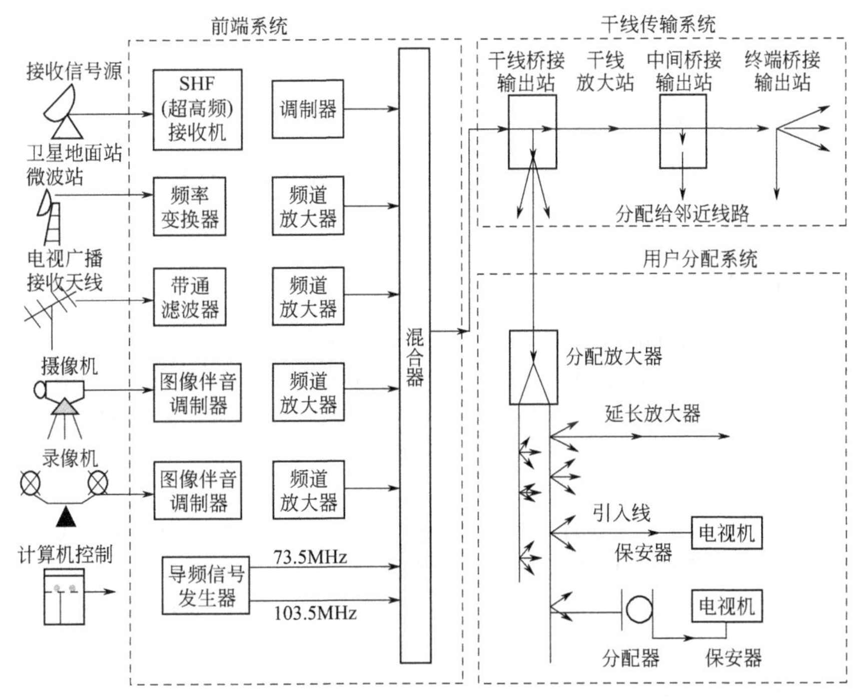


图 12-5　有线电视系统组成框图

### 1. 前端系统

前端系统是信号源接收端与干线传输之间的设备组合。主要功能是进行信号的接收和处理，这种处理包括信号的接收、放大、信号频率的配置、信号电平的控制、干扰信号的抑制、信号频谱分量的控制、信号的编码等。前端系统是 CATV 系统最重要的组成部分之一，因为前端信号质量不好，直接影响后面其他部分且难以补救。

前端是各种信号的汇集点包括卫星传送的广播电视节目信号和数据广播信号；经光缆、电缆或微波传送的广播电视节目信号和数据广播信号；经天线开路收转的电视台或电台发射的地面射频广播电视信号；本地自办广播电视节目信号。

2. 干线传输系统

干线传输系统主要位于前端系统和用户分配系统之间，功能是将前端系统输入的电视信号传送到各个干线分配点所连接的用户分配系统网络。干线传输系统采用的主要设备是干线放大器。

干线传输系统的功能是控制信号传输过程中的劣变程度。干线放大器有不同的类型，除有双向和单向放大器外，根据干线放大器的电平控制能力可以分为手动增益控制和均衡型干线放大器、自动增益控制（AGC）型干线放大器、AGC加自动斜率补偿型放大器、自动电平控制（ALC）型干线放大器等。

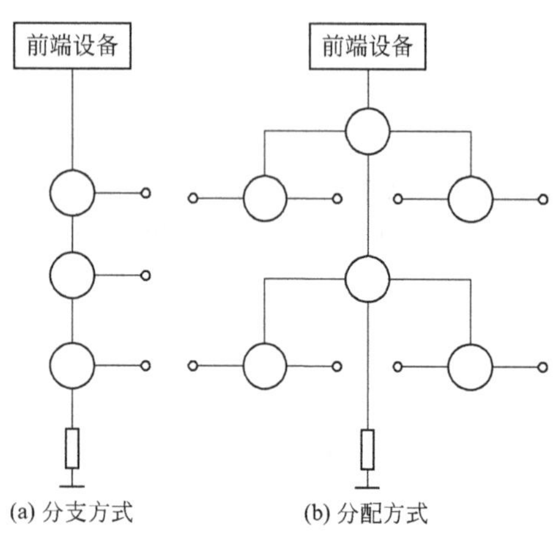


图 12-6　用户分配系统示意图

干线设备除了干线放大器外，还有电源、干线电视电缆，以及电流通过型分支器、分配器等。对于长距离传输的干线系统还要采用光缆传输设备，即光发射机、光分波器、光合波器、光接收机、光缆等。

3. 用户分配系统

用户分配系统的功能是将电视信号通过电缆分配到每个用户，在分配过程中需保证每个用户的信号质量，即用户能选择到所需要的频道和准确无误的解密或解码。

用户分配系统的主要设备有分配放大器、分支分配器、用户终端和机上变换器。对于双向电缆电视系统还有调制解调器和数控终端等设备。用户分配系统如图 12-6 所示。

## 三、广播音响系统

智能建筑广播系统是音响系统中的一种，它是指有线传输的声音广播。其通常设置于建筑公共场所，平时播放背景音乐或其他节目，一旦出现火灾等紧急情况时，则转换为报警广播。火灾事故广播作为火灾报警及联动系统，是紧急状态下指挥疏散人群的广播设施。

1. 广播音响系统的特点

智能建筑公共广播音响系统的特点如下。

① 公共广播系统的服务区域比较广，传输距离比较长，所以为了减少功率传输损耗，采用与歌舞厅、音乐厅等厅堂扩声系统不同的传输方式。

② 公共广播系统的播音室和服务区域一般是分开的，即传声器和扬声器不在同一房间内，所以在设计公共广播系统时，不用考虑声音的反馈。

2. 公共广播系统声频的传输方式

公共广播系统声频的传输方式主要有如下两种。

(1) 低电平传输方式

在这种方式中，传输线路只向终端（含一组扬声器）传送约等于 1V 的线路信号到扬声器组附近的功率放大器（分机柜），经功放后再以低电平方式送到扬声器组。这种方式可避免大功率音频电流的远距离传输。它只适用于控制室距终端远，而终端各个区域的扬声器又相对集中的情况。这实际上是声信号的传输而不是功率的传输，通常主机房把声频信号通过总线方式控制，实现把信号（含模拟及数字信号）传输到指定分区扬声器组的目的。

(2) 高电平传输方式

即机房的功率放大器到扬声器是采用高电平传输的。一般为 100V 或 70V，其优点是线路损耗少、负载连接方便，只是把带变压器的扬声器并接在线路上即可，在这种情况下，当所接扬声器的阻抗相同时，其分配到的功率也相同。高电平传输也称定压传输，由于其输出电压较高，故电流较小，在线路上的损耗也较小，是智能建筑中应用较多的传输方式。

3. 公共广播系统的组成

智能建筑公共广播音频系统通常可以分为节目源设备、信号放大器和处理设备、传输线路和扬声器系统四个部分。

(1) 节目源设备

节目源通常由无线电广播、激光唱机和录音卡座等设备提供，此外还有传声器、电子乐器等节目源设备。

(2) 信号放大器和处理设备

其包括均衡器、前置放大器、功率放大器、各种控制器及音响设备等。这部分设备的首要任务是信号放大，其次是信号的选择。这部分设备是整个广播音响系统的控制中心。功率放大器则将前置放大器或调音台送来的信号进行功率放大，再通过传输线去推动扬声器放声。

(3) 传输线路

传输线路虽然简单，但随着系统和传输方式的不同而有不同的要求。对礼堂、剧场等，由于功率放大器与扬声器的距离不远，一般采用低阻大电流的直接馈送方式，传输线要求专用喇叭线。而对公共广播系统，由于服务区域广、距离长，为了减少传输线路引起的损耗，往往采用高压传输方式，由于传输电流小，故对传输线要求不高，这种方式通常也称为定压式传输。此外，在客户广播系统中，有一种与宾馆 CATV（共用天线电视系统）共用的载波传输系统，这时的传输线就使用 CATV 的视频电缆，而不能用一般的音频传输线了。

(4) 扬声器系统

扬声器系统要求与整个系统匹配，同时其位置的选择也要切合实际。对礼堂、剧场、歌舞厅音色要求高，扬声器一般用大功率音箱；而对公共广播系统，由于其对音色要求不高，一般用 3～6W 的天花扬声器，将其安装在走廊、大堂、电梯间、写字间的天花板上即可。

## 课题四　安全防范系统

安全防范系统是智能建筑管理的重要子系统之一。该系统可以为智能建筑提供多层次、立体化和完善的安全防范措施，使犯罪分子无法进入智能建筑，或是在企图作案时能够被及时察觉，进而采取措施，使智能建筑使用者的人身、财产及重要情报等得到有效的保护。而且，该系统在为智能建筑提供安全保障的同时，也能极大地提升建筑物业管理和服务水平。

### 一、建筑设备监控系统

建筑设备监控系统也称楼宇自动控制系统，是将智能建筑物内的电力、照明、空调、运输、防灾、保安、广播等设备以集中监视、控制和管理为目的的一个综合系统。该系统能使智能建筑成为安全、健康、舒适、温馨的生活环境和高效的工作环境，并能保证系统运行的经济性与管理的智能化。

根据我国行业标准建筑设备监控系统又可分为设备运行管理与监控子系统和消防与安全防范子系统。一般情况下，消防与安全防范系统独立设置。这里讨论的建筑设备监控系统主要指新风、空调系统控制、供热系统控制、给排水系统控制、灯光系统控制、电力系统监视等，以上子系统构成了完整的建筑设备监控系统。

建筑设备监控系统是智能建筑一个重要子系统。通过对建筑内部的各种机电设备的控制，为建筑创建舒适的人工环境，方便人们对楼内运行机电设备的管理，最大限度地节约和利用能源。

现代典型的建筑设备监控系统一般由以下几部分组成。

1. 中央控制

中央控制部分对整个系统进行监测、协调和管理。设备包括工作站、文件服务器及打印机等，工作站和文件服务器通过网络接口连接在一级网络上。

2. 主控制器

主控制器是整个系统中各离散化区域控制器的协调者，其作用是实现全面的信息共享，完成区域控制器与中央控制室工作站之间的信息传递、数据存储，以及实现区域或远端报警等功能。主控制器含有 CPU、存储器、I/O 接口，它通过网络接口接在一级网络上。

3. 区域控制器

区域控制器［即直接数字控制器（DDC）］是具体控制机电设备的装置，与安装在设备上的传感器件和执行机构相连，每个区域控制器都包含有 CPU、存储器、I/O 接口。区域控制器分设在现场，尽量靠近被监控点，通过网络接口连接在二级网络上。

4. 传感器件

装设在各监控点的传感器，包括各种敏感元件、端点和限位开关，接收并传送信号。

5. 执行机构

接收控制信号并调节被监控设备。

6. 各种软件

包括基本软件和应用软件，支持系统完成本身运行和外部控制所需要的各种功能。

## 二、访客对讲系统

访客对讲系统是通过与来访者的对讲通话或用摄像机来确认来访者身份，以决定是否打开建筑的电子门锁的新型管理系统，用来替代传统的访客登记和值班看门的管理方法。包括访客对讲系统和可视对讲系统。

1. 访客对讲系统组成和基本原理

在智能建筑的每个单元首层大门处设有一个电子密码锁，每个使用者使用预设唯一的密码开锁。来访者需进入时按动大门上主机面板上对应的房号，则被访者分机发出振铃声，被访者摘机与来访者通话确认身份后，按动分机上遥控大门电子锁开关，打开门允许来访者进入后，闭门器使大门自动关闭。来访者如需要向管理处的安保人员询问事情时，也可通过按动大门主机上的保安键与其通话。

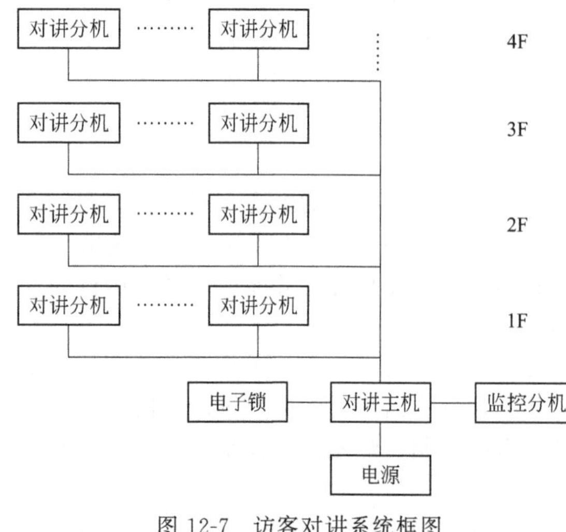

图 12-7　访客对讲系统框图

此系统还具有报警和求助功能，当建筑使用者遇到突发状况（如火灾、急病等），可通过对讲分机与建筑安保人员取得联系，从而得到及时的救助。系统组成如图 12-7 所示。

2. 访客可视对讲系统的组成和基本原理

访客可视对讲系统与访客对讲系统的区别是在大门入口处增加了摄像机，各建筑使用者对讲分机处则加设了显示屏。当来访者按通被访者的可视分机号时，其摄像机就自动开启，被访者可通过分机上的显示屏识别来访者的身份。在确认无误后可遥控开启大门电子锁。

管理处安保人员也可根据需要开启摄像机监视大门处来访者，在分机控制屏上监视来访者并能与之对讲。系统组成如图 12-8 所示。

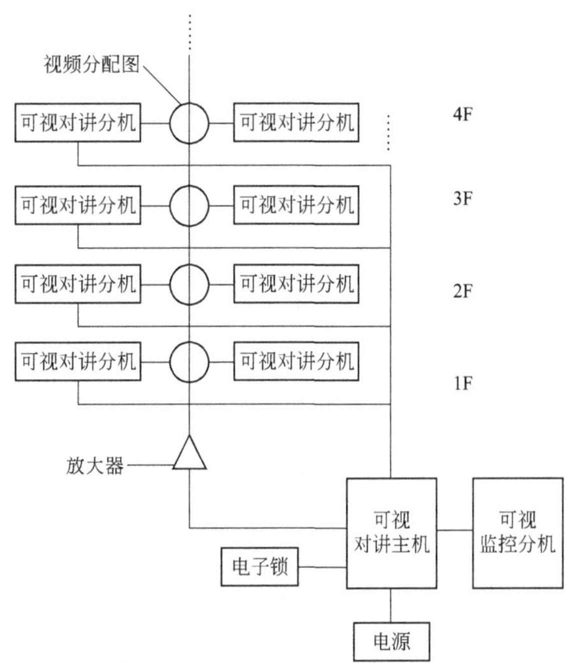

图 12-8　访客可视对讲系统框图

## 三、出入口控制系统

出入口控制系统也称门禁系统，它对建筑物关键出入通道进行监控和管理。其功能是事先对出入人员允许出入的区域和时间等进行设置（授权），之后对出入门人员根据授权进行管理，通过门的开启和关闭保证授权人员的自由出入，对出入门人员的代码和出入时间等信息进行实时登录与存储。限制未授权人员的进出，对强行暴力出入门发出报警。

出入口控制通常采用三种方式。一种是在被监视的门上安装门磁开关。当被监视门开/关时，安装在门上的门磁开关，会向系统控制中心发出该门开/关的状态信号，同时，控制中心将该门开/关时间、状态、门号等记录在计算机中。另一种方式是在需要监视和控制门上，除了安装门磁开关以外，还要安装电子门锁。系统控制中心除了可以监视这些门的状态外，还可以直接控制这些门的开启和关闭。第三种方式是对要求较高的需要监视、控制和身份识别的保安区通道门（如主要设备控制中心、机房、配电房等），除了安装门磁开关、电控锁之外，还要安装身份识别器或密码键盘等出入口控制装置，由中心控制室监控对各通道的状态、通行对象及通行时间等进行实时监控或设定程序控制，并将全部信息用计算机或打印机记录，为管理人员提供系统运转的详细记录。

由图 12-9 可见，一个完整的出入口控制系统由控制系统主机、出入口控制器和进行身份识别的读卡器及电子门锁等一系列检测与执行元件等组成。控制系统主机是出入口控制系统的神经中枢，根据授权承担发卡与写卡的任务，协调监控整个出入口控制系统的运行。控制器根据读卡器的信息，向执行机构发出指令，控制门的开启或关闭，同时将出入事件信息发送到系统主机。身份识别器利用磁卡或其他介质来识别出入人员的身份和被授权出入的区域。当符合出入权限时，控制器发出开门指令，否则不予开门。目前，最佳的身份识别方法是采用人体生物特征，如指纹、掌纹、视网膜花纹等进行身份鉴别。避免了磁卡、IC 卡的伪造和密码破译与盗用，安全性很高，是今后发展的方向。执行机构是实现门禁功能的最后一个关键部件，利用电信号控制电子门锁来实现门的开关动作。

## 四、入侵报警系统

通过一些技术手段，实现对布防监测区域内的入侵行为进行自动探测和报警的安防系统称为入侵报警系统。入侵报警系统的结构及其组成如图 12-10 所示。

入侵报警系统负责对建筑物内外各规定点、线、面和区域的巡查报警任务，一般由入侵探测器、入侵报警控制器和报警控制中心三部分组成。

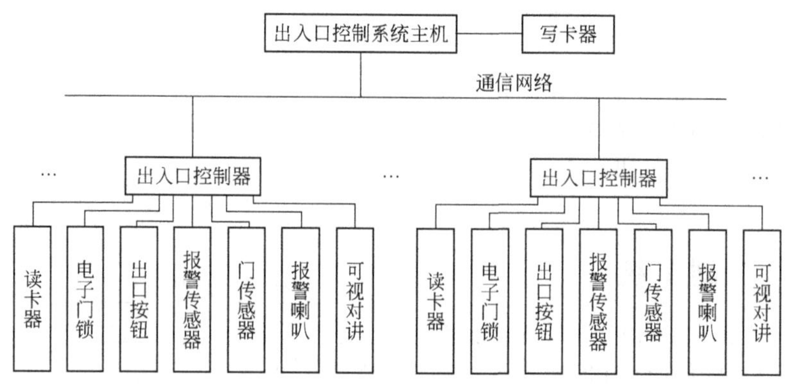


图 12-9　出入口控制系统框图

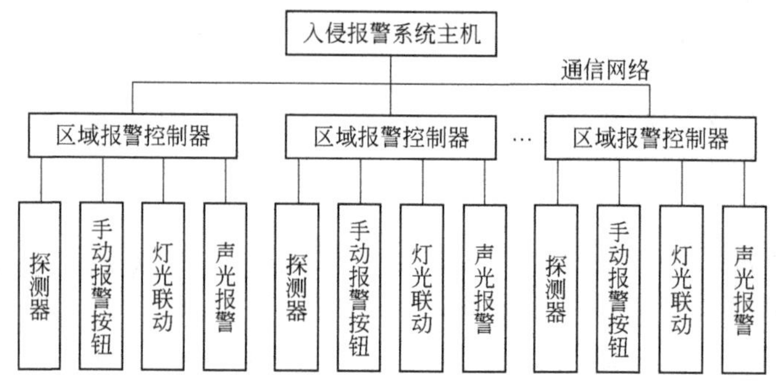


图 12-10　入侵报警系统框图

### 1. 入侵探测器

入侵探测器用于探测非法入侵行为。目前，入侵探测器种类繁多，它们的警戒范围各不相同，有点控制型、线控制型、面控制型、空间控制型之分。其种类见表 12-1。一个优秀的安防系统，需要有各种探测器配合使用，其选择及布置得当与否，将直接影响报警系统的质量。

**表 12-1　入侵探测器种类**

| 警戒范围 | 报警器种类 |
| --- | --- |
| 点控制型 | 开关式报警器 |
| 线控制型 | 主动式红外报警器、激光报警器 |
| 面控制型 | 玻璃破碎报警器、振动式报警器 |
| 空间控制型 | 微波报警器、超声波报警器、被动红外报警器、声控报警器、视频报警器、周界报警器 |

### 2. 入侵报警控制器

入侵报警控制器接受来自入侵探测器发出的报警信号，一旦有警情发生，可发出声光报警并在控制器上指示出入侵发生的部位和时间。报警控制器可将探测器组合在一起形成一个监控区域，按监控区域的大小，报警控制器又分为小型报警控制器、区域报警控制器和集中报警控制器。报警控制器除接受报警信号外还应具备如下功能。

① 布防和撤防功能。

② 防破坏功能（如果有人对线路和设备进行破坏，报警控制器应发出报警）。

③ 联网通信功能（把本区域的报警信息送往入侵报警控制中心）。

3. 报警控制中心

报警控制中心接收各区域报警器送来的报警信息。可以在报警发生时按照预定程序进行处理。譬如自动拨通公安部门电话、自动切换到报警部位的图像画面，自动启动保安设备并联动相关区域的照明灯、电视监控系统；自动录音录像；自动记录报警的时间、地点、报警类型或状态，提交相关报告。其联网通信功能可与其他安全防范系统或建筑设备智能化系统协调工作。

## 五、停车场管理系统

1. 停车场管理系统的功能

近年来，随着我国停车场管理技术的不断趋于成熟，停车场管理系统向大型化、复杂化和高科技化方向发展，已经成为智能建筑的重要组成部分并作为楼宇安全防范系统的一个子系统与计算机网络相连，使远距离的管理人员可以监视和控制停车场。智能停车场管理系统采用先进技术和高度自动化的机电设备，结合用户停车场收费管理方面的需求而开发的智能系统，可让使用者在最短的时间进入或离开停车场，提高了停车场管理质量和效率。

2. 停车场管理系统的设备组成

智能建筑停车场管理系统一般由入口管理站、出口管理站和计算机监控中心等几部分构成。停车场的入口管理站分别设置地感应线圈、闸门机、感应式阅读器（读卡器）、对讲机、指示显示器、入口机、电子显示屏、自动取卡机和摄像机。停车场出口管理站分别设置地感应线圈、出口机、对讲机、电子显示屏、闸门机等。计算机监控中心包括计算机主机、显示器、对讲机和票据打印机等。智能建筑停车场管理系统如图 12-11 所示。

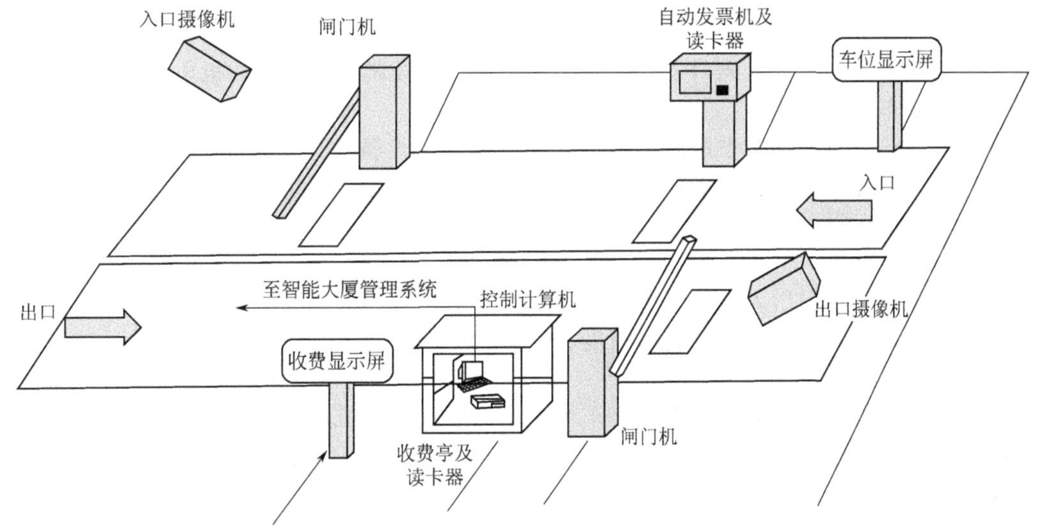


图 12-11 智能建筑停车场管理系统

常见的智能建筑停车场管理系统设备主要如下。

（1）监控主机

监控主机也称中央管理计算机，从智能建筑局域网而言，其只是网络中的一个工作站，该工作站的作用主要是综合管理整个停车场。

停车场管理系统的中央管理计算机位于监控室内，是停车场管理系统控制中枢，使用 PC 机并安装收费管理软件等，负责整个系统的协调与管理、软硬件参数设计、信息交流与分析、命令发布等。

管理中心主要由功能完善的 PC 机、显示器打印机等外围设备组成。管理中心可以对停车场进行区域划分，为长期租用车位人和车位使用权人发放票卡、确定车位、变更信息以及收缴费用、确定收费方法和计费单位，并且设置密码阻止非授权者侵入管理程序。管理中心也可以作为一台服务器，通过总线与下属设备连接，实时交换运行数据，对停车场营运的数据自动统计、保存和管理；管理中心的 CRT（阴极射线管）具有很强的图形显示功能，能把停车场平面图、泊车位实时占用情况、出入口开闭状态以及通道封锁情况等在屏幕上显示出来，便于停车场的管理与调度。

（2）入口控制箱

入口控制箱放置在车辆入场方向的左方，一般内含读卡器、显示屏、自动控制器、车辆检测器、自动发卡机、对讲分机等部分，完成读卡及身份识别、临时发卡、控制、记录信息、声光提示、语音对讲等功能。

（3）出口控制箱

出口控制箱放置在车辆出场方向的左方，一般内含读卡器、显示屏、自动控制器、车辆检测器、自动收卡机、对讲分机等部分，完成读卡及身份识别、收取临时卡、控制、记录信息、声光提示、收费、语音对讲等功能。

（4）读卡器

读卡器是智能卡与系统沟通的桥梁，在使用时，司机只需将卡伸出车窗外，在读卡器前轻晃一下，即可完成信息的交流。读写工作完成后，其他设备进行入或出的相应准备工作。

当前采用最多的是感应式 IC/ID（集成电路/身份识别）卡，其具有防水、防磁、防静电、无磨损、信息储存量大、高保密度等特点。感应式读卡方式的感应距离通常为 10cm。

（5）挡车闸

挡车闸一般由金属机箱、电动机、变速器、动态平衡器、控制器、栏杆、防砸检测器等部分组成，放置于停车场出入口处，是阻挡车辆通行和控制车辆进出的机电一体化设备。

（6）地埋车辆感应器

地埋车辆感应器是收费系统感知车辆进出停车场的设备。计算机检测器采用了数/模转化技术，同时具有可靠性和灵敏度高的特点，保证计算机能够得到可靠信息，从而保证了系统能安全准确地运行。

（7）监视摄像机

监视摄像机旋转于出入口控制机和出入口挡车闸之间，用于摄取车辆出入场的图像，供图像对比和存储用，要求彩色、高清晰度、高速。

（8）电子显示屏

电子显示屏应向驶入的车辆提供停车场信息。信息应包括的内容有入口方向提示，固定用户、临时用户提示，空余车位提示及温馨提示等。

（9）其他设备

发卡器放于收费管理中心，用于种类卡的授权与资料登记；探测器用于探测车位有无车辆，构成停车引导系统；防砸车装置可保证无论是进场车辆或正在倒车的车辆，只要在闸杆下停留，闸杆就不会落下。

## 课题五　火灾自动报警及消防联动控制系统

### 一、火灾自动报警及消防联动控制系统基本知识

1. 火灾自动报警与消防联动控制系统的功能与作用

火灾自动报警与消防联动控制系统（FAS）是建筑设备自动化系统（BAS）中非常重要

的一个子系统，是保障智能建筑防火安全的关键所在。火灾自动报警与消防联动控制系统的宗旨是以防为主，防消结合。其功能是对火灾发生进行早期探测和自动报警，并以火情具体位置为依据，及时对智能建筑内部相关区域的配电、照明、电梯、广播及消防设备进行联动控制，灭火、排烟、疏散人员，确保建筑使用者的人身安全，最大限度地减少财产损失。

2. 火灾自动报警与消防联动控制系统的原理

火灾自动报警与消防联动控制系统原理框图如图 12-12 所示。

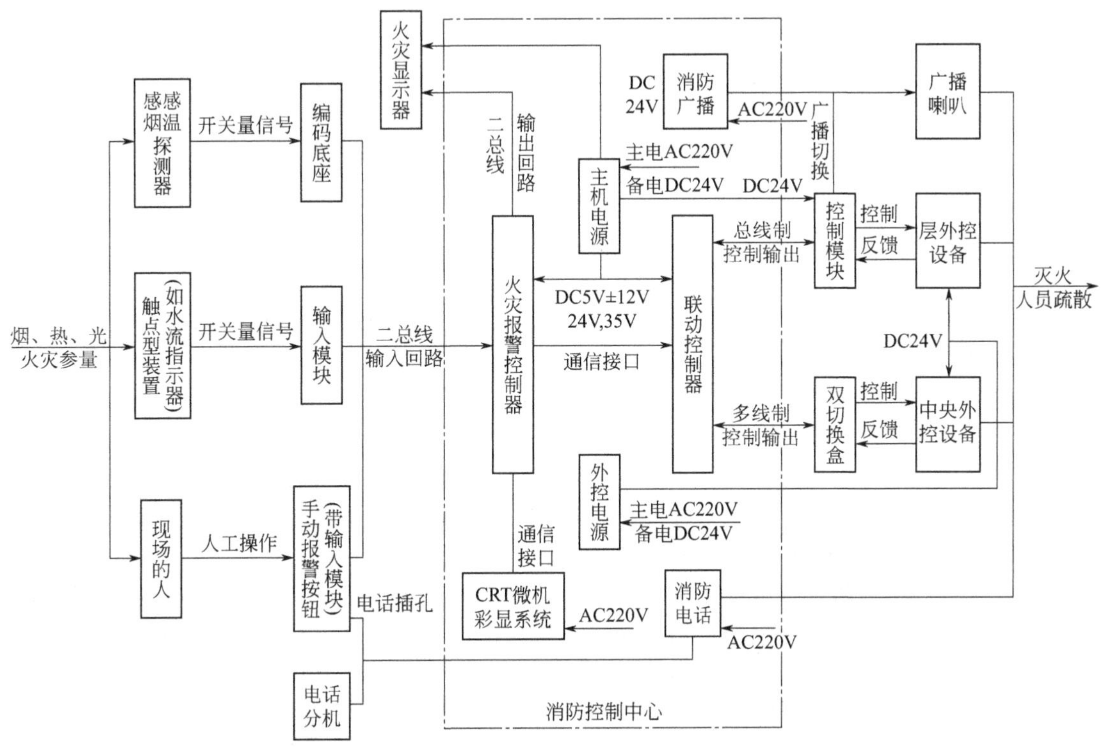


图 12-12　火灾自动报警与消防联动控制系统原理框图

系统的工作原理是探测器不断向监视现场发出检测信号，监视烟雾浓度、温度、火焰等火灾信号，并将探测到的信号不断送给火灾报警器。报警器将代表烟雾浓度、温度数值及火焰状况的电信号，与报警器内存储的现场正常整定值进行比较，判断确定火灾。当确认发生火灾时，在报警器上发出声光报警，并显示火灾发生的区域和地址编码，并打印出报警时间地址等信息，同时向火灾现场发出声光报警信号。值班人员打开火灾应急广播通知火灾发生层及相邻两层人员疏散，各出入口应急疏散指示灯亮，指示疏散路线。为防止探测器或火警线路发生故障，现场人员发现火灾时也可手动启动报警按钮或通过火警对讲电话直接向消防控制室报警。

在火灾报警器发生报警信号的同时，火警控制器可实现手动/自动控制消防设备，如关闭风机、防火阀、非消防电源、防火卷帘门，迫降消防电梯；开启防烟、排烟（含正压送风机）风机和排烟阀；打开消防泵，显示水流指示器、报警阀、闸阀的工作状态等。以上控制均有反馈信号至火警控制器上。

## 二、火灾自动报警与消防联动控制系统常用设备与布置

火灾自动报警与消防联动控制系统是建筑物防火综合监控系统，由火灾报警系统和消防联动控制系统组成。在实际工程应用中，系统的组成是多种多样的，设备量的多少、设备种

类都存在很大差异。火灾自动报警系统一般由火灾探测器、信号线路和火灾自动报警装置三部分组成。

1. 火灾探测器

火灾探测器是整个报警系统的检测元件，其工作稳定性、可靠性和灵敏度等技术指标直接影响着整个消防系统的运行。火灾探测器的种类很多，大致有离子感烟探测器、光电感烟探测器、感温探测器（包括定温式和差温式）、气体式探测器、红外线式探测器和紫外线式探测器等种类。可以根据安装场所环境特征来选择探测器。

① 相对湿度长期大于95%，气流速度大于5m/s，有大量粉尘、水雾滞留，可能产生腐蚀性气体，在正常情况下有烟滞留，产生醇类、醚类、酮类等有机物质的场所，不宜选用离子感烟探测器。

② 可能产生阴燃或者发生火灾不及早报警将造成重大损失的场所，不宜选用感温探测器；温度在0℃以下的场所，不宜选用定温探测器；正常情况下温度变化大的场所，不宜选用差温探测器。

③ 有下列情形的场所，不宜选用火焰探测器。

可能发生无焰火灾；在火焰出现前有浓烟扩散；探测器的镜头易被污染；探测器的“视线”易被遮挡；探测器易被阳光或其他光源直接或间接照射；在正常情况下，有明火作业以及X射线、弧光等影响。

只用一种探测器，在联动的系统里易产生误动作，这将造成不必要的损失，无联动的系统里易误报。故应选用两种或两种以上种类探测器。它们是“与”的逻辑关系，当两种或两种以上探测器同时报警，联动装置才动作，这样才能确保不必要的损失。

2. 手动火灾报警按钮及其布置

报警区域内每个防火分区应至少设置一个手动火灾报警按钮，且从一个防火分区里的任何位置至最近一个手动火灾报警按钮的距离不应大于30m，并应设置在明显和便于操作的位置。手动火灾报警按钮距地面1.5m。

3. 火灾自动报警系统概述

火灾自动报警装置是由报警显示、故障显示和指令控制组成的自动化成套装置。能在接收到火灾信号时，自动启动声光报警信号，同时记录和打印火灾发生的时间、地点并输出指令信号控制其他消防设备。

由自动报警控制装置与区域内的火灾探测器、手动报警按钮或其他触发器件正确连接后构成完整、独立的自动火灾报警系统。根据其报警控制器类型及其布置形式的不同可分为区域报警系统、集中报警系统和控制中心报警系统。

（1）区域报警系统

区域报警系统是将由电子电路组成的区域报警控制器与一个区域内所有火灾探测器联结后构成的完整、独立的火灾自动报警系统，能准确、及时进行火灾自动报警。

该系统中一个报警区域内设置一台区域火灾报警控制器，且报警控制器应设置在有人值班的房间。系统结构如图12-13所示。

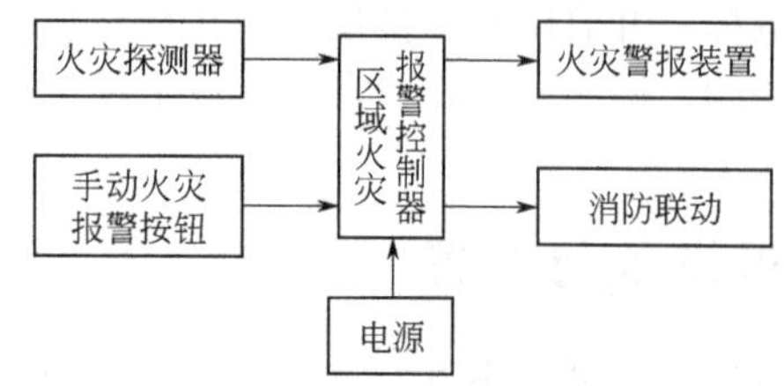


图12-13　区域报警系统结构框图

（2）集中报警系统

集中报警系统是将若干个区域报警系统通过集中报警控制器集中起来管理，构成一个具有巡检功能、火灾报警功能和自检功能的自动火灾报警系统。该系统适用于大型、复杂工程。

系统中至少有一台集中火灾报警控制器和两台以上区域报警控制器，且集中火灾报警控制器应设置在有人值班的专用房间或消防值班室内。系统结构如图 12-14 所示。

（3）控制中心报警系统

工程建筑规模大、保护对象重要、设有消防联动控制设备和专用消防控制室时，应采用控制中心报警系统。系统结构如图 12-15 所示。

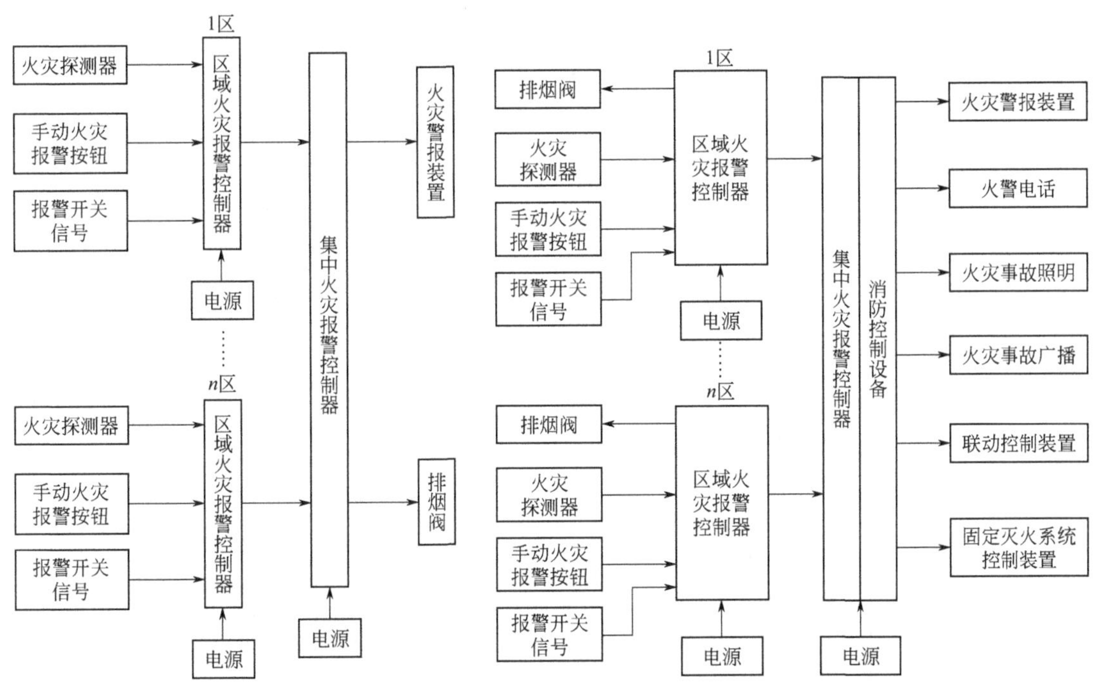


图 12-14　集中报警系统结构框图　　图 12-15　控制中心报警系统结构框图

## 三、消防控制室及消防联动控制

1. 消防控制室

消防控制室是火灾自动报警系统的控制和信息中心，也是火灾时灭火作战的指挥和信息中心。相关规定要求，建筑消防控制室应当具备对室内消火栓系统、自动喷水灭火系统、二氧化碳气体灭火系统等的联动控制功能。

（1）消防控制室的设备组成

消防控制室中的消防控制设备应由下列部分或全部控制装置组成。

火灾报警控制器；自动灭火系统的控制装置；室内消火栓系统的控制装置；防烟、排烟系统及空调通风系统的控制装置；常开防火门、防火卷帘的控制装置；电梯回降控制装置；火灾应急广播；火灾警报装置；消防通信设备；火灾应急照明与疏散指示标志。

（2）消防控制室的控制功能

① 控制消防设备的启、停，并显示其工作状态。

② 除自动控制外，应能手动直接控制消防水泵、防烟排烟风机的启、停。

③ 可显示火灾报警、故障报警的部位。

④ 应显示被保护建筑的重点部位、疏散通道及消防设备所在位置的平面图或模拟图。

⑤ 可显示系统供电电源的工作状态。

除了上述基本控制功能外，消防控制室还应在发生火灾时，对火灾警报及应急广播系统，以及消防通信、电梯等进行有效控制。此外，为便于消防人员扑救火灾和建筑内部人员疏散，消防控制室在确认火灾后，应及时切断有关部位的非消防电源，并接通火灾事故应急照明和疏散标志灯。

2. 火灾消防联动控制

（1）消防控制室控制设备的控制及显示功能（表 12-2）

**表 12-2　消防控制室控制设备的控制及显示功能**

| 控制对象 | 控制功能 | 显示功能 |
| --- | --- | --- |
| 室内消火栓系统 | 控制消防水泵的启、停 | 显示消防水泵的工作、故障状态<br>显示起泵按钮的位置 |
| 自动喷水和水喷雾灭火系统 | 控制系统的启、停 | 显示消防水泵的工作、故障状态<br>显示水流指示器、报警阀、安全信号阀的工作状态 |
| 气体灭火系统 | 在报警、喷射各阶段，控制室应有相应的声、光警报信号，并能手动切除声响信号<br>在延时阶段，应自动关闭防火门、窗，停止通风与空调系统，关闭有关部位防火阀 | 显示系统的手动、自动工作状态<br>显示气体灭火系统防护区的报警、喷放及防火门（帘）、通风与空调等设备的状态 |
| 泡沫灭火系统 | 控制泡沫泵及消防水泵的启、停 | 显示系统的工作状态 |
| 干粉灭火系统 | 控制系统的启、停 | 显示系统的工作状态 |
| 常开防火门 | 防火门任一侧的火灾探测器报警后，应自动关闭 | 防火门关闭信号应送到消防控制室 |
| 防火卷帘 | 疏散通道上的防火卷帘应按下列程序自动控制下降：<br>① 感烟探测器动作后，卷帘下降距地（楼）面 1.8m<br>② 感温探测器动作后，卷帘下降到底<br>防火分隔的卷帘，火灾探测器动作后，卷帘应下降到底 | 感烟、感温火灾探测器的报警信号及防火卷帘的关闭信号应送至消防控制室 |
| 防烟、排烟设施 | 停止有关部位的空调送风，关闭电动防火阀，并接收其反馈信号<br>启动有关部位的防烟、排烟风机、排烟阀等，并接收其反馈信号<br>控制挡烟垂壁等防烟设施 | 显示反馈信号 |

（2）其他消防设备联动控制

1）消防疏散指示系统　在火灾发生时，疏散指示标志与电光源组合为疏散指示灯，以显眼的文字、鲜明的箭头标记指明疏散方向。

2）火灾应急照明系统　在火灾发生时，应切断正常照明，开启火灾应急照明开关，保持一定的电光源，确保火灾扑救人员的继续工作和建筑内部普通民众安全疏散，防止疏散通道突然变暗带来的影响，抑制人们心理上的惊慌。

3）火灾应急广播控制方式　火灾发生时，为了便于疏散和减少不必要的混乱，火灾应急广播仅向着火楼层及与其相关楼层进行广播。如着火层在首层时，需要向首层、二层及全部地下层进行紧急广播；如着火层在二层以上时，仅着火层及其上下各一层或下一层上二层发出火灾警报。

除上述消防设备控制问题之外，在发生火灾时火灾自动报警及消防联动系统还要考虑消防专用电话、消防电源监控、消防电梯监控空调系统断电控制、消防设备用电末端切换等问题。

## 复习思考题

1. 综合布线系统概念及组成?
2. 什么是程控交换机? 程控交换机种类?
3. 公共广播系统组成?
4. 共用天线电视系统概念及组成?
5. 门禁系统组成? 各部分作用?
6. 入侵报警探测器种类?
7. 停车场管理系统组成?
8. 观察身边的火灾自动报警系统，都有哪些火灾探测器?
9. 消防联动控制系统控制对象有哪些?

# 任务十三　建筑电气与智能化系统施工图

### 知识目标

- 掌握建筑电气施工图制图的规定；
- 掌握建筑电气施工图与建筑智能化施工图构成；
- 掌握建筑电气施工图与建筑智能化施工图识读方法。

### 能力目标

- 能识读建筑电气施工图；
- 能识读各种建筑智能化系统施工图。

## 课题一　建筑电气施工图

### 一、建筑电气施工图制图的一般规定

建筑电气施工图制图应符合《建筑电气制图标准》（GB/T 50786—2012）中的相应规定。

1. 图线的规定

建筑电气专业的图线宽度应根据图纸的类型、比例和复杂程度，按现行国家标准《房屋建筑制图统一标准》（GB/T 50001）的规定，线宽 $b$ 宜选并为 0.5mm、0.7mm、1.0mm。

建筑电气专业常用的制图图线、线型及线宽宜符合表 13-1 的规定。

**表 13-1　线型及含义**

<table>
<tr><th colspan="2">图线名称</th><th>线型</th><th>线宽</th><th>一般用途</th></tr>
<tr><td rowspan="5">实线</td><td>粗</td><td></td><td>b</td><td rowspan="2">本专业设备之间电气通路连接线、本专业设备可见轮廓线、图形符号轮廓线</td></tr>
<tr><td rowspan="2">中粗</td><td rowspan="2"></td><td>0.7b</td></tr>
<tr><td>0.7b</td><td rowspan="2">本专业设备可见轮廓线、图形符号轮廓线、方框线、建筑物可见轮廓线</td></tr>
<tr><td>中</td><td></td><td>0.5b</td></tr>
<tr><td>细</td><td></td><td>0.25b</td><td>非本专业设备可见轮廓线、建筑物可见轮廓线；尺寸、标高、角度等标注线及引出线</td></tr>
<tr><td rowspan="5">虚线</td><td>粗</td><td></td><td>b</td><td rowspan="2">本专业设备之间电气通路不可见连接线；线路改造中原有线路</td></tr>
<tr><td rowspan="2">中粗</td><td rowspan="2"></td><td>0.7b</td></tr>
<tr><td>0.7b</td><td rowspan="2">本专业设备不可见轮廓线、地下电缆沟、排管区、隧道、屏蔽线、连锁线</td></tr>
<tr><td>中</td><td></td><td>0.5b</td></tr>
<tr><td>细</td><td></td><td>0.25b</td><td>非本专业设备不可见轮廓线及地下管沟、建筑物不可见轮廓线等</td></tr>
<tr><td colspan="2">折断线</td><td></td><td>0.25b</td><td>断开界线</td></tr>
</table>

2. 制图比例

宜与工程项目设计的主导专业一致，采用的比例可按表 13-2 的选定，优先采用常用比例。

**表 13-2　电气总平面图、电气平面图的制图比例**

| 序号 | 图名 | 常用比例 | 可用比例 |
|---|---|---|---|
| 1 | 电气总平面图、规划图 | 1∶500、1∶1000、1∶2000 | 1∶300、1∶5000 |
| 2 | 电气平面图 | 1∶50、1∶100、1∶150 | 1∶200 |
| 3 | 电气竖井、设备间、电信间、变配电室等平、剖面图 | 1∶20、1∶50、1∶100 | 1∶25、1∶150 |
| 4 | 电气详图、电气大样图 | 10∶1、5∶1、2∶1、1∶1、1∶2、1∶5、1∶10、1∶20 | 4∶1、1∶25、1∶50 |

3. 施工图常用符号标识

(1) 电气施工图部分常用图形符号（表 13-3）

**表 13-3　电气施工图部分常用图形符号**

| 图例 | 说明 | 图例 | 说明 |
|---|---|---|---|
|  | 暗装照明配电箱 |  | 顶棚吸顶灯 |
|  | 配电柜、屏、箱 |  | 疏散指示灯 |
|  | 配电箱 | E | 安全出口标志灯 |
|  | 电风扇 |  | 方格栅吸顶灯 |
| Wh | 电能表 |  | 暗装单极开关 |

续表

| 图例 | 说明 | 图例 | 说明 |
|---|---|---|---|
| | 灯的一般符号 | | 明装单极开关 |
| | 防水防尘灯 | | 暗装双极开关 |
| | 球形灯 | | 暗装三极开关 |
| | 壁灯 | | 单极拉线开关 |
| | 花吊灯 | | 风扇调速开关 |
| | 单管荧光灯 | | 单相暗装插座 |
| | 二管荧光灯 | | 暗装接地单相插座 |
| | 应急灯 | | 安全型单相二孔暗装插座 |
| | 投光灯 | | 安全型单相三孔暗装插座 |
| | 天棚灯 | | 双联二三极暗装插座 |
| | 聚光灯 | | 安全型双联二三极暗装插座 |
| | 弯灯 | | 暗装接地三相插座 |

（2）常用标注安装方式的文字符号（表13-4）

**表13-4 常用标注安装方式的文字符号**

| 序号 | 线缆敷设方式的标注 | | 序号 | 线缆敷设部位的标注 | |
|---|---|---|---|---|---|
| | 名称 | 文字符号 | | 名称 | 文字符号 |
| 1 | 穿低压流体输送用焊接钢管（钢导管）敷设 | SC | 1 | 沿或跨梁（屋架）敷设 | AB |
| 2 | 穿普通碳素钢电线套管敷设 | MT | 2 | 沿或跨柱敷设 | AC |
| 3 | 穿可挠金属电线保护套管敷设 | CP | 3 | 沿吊顶或顶板面敷设 | CE |
| 4 | 穿硬塑料导管敷设 | PC | 4 | 吊顶内敷设 | SCE |
| 5 | 穿阻燃半硬塑料导管敷设 | FPC | 5 | 沿墙面敷设 | WS |
| 6 | 穿塑料波纹电线管敷设 | KPC | 6 | 沿屋面敷设 | RS |
| 7 | 电缆托盘敷设 | CT | 7 | 暗敷设在顶板内 | CC |
| 8 | 电缆梯架敷设 | CL | 8 | 暗敷设在梁内 | BC |
| 9 | 金属槽盒敷设 | MR | 9 | 暗敷设在柱内 | CLC |
| 10 | 塑料槽盒敷设 | PR | 10 | 暗敷设在墙内 | WC |
| 11 | 钢索敷设 | M | 11 | 暗敷设在地板或地面下 | FC |
| 12 | 直埋敷设 | DB | | | |
| 13 | 电缆沟敷设 | TC | | | |
| 14 | 电缆排管敷设 | CE | | | |

续表

| 序号 | 灯具安装方式的标注 | | 序号 | 灯具安装方式的标注 | |
|---|---|---|---|---|---|
| | 名称 | 文字符号 | | 名称 | 文字符号 |
| 1 | 线吊式 | SW | 7 | 吊顶内安装 | CR |
| 2 | 链吊式 | CS | 8 | 墙壁内安装 | WR |
| 3 | 管吊式 | DS | 9 | 支架上安装 | S |
| 4 | 壁装式 | W | 10 | 柱上安装 | CL |
| 5 | 吸顶式 | C | 11 | 座装 | HM |
| 6 | 嵌入式 | R | | | |

（3）常用电气设备标注的文字符号（表 13-5）

**表 13-5　常用电气设备标注的文字符号**

| 设备、装置和元件名称 | 字母代码 | 设备、装置和元件名称 | 字母代码 |
|---|---|---|---|
| 35kV 开关柜 | AH | 信号箱（柜、屏） | AS |
| 20kV 开关柜 | AJ | 电源自动切换箱（柜、屏） | AT |
| 10kV 开关柜 | AK | 动力配电箱（柜、屏） | AP |
| 6kV 开关柜 | — | 应急动力配电箱（柜、屏） | APE |
| 低压配电柜 | AN | 控制、操作箱（柜、屏） | AC |
| 并联电容器箱（柜、屏） | ACC | 励磁箱（柜、屏） | AE |
| 直流配电箱（柜、屏） | AD | 照明配电箱（柜、屏） | AL |
| 保护箱（柜、屏） | AR | 应急照明配电箱（柜、屏） | ALE |
| 电能计量箱（柜、屏） | AM | 电度表箱（柜、屏） | AW |
| 弱电系统设备箱（柜、屏） | — | | |

（4）电气设备标注方式（表 13-6）

**表 13-6　电气设备标注方式**

| 序号 | 标注方式 | 说明 |
|---|---|---|
| 1 | $\frac{a}{b}$ | 用电设备标注<br>$a$—参照代号；$b$—额定容量，kW 或 kV·A |
| 2 | $-a+b/c$ | 系统图电气箱（柜、屏）标注<br>$a$—参照代号；$b$—位置信息；$c$—型号 |
| 3 | $-a$ | 平面图电气箱（柜、屏）标注<br>$a$—参照代号 |
| 4 | $ab/cd$ | 照明、安全、控制变压器标注<br>$a$—参照代号；$b/c$—一次电压/二次电压；$d$—额定容量 |
| 5 | $a-b\frac{c\times d\times L}{e}f$ | 灯具标注<br>$a$—数量；$b$—型号；$c$—每盏灯具的光源数量；$d$—光源安装容量；$e$—安装高度，m；“—”表示吸顶安装；$L$—光源种类；$f$—安装方式 |
| 6 | $\frac{a\times b}{c}$ | 电缆梯架、托盘和槽盒标注<br>$a$—宽度，mm；$b$—高度，mm；$c$—安装高度，m |
| 7 | $a/b/c$ | 光缆标注<br>$a$—型号；$b$—光纤芯数；$c$—长度 |

续表

| 序号 | 标注方式 | 说明 |
| --- | --- | --- |
| 8 | $ab-c\ (d\times e+f\times g)$<br>$i-jh$ | 线缆的标注<br>$a$—参照代号；$b$—型号；$c$—电缆根数；$d$—相导体根数；$e$—相导体截面积，$mm^2$；$f$—N、PE 导体根数；$g$—N、PE 导体截面积，$mm^2$；$i$—敷设方式和管径，mm；$j$—敷设部位；$h$—安装高度，mm |
| 9 | $a-b(c\times 2\times d)e-f$ | 电话线缆的标注<br>$a$—参照代号；$b$—型号；$c$—导体对数；$d$—导体直径，mm；$e$—敷设方式和管径，mm；$f$—敷设部位 |

例如，某教室照明平面标有 8-PKY508 $\frac{2\times 40}{2.7}$CS，表示灯具的数量为 8 盏，型号是为 PKY508 型荧光灯，安装功率是双管 40W，安装高度距地面为 2.7m，安装方式为链吊式。

## 二、建筑电气施工图的组成

1. 图样目录

图样目录以表格形式出现，表头标明建设单位、工程名称、分部工程名称、设计日期等，表中将全部施工图统一编号（电施-×），按图样序号排列顺序填入。先列新绘制图样，后列选用的重复利用图和标准图，便于核对图样数量与查找图样。

2. 设计说明

包括建筑概况、工程设计范围、工程类别、供电方式、电压等级、主要线路敷设方式、工程主要技术数据、施工和验收要求及有关事项。

3. 主要设备及材料表

包括工程所需的各种设备（如变压器、开关、照明器、配电箱等）、管材、导线等名称、型号、规格、数量等。

4. 电气平面图

电气平面图包括变、配电平面图、动力平面图、照明平面图、室外工程平面图及防雷平面图等。

平面图详细、具体地标注了所有电气线路的具体走向及电气设备的位置、坐标，并通过图形符号将某些系统图无法表达的设计意图表达出来，具体指导施工。在图纸上主要表明电源进户线的位置、规格、穿线管径；配电盘（箱）、灯具、开关、插座、线路等的位置；配电线路的敷设方式；配电线的规格、根数、穿线管径；各种电器的位置；各支线的编号及要求；防雷、接地的安装方式以及在平面图上的位置等。

5. 电气系统图

电气系统图也称原理图或流程图，是建筑电气施工图中重要的图样，系统图不是按比例投影画法示出，通常不表明电气设备的具体安装位置。通过系统图识读，可清楚地看到整个建筑物内配电系统的情况与配电线路所用导线的型号与截面、采用管径，以及总的设备容量等，可以了解整个工程的供电全貌和接线关系。

电气系统图内容包括整个配电系统的联结方式，从主干线至各分支回路的路数；主要变、配电设备的名称、型号、规格及数量；主干线路及主要分支线路的敷设方式、型号、规格。

6. 详图

详图又称大样图，用来表示电气设备和电器元件的实际接线方式、安装位置、配线场所的形状特征等。对于某些电气设备或电器元件在安装过程中有特殊要求或无标准图的部分，设计者绘制了专门的构件大样图或安装大样图，并详细地标明施工方法、尺寸和具体要求，指导设备制作和施工。

## 三、建筑电气施工图识读方法

识读电气施工图之前，首先必须熟悉建筑物的土建图（建筑、结构、总平面图）和工艺图，了解建筑物的外貌、结构特点、设计功能及与电气布置密切相关的部分，在熟悉常用电气设备工程的图例及文字符号的基础上，按图纸的“目录—设计说明—主要设备材料表—系统图—平面图—详图”顺序识读，重点弄清系统图与平面图。

先看图上的文字说明。文字说明的主要内容包括施工图图纸目录、设备材料表和电气设计说明三部分。比较简单的工程只有几张施工图纸，往往不另单独编制设计说明，一般将文字说明内容表示在平、剖面图或系统图上。

其次读图，按“进线—变、配电所—开关柜、配电屏—各配电线路—车间或住宅配电箱(盘)—室内干线—支线及各路用电设备”这个主线来阅读。看图上所画的电源从何而来，采用哪些供电方式，使用多大截面的导线，配电使用哪些电气设备，供电给哪些用电设备等。不同的工程有不同的要求，图纸上表达的工程内容一定要搞清。

当识读比较复杂的电气图时，首先看系统图，了解有哪些设备组成，有多少个回路，每个回路的作用和原理。然后再看安装图，各个元件和设备安装在什么位置，如何与外部连接，采用何种敷设方式等。

## 四、建筑电气施工图识读案例

**【案例 13-1】** 某三层建筑物电气工程施工图如图 13-1～图 13-13 所示。

1. 设计说明

（1） 工程概况（略）

（2） 设计依据（略）

（3） 设计范围

电力配电系统、照明系统、防雷接地系统。

（4） 电力配电系统

① 本工程最高用电负荷为二级负荷，包括应急照明、排烟风机；普通照明、普通电力等用电为三级负荷。供电电源电压为 380V/220V。

② 低压配系统采用放射式与树干式相结合的方式，对于单台容量较大的负荷或重要负荷采用放射式供电；对于照明及一般负荷采用树干式与放射式相结合的供电方式。

③ 所有消防负荷由变电所两台不同变压器提供两回路电源供电，并在末端自动切换。

（5） 照明系统

① 光源。篮球场地选用金属卤化物灯，一般场所均采用节能型光源。

② 主要场所照明标准如下。篮球场地地面，$E\geqslant300$lx；健身房地面，$E\geqslant200$lx；排练房地面，$E\geqslant300$lx、统一眩光值 UGR≤22、一般显色指数 $R_a\geqslant80$；办公室 0.75m 水平面，$E\geqslant300$lx、UGR≤19、$R_a\geqslant80$；门厅、走廊地面，$E\geqslant100$lx、$R_a\geqslant60$。

③ 安全出口标志灯、疏散指示灯、疏散用应急照明灯采用集中应急电源装置供电，持续供电时间 $T\geqslant30$min，疏散走道地面照度 $E\geqslant0.5$lx，楼梯间地面照度 $E\geqslant5.0$lx，应急照明灯具采用玻璃保护罩。

④ 灯具安装高度低于 2.4m 时，需增加一根 PE 线。

⑤ 篮球场地灯光采用 i-bus（内部总线）智能照明控制系统由现场控制面板控制。

⑥ 荧光灯、金属卤化物灯选用带补偿电容的电子镇流器，$\cos\phi \geqslant 0.9$。

（6）线路敷设

① 本工程识图标识。SC 为镀锌钢管，管壁应大于 2.0mm；FC 为地面内暗敷设；WC 为墙内暗敷设；CEC 为棚内暗敷设。

② 照明、动力等分支线路采用辐照交联低烟无卤阻燃电线穿镀锌钢管，沿现浇板、棚及墙内暗敷设；应急照明、消防电力分支线路采用辐照交联低烟无卤耐火电线，穿镀锌钢管沿混凝土板内及墙内暗敷设。

③ 篮球场地灯光由配电室配出的照明分支线路采用辐照交联低烟无卤阻燃电线穿金属线槽，沿吊棚内敷设。

④ 照明线路均为 WDZ-BYJ(F)-0.45/0.75kV 2.5；电源插座线路均为 WDZ-BYJ(F)-0.45/0.75kV 4.0。

⑤ WDZ-BYJ(F)-0.45/0.75kV 2.5 导线穿管标准：2～3 根为 SC15，4～6 根为 SC20。

⑥ 镀锌钢管内穿线时，$50mm^2$ 及以下，每 30m 设一拉线盒；$70 \sim 95mm^2$，每 20m 设一拉线盒。

（7）设备安装

① 配电室采用 GGD 型配电柜落地安装，下设 600mm 深电缆沟。

② 照明配电箱、动力配电柜为墙上暗装。

③ 照明开关暗装于墙上、柱上，底边距地 1.4m，距门框边≥0.2m。

④ 所有电源插座均采用三孔＋二孔、带保护门及带 PE 线型，暗装于墙上或柱上。

（8）防雷接地

① 本工程预计雷击次数 $N = 0.082$ 次/a，按二类防雷保护等级设计。在屋顶女儿墙四周上设置避雷带。避雷带采用 $\phi 12$ 镀锌圆钢，屋面避雷网格≤10m×10m，所有突出屋面的金属构件均须与避雷网可靠焊接。

② 利用结构柱内二根主筋（每根＞$\phi 16$）作为引下线，引下线间距 $S \leqslant 18m$。各引下线应焊接成电气通路，分别与避雷带、接地网可靠焊接。

③ 利用结构基础内钢筋焊接成综合接地网，在距室外地面上 0.5m 引下线处，做接地电阻测试点。接地电阻值 $R \leqslant 1.0\Omega$，实测达不到要求时，增加人工接地装置。

④ 防雷电波侵入措施。

a. 出、入户低压线路宜全线采用电缆直接埋地引入，在出、入户端将电缆金属外皮及保护钢管与防雷接地装置可靠联结。

b. 固定在建筑物上的设备及其配电线路，应就近与屋顶防雷装置相连。

⑤ 防雷电感应措施。

a. 室内做总等电位联结，将进出建筑物的金属管道、电梯轨道、PE 干线、金属构件、钢筋等进行可靠联结。

b. 平行敷设的管道、构架和电缆金属外皮等长金属物，其净距小于 100mm 时应采用金属线跨接，跨接点的间距不应大于 30m；交叉净距小于 100mm 时，其交叉处亦应跨接。

⑥ 防雷击电磁脉冲措施。穿过防雷区界面时，电源线设置电涌保护器 SPD 与接地装置可靠联结，各弱电系统由各弱电公司配置专业电涌保护器；做等电位联结；配电室电磁脉冲防护等级为 B 级，其余为 C 级。

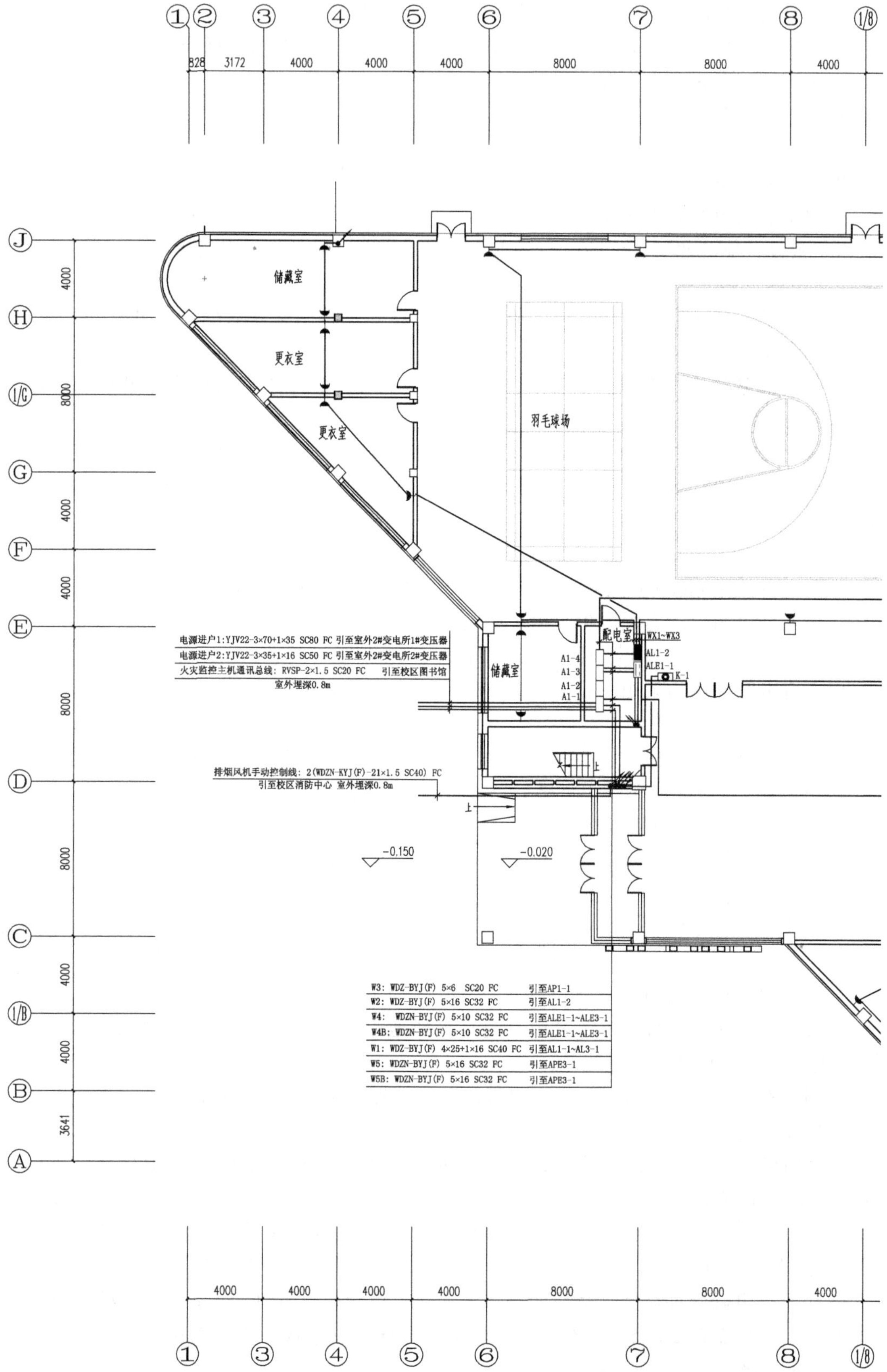
储藏室
更衣室
更衣室
羽毛球场
配电室
储藏室
WX1~WX3
AL1-2
ALE1-1
K-1
A1-4
A1-3
A1-2
A1-1
电源进户1:YJV22-3×70+1×35 SC80 FC 引至室外2#变电所1#变压器
电源进户2:YJV22-3×35+1×16 SC50 FC 引至室外2#变电所2#变压器
火灾监控主机通讯总线: RVSP-2×1.5 SC20 FC 引至校区图书馆
室外埋深0.8m
排烟风机手动控制线: 2(WDZN-KYJ(F)-21×1.5 SC40) FC
引至校区消防中心 室外埋深0.8m
-0.150
-0.020
W3: WDZ-BYJ(F) 5×6 SC20 FC 引至AP1-1
W2: WDZ-BYJ(F) 5×16 SC32 FC 引至AL1-2
W4: WDZN-BYJ(F) 5×10 SC32 FC 引至ALE1-1~ALE3-1
W4B: WDZN-BYJ(F) 5×10 SC32 FC 引至ALE1-1~ALE3-1
W1: WDZ-BYJ(F) 4×25+1×16 SC40 FC 引至AL1-1~AL3-1
W5: WDZN-BYJ(F) 5×16 SC32 FC 引至APE3-1
W5B: WDZN-BYJ(F) 5×16 SC32 FC 引至APE3-1
828
3172
4000
8000
3641
J
H
1/G
G
F
E
D
C
1/B
B
A
1/8

图 13-1 一层电

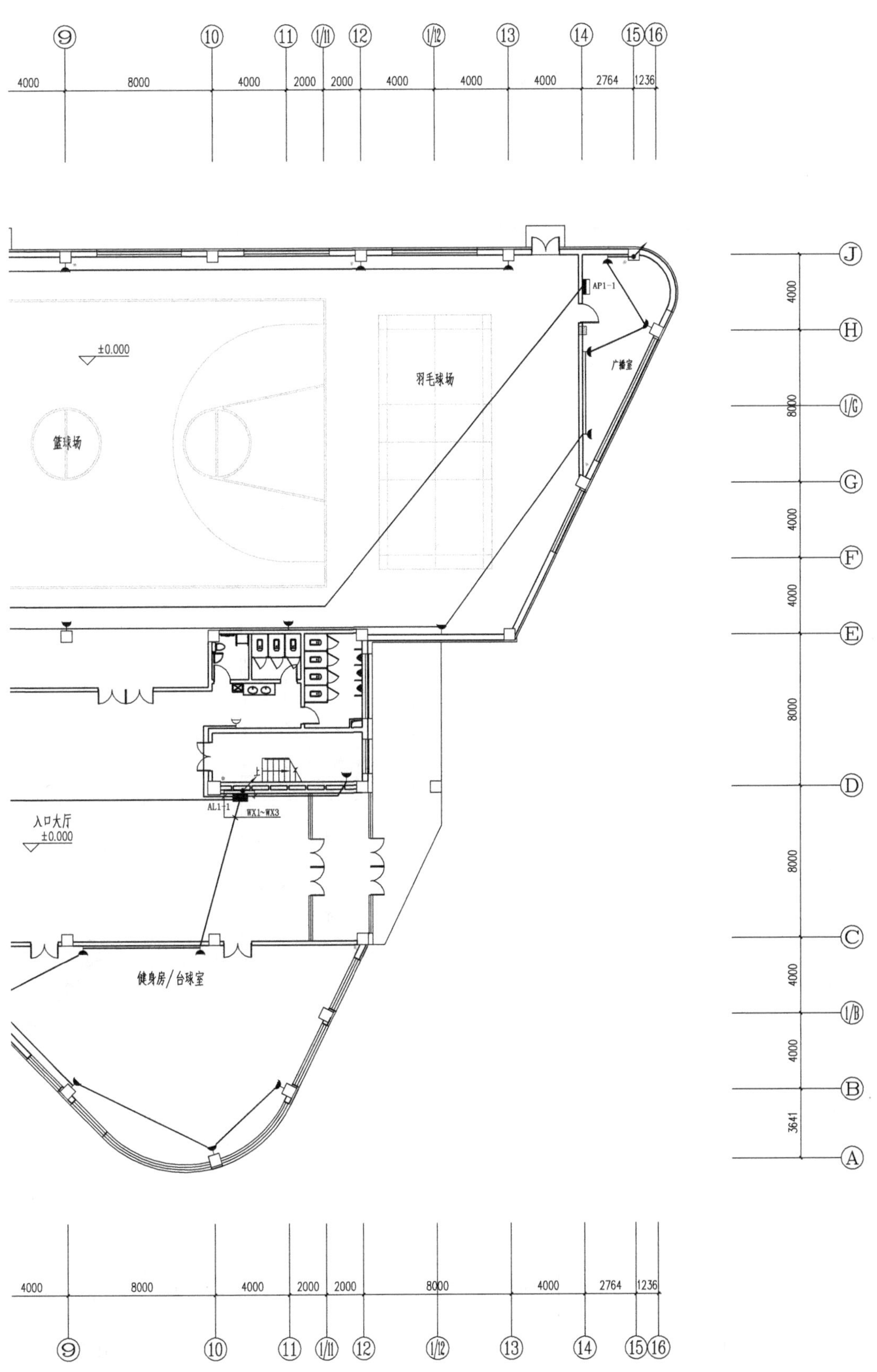


力平面图

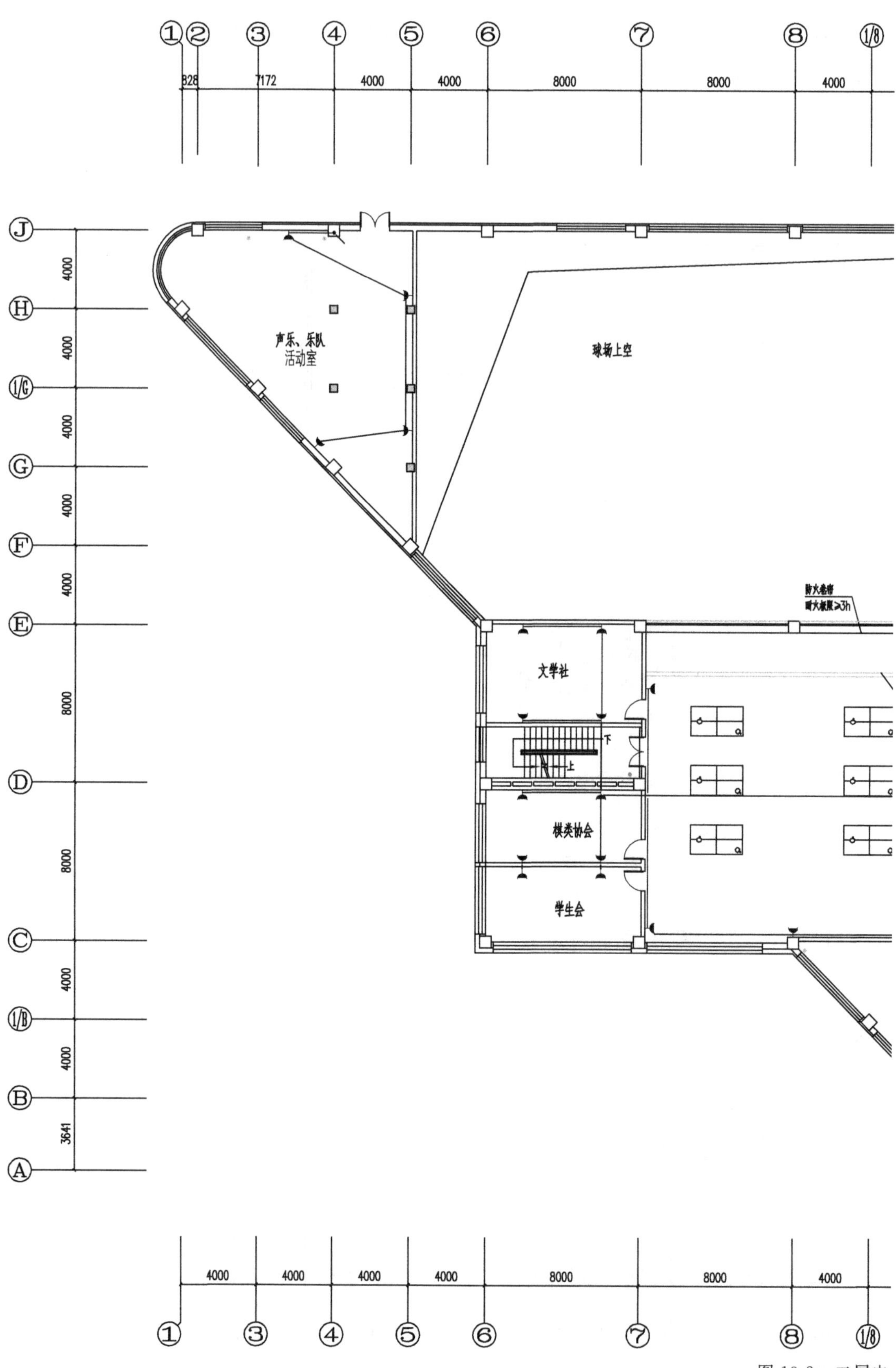
声乐、乐队
活动室
球场上空
防火卷帘
耐火极限≥3h
文学社
棋类协会
学生会
下
上
4000
8000
3641
828
7172

图 13-2 二层电

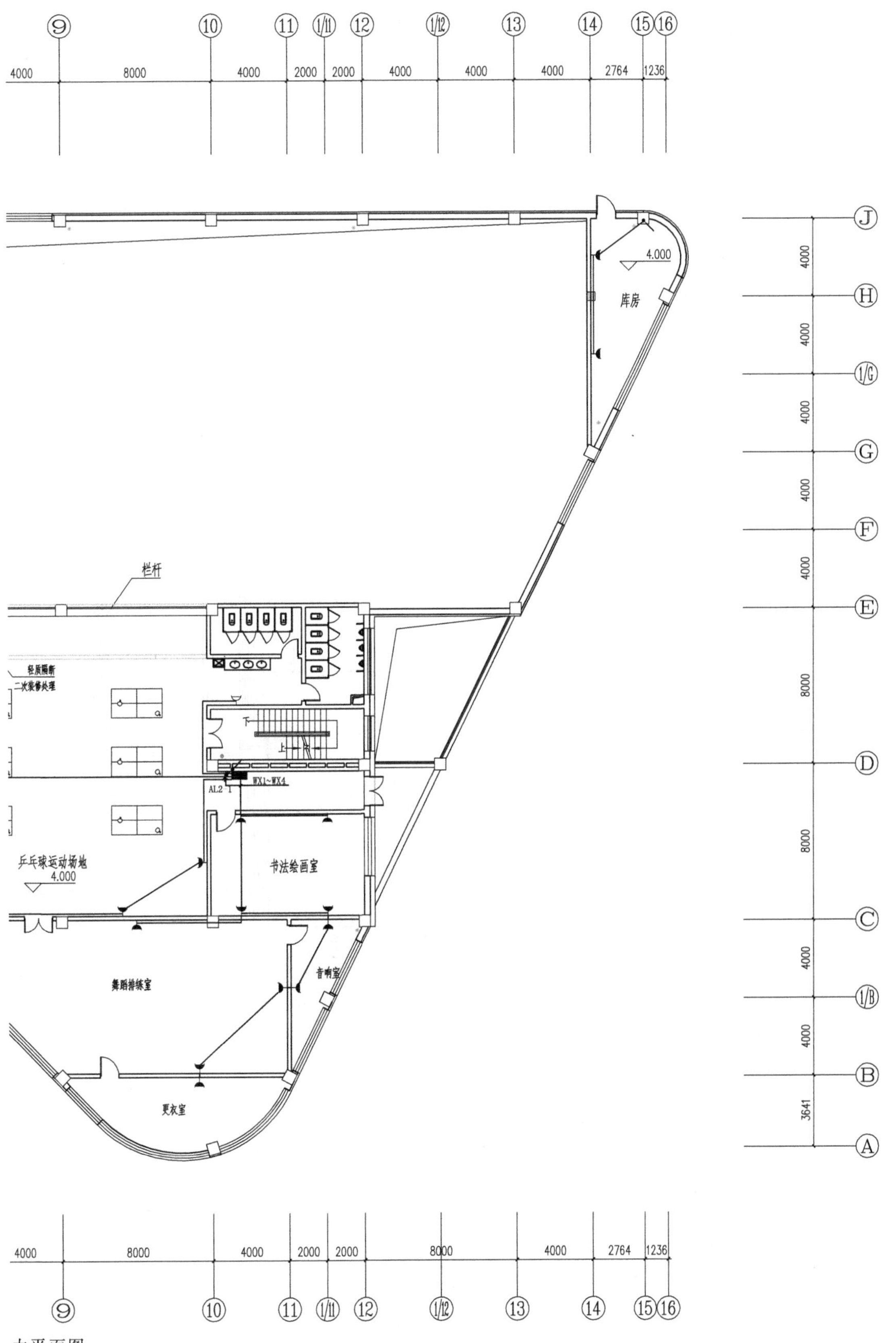
库房
4.000
栏杆
轻质隔断
二次装修处理
WX1~WX4
AL2
乒乓球运动场地
4.000
书法绘画室
舞蹈排练室
音响室
更衣室

力平面图

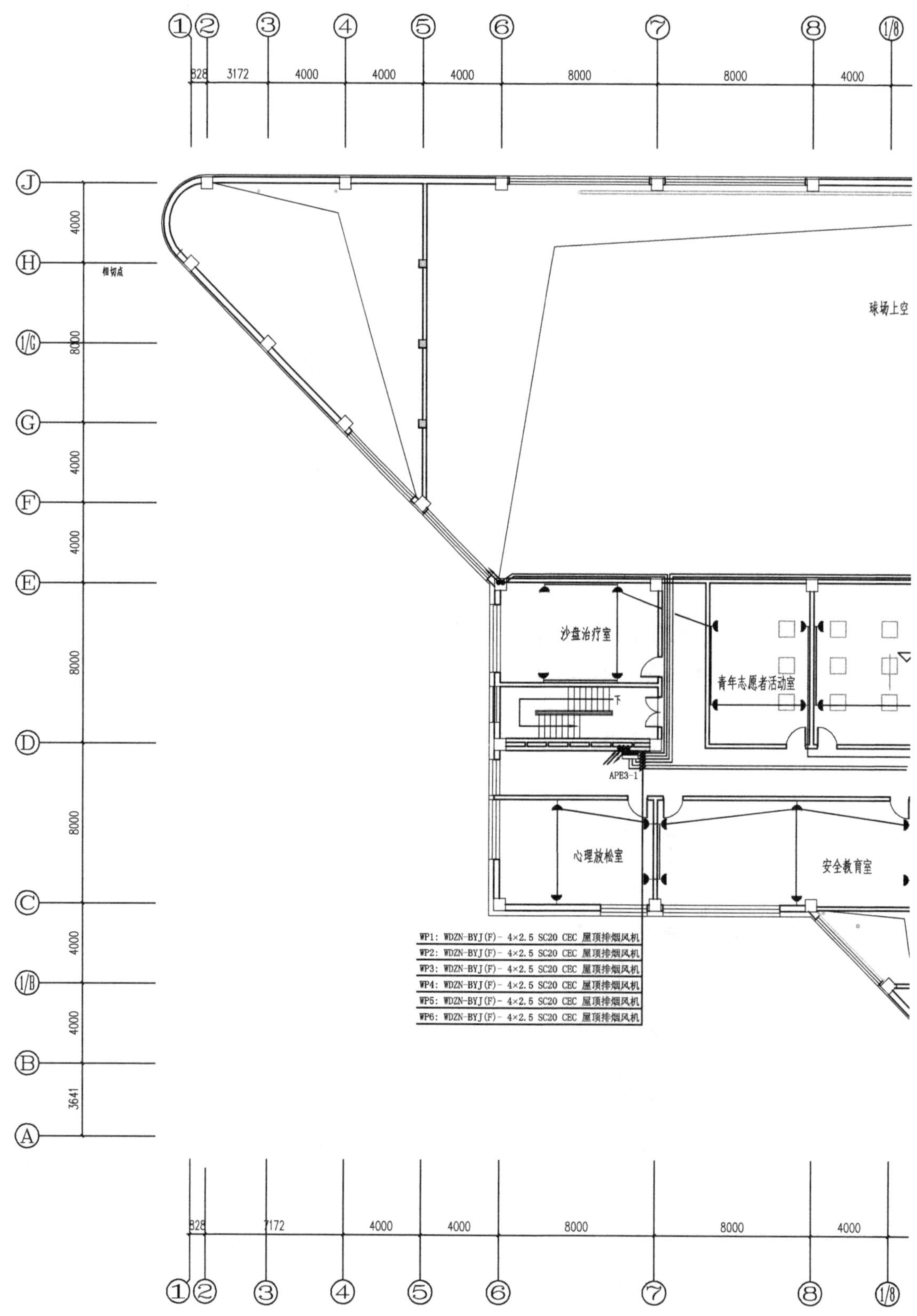
球场上空
相切点
沙盘治疗室
青年志愿者活动室
APE3-1
心理放松室
安全教育室
WP1: WDZN-BYJ(F)- 4×2.5 SC20 CEC 屋顶排烟风机
WP2: WDZN-BYJ(F)- 4×2.5 SC20 CEC 屋顶排烟风机
WP3: WDZN-BYJ(F)- 4×2.5 SC20 CEC 屋顶排烟风机
WP4: WDZN-BYJ(F)- 4×2.5 SC20 CEC 屋顶排烟风机
WP5: WDZN-BYJ(F)- 4×2.5 SC20 CEC 屋顶排烟风机
WP6: WDZN-BYJ(F)- 4×2.5 SC20 CEC 屋顶排烟风机

图 13-3　三层电

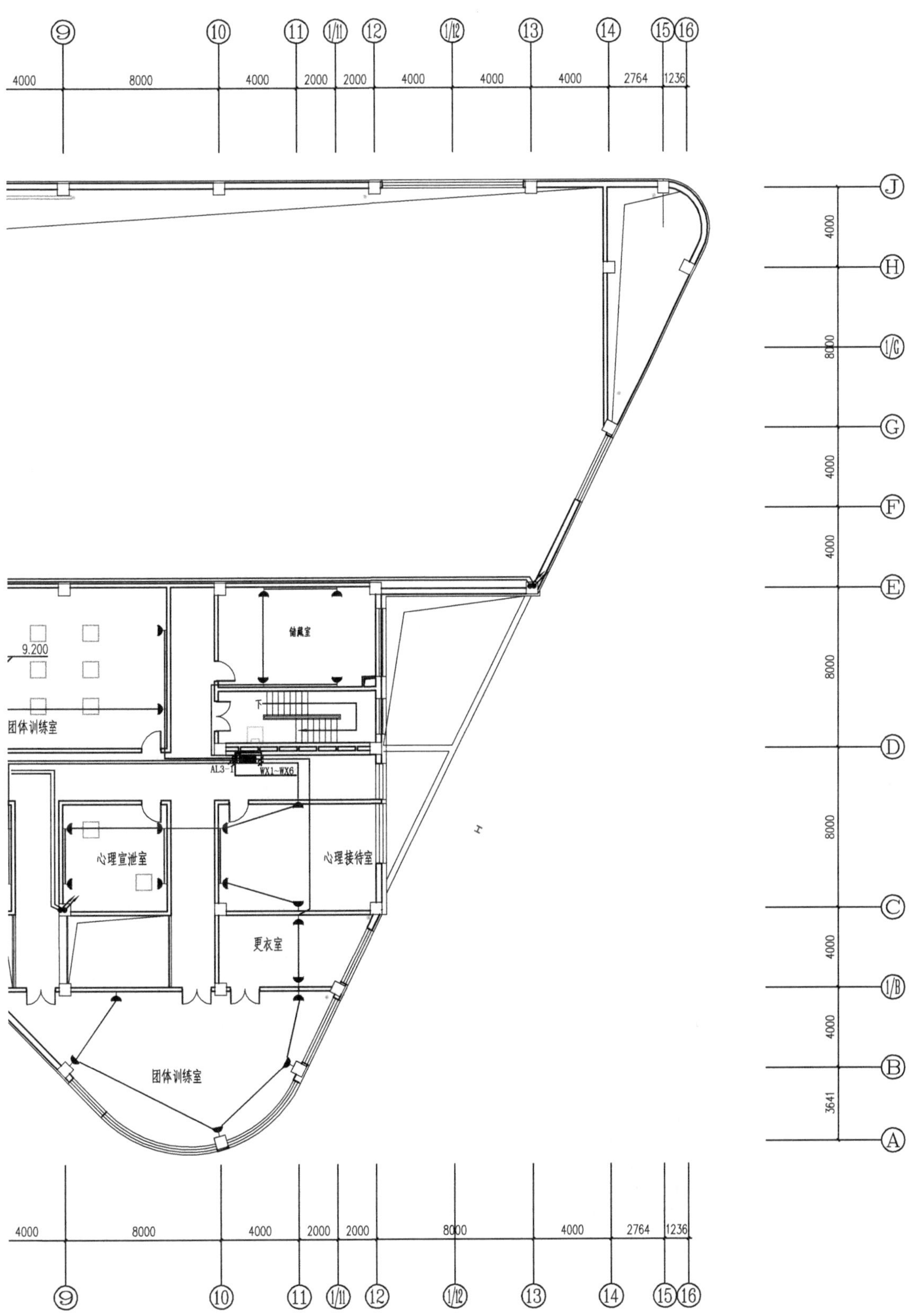


力平面图

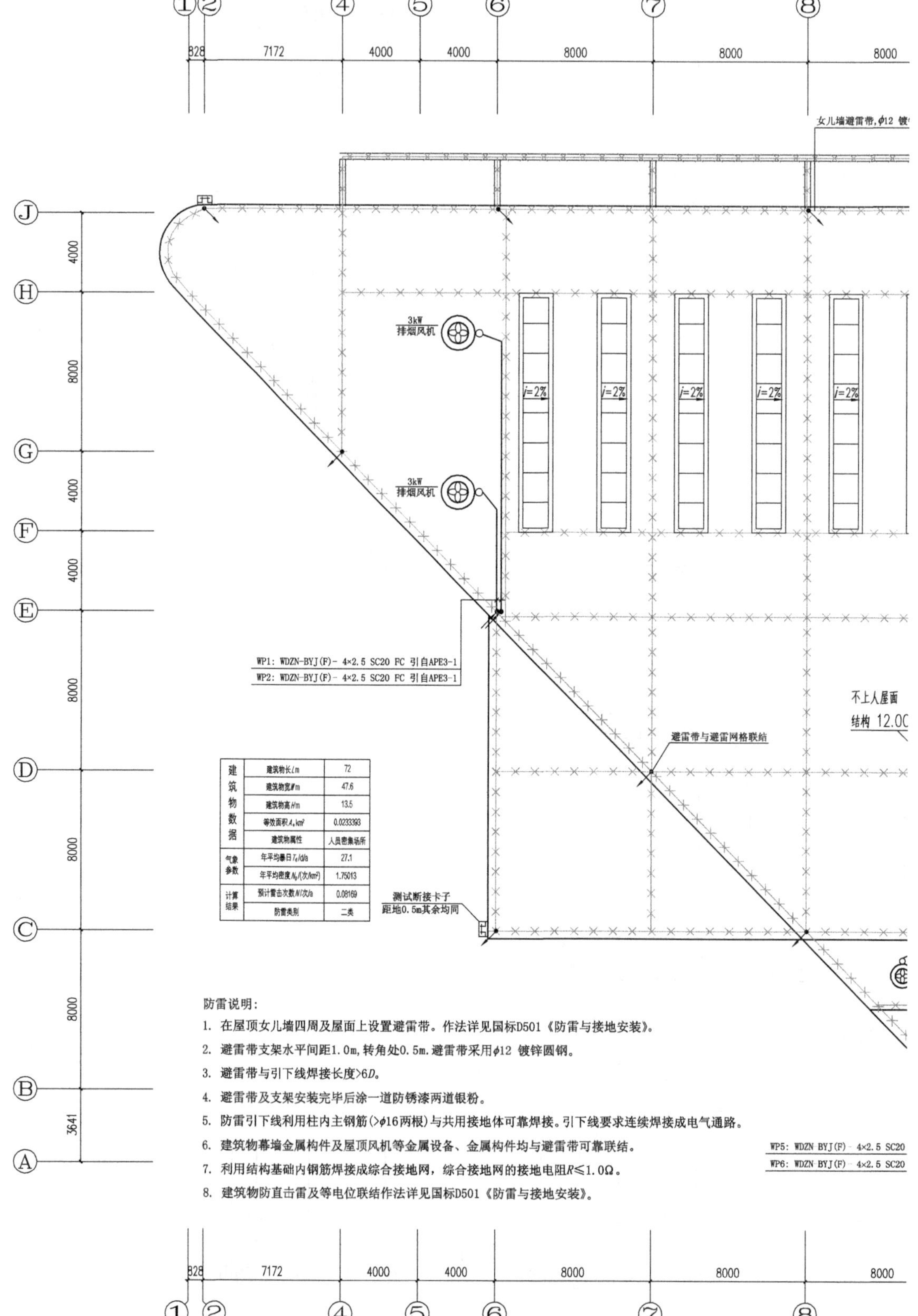


| 建筑物数据 | 建筑物长$L$/m | 72 |
|---|---|---|
| | 建筑物宽$W$/m | 47.6 |
| | 建筑物高$H$/m | 13.5 |
| | 等效面积$A_e$/km² | 0.0233393 |
| | 建筑物属性 | 人员密集场所 |
| 气象参数 | 年平均暴日$T_d$/d/a | 27.1 |
| | 年平均密度$N_g$/(次/km²) | 1.75013 |
| 计算结果 | 预计雷击次数$N$/次/a | 0.08169 |
| | 防雷类别 | 二类 |

防雷说明：

1. 在屋顶女儿墙四周及屋面上设置避雷带。作法详见国标D501《防雷与接地安装》。
2. 避雷带支架水平间距1.0m，转角处0.5m。避雷带采用φ12 镀锌圆钢。
3. 避雷带与引下线焊接长度>6$D$。
4. 避雷带及支架安装完毕后涂一道防锈漆两道银粉。
5. 防雷引下线利用柱内主钢筋(>φ16两根)与共用接地体可靠焊接。引下线要求连续焊接成电气通路。
6. 建筑物幕墙金属构件及屋顶风机等金属设备、金属构件均与避雷带可靠联结。
7. 利用结构基础内钢筋焊接成综合接地网，综合接地网的接地电阻$R$≤1.0Ω。
8. 建筑物防直击雷及等电位联结作法详见国标D501《防雷与接地安装》。

图 13-4　屋顶防

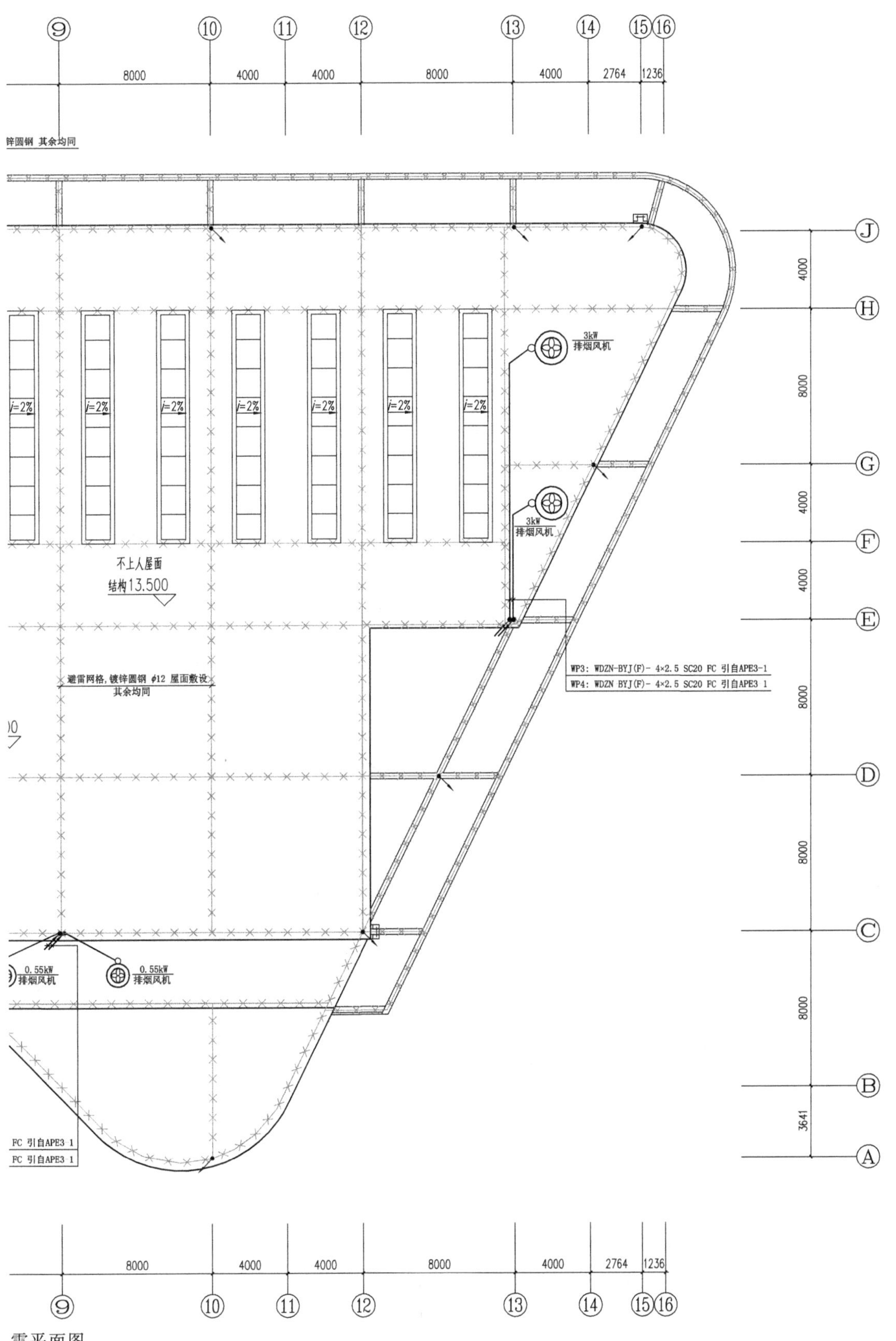
8000
4000
2764
1236
锌圆钢 其余均同
3kW
排烟风机
i=2%
不上人屋面
结构13.500
避雷网格，镀锌圆钢 ϕ12 屋面敷设
其余均同
WP3: WDZN-BYJ(F)- 4×2.5 SC20 FC 引自APE3-1
WP4: WDZN BYJ(F)- 4×2.5 SC20 FC 引自APE3 1
0.55kW
排烟风机
FC 引自APE3 1
FC 引自APE3 1
8000
3641

雷平面图

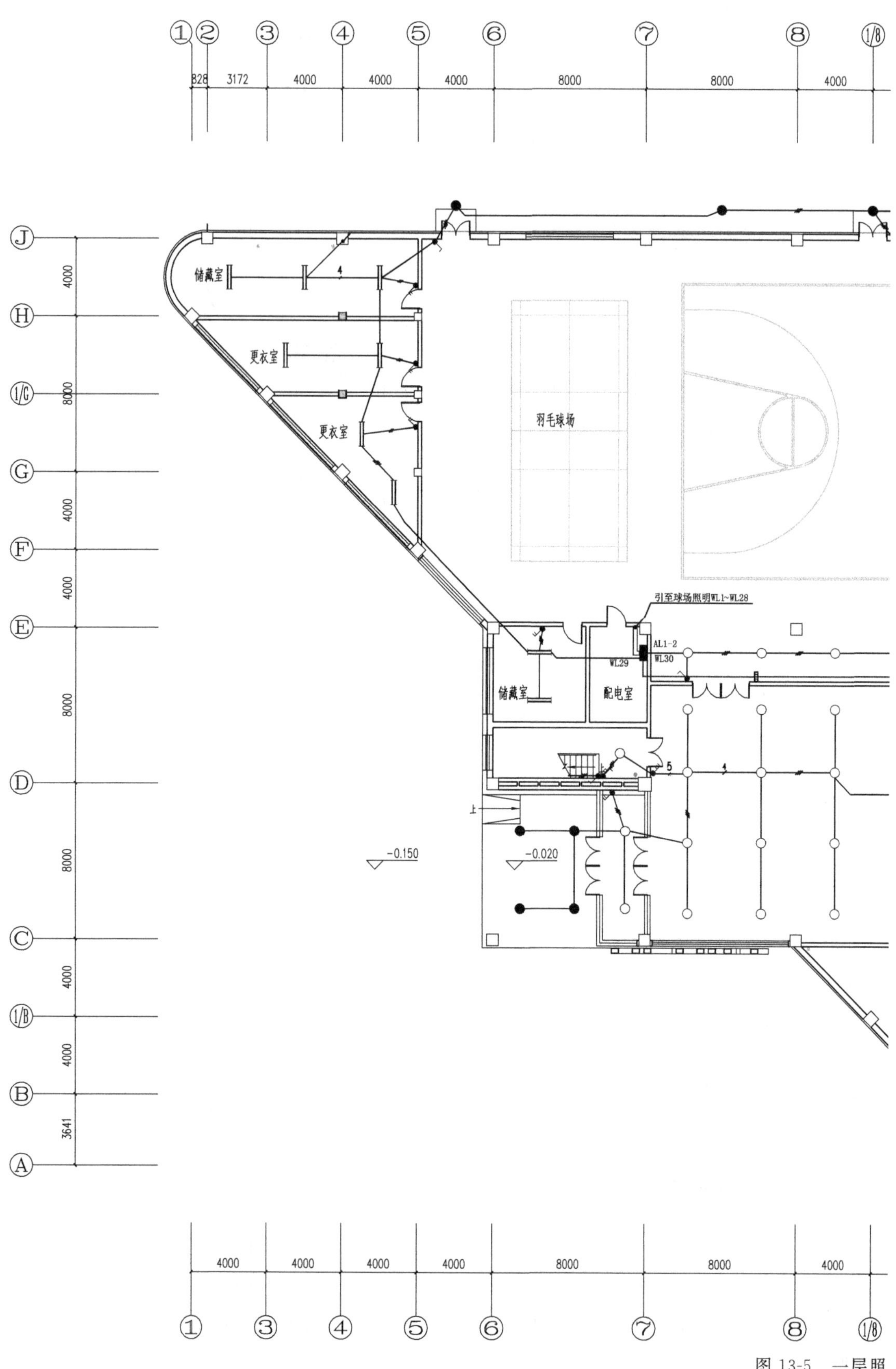
储藏室
更衣室
更衣室
羽毛球场
引至球场照明WL1~WL28
AL1-2
WL29
WL30
储藏室
配电室
-0.150
-0.020
上

图 13-5　一层照

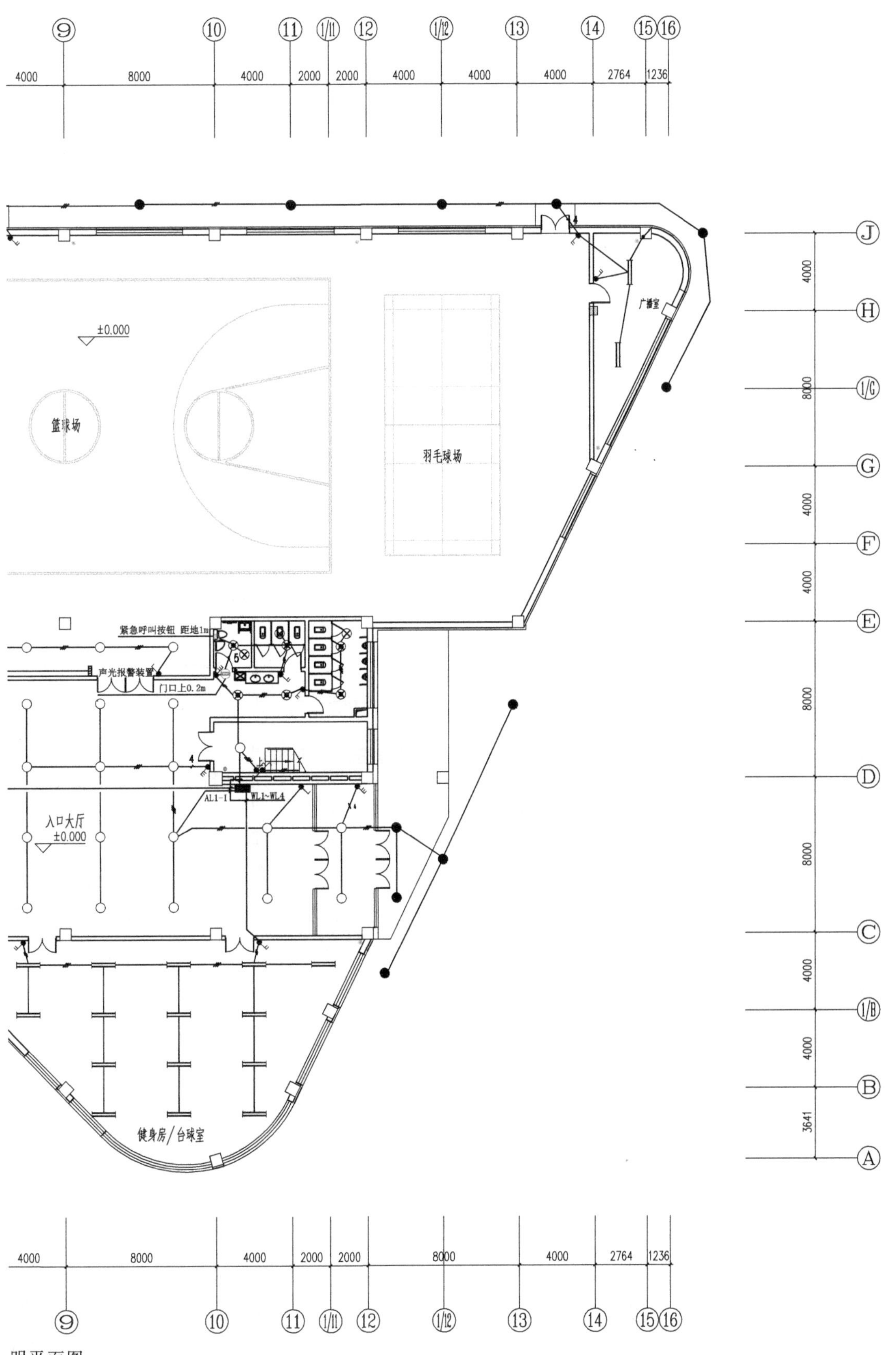
9
10
11
1/11
12
1/12
13
14
15
16
4000
8000
4000
2000
2000
4000
4000
4000
2764
1236
±0.000
篮球场
羽毛球场
广播室
紧急呼叫按钮 距地1m
声光报警装置
门口上0.2m
AL1-1
WL1~WL4
入口大厅
±0.000
健身房/台球室
J
H
1/G
G
F
E
D
C
1/B
B
A
4000
8000
4000
4000
8000
8000
4000
4000
3641

明平面图

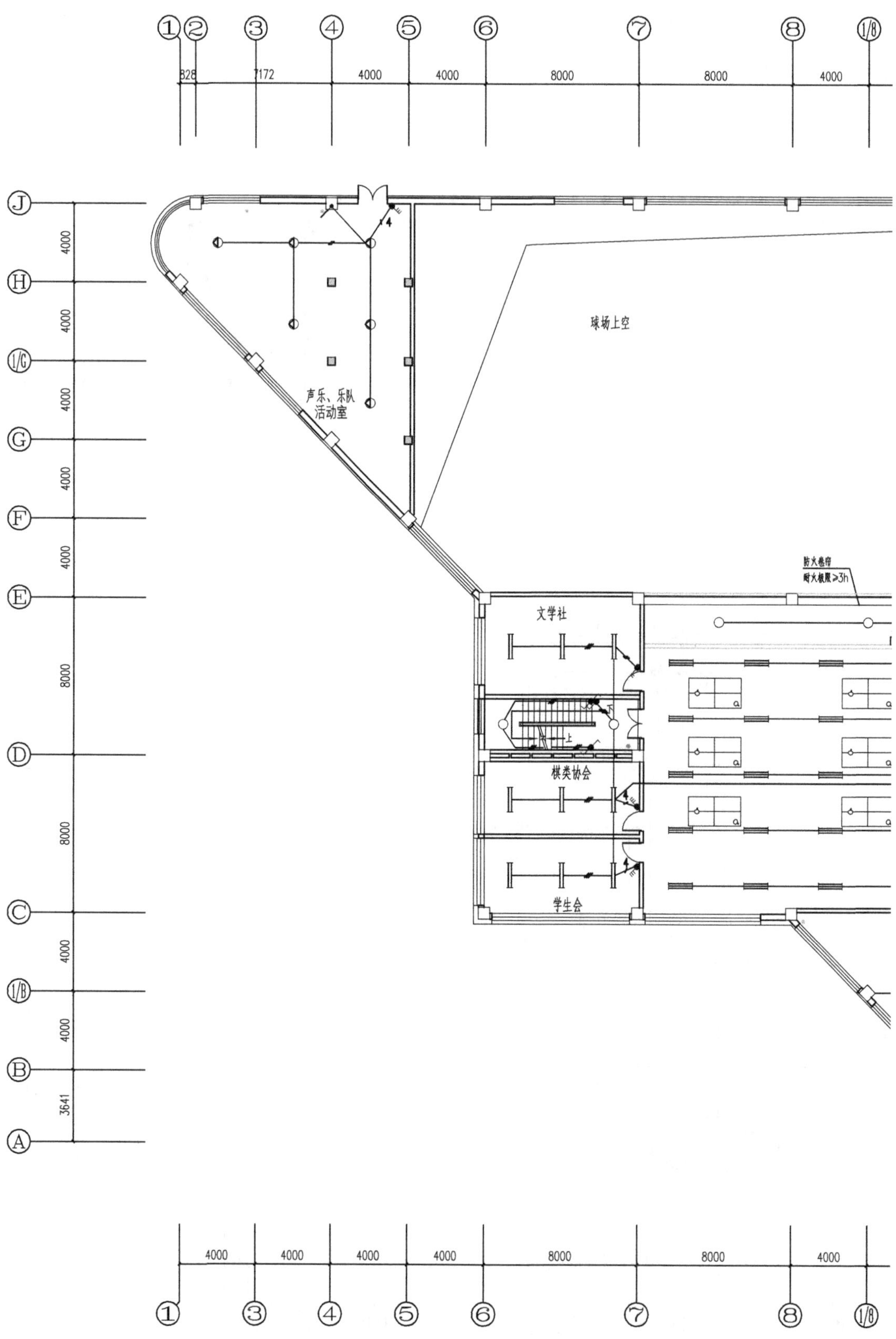


图 13-6　二层照

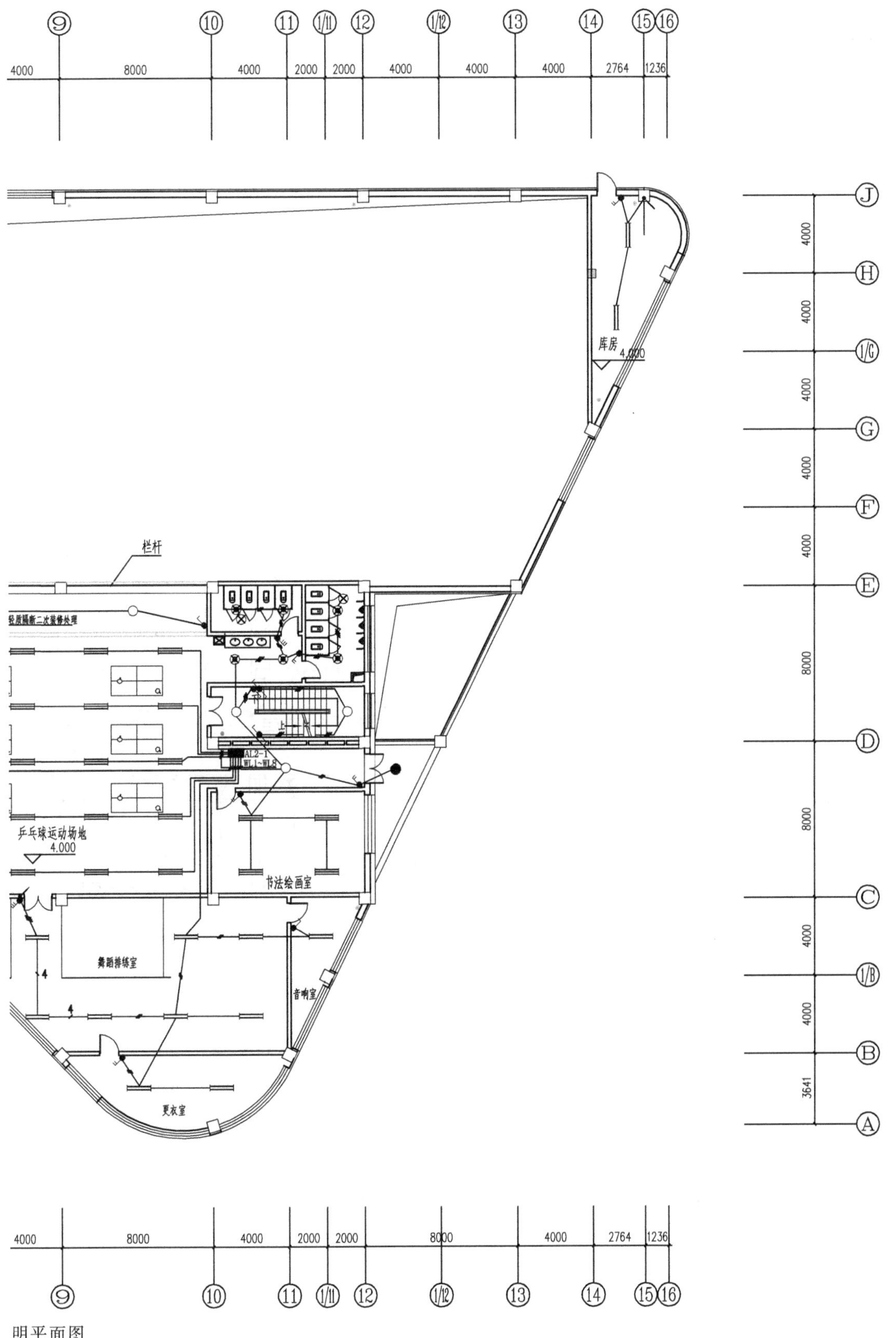
9
10
11
1/11
12
1/12
13
14
15
16
4000
8000
4000
2000
2000
4000
4000
4000
2764
1236
J
H
1/G
G
F
E
D
C
1/B
B
A
库房
4.000
栏杆
轻质隔断二次装修处理
AL2-1
WL1~WL8
乒乓球运动场地
4.000
书法绘画室
舞蹈排练室
音响室
更衣室
3641
8000

明平面图

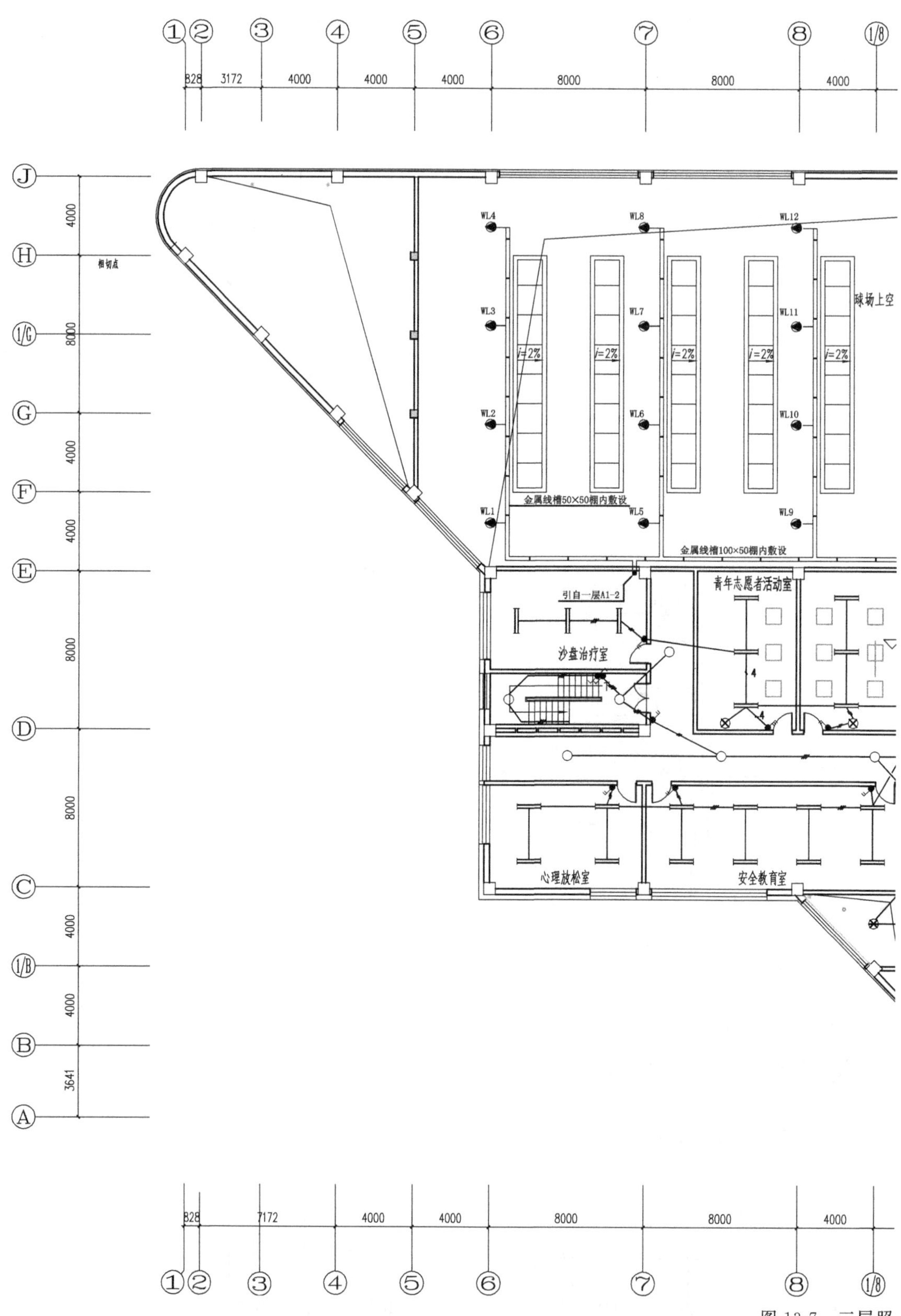
相切点
WL1
WL2
WL3
WL4
WL5
WL6
WL7
WL8
WL9
WL10
WL11
WL12
i=2%
球场上空
金属线槽50×50棚内敷设
金属线槽100×50棚内敷设
引自一层A1-2
青年志愿者活动室
沙盘治疗室
心理放松室
安全教育室
828
3172
7172
4000
8000
3641

图 13-7 三层照

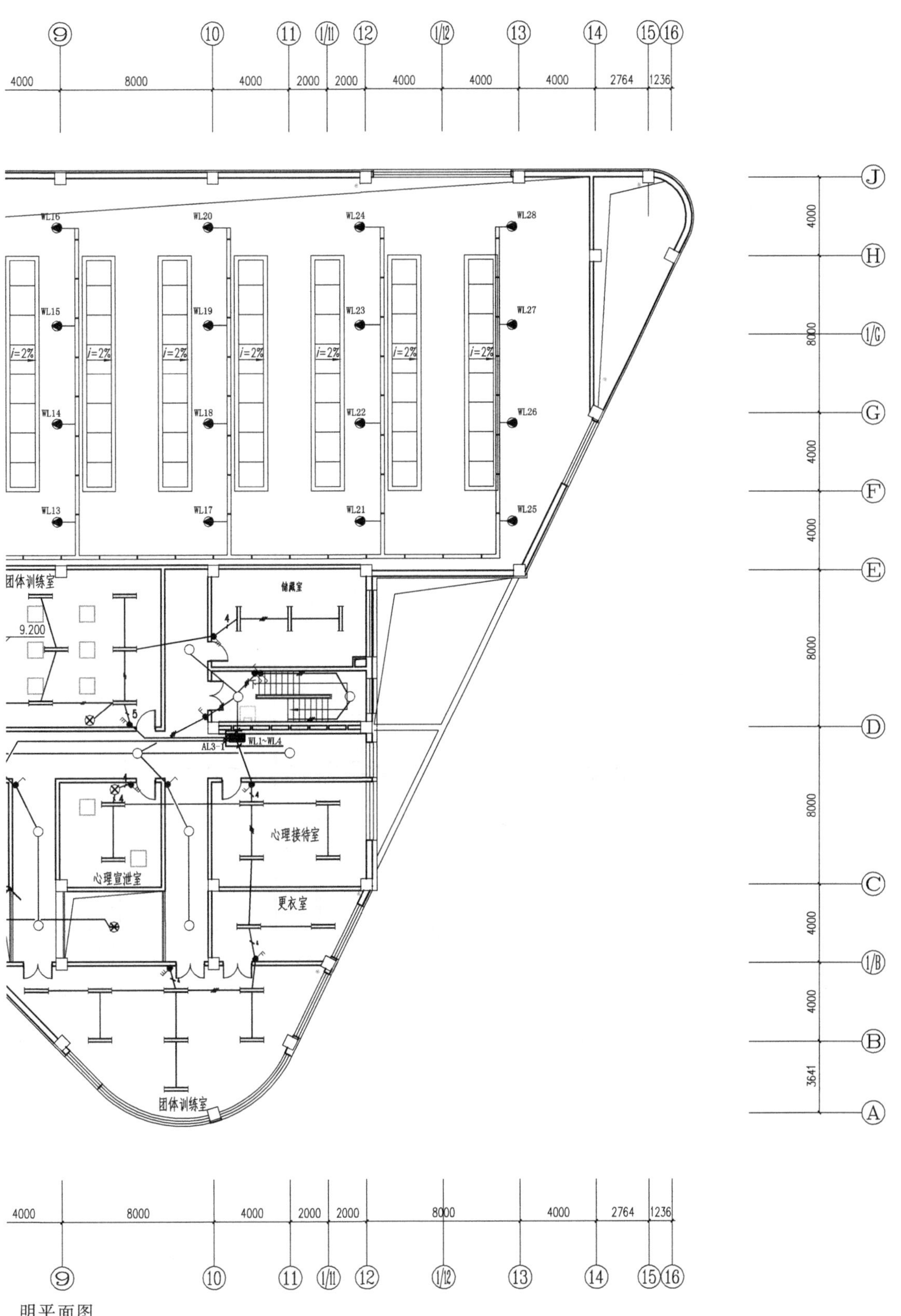
9
10
11
1/11
12
1/12
13
14
15
16
4000
8000
4000
2000
2000
4000
4000
4000
2764
1236
J
H
1/G
G
F
E
D
C
1/B
B
A
4000
8000
4000
4000
8000
8000
4000
4000
3641
WL16
WL20
WL24
WL28
WL15
WL19
WL23
WL27
WL14
WL18
WL22
WL26
WL13
WL17
WL21
WL25
i=2%
团体训练室
9.200
储藏室
AL3-1
WL1~WL4
心理接待室
心理宣泄室
更衣室
团体训练室

明平面图

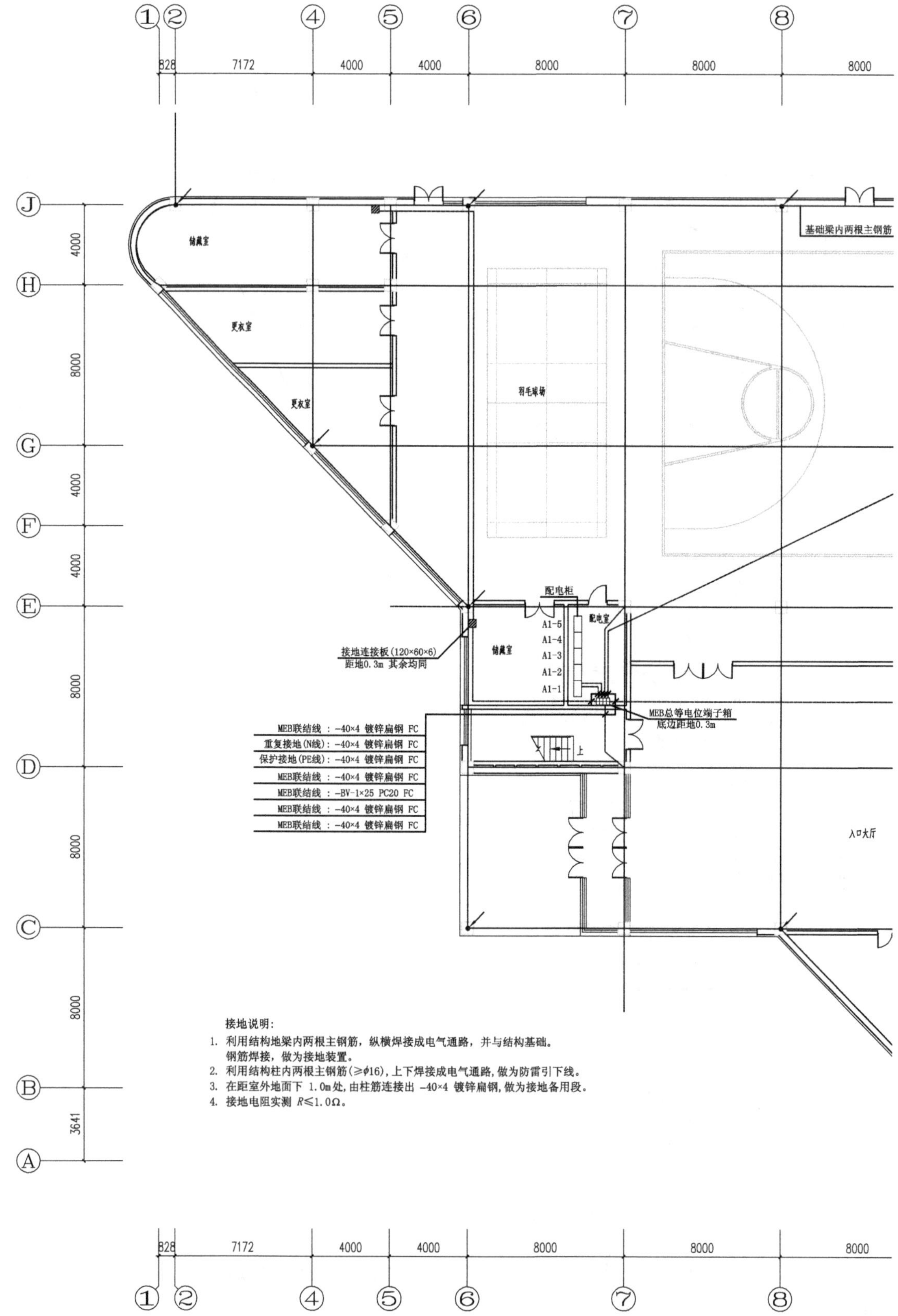
①
②
④
⑤
⑥
⑦
⑧
828
7172
4000
4000
8000
8000
8000
J
H
G
F
E
D
C
B
A
4000
8000
4000
4000
8000
8000
8000
3641
储藏室
更衣室
更衣室
羽毛球场
基础梁内两根主钢筋
配电柜
配电室
A1-5
A1-4
A1-3
A1-2
A1-1
储藏室
接地连接板(120×60×6)
距地0.3m 其余均同
MEB总等电位端子箱
底边距地0.3m
MEB联结线 ：-40×4 镀锌扁钢 FC
重复接地(N线)：-40×4 镀锌扁钢 FC
保护接地(PE线)：-40×4 镀锌扁钢 FC
MEB联结线 ：-40×4 镀锌扁钢 FC
MEB联结线 ：-BV-1×25 PC20 FC
MEB联结线 ：-40×4 镀锌扁钢 FC
MEB联结线 ：-40×4 镀锌扁钢 FC
上
入口大厅
接地说明：
1. 利用结构地梁内两根主钢筋，纵横焊接成电气通路，并与结构基础。
钢筋焊接，做为接地装置。
2. 利用结构柱内两根主钢筋(≥φ16)，上下焊接成电气通路，做为防雷引下线。
3. 在距室外地面下 1.0m处，由柱筋连接出 -40×4 镀锌扁钢，做为接地备用段。
4. 接地电阻实测 R≤1.0Ω。

图 13-8　基础接

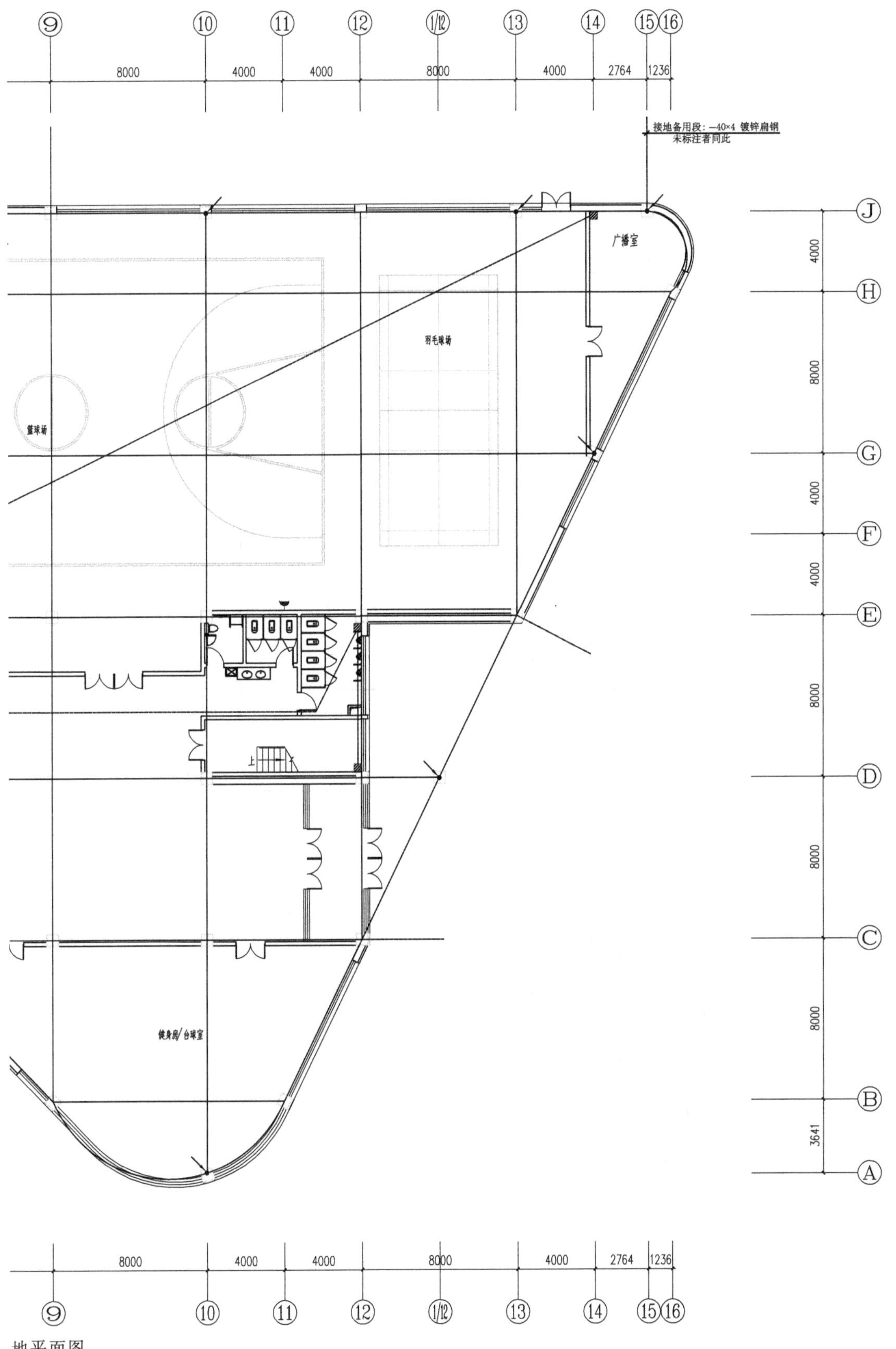
接地备用段：—40×4 镀锌扁钢
未标注者同此
广播室
羽毛球场
篮球场
健身房/台球室
上
8000
4000
2764
1236
3641

地平面图

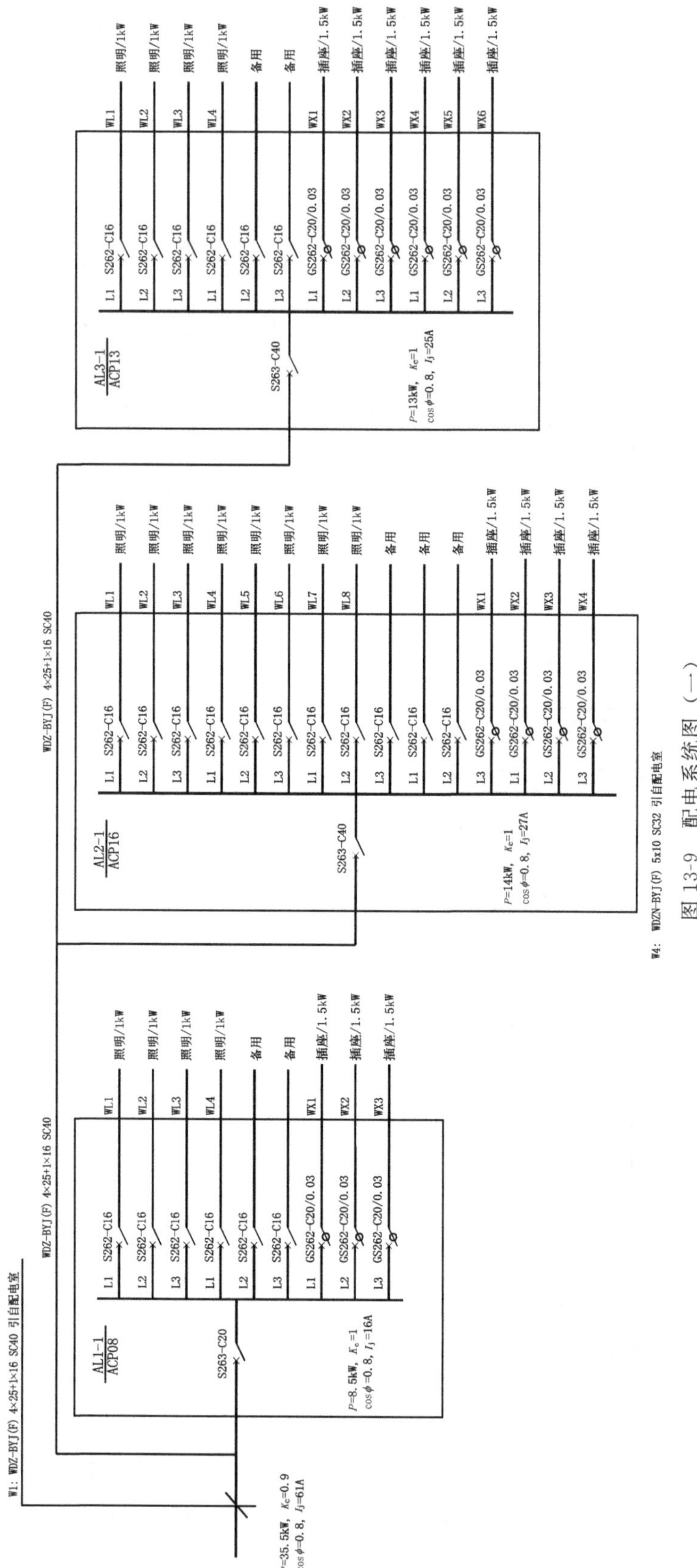
W1: WDZ-BYJ(F) 4×25+1×16 SC40 引自配电室
P=35.5kW, Kc=0.9
cosφ=0.8, Ij=61A
WDZ-BYJ(F) 4×25+1×16 SC40
AL1-1
ACP08
S263-C20
P=8.5kW, Kc=1
cosφ=0.8, Ij=16A
AL2-1
ACP16
S263-C40
P=14kW, Kc=1
cosφ=0.8, Ij=27A
AL3-1
ACP13
S263-C40
P=13kW, Kc=1
cosφ=0.8, Ij=25A
L1
L2
L3
S262-C16
GS262-C20/0.03
WL1
WL2
WL3
WL4
WL5
WL6
WL7
WL8
WX1
WX2
WX3
WX4
WX5
WX6
照明/1kW
插座/1.5kW
备用
W4: WDZN-BYJ(F) 5x10 SC32 引自配电室

图 13-9 配电系统图（一）

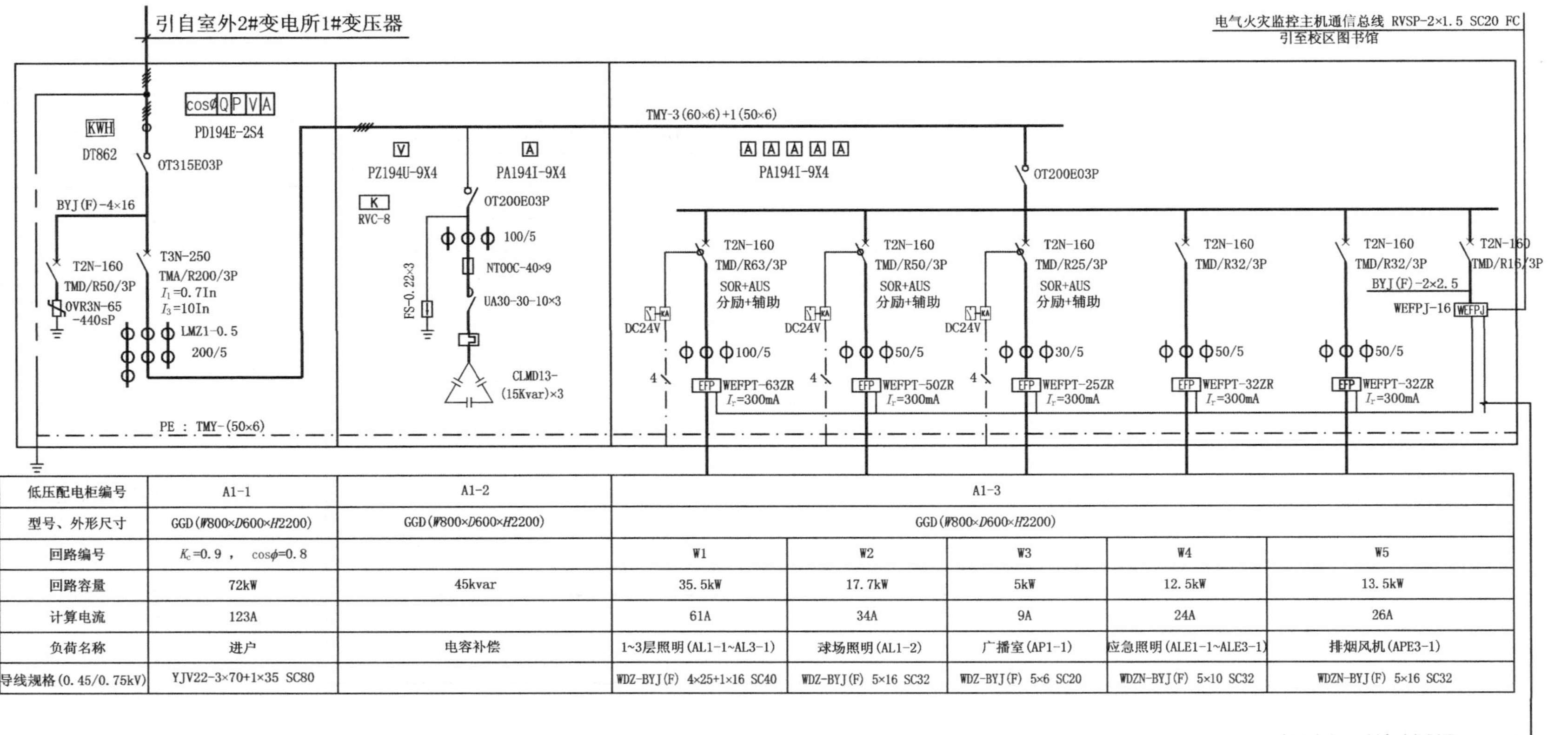


| 低压配电柜编号 | A1-1 | A1-2 | A1-3 | | | | |
|---|---|---|---|---|---|---|---|
| 型号、外形尺寸 | GGD($W$800×$D$600×$H$2200) | GGD($W$800×$D$600×$H$2200) | GGD($W$800×$D$600×$H$2200) | | | | |
| 回路编号 | $K_c$=0.9，cos$\phi$=0.8 | | W1 | W2 | W3 | W4 | W5 |
| 回路容量 | 72kW | 45kvar | 35.5kW | 17.7kW | 5kW | 12.5kW | 13.5kW |
| 计算电流 | 123A | | 61A | 34A | 9A | 24A | 26A |
| 负荷名称 | 进户 | 电容补偿 | 1~3层照明(AL1-1~AL3-1) | 球场照明(AL1-2) | 广播室(AP1-1) | 应急照明(ALE1-1~ALE3-1) | 排烟风机(APE3-1) |
| 导线规格(0.45/0.75kV) | YJV22-3×70+1×35 SC80 | | WDZ-BYJ(F) 4×25+1×16 SC40 | WDZ-BYJ(F) 5×16 SC32 | WDZ-BYJ(F) 5×6 SC20 | WDZN-BYJ(F) 5×10 SC32 | WDZN-BYJ(F) 5×16 SC32 |

图 13-10　配电系统图（二）

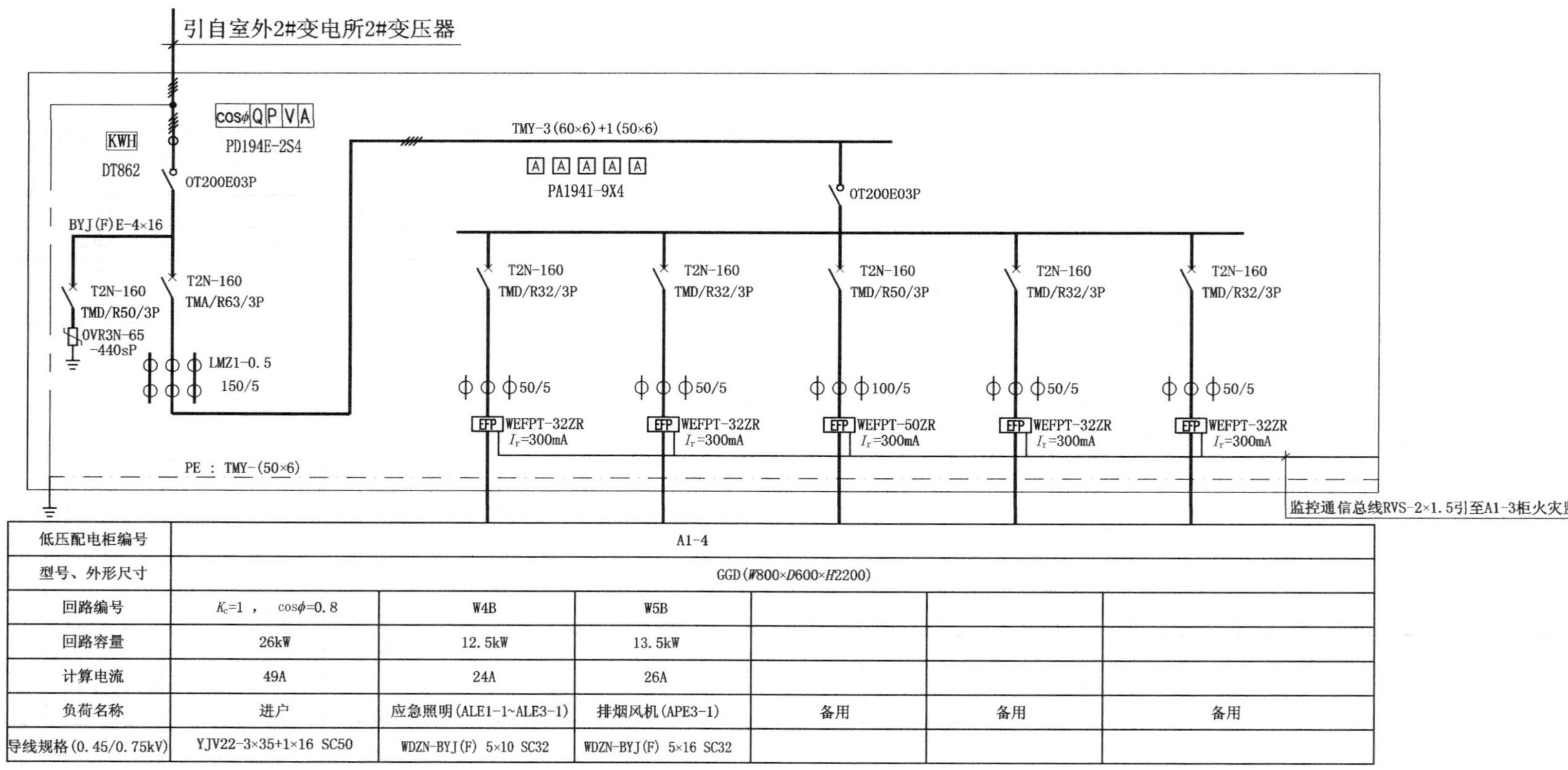


| 低压配电柜编号 | A1-4 | | | | | |
|---|---|---|---|---|---|---|
| 型号、外形尺寸 | GGD($W$800×$D$600×$H$2200) | | | | | |
| 回路编号 | $K_c$=1， cos$\phi$=0.8 | W4B | W5B | | | |
| 回路容量 | 26kW | 12.5kW | 13.5kW | | | |
| 计算电流 | 49A | 24A | 26A | | | |
| 负荷名称 | 进户 | 应急照明(ALE1-1~ALE3-1) | 排烟风机(APE3-1) | 备用 | 备用 | 备用 |
| 导线规格(0.45/0.75kV) | YJV22-3×35+1×16 SC50 | WDZN-BYJ(F) 5×10 SC32 | WDZN-BYJ(F) 5×16 SC32 | | | |

图 13-11 配电系统图（三）

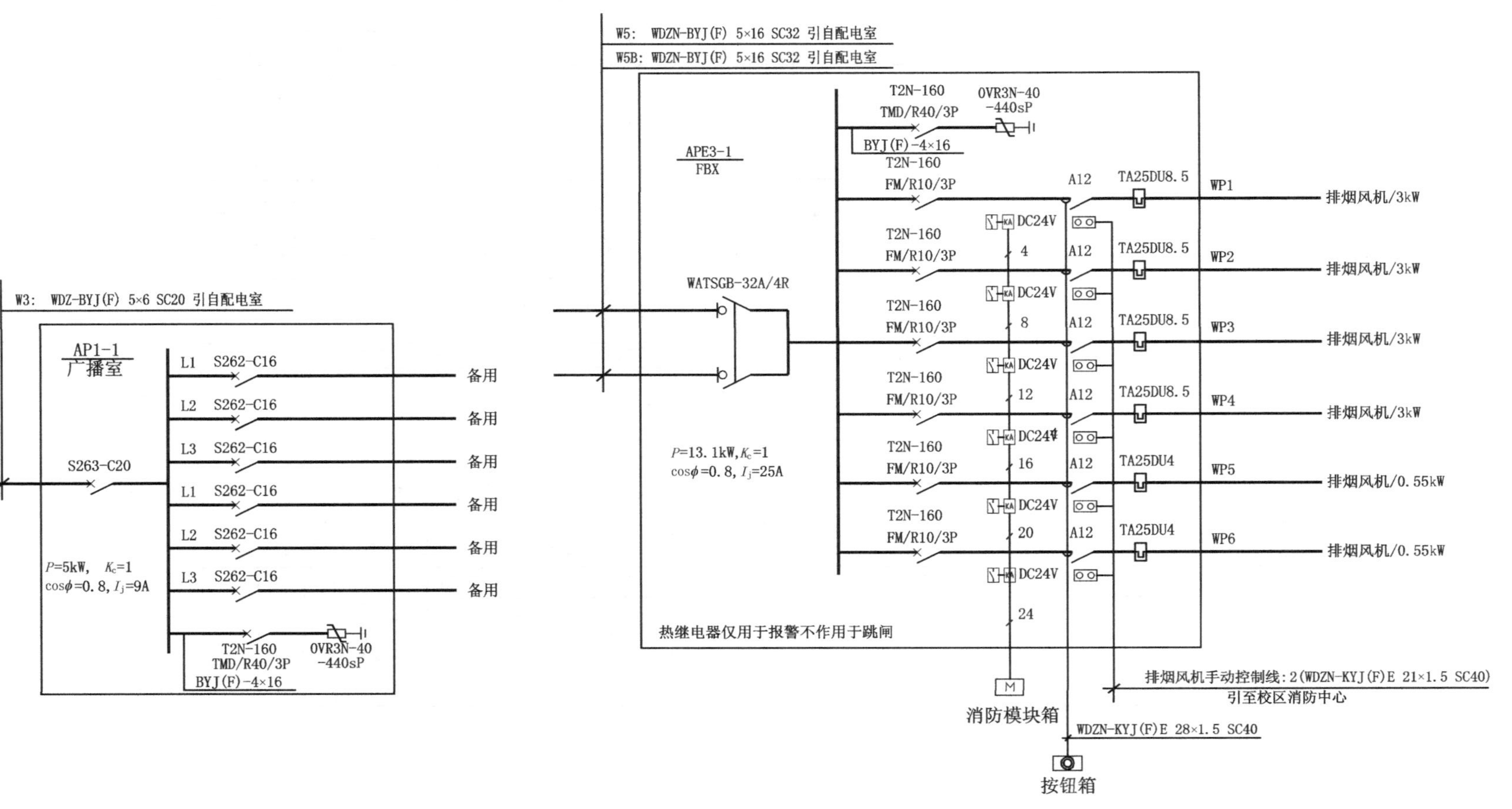


图 13-12　配电系统图（四）

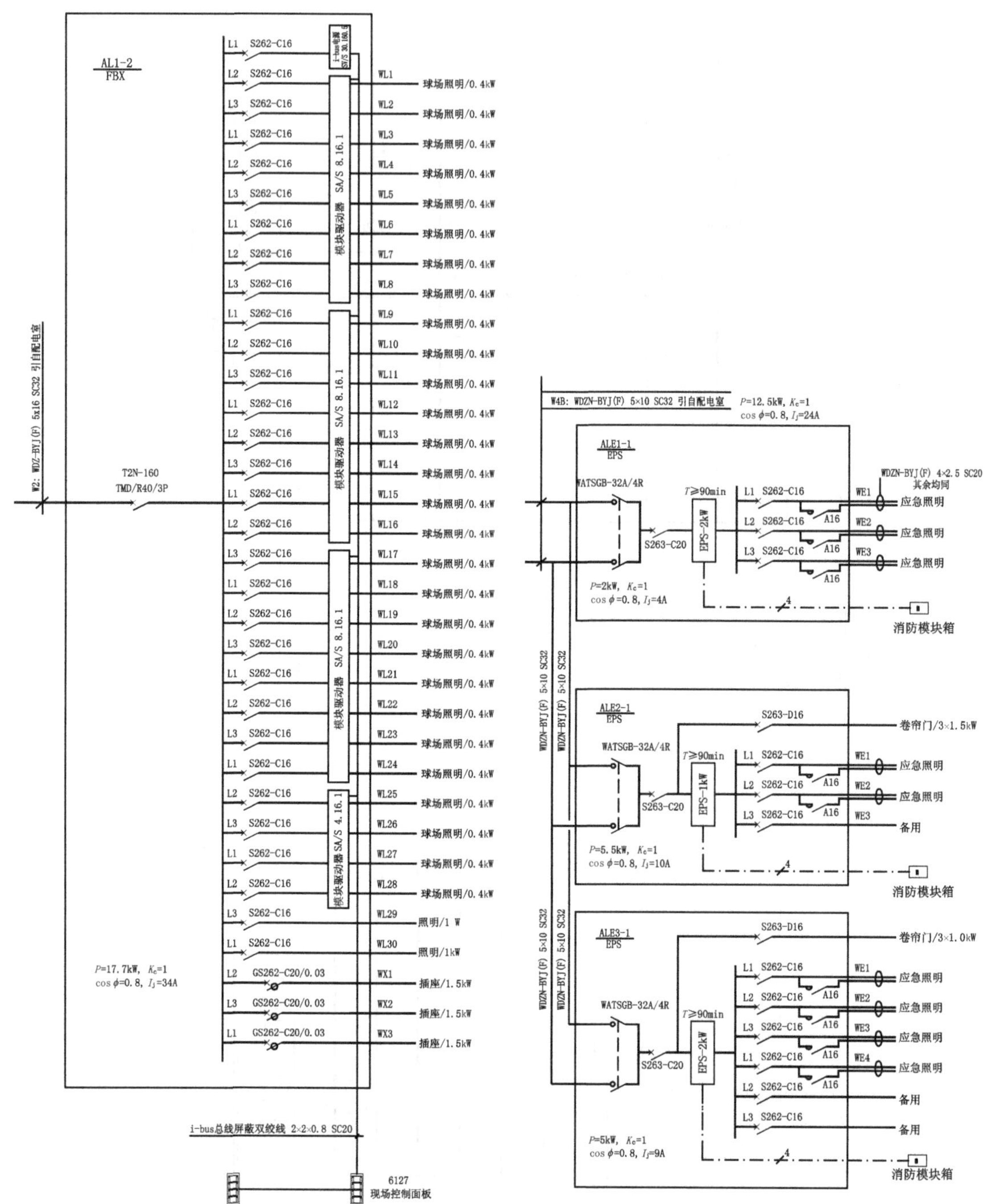


图 13-13 配电系统图（五）

(9) 设备材料表(表 13-7)

**表 13-7 【案例 13-1】设备材料表**

| 序号 | 图例 | 设备名称 | 型号规格 | 单位 | 数量 | 备注 |
| --- | --- | --- | --- | --- | --- | --- |
| 1 | | 接地连接线 | 镀锌扁钢-40×4 | 米 | | |
| 2 | | 避雷线 | 镀锌圆钢 $\phi12$ | 米 | | |
| 3 | | 钢管配线 | SC50；SC40；SC32；SC25；SC20；SC15 | 米 | | |
| 4 | | 接地连接板 | 钢板 120×60×6 | 个 | 4 | 安装高度见平面 |
| 5 | | 总等电位箱 | MEB 定型 | 个 | 1 | 暗装底距地 0.3m |
| 6 | | 卷帘门电控箱 | 设备自带 | 个 | 6 | 暗装底距地 1.6m |
| 7 | | 单联双控开关 | AC250V，10A | 个 | 8 | 暗装底距地 1.4m |
| 8 | | 三联翘板式暗开关 | AC250V，10A | 个 | 10 | 暗装底距地 1.4m |
| 9 | | 二联翘板式暗开关 | AC250V，10A | 个 | 30 | 暗装底距地 1.4m |
| 10 | | 单联翘板式暗开关 | AC250V，10A | 个 | 11 | 暗装底距地 1.4m |
| 11 | | 防溅型插座 | 带安全门型单相三极，16A | 个 | 3 | 暗装底距地 1.5m |
| 12 | | 暗装单相插座 | 带安全门型单相两极加三极，AC250V，10A | 个 | 94 | 暗装底距地 0.3m |
| 13 | | 应急照明灯 | 2×18W | 个 | 17 | 明装底距地 2.6m |
| 14 | | 应急照明灯 | 2×18W | 个 | 16 | 吸顶 |
| 15 | E | 安全出口灯 | 2×8W | 个 | 27 | 门口上 0.15m |
| 16 | | 诱导灯 | 2×8W | 个 | 17 | 底距地 0.5m |
| 17 | | 金属卤化物灯 | 1×150W | 个 | 7 | 吸顶 |
| 18 | | 防水灯具 | 1×36W | 个 | 18 | 吸顶 |
| 19 | | 排风扇 | AC220，25W | 个 | 6 | 见设施 |
| 20 | | 吸顶灯 | 1×32W | 个 | 61 | 吸顶 |
| 21 | | 防水吸顶灯 | 1×32W | 个 | 17 | 吸顶 |
| 22 | | 防水吸顶灯 | | 个 | 2 | 吊装 |

续表

| 序号 | 图例 | 设备名称 | 型号规格 | 单位 | 数量 | 备注 |
|---|---|---|---|---|---|---|
| 23 | | 金属卤化物灯 | 400W 节能镇流器 | 个 | 28 | 吊装 |
| 24 | | 三管节能荧光灯 | T8 节能管 3×36W | 个 | 34 | 吸顶/嵌入 |
| 25 | | 双管节能荧光灯 | T8 节能管 2×36W | 个 | 92 | 吸顶/嵌入 |
| 26 | | 控制暗钮箱 | FBX | 个 | 1 | 暗装底距地 1.6m |
| 27 | | 动力配电箱 | FBX | 个 | 2 | 暗装底距地 1.6m |
| 28 | | 应急照明配电箱 | EPS | 个 | 3 | 暗装底距地 1.6m |
| 29 | | 照明配电箱 | ACP | 个 | 4 | 暗装底距地 1.6m |
| 30 | | 低压配电柜 | GGD | 台 | 4 | 落地 |

2. 施工图识读

本工程在一楼西侧楼梯间旁设置配电室，为整个文体馆供电。内设 4 台 GGD 型低压配电柜，其中 A1-1～A1-3 共同组成一路，电源引自室外 2＃变电所 1＃变压器，作为文体馆主供电电源；A1-4 自身组成一路，电源引自室外 2＃变电所 2＃变压器，作为文体馆应急照明、排烟风机备用电源。

本工程最高用电负荷为二级负荷，包括应急照明、排烟风机。普通照明、普通电力等用电为三级负荷。供电电源电压为 380V/220V。依规范要求，二级负荷由两路独立回路供电，因此低压配电系统分别设置两路供电线路供给应急照明和排烟风机用电。其中由 A1-3 出线柜的 W4 回路和 A1-4 出线柜的 W4B 回路供给应急照明配电箱（ALE1-1～ALE3-1），并在应急照明配电箱内实现两路电源 W4 和 W4B 的自动切换；由 A1-3 出线柜的 W5 回路和 A1-4 出线柜的 W5B 回路供给排烟风机配电箱（APE3-1），并在排烟风机配电箱内实现两路电源 W5 和 W5B 的自动切换。

A1-1～ A1-3 分别为进线（含计量）柜、电容补偿柜、馈电柜。其中 A1-1 进线柜主要设备包括隔离开关、断路器、接地开关、电流互感器、电度表、功率因数表、无功功率表、有功功率表、电压表和电流表；A1-2 电容补偿柜主要设备包括隔离开关、熔断器、接触器、热继电器、电容器组、电涌保护器、电流互感器、功率因数控制器、电压表和电流表；A1-3 馈电柜分别引出 W1～W5 共五个回路，其中 W1～W3 使用具有漏电保护功能的断路器分断，并利用漏电电流驱动过电流继电器线圈动作；W4、W5 回路由于向消防设备供电，因此不设置漏电保护功能。

本工程一般照明电力配电箱可分为 1～3 层普通照明电力配电箱（AL1-1～ AL3-1）和球场照明电力配电箱（AL1-2），每箱中均包含照明与插座回路。其中 AL1-1～ AL3-1 箱设置在各层东侧楼梯间外墙南侧，AL1-2 在一楼西侧配电室内，均为墙上暗装。箱上计算负荷标注符号含义为 P 为有功功率、KC 为需要系数、$\cos\phi$ 为功率因数，$I_j$ 为计算电流。照明电力配电箱内总电源开关为断路器，照明回路用断路器分断，插座回路用漏电保护器分断。线路标注含义为 WDZ-BYJ(F)4×25＋1×16 SC40 表示无卤低烟阻燃铜芯（辐照）交联聚烯烃绝缘电线，4 根每根截面 $25mm^2$、1 根截面 $16mm^2$、穿直径 40mm 钢管敷设；排烟风机回路

WDZN-BYJ(F)5×16 SC32 为无卤低烟阻燃耐火铜芯（辐照）交联聚烯烃绝缘电线。球场照明电力配电箱 AL1-2 中球场地灯光采用 i-bus 智能照明控制系统由现场控制面板控制。

照明平面图的识读：以一层为例，由 AL1-1 引出 4 路照明回路，WL1 回路接 A 相（L1），为一楼东侧楼梯间与卫生间照明回路；WL2 回路接 B 相（L2），为一楼西侧楼梯间、文体馆入口雨篷、门斗及入口大厅西侧照明回路；WL3 回路接 C 相（L3），为一楼入口大厅东侧、文体馆东角门入口雨篷、门斗照明回路；WL4 回路接 A 相（L1），为健身房/台球室照明回路。

照明线路连接关系以 WL1 回路为例：WL1 回路由 AL1-1 箱引出后首先连接东楼梯间吸顶灯，两根线分别为火线与零线；吸顶灯与楼梯间开关之间为 3 根线，分别为 1 根火线、1 根零线和 1 根控制线，其中零线通过旁边双控开关盒引向楼梯 1～2 楼梯间缓步台照明灯；一楼楼梯间吸顶灯与盥洗室西侧防水灯间为两根线，1 根火线 1 根零线；盥洗室防水灯由无障碍卫生间门口三联开关中的一联控制，因此盥洗室防水灯与无障碍卫生间门口三联开关间为 3 根线，1 根火线 1 根零线 1 根控制线；三联开关与声光报警器间为 4 根线，1 根火线 1 根零线 2 根控制线，2 根控制线分别用于控制无障碍卫生间的防水灯和排气扇；声光报警器与防水灯间为 5 根线，1 根火线 1 根零线 3 根控制线，3 根控制线分别为三联开关中的两联分别控制防水灯和排气扇，紧急呼叫按钮控制声光报警器；防水灯和排风扇间 2 根线，1 根零线 1 根控制线；防水灯和紧急呼叫按钮间 2 根线，1 根火线 1 根控制线；控制线用于控制声光报警器；无障碍卫生间防水灯与女卫生间防水灯间为 2 根线，1 根火线 1 根零线；女卫生间防水灯与门口开关间为 3 根线，1 根火线 2 根控制线，2 根控制线分别用于控制防水灯和排风扇；女卫生间防水灯与排风扇间为 2 根线，1 根零线 1 根控制线；盥洗室两防水灯间为 3 根线，1 根火线 1 根零线 1 根控制线；盥洗室东防水灯与男卫生间门口双联开关间为 2 根线，1 根火线 1 根零线；双联开关与男卫生间南侧防水灯间为 3 根线，1 根零线 2 根控制线；2 根控制线分别控制防水灯和排风扇，其中两只防水灯由同一联开关控制；两只防水灯间为 3 根线，1 根零线 2 根控制线；防水灯和排风扇间为 2 根线，1 根零线 1 根控制线。电力平面图包括各级配电柜、箱、盘间连接关系和插座回路，注意本套图纸电力平面图与照明平面图。

## 课题二　建筑智能化系统施工图

### 一、建筑智能化系统施工图图例

1. 通信及综合布线常用图形符号（表 13-8）

表 13-8　通信及综合布线常用图形符号

| 序号 | 图形符号 | 名称 | 序号 | 图形符号 | 名称 |
| --- | --- | --- | --- | --- | --- |
| 1 | MDF | 总配线架（柜） | 5 | FD　FD | 楼层配线架（柜）（有跳线连接） |
| 2 | ODF | 光纤配线架（柜） | 6 | CD | 建筑群配线架（柜） |
| 3 | IDF | 中间配线架（柜） | 7 | BD | 建筑物配线架（柜） |
| 4 | BD　BD | 建筑物配线架（柜）（有跳线连接） | 8 | FD | 楼层配线架（柜） |

续表

| 序号 | 图形符号 | 名称 | 序号 | 图形符号 | 名称 |
|---|---|---|---|---|---|
| 9 | HUB | 集线器 | 13 | TP TP | 电话插座 |
| 10 | SW | 交换机 | 14 | TD TD | 数据插座 |
| 11 | CP | 集合点 | 15 | TO TO | 信息插座 |
| 12 | LIU | 光纤连接盘 | 16 | *n*TO *n*TO | *n* 孔信息插座 |

## 2. 火灾自动报警部分常用图形符号（表 13-9）

**表 13-9　火灾自动报警部分常用图形符号**

| 序号 | 图形符号 | 名称 | 序号 | 图形符号 | 名称 |
|---|---|---|---|---|---|
| 1 |  | 消防控制中心 | 8 |  | 手动报警按钮 |
| 2 |  | 火灾报警装置 | 9 |  | 报警电话 |
| 3 | B | 火灾报警控制器 | 10 |  | 火灾警铃 |
| 4 | 或 W | 感温火灾探测器 | 11 |  | 火灾警报发声器 |
| 5 | 或 Y | 感烟火灾探测器 | 12 |  | 火灾警报扬声器（广播） |
| 6 | 或 G | 感光火灾探测器 | 13 |  | 火灾光信号装置 |
| 7 | 或 Q | 可燃气体探测器 |  |  |  |

## 3. 安全防范系统常用图形符号（表 13-10）

**表 13-10　安全防范系统常用图形符号**

| 序号 | 常用图形符号 | 名称 | 序号 | 常用图形符号 | 名称 |
|---|---|---|---|---|---|
| 1 |  | 摄像机 | 9 |  | 监视器 |
| 2 |  | 彩色摄像机 | 10 |  | 彩色监视器 |
| 3 |  | 彩色转黑白摄像机 | 11 |  | 读卡器 |
| 4 |  | 带云台的摄像机 | 12 | KP | 键盘读卡器 |
| 5 | OH | 有室外防护罩的摄像机 | 13 | LD | 激光探测器 |
| 6 | IP | 网络（数字）摄像机 | 14 |  | 对讲系统主机 |
| 7 | IR | 红外摄像机 | 15 |  | 对讲电话分机 |
| 8 | IR | 红外带照明灯摄像机 | 16 |  | 可视对讲机 |

续表

| 序号 | 常用图形符号 | 名称 | 序号 | 常用图形符号 | 名称 |
|---|---|---|---|---|---|
| 17 | | 可视对讲户外机 | 21 | EL | 电控锁 |
| 18 | | 指纹识别器 | 22 | Λ | 振动探测器 |
| 19 | M | 磁力锁 | 23 | | 紧急按钮开关 |
| 20 | E | 电锁按键 | 24 | | 门磁开关 |

## 二、建筑智能化系统施工图的组成

弱电施工图是进行建筑智能化工程造价预算和施工的重要依据，直接影响到预算的准确度和施工质量，一套完整的智能化施工图纸应该包含以下内容。

1. 图纸目录

先列新绘制图纸，后列选用的标准图或重复利用图。标明图纸内容、图号、图幅。

2. 设计说明及图例

设计说明按各弱电子系统分别叙述。应说明设计的依据（原设计院的施工图和招投标文件）、遵循的标准，各子系统功能及配置概况、各子系统施工要求、设备材料安装高度、与各专业配合条件、各施工需注意的主要事项、接地保护内容，注明图纸中有关特殊图形、图例说明，对非标准设备的订货说明。

3. 设备材料表

分系统罗列各系统的设备材料的选型规格、数量、品牌。

4. 系统图

表示系统原理、系统主要设备配置和构成、系统设备供电方式、系统设备分布楼层或区域、设备间管路和线缆的规格、系统逻辑及连锁关系说明。例如，楼宇自控系统，还需表示所监控的机电设备的工艺流程及监控点设置、监控点的类型（AI、AO、DI、DO）及供电等级、控制器的划分、相关的机电设备和电气控制箱编号等。

5. 平面图

分层表示该层上弱电相关设备的位置、标高、安装方式，线槽和管路的规格、走向、标高和敷设方式，线缆的规格、走向，弱电井的位置及井内设备材料布置示意，控制室的位置。

## 三、建筑智能化系统施工图识读方法

建筑智能化系统施工图主要说明建筑内弱电设备位置、线路走向等构造，是建筑设备安装工程设计的重要组成部分。其识读方法为，看标题栏及图纸目录，了解工程名称、项目内容、设计日期及图纸内容、数量等；看设计说明，了解工程概况、设计依据等，以及图纸中未能表达清楚的各有关事项；看设备材料表，了解工程中所使用的设备、材料的型号、规格和数量；看系统图，了解系统基本组成，主要弱电设备、元件之间的连接关系以及它们的规格、型号、参数等，掌握该系统的组成概况；看平面布置图了解弱电设备的规格、型号、数量及线路的起始点、敷设部位、敷设方式和导线根数等。

平面图阅读顺序为先底层、后高层，先干线、后支线。

## 四、建筑智能化系统施工图识读案例

**【案例 13-2】**某三层建筑物综合布线施工图如图 13-14～图 13-17 所示。

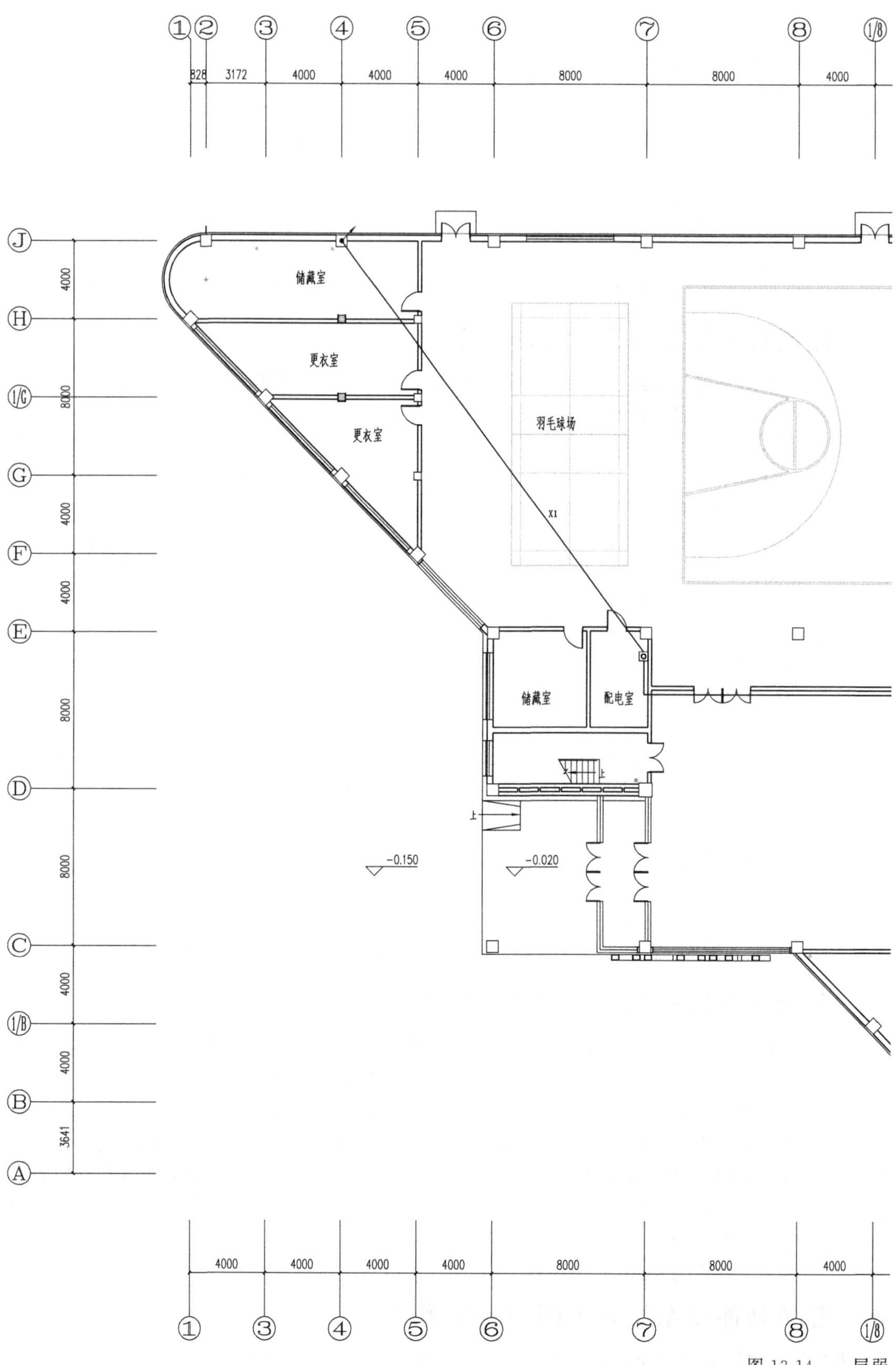


图 13-14 一层弱

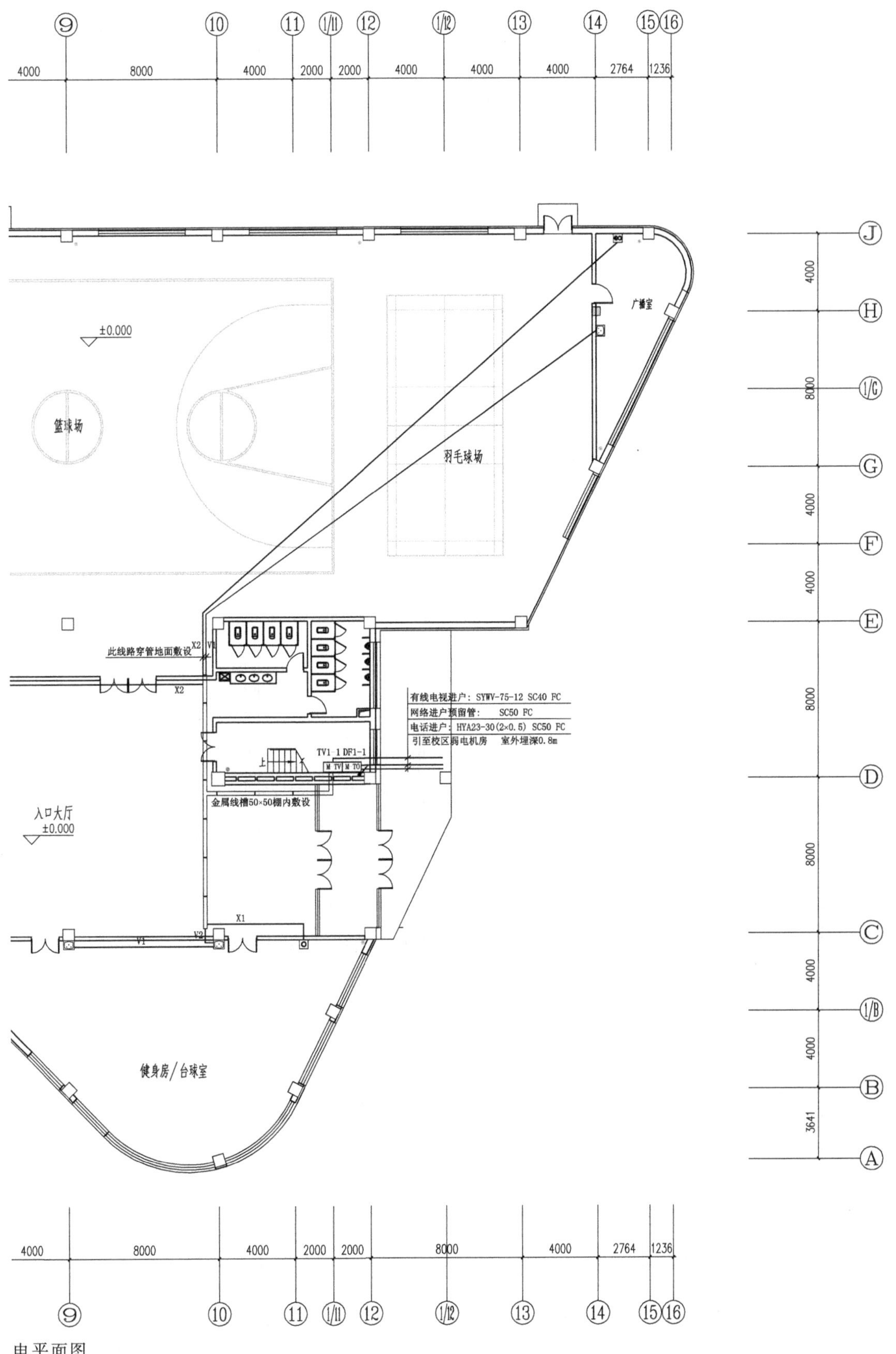
广播室
篮球场
羽毛球场
±0.000
此线路穿管地面敷设
有线电视进户：SYWV-75-12 SC40 FC
网络进户预留管：　SC50 FC
电话进户：HYA23-30(2×0.5) SC50 FC
引至校区弱电机房　室外埋深0.8m
TV1 1 DF1-1
金属线槽50×50棚内敷设
入口大厅
±0.000
健身房/台球室
X1
X2
V1
X2
V1

电平面图

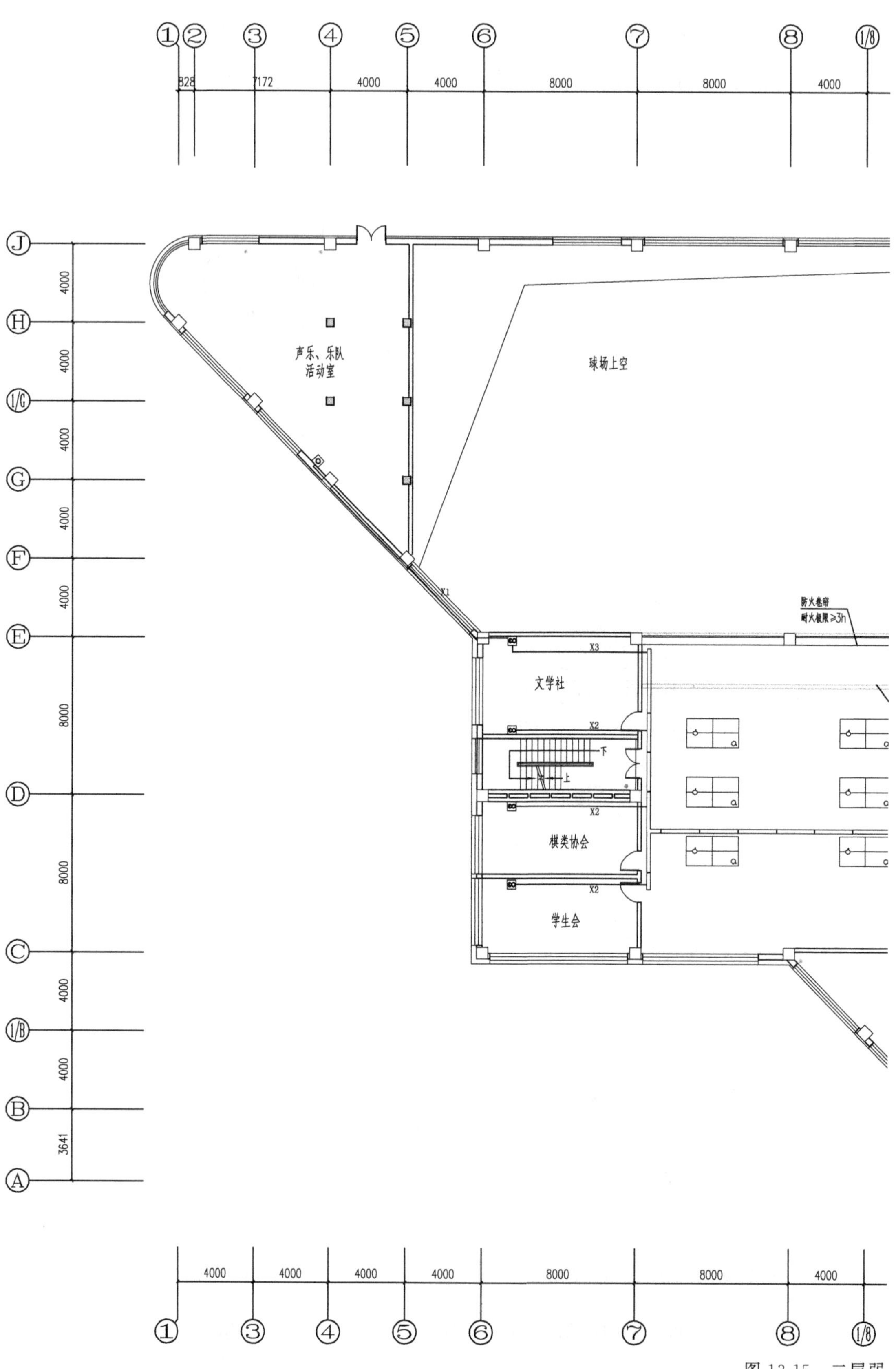
声乐、乐队
活动室
球场上空
防火卷帘
耐火极限≥3h
文学社
棋类协会
学生会
X1
X2
X3
下
上
4000
8000
3641
828
7172

图 13-15　二层弱

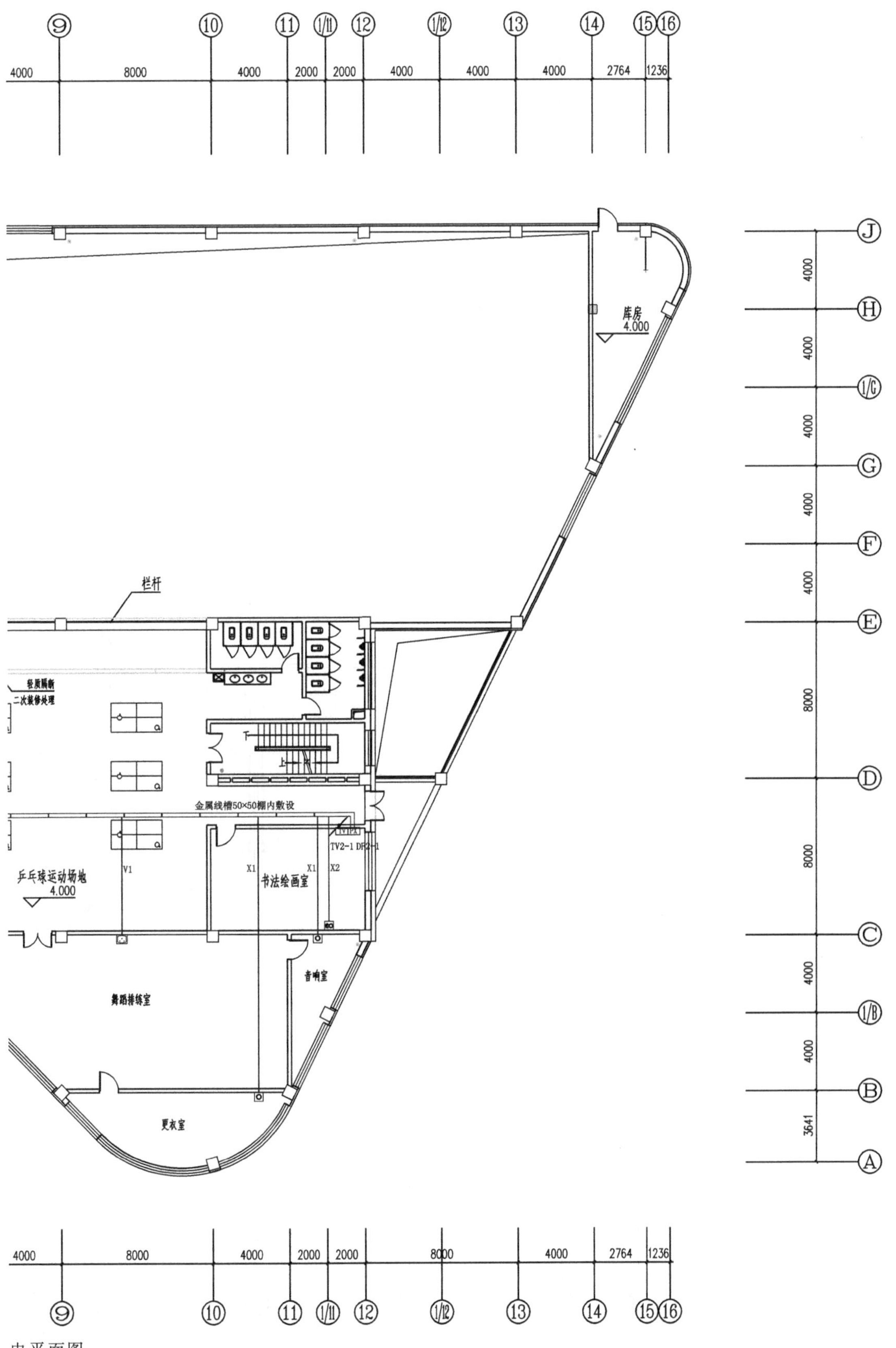
库房
4.000
栏杆
轻质隔断
二次装修处理
金属线槽50×50棚内敷设
TV2-1 DF2-1
V1
X1
X2
书法绘画室
乒乓球运动场地
4.000
音响室
舞蹈排练室
更衣室
4000
8000
2000
2764
1236
3641
8000

电平面图

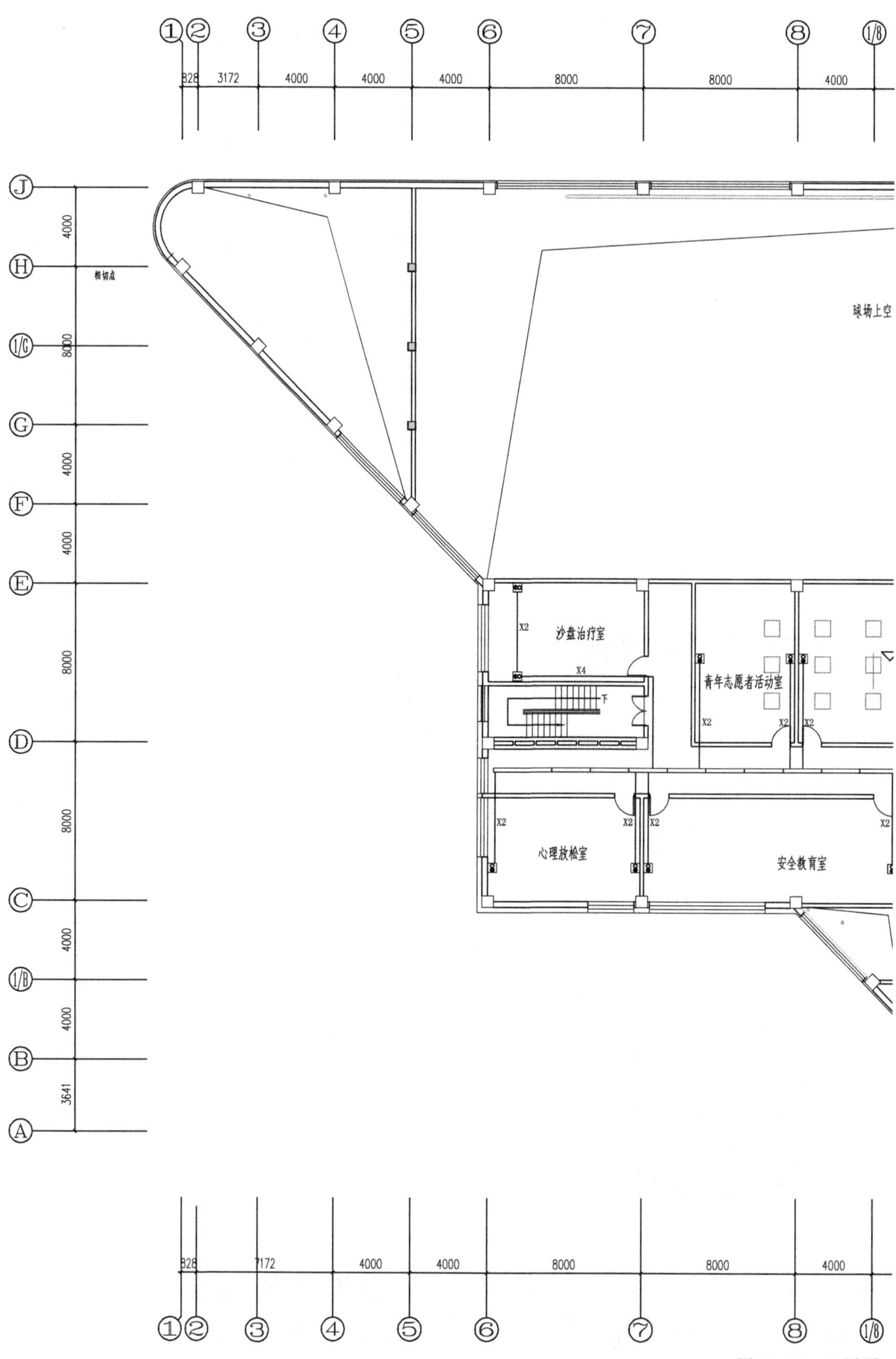


图 13-16　三层弱

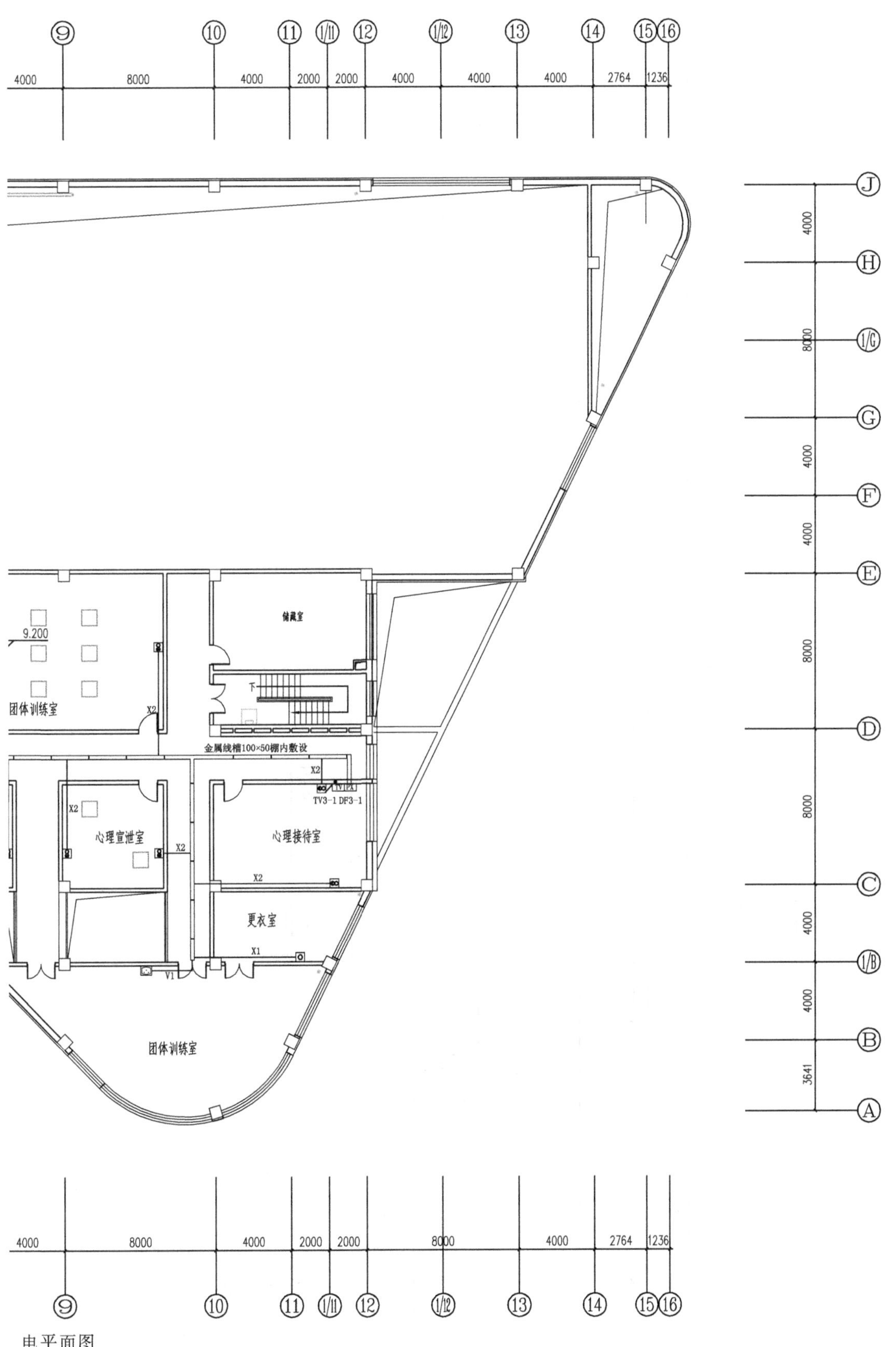
储藏室
团体训练室
9.200
金属线槽100×50棚内敷设
TV3-1 DF3-1
心理宣泄室
心理接待室
更衣室
团体训练室

电平面图

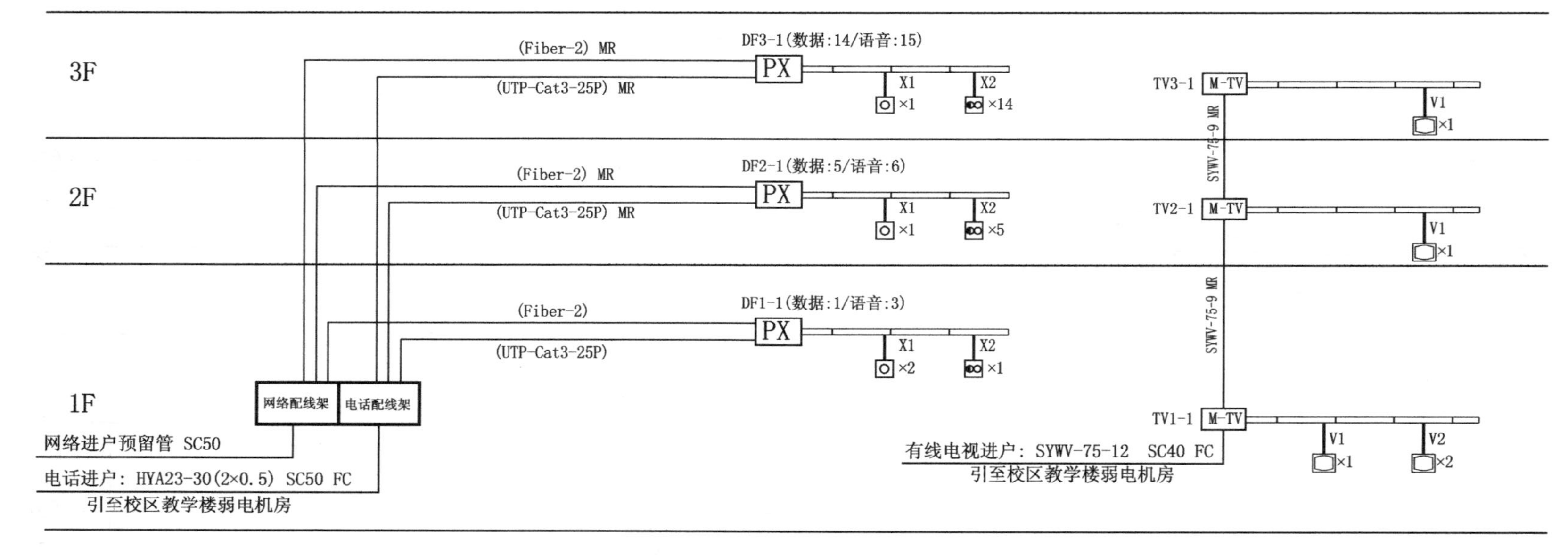


综合布线管线 X

X1 : 1*(UTP Cat6 4P) SC15 CEC(WC)

X2 : 2*(UTP Cat6 4P) SC20 CEC(WC)

X4 : 2*(UTP Cat6 4P) SC25 CEC(WC)

有线电视线路 V

V1 : SYWV-75-5 SC15 CEC

V2 : 2*(SYWV-75-5 SC20) CEC

图 13-17 弱电系统图

1. 设计说明

(1) 工程概况(略)

(2) 国家主要现行规范(略)

(3) 设计范围

综合布线(数据、语音)、有线电视系统。

(4) 综合布线系统设计方案

网络系统按六类标准设计，外网进线引自网络机房，主干线采用六芯单模光缆沿金属线槽敷设于墙上及吊棚内，分支线采用6类四对非屏蔽双绞线穿线槽及钢管敷设于吊棚、地面及墙内，网络及电话进户配线架落地安装，电话进户线采用电话电缆穿镀锌钢管保护埋地敷设，干线采用大对数铜缆，分支线采用6类四对非屏蔽双绞线穿线槽及钢管敷设于吊棚、地面及墙内，信息插座均暗装于墙上。

(5) 有线电视系统设计方案

有线电视系统为550Hz邻频传输系统，接收前端有线电视网信号，采用分支分配方式。进户线采用同轴电缆穿镀锌钢管保护埋地敷设，主干线采用同轴电缆沿线槽敷设，分支线均采用同轴电缆穿钢管敷设于吊棚内，分配分支器箱暗装于墙上，电视终端插座均暗装于墙上。

(6) 设备材料表(表13-11)

**表13-11 【案例13-2】设备材料表**

| 序号 | 名称 | 图例 | 型号规格 | 单位 | 数量 | 备注 |
| --- | --- | --- | --- | --- | --- | --- |
| 1 | 网络电话进户配线架 | M-TO | 弱电公司提供 | 个 | 1 | 落地 |
| 2 | 楼层网络配线架 | PX | 弱电公司提供 | 个 | 2 | 落地 |
| 3 | 有线电视接线箱 | M-TV | | 个 | 3 | 暗装底距地0.3m |
| 4 | 双孔信息插座 | | 六类模块，信息、语音 | 个 | 20 | 暗装底距地0.3m |
| 5 | 单孔信息插座 | | 六类模块，语音 | 个 | 3 | 暗装底距地0.3m |
| 6 | 电视出线座 | | 75Ω | 个 | 4 | 暗装底距地0.3m |

2. 施工图识读

文体馆综合布线系统由网络配线架、电话配电架、楼层配线架及终端语音、信息模块组成。

① 从系统图看出，网络进户预留SC50镀锌钢管，电话进线采用HYA23-30(2×0.5)大对数线沿SC50镀锌钢管埋地暗敷设。前端网络、电话设备至各层配线架采用放射式配线，网络干线采用两芯单模光纤，电话干线采用25对非屏蔽对绞三类线。楼层配线架至终端语音、信息模块分支线采用4对非屏蔽对绞六类线。

② 一层平面图中前端网络、电话配线架，有线电视接线箱设置在楼梯间内，分支线沿金属线槽、镀锌钢管敷设至各终端模块。健身房、广播室设置有线电视出线座；健身房、配电室设置单孔信息插座；广播室设置双孔信息插座。

③ 二层平面图中楼层配线架、有线电视接线箱设置在书法绘画室，分支线沿金属线槽、镀锌钢管敷设至各终端模块。舞蹈排练室设置有线电视出线座；音响室设置单孔信息插座；文学社、棋类协会等设置双孔信息插座。

④ 三层平面图中楼层配线架、有线电视接线箱设置在心理接待室，分支线沿金属线槽、镀锌钢管敷设至各终端模块。团体训练室设置有线电视出线座；更衣室设置单孔信息插座；心理宣泄、安全教育等设置双孔信息插座。

**【案例13-3】**某三层建筑物消防施工图如图13-18～图13-21所示。

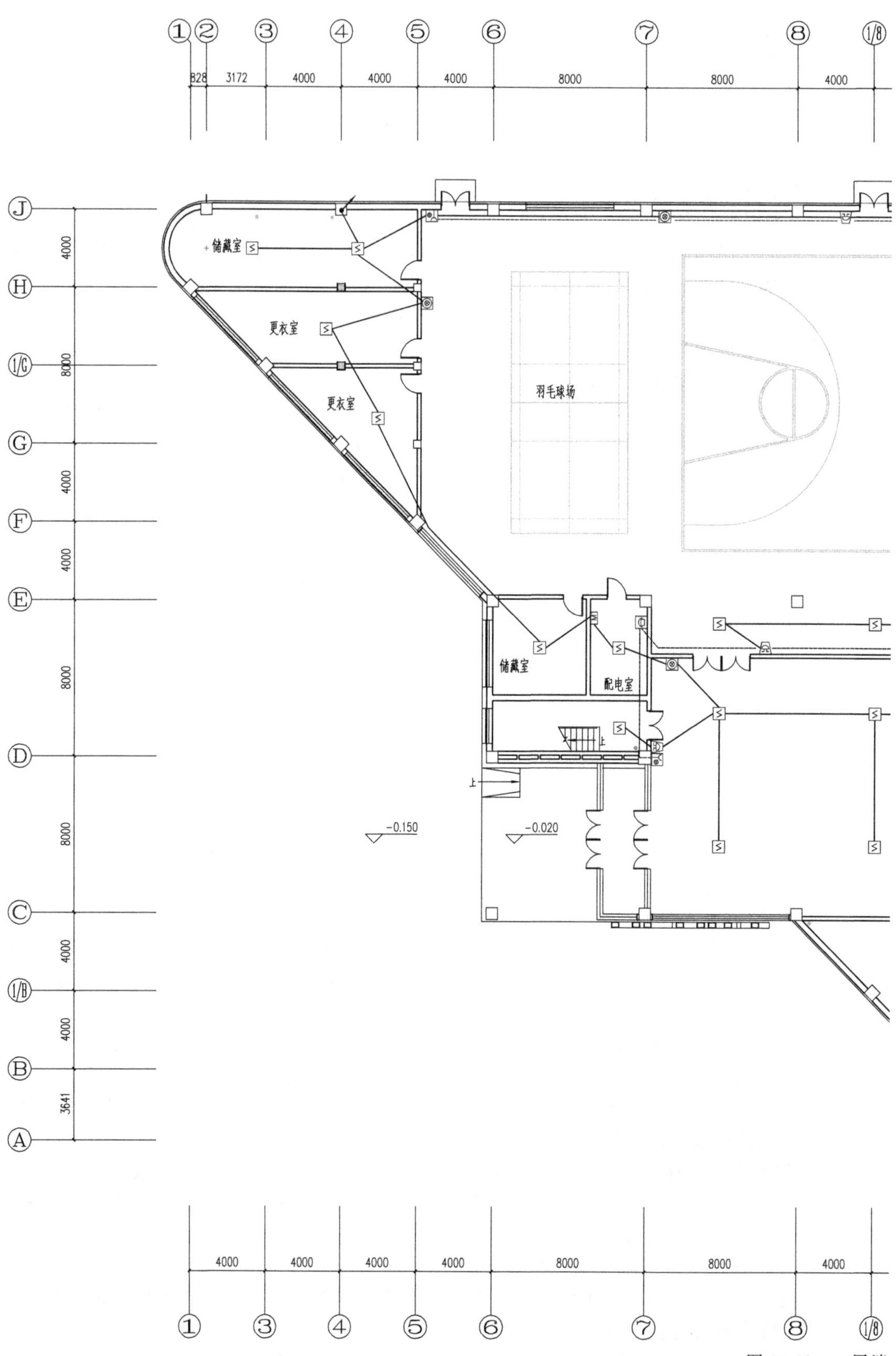


图 13-18　一层消

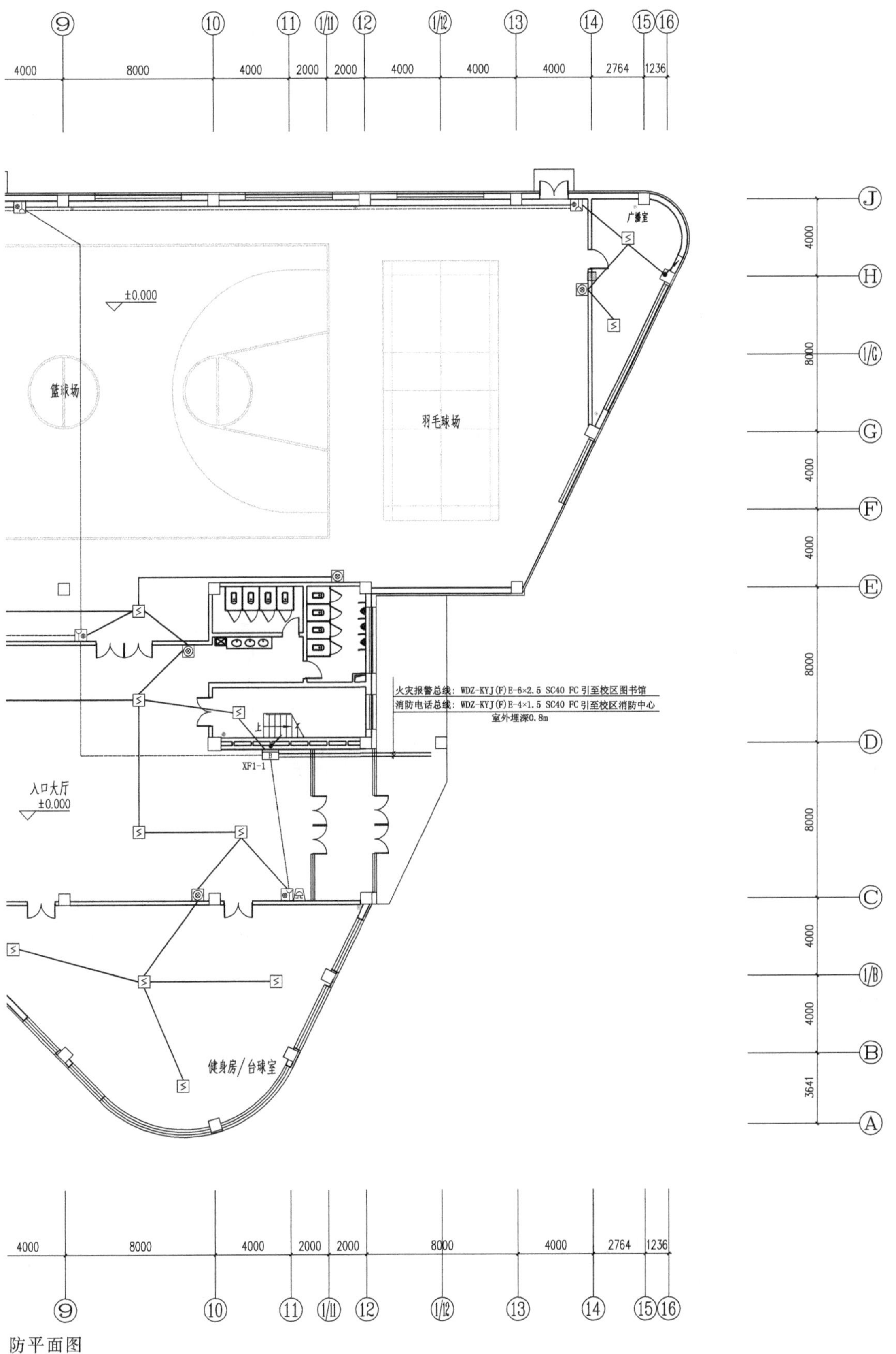
广播室
±0.000
篮球场
羽毛球场
火灾报警总线：WDZ-KYJ(F)E-6×2.5 SC40 FC引至校区图书馆
消防电话总线：WDZ-KYJ(F)E-4×1.5 SC40 FC引至校区消防中心
室外埋深0.8m
XF1-1
入口大厅
±0.000
健身房/台球室
4000
8000
4000
2000
2000
4000
4000
4000
2764
1236
4000
8000
4000
4000
8000
8000
4000
4000
3641
J
H
1/G
G
F
E
D
C
1/B
B
A
9
10
11
1/11
12
1/12
13
14
15
16

防平面图

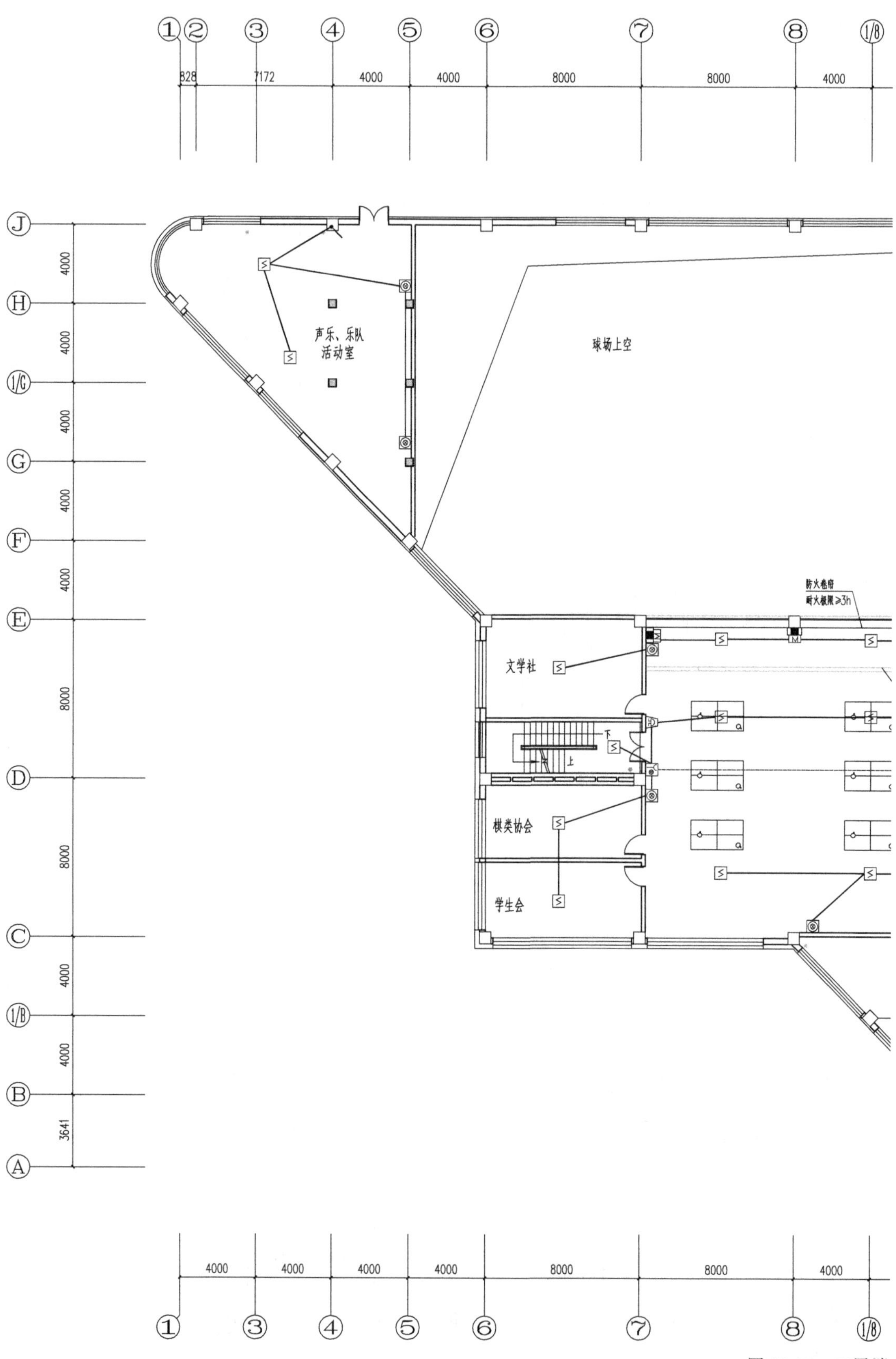


图 13-19　二层消

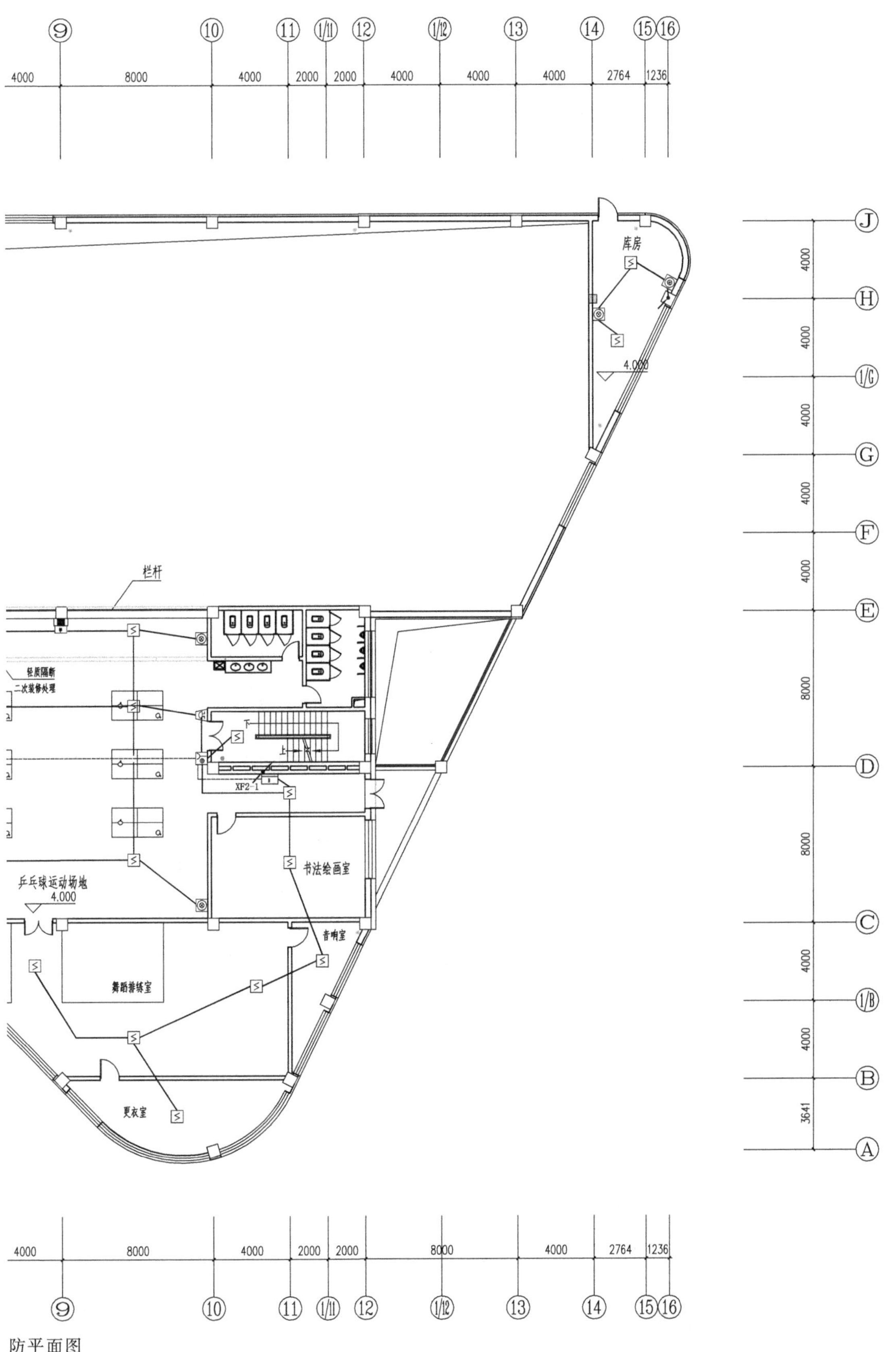


防平面图

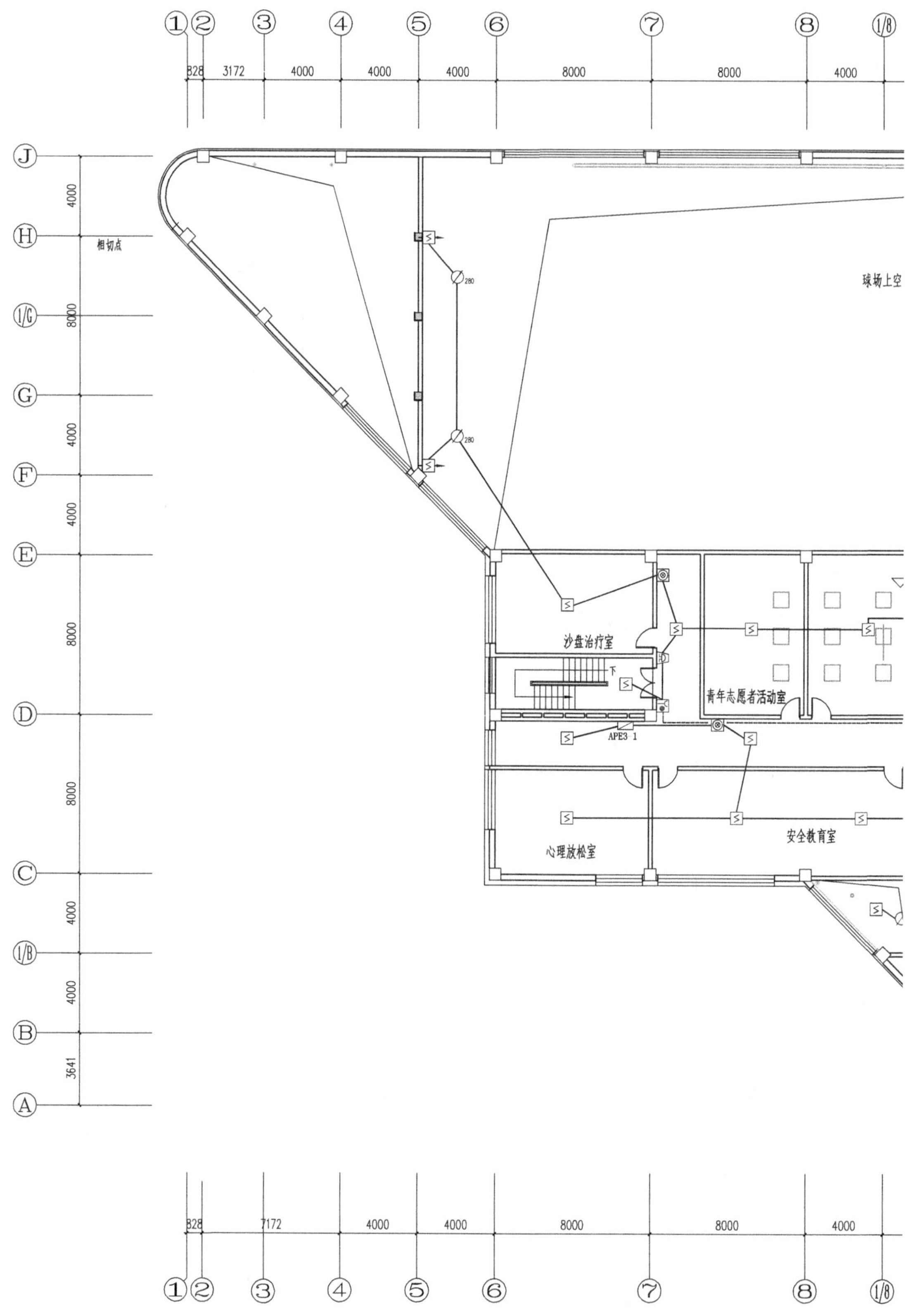


图 13-20　三层消

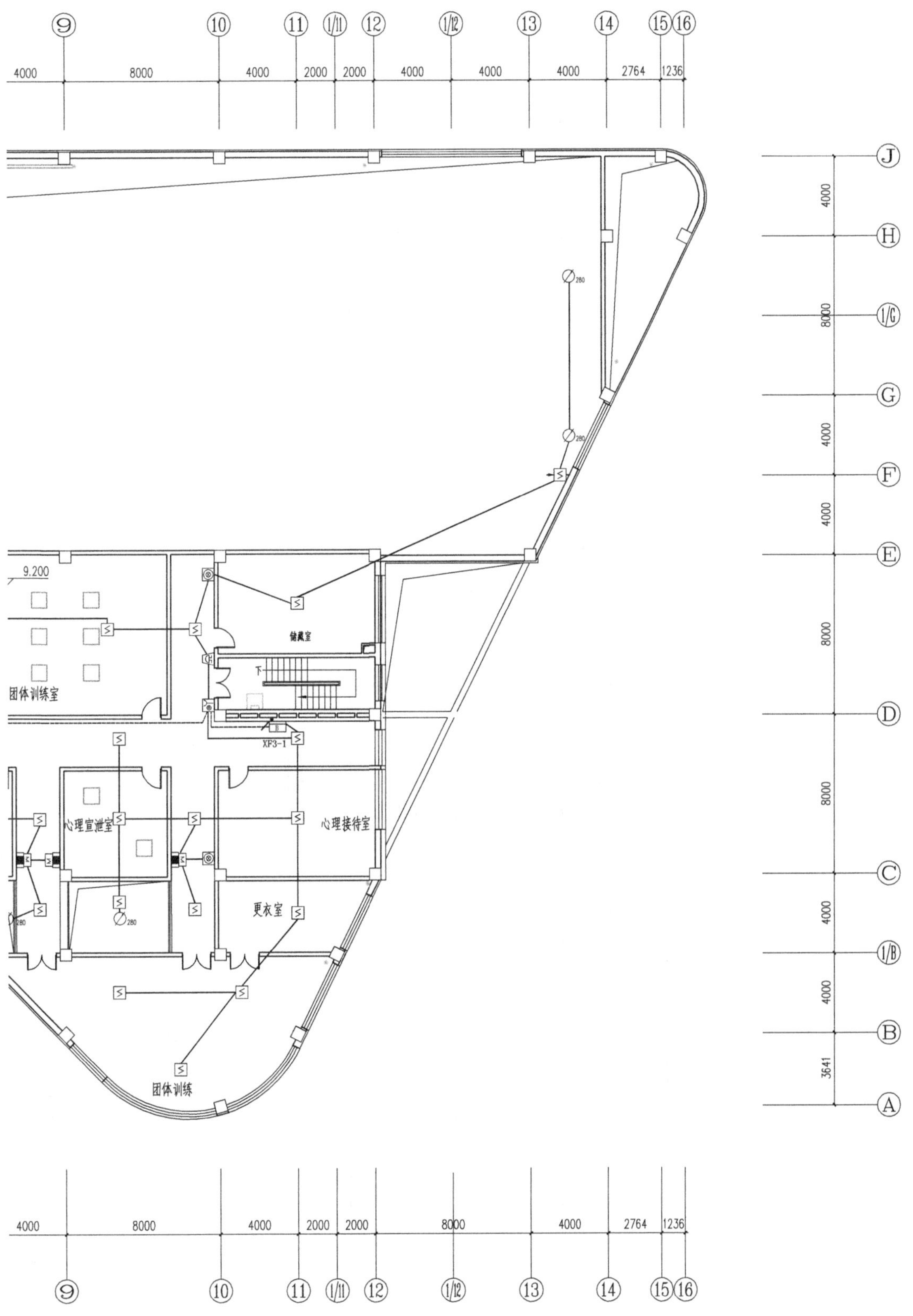
9.200
团体训练室
储藏室
下
XF3-1
心理宣泄室
心理接待室
更衣室
团体训练
280
4000
8000
2000
2764
1236
3641

图 13-20 三层消

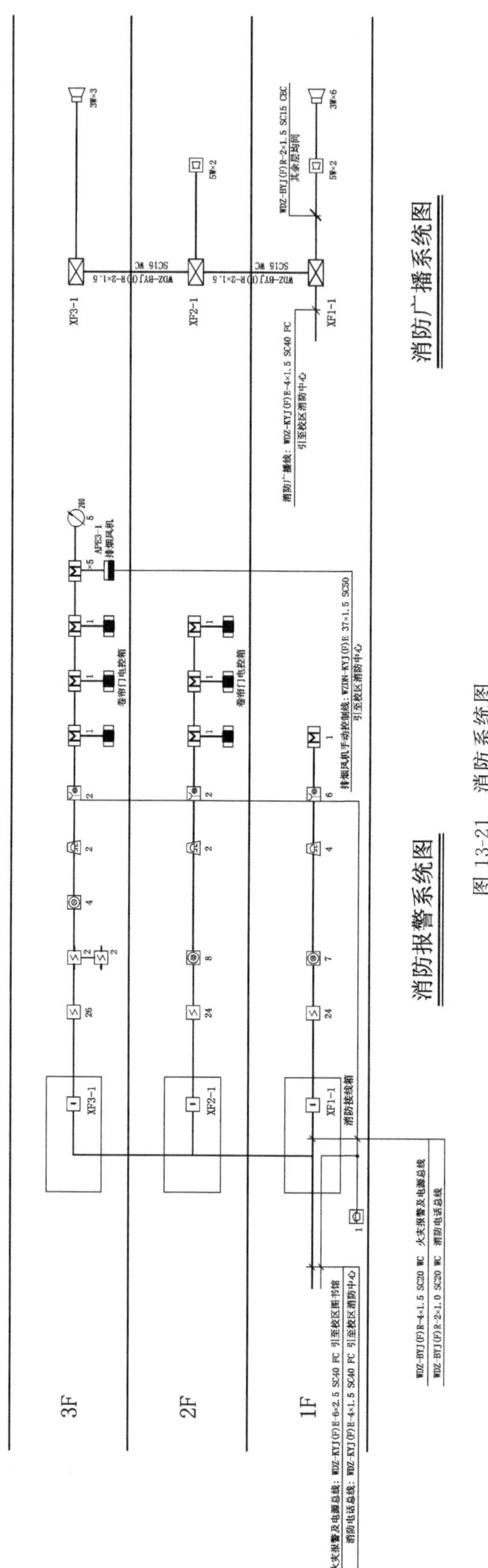


图 13-21 消防系统图

1. 设计说明

(1) 工程概况(略)

(2) 国家主要现行规范(略)

(3) 设计范围

本工程消防设计包括火灾自动报警及消防联动系统、消防电话系统、消防广播系统。

(4) 消防系统设计方案

本工程消防设计包括火灾自动报警及消防联动系统、消防电话系统、消防广播系统。实现如下功能。

① 火灾自动报警系统采用总线制配线,按消防分区及规范,进行感烟、感温探测器的布置,在消防中心的集中报警控制器上能显示各分区、各报警点探头的状态,并设有手动报警按钮及声光报警器。

② 消防中心与配电室设固定对讲电话,每层适当部位设有对讲电话插孔。

③ 消防排烟风机采用消防中心自动(手动)控制方式控制。

④ 消防中心能监测消火栓,排烟防火阀等运行状态。

⑤ 自动打印火灾报警、事故报警及消防灭火设备动作执行情况。

(5) 设备材料表(表 13-12)

**表 13-12 【案例 13-3】设备材料表**

| 序号 | 名称 | 图例 | 型号规格 | 单位 | 数量 | 备注 |
|---|---|---|---|---|---|---|
| 1 | 消防接线箱 | B | GST-JX100 | 个 | 4 | |
| 2 | 模块箱 | M | 内装输入输出控制模块 | 个 | 6 | |
| 3 | 感烟探测器 | | 光电型 JTY-GD-G3 | 个 | 74 | |
| 4 | 线性光束感烟探测器 | | (发射部分) JTY-HM-GST102 | 个 | 2 | |
| 5 | 线性光束感烟探测器 | | (接受部分) | 个 | 2 | |
| 6 | 手报按钮(带电话插孔) | | J-SAP-8402 | 个 | 10 | |
| 7 | 声光警报器 | | GST-HX-M8501 | 个 | 8 | |
| 8 | 消防专用电话 | | GST-TS-100A | 个 | 1 | |
| 9 | 短路隔离器 | I | GST-LD-8313 | 个 | 3 | |
| 10 | 消火栓按钮 | | LD-8403 | 个 | 15 | |
| 11 | 吸顶扬声器 | | 5W | 个 | 4 | |
| 12 | 壁挂扬声器 | | 3W | 个 | 9 | |
| 13 | 排烟防火阀(280℃) | 280 | | 个 | 5 | |

2. 施工图识读

① 从系统图中知道，消防报警系统包括了火灾自动报警系统；消防联动控制系统；消防专用对讲电话系统；火灾应急广播系统。

消防报警及联动设备由消防接线箱（内设短路隔离器）、火灾探测器、手动报警按钮、消防声光报警器、消防联动模块、消防电话组成，系统采用树形结构系统。消防报警及电源总线、消防电话总线均采用低烟无卤辐照交联控制电缆，分别引自校区图书馆和校区消防中心，穿镀锌钢管埋地敷设。报警及联动控制线路均采用耐火铜芯电线，穿镀锌钢管沿现浇板内、柱内及墙内暗敷设，非燃烧体结构保护层厚度不得小于 3cm，否则采取保护管刷防火涂料措施。排烟风机设置应急手动控制线，引自校区消防中心。

② 一层平面图中消防接线箱设置在大厅入口处，各保护区域内均设置感烟火灾探测器，在各出入口处设置手动报警按钮及声光报警器，在消火栓箱内设消火栓报警按钮。

③ 二层平面图中消防接线箱设置在楼梯间外，各保护区域内均设置感烟火灾探测器，在各出入口处设置手动报警按钮及声光报警器，在消火栓箱内设消火栓报警按钮，消防卷帘控制箱处设置消防联动模块。

④ 三层平面图中消防接线箱设置在楼梯间外，篮球场上空设置线型光束感烟探测器，其余各保护区域内均设置感烟火灾探测器，在各出入口处设置手动报警按钮及声光报警器，在消火栓箱内设消火栓报警按钮，消防卷帘控制箱、排烟风机控制箱处设置消防联动模块。

**【案例 13-4】**某酒店安全防范系统施工图如图 13-22～图 13-26 所示。

1. 设计说明

（1）工程概况（略）

（2）国家主要现行规范

《安全防范工程技术规范》(GB 50348—2004)；《视频安防监控系统工程设计规范》(GB 50395—2007)；《出入口控制系统工程设计规范》(GB 50396—2007)。

（3）安全防范系统设计方案

1）安防系统　采用先进的数字化、智能化、网络化的技术，通过统一的通信平台和管理软件将主控设备和各子系统设备联网，实现由中央控制室对全系统进行信息集成的自动化管理，形成由周界、楼体及楼内重要部位的实体防范、技术防范及人防构成的多层次、全方位、多种手段的安全防范体系。子系统包括视频监控系统、入侵报警系统、门禁系统、电子巡更系统及 IC 卡综合应用系统。商业消防控制中心及酒店消防控制中心均设置在地下室。

2）视频安防监控系统　视频安防监控系统由高清网络摄像机、模拟摄像机、监视器、编码器、解码器、监控管理平台、网络存储等组成，用来对营业厅、大堂、通道、电梯厅、电梯轿箱进行视频监控，并可与其他系统联网，实现相关设施的联动操作。系统对所有视频、音频信号进行实时存储，在视频图像 720P 高清实时存储状态下，存储时间不低于 30 天。

3）入侵报警系统　入侵报警系统由入侵报警传感器、编码器、解码器与报警主机等组成。可与其他系统联网，实现相关设施的联动操作。

4）门禁系统　门禁系统采用 IC 卡、生物识别及密码等复合技术，由 IC 卡、读卡器、电磁门锁及主机等组成。采用 TCP/IP 网络及 RS485 通信连接方式，控制器下连接多组控制单元和门禁控制器组成门禁系统，通过控制器接入服务器，实现网络连接。书库、通道门禁系统设置自动开闭门装置，刷卡成功门自动开启，人离开自动关闭。门禁系统所控制的各通道门，与消防报警系统具有联动管理功能，当出现消防警情下，自动联动打开相应区域的疏散通道门。

5）电子巡更系统　采用离线式电子巡更系统，系统由巡更棒、巡检点、通信器等设备组成。在各层楼梯口、电梯前室等部位设置巡更点对保安人员巡查进行监督和记录。

6）IC 卡综合应用　对于各建筑内通道门、出入口、餐饮消费、车辆管理等采用联网集中控制，使用同一张 IC 感应卡识别身份，进行各种出入、消费及考勤管理等。

7）数字高清摄像机　采用网络模式通过 6 类非屏蔽网线连接本层就近交换机，电子巡更线路、入侵报警线路、门禁线路均采用 RVVP-（4×1.0）屏蔽导线，沿金属线槽敷设、穿镀锌钢管暗敷设；电源及控制线采用 WDZ-RYJ（F）型低烟无卤阻燃铜芯电线沿线槽或穿钢管敷设。

（4）设备材料表（表 13-13）

**表 13-13　【案例 13-4】设备材料表**

| 序号 | 图例 | 设备名称 | 序号 | 图例 | 设备名称 |
|---|---|---|---|---|---|
| 1 | MJ | 门禁、入侵控制器箱 | 9 | [symbol] | 双门控制器 |
| 2 | KV | 监控层配线箱 | 10 | [symbol] | 单门控制器 |
| 3 | [symbol] | 吊顶内扬声器箱 | 11 | [symbol] | 紧急角跳开关 |
| 4 | [symbol] | 音量控制器 | 12 | IR/M | 被动红外/微波双鉴探测器 |
| 5 | TV | 电视插座 | 13 | OH | 室外摄像机 |
| 6 | VP | 电视分支器箱 | 14 | OH | 室外摄像机（带云台） |
| 7 | VH | 电视前端箱 | 15 | [symbol] | 彩色电视摄像机 |
| 8 | [symbol] | 保安巡逻打卡器 | 16 | R | 球形摄像机 |

2. 施工图识读

酒店安防控制中心设置在地下室，酒店安防系统由视频安防监控系统、入侵报警系统、门禁系统、电子巡更系统组成。

① 由系统图可以知道，视频安防监控系统由高清网络摄像机、模拟摄像机、监视器、编码器、解码器、监控管理平台、网络存储设备等组成；入侵报警系统由入侵报警传感器、编码器、解码器、报警主机组成；门禁系统由 IC 卡、读卡器、电磁门锁、主机组成；电子巡更系采用离线式电子巡更系统，由巡更棒、巡检点通信器组成。

② 一层平面图中弱电间内设置监控、门禁层配线箱，沿金属线槽敷设至各终端设备。门禁报警线路采用屏蔽护套电缆穿镀锌钢管敷设，视频安防线路采用 4 对非屏蔽对绞六类线，电源线采用低烟无卤辐照交联软电缆，穿镀锌钢管敷设。在酒店入口、门厅、服务台、电梯前室、楼梯间内设置视频安防摄像机；在配电间、弱电间及重要房间门口处设置门禁锁；在楼梯间、公共区域适当位置设置离线巡检点。

③ 二层平面图中　弱电间内设置监控、门禁层配线箱，沿金属线槽敷设至各终端设备。在酒店走廊端头设置视频安防摄像机；在配电间、弱电间门口处设置门禁锁；在酒店走廊设置离线巡检点。

④ 机房层平面图中　在电梯轿厢内、机房层室外设置视频安防摄像机；在设备用房门口处设置门禁锁。

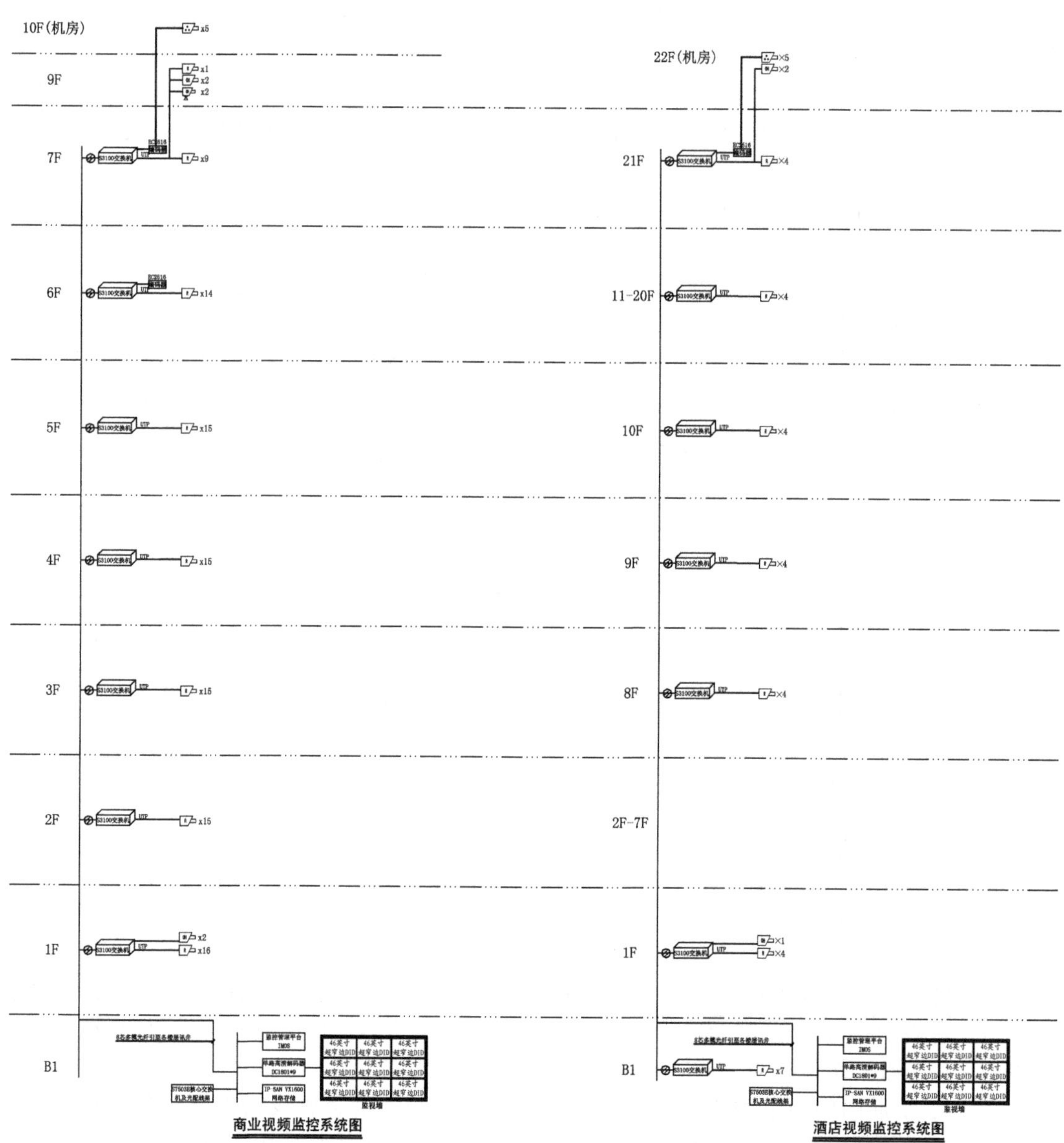


多模光纤：Fiber-2

UTP：n(UTP-Cat.6-4p)

电梯轿厢摄像机

室内定点摄像机 HIC3401-VIR

室外动点摄像机 HIC6621-6C

室外定点摄像机 HIC5421

图 13-22　视频监控系统图

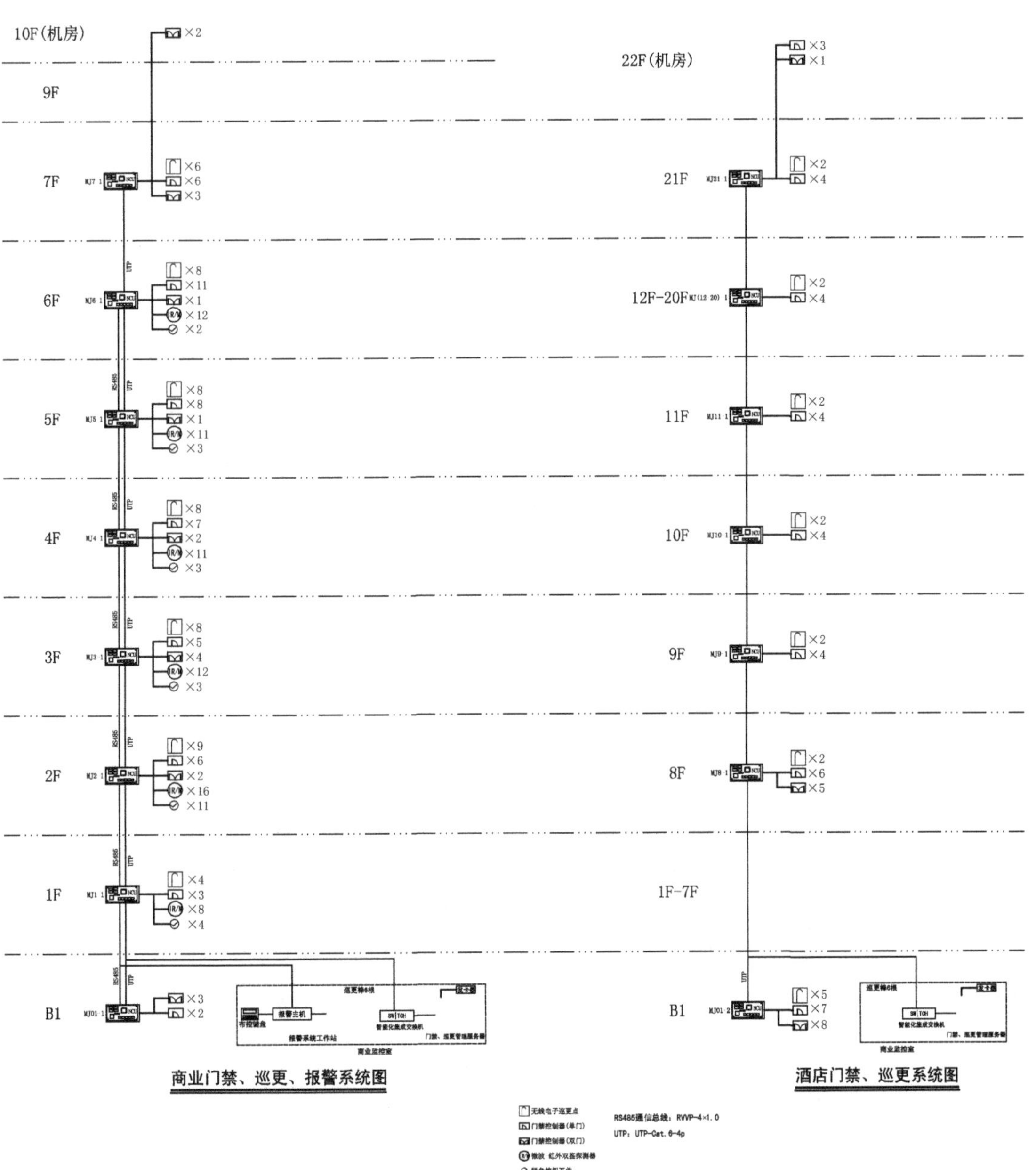


图 13-23　门禁、巡更、报警系统图

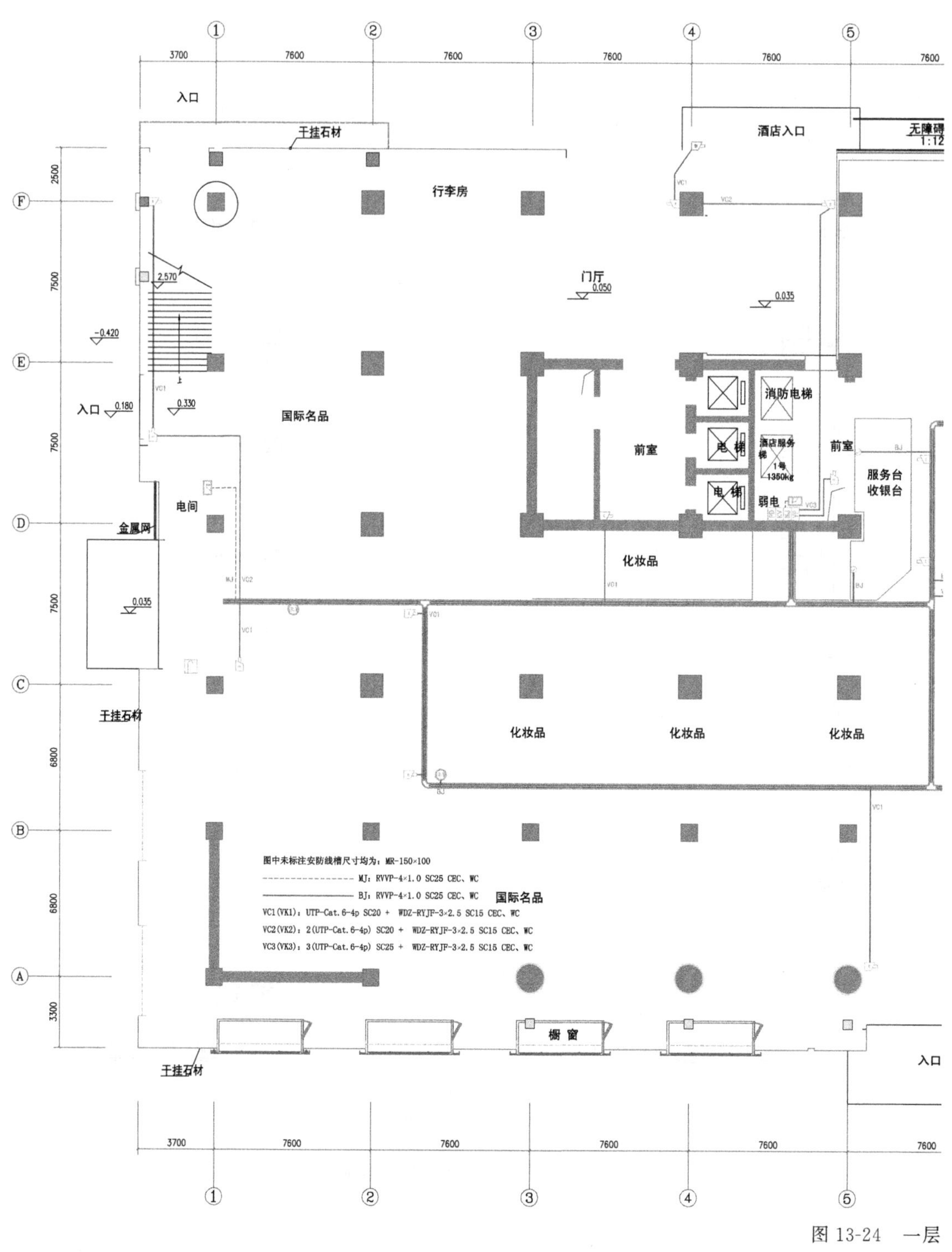
入口
干挂石材
行李房
酒店入口
无障碍 1:12
门厅
国际名品
前室
消防电梯
酒店服务梯 1号 1350kg
电梯
弱电
前室
服务台 收银台
电间
金属网
化妆品
化妆品
化妆品
化妆品
干挂石材
国际名品
图中未标注安防线槽尺寸均为：MR-150×100
MJ：RVVP-4×1.0 SC25 CEC、WC
BJ：RVVP-4×1.0 SC25 CEC、WC
VC1(VK1)：UTP-Cat.6-4p SC20 + WDZ-RYJF-3×2.5 SC15 CEC、WC
VC2(VK2)：2(UTP-Cat.6-4p) SC20 + WDZ-RYJF-3×2.5 SC15 CEC、WC
VC3(VK3)：3(UTP-Cat.6-4p) SC25 + WDZ-RYJF-3×2.5 SC15 CEC、WC
橱窗
干挂石材
入口

图 13-24 一层

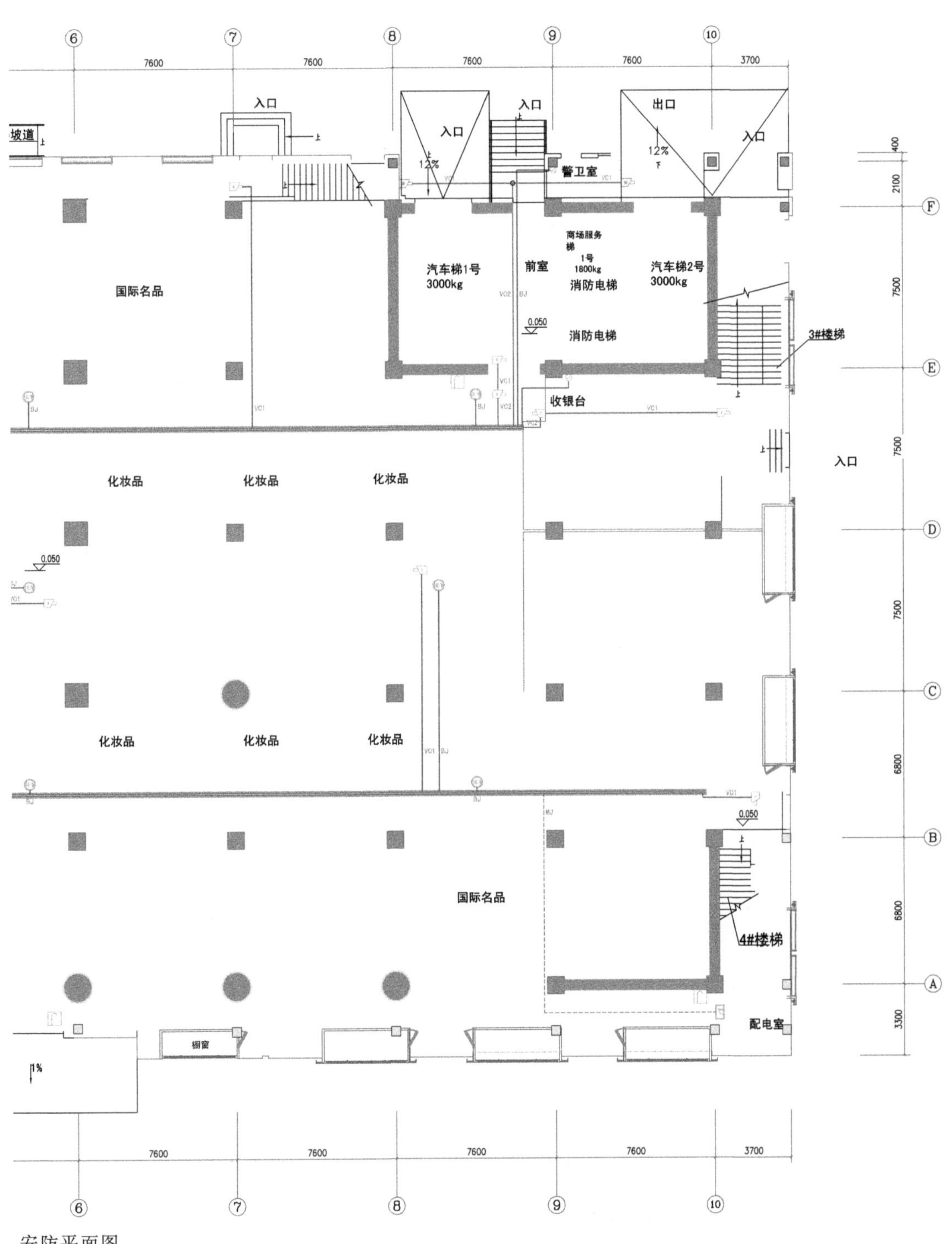
入口
坡道
出口
12%
警卫室
汽车梯1号
3000kg
前室
商场服务梯
1号
1800kg
消防电梯
汽车梯2号
3000kg
国际名品
0.050
消防电梯
3#楼梯
收银台
入口
化妆品
化妆品
化妆品
化妆品
化妆品
化妆品
国际名品
4#楼梯
配电室
橱窗
7600
3700
7500
6800
3300
2100
400

安防平面图

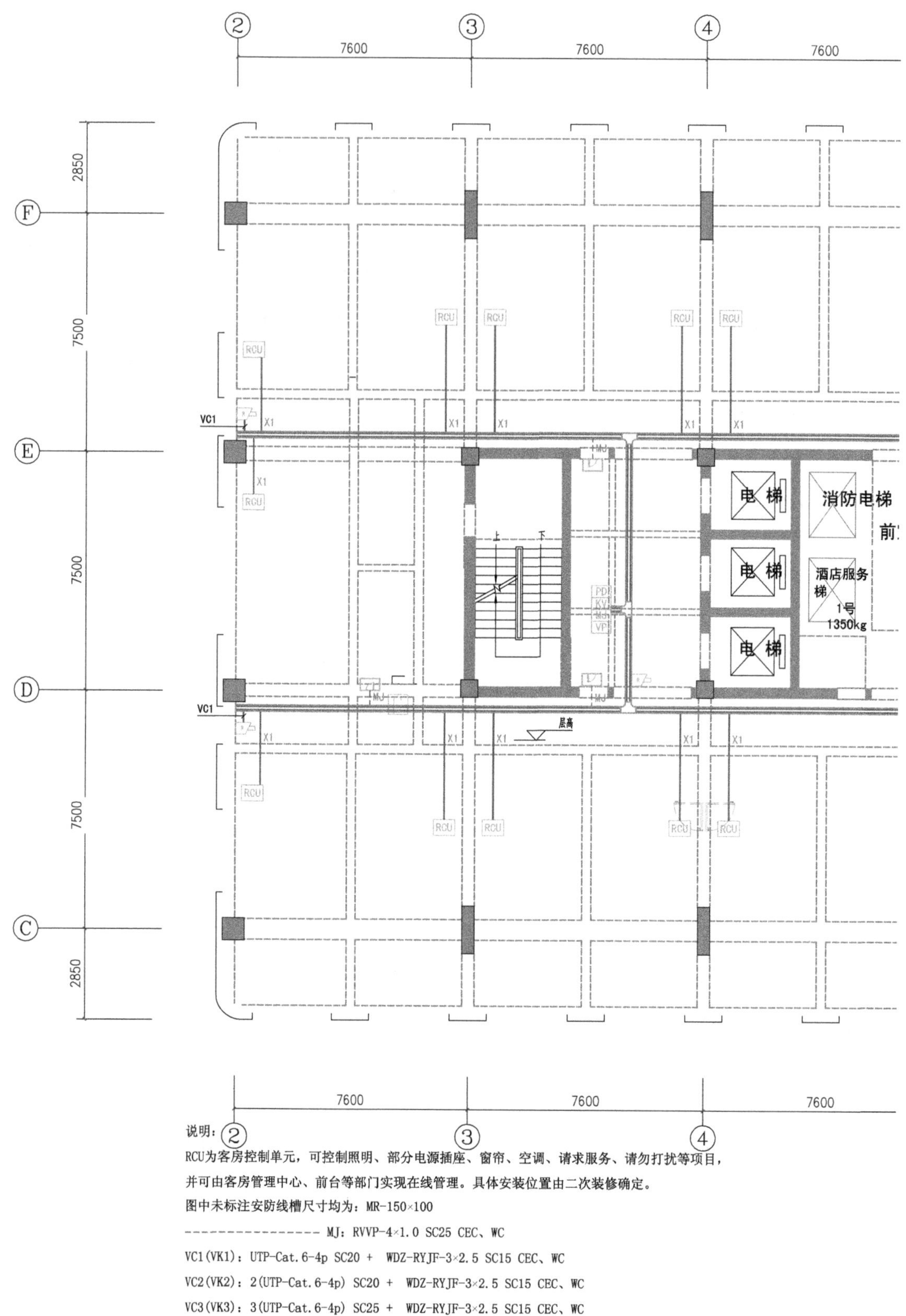


说明：

RCU为客房控制单元，可控制照明、部分电源插座、窗帘、空调、请求服务、请勿打扰等项目，并可由客房管理中心、前台等部门实现在线管理。具体安装位置由二次装修确定。

图中未标注安防线槽尺寸均为：MR-150×100

------------------ MJ：RVVP-4×1.0 SC25 CEC、WC

VC1(VK1)：UTP-Cat.6-4p SC20 + WDZ-RYJF-3×2.5 SC15 CEC、WC

VC2(VK2)：2(UTP-Cat.6-4p) SC20 + WDZ-RYJF-3×2.5 SC15 CEC、WC

VC3(VK3)：3(UTP-Cat.6-4p) SC25 + WDZ-RYJF-3×2.5 SC15 CEC、WC

X1：UTP-Cat.6 SC20 CEC、FC、WC

图 13-25 标准层

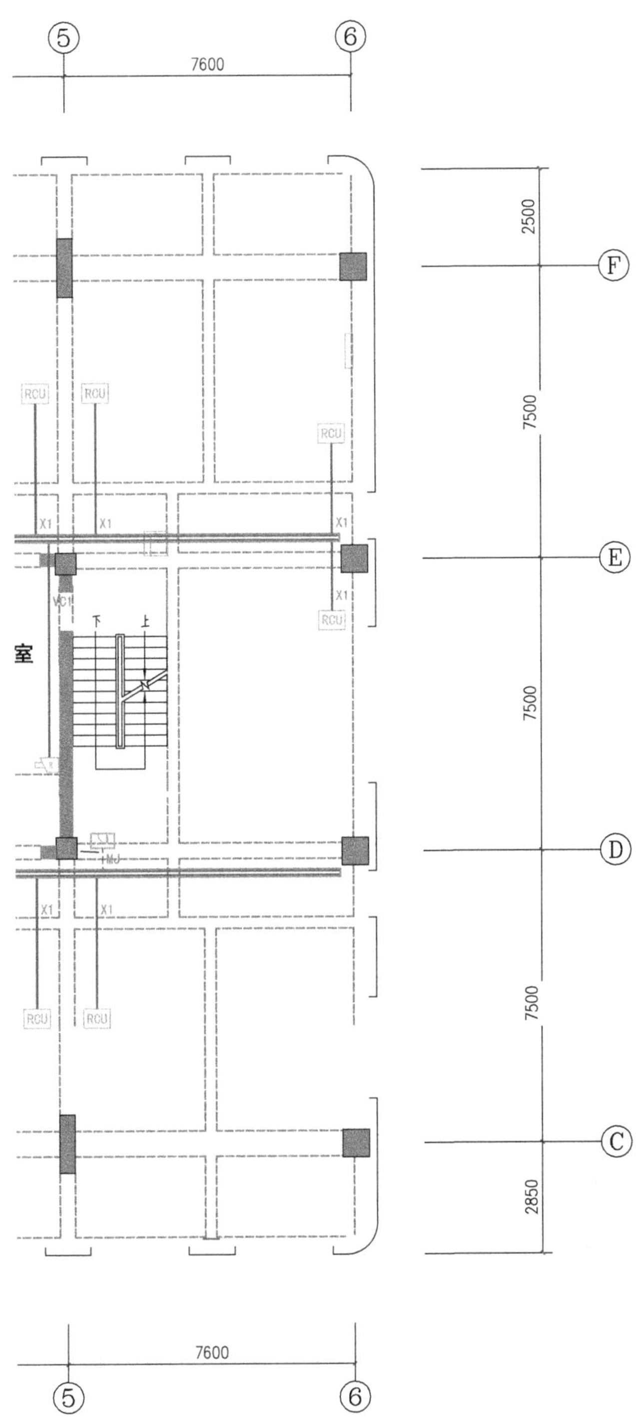
5
6
7600
2500
F
RCU
RCU
RCU
7500
X1
X1
X1
E
X1
RCU
室
下
上
7500
D
X1
X1
7500
RCU
RCU
C
2850
7600
5
6

安防平面图

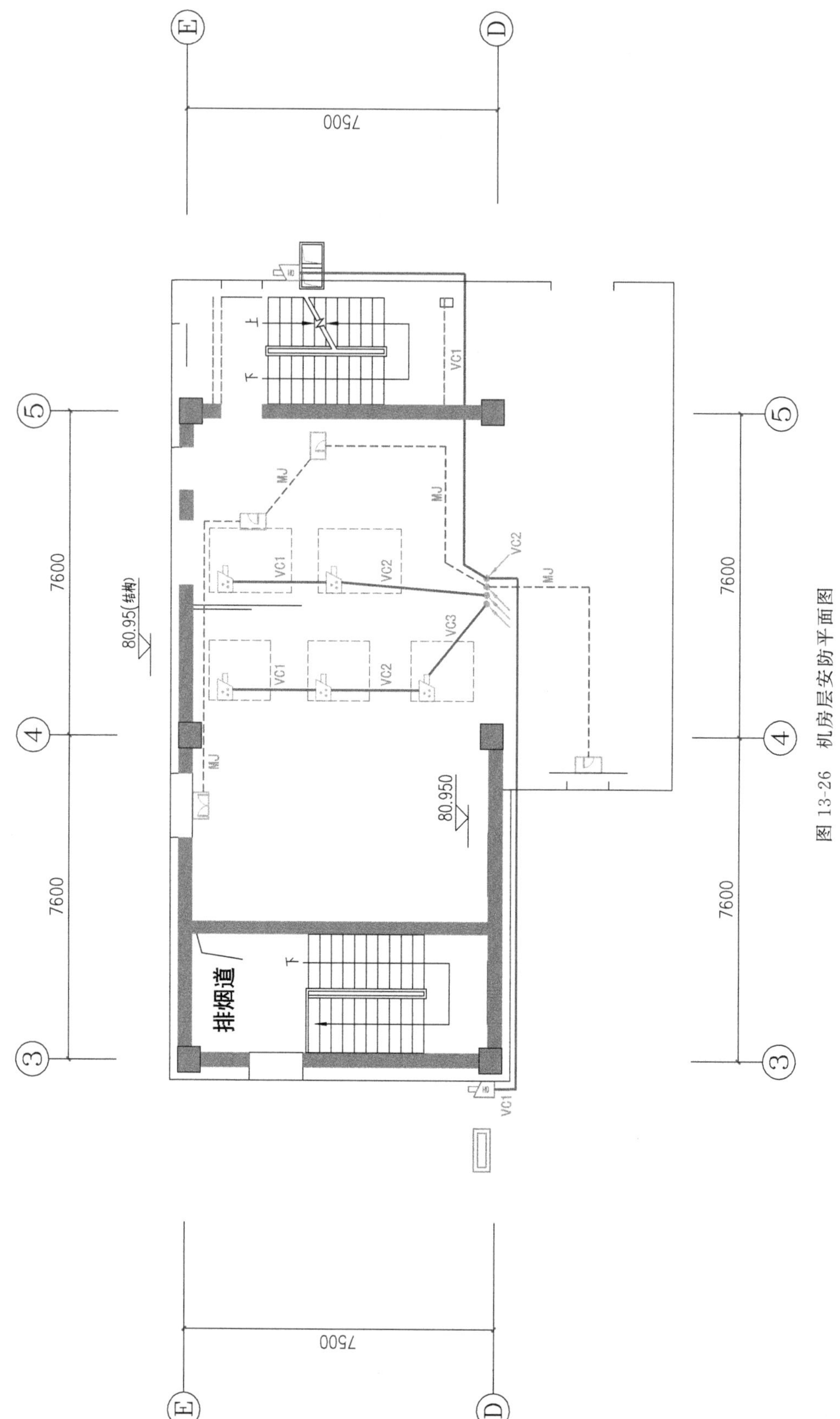


图 13-26　机房层安防平面图

## 复习思考题

1. 电气施工图组成包括哪些内容?
2. 建筑智能化系统施工图的识读方法?
3. 试说明下列符号标注的意义。

(1) BX-4×16-SC25-WC

(2) BLV-5×10-FPC25-CC

(3) VV22-(3×50+1×25)-SC70-FC

(4) BV-2×2.5-PC15-CE

# 参考文献


［1］ 汤万龙．建筑设备．北京：化学工业出版社，2010.
［2］ 刘金生．建筑设备．北京：中国建筑工业出版社，2006.
［3］ 冯刚．建筑设备与识图．北京：中国计划出版社，2008.
［4］ 李梅芳，李庆武，王宏玉．建筑供电与照明工程．北京：电子工业出版社，2013.
［5］ 郭卫琳，黄奕沄，张宇等．建筑设备．北京：机械工业出版社，2010.
［6］ 国向云．建筑设备工程．北京：化学工业出版社，2010.
［7］ 建筑给排水设计规范（GB 50015—2010）．北京：中国计划出版社，2010.
［8］ 给排水制图标准（GB/T 50106—2010）．北京：中国计划出版社，2010.
［9］ 暖通空调制图标准（GB/T 50114—2010）．北京：中国计划出版社，2010.
［10］ 建筑电气制图标准（GB/T 50786—2012）．北京：中国计划出版社，2012.
［11］ 马铁椿．建筑设备．北京：高等教育出版社，2007.
［12］ 周孝清．建筑设备工程．北京：中国建筑工业出版社，2011.
［13］ 黄河．安防与电视电话系统施工．北京：中国建筑工业出版社，2012.
［14］ 鲍东杰，李静．建筑设备工程．北京：中国电力出版社，2009.
［15］ 李亚峰，张克峰．建筑给排水工程．北京：机械工业出版社，2011.
［16］ 王东萍．建筑设备安装．北京：机械工业出版社，2012.
［17］ 沈瑞珠．建筑电气工程技术实践教学指导．北京：中国建筑工业出版社，2010.
［18］ Eric-Eria. 智能建筑系统组成与主要功能．百度文库 2011-12-26［2015-6-18］．http：//wenku. baidu. com/link?url=ojSo19svVM4K0UD6YICAXluZdwAQJ7ZxMgBvuYkSnA _ SwpCTu8chrmNEaz2iMqeQ4PfCe5DNkRNzPdxT-ZsX3X0JtC _ fyaVp3gUXQPPbjf3.